文化部　财政部送书下乡工程指定用书

饲料添加剂手册

（第 2 版）

佟建明　主编

姚浪群　张军民
冯京海　萨仁娜　副主编

中国农业大学出版社

图书在版编目(CIP)数据

饲料添加剂手册/佟建明主编．—2版．—北京：中国农业大学出版社，2007.10

(文化部 财政部送书下乡工程指定用书)

ISBN 978-7-81117-229-4

Ⅰ.饲… Ⅱ.佟… Ⅲ.饲料添加剂-手册 Ⅳ.S816.7-62

中国版本图书馆CIP数据核字(2007)第084868号

书　名 饲料添加剂手册(第2版)

作　者 佟建明 主编

策划编辑 赵 中　　**责任编辑** 孟 梅

版式设计 郑 川　　**责任校对** 王晓凤 陈 莹

出版发行 中国农业大学出版社

社　址 北京市海淀区圆明园西路2号　　**邮政编码** 100193

电　话 发行部 010-62731190,2620　　读者服务部 010-62732336

编辑部 010-62732617,2618　　出 版 部 010-62733440

网　址 http://www.cau.edu.cn/caup　　**e-mail** cbsszs@cau.edu.cn

经　销 新华书店

印　刷 北京时代华都印刷有限公司

版　次 2007年10月第2版　　2009年5月第2次印刷

规　格 850×1 168　32开本　12.75印张　318千字

印　数 4 001～7 000

定　价 18.00元

第2版　前言

《饲料添加剂手册》自2001年出版以来，得到了众多读者的厚爱，特别是有些读者还通过电话对书中的具体内容进行了咨询，同时还提出了颇有价值的修改意见。借此再版之际，编者谨向各位关心、关爱本书的读者致以崇高的敬意。编者依据我国饲料添加剂的发展状况和读者反馈的意见，在原有基础上对本书进行了适当修正，以保证书中知识的科学性、先进性和实用性。

由于编者的能力所限，书中会有许多不足或错误之处，敬请广大读者批评指正。

编　者

2007年5月

第1版 前言

关于饲料添加剂的概念，目前有种种不同的解释。根据《饲料工业标准汇编》，饲料添加剂的定义是：为满足特殊需要而加入饲料中的少量或微量物质被称为饲料添加剂。关于饲料添加剂的分类方法也有一些不同的观点，总体上将饲料添加剂分为营养性添加剂、非营养性添加剂两大类。营养性添加剂指用于补充饲料营养素不足而使用的饲料添加剂；非营养性添加剂指为保证或改善饲料品质、改善和促进动物生产性能、保证动物健康、提高饲料利用率而使用的饲料添加剂。

饲料添加剂的种类很多，使用方法也各有不同，但是总体上都应遵从科学、实用、有效的原则，否则将事与愿违。营养性添加剂在使用过程中，第一要注意其使用的必要性，在准确检测基础饲料中各项营养成分的含量之后，再根据具体动物的营养需要，确定相应添加剂是否需要补充和要添加的具体数量；第二应注意其使用的准确性，要根据具体使用的添加剂产品中有效成分的含量和具体饲料产品对添加剂产品的要求确定实际生产中所使用的添加剂产品和添加数量；第三要注意各类营养成分之间的平衡关系，研究证实，只有平衡才会使营养成分的利用率最高。有些营养性添加剂如果添加量过高不仅增加饲料成本，而且还会对动物产生毒副影响，已研究证实，维生素A和维生素D超量添加将破坏其他营养物质的正常代谢，并明显抑制动物生长。因此综上所述，营养性添加剂使用应遵守的原则是：必要、准确、避免过量的毒副作用。

非营养性添加剂在使用过程中，第一要注意其使用的安全性，因为这类添加剂中，绝大部分具有药理活性，或者是人工合成的添加剂原料，因此，要严格遵守国家《饲料添加剂管理条例》的各项规定，使用国家正式批准的饲料添加剂产品；第二要注意其使用的实用性，即因饲料生产的客观条件决定这类添加剂的使用与否和剂量。由于这类添加剂各自具有明确的功能，而有些功能在某些全价饲料产品中并不是必须具有的，比如在中国北方或干燥的地区所使用的全价饲料中，防霉剂的使用就应与南方或潮湿地区的使用方法有所不同；第三要注意使用的有效性，要注意保质期、有效成分含量和使用的有效剂量，比如抗生素等药物添加剂，更要注意其在饲料中添加的剂量，数量少时没有作用，过多时，除对动物本身产生毒副作用外，还会造成严重的环境污染和细菌抗药性等微生态污染。因此，非营养性添加剂使用应遵守的原则是：安全、实用、有效。

本书在编写过程中努力吸收最新国内外的研究成果，在理论和实际产品介绍中也努力从全、新角度把握具体添加剂产品的介绍。希望通过本书能给广大读者在实际生产和应用研究方面提供一定的帮助。由于编者水平所限，在书中难免有许多错误，敬请批评指正。

编　者

2000 年 11 月于北京

目 录

第一章　饲料添加剂概论

第一节　饲料添加剂的概念及作用

饲料添加剂是配合饲料的核心，对于配合饲料的饲养效果有着极为重要的作用。由于饲料添加剂种类繁多、涉及众多学科及行业，且世界各国科学技术发展程度不同及经济发达程度的差异、畜禽管理方式的不一，使得对饲料添加剂的理解、定义和分类有所差异，没有统一的国际标准化的定义。

美国饲料公职管理人员协会(AAFCO)给饲料添加剂的定义是："为了某种特殊需要而添加到基本饲料混合物内或部分饲料内的一种或几种原料的混合物，一般应微量使用，并需要小心地处理和混合。"

日本的《饲料安全法》中关于饲料添加剂的定义是："为达到防止饲料品质降低，补充饲料营养成分和促进饲料中营养成分的有效利用等目的而添加的微量物质。"对在饲料中加有防止动物疾病和影响动物机体结构或某种生物功能的药物性饲料产品，则称为"加药饲料"(Medicuted Feed)，以区别于一般配合饲料。这是因为所添加药物的种类、数量以及喂用时间等和为促进饲料营养成分的利用为目的而添加的抗菌剂不同，这也是为了更有利于保证使用的安全性，防止乱用药物。

前苏联对于饲料工业技术的管理采用国家标准体制。关于饲料添加剂术语的解释，在《国家标准 21669－76》中规定"微量添加剂是添加到配合饲料内的蛋白质维生素补充料(注：相当于我国的浓缩饲料)内或预混料内的刺激动物生长和生产能力的生物学活性物质”。并在注解中注明,属于生物学活性物质的有抗生素、维生素、微量元素等。

我国国家技术监督局发布的《饲料工业通用术语》中对饲料添加剂的定义是:“为了满足特殊需要而加入饲料中的少量或微量营养性或非营养性物质。”

无论对饲料添加剂如何定义,其使用的目的和作用具有相似之处。在配合饲料中起着完善饲料营养价值、改善饲料品质、提高饲料利用率、抑制有害物质、防止畜禽疾病及增进畜禽健康作用。从而达到改进畜产品品质、提高畜禽生产能力、节约饲料及增加经济效益的目的。

饲料添加剂的概念很广,随着科学技术的不断发展,可作为饲料添加剂的新物质不断问世,丰富着饲料添加剂的内容。但无论哪一种添加剂,都应符合下列基本条件:

(1)添加到配合饲料中,对饲料品质及畜产品品质有益。

(2)配合饲料长期添加对畜禽不产生急性毒性与慢性毒性而影响畜禽的生产性能。

(3)添加剂及其产物在畜产品中的残留量不能超过规定的安全标准。

(4)添加剂及其代谢产物对人和畜禽不产生致癌、致突变和致畸作用。

(5)具有一定的稳定性,在一定条件下,贮存一定时间,其稳定性不发生变化。

(6)产品中重金属含量不允许超出国际允许范围。

(7)对畜禽正常生殖机能及胚胎不产生有害作用。

(8)添加剂及其代谢产物对内外环境不能产生危害作用。

第二节 饲料添加剂分类

由于饲料添加剂的种类繁多，用途各异，故其分类众说纷纭，不同学者提出不同的分类方法。

一、使用目的分类法

- 饲料添加剂
  - 1. 营养类
    - 氨基酸
    - 维生素
    - 微量元素
  - 2. 促生长和防病类
    - 抗生素
    - 各种疾病防治剂
  - 3. 防止饲料劣化类
    - 抗氧化剂
    - 防霉剂等
  - 4. 提高饲料适口性和产品质量类
    - 调味剂
    - 香味剂
    - 着色剂
  - 5. 调整生理功能类
    - 酶制剂
    - 镇静剂

二、饲喂对象分类法

饲料添加剂
- 1. 牛用
  - 犊牛用
  - 肉牛用
  - 奶牛用
  - 成年母牛肥育繁殖用
- 2. 猪用
  - 仔猪用
  - 哺乳仔猪用
  - 生长肥育猪用
  - 母猪用
- 3. 禽用
  - 肉鸡用(包括火鸡、鹌鹑等家禽)
  - 蛋鸡用(包括火鸡、鹌鹑等家禽)
  - 肉鸭用(包括鹅)
  - 蛋鸭用
- 4. 兔用(肉兔、毛兔)
- 5. 珍贵毛皮动物用
- 6. 实验动物和其他观赏动物用
- 7. 水产养殖用
  - 鱼用(包括各类鱼)
  - 对虾用
  - 河蚌用等
- 8. 蚕用等

一般商品性添加剂系列产品即按此类方法分类,如“禽用多维”、“仔猪生长素”、“奶牛用增奶素”等。

三、主要作用分类法

目前国内大多采用的分法是按其作用用途,将饲料添加剂分为营养性添加剂和非营养性添加剂。

- 饲料添加剂
  - 1. 营养性添加剂
    - 维生素
    - 微量元素
    - 氨基酸
    - 非蛋白氮
  - 2. 非营养性添加剂
    - 生长促进剂
      - 抑菌促生长剂
      - 有机酸制剂
      - 酶制剂
      - 微生态制剂
      - 砷制剂
    - 驱虫保健剂
      - 抗球虫剂
      - 驱虫剂
    - 饲料品质改良剂
      - 风味剂
      - 着色剂
      - 粘结剂
      - 抗结块剂
    - 饲料保藏剂
      - 防腐剂
      - 防霉剂
      - 抗氧化剂
      - 青贮饲料添加剂
    - 中草药添加剂

第三节　饲料添加剂的应用现状与发展趋势

随着配合饲料工业的迅速发展，极大地推动了饲料添加剂的研制与广泛应用，特别是近十年来，酶制剂、饲用微生物、酸化剂、植物提取物以及调味剂等的研究开发取得了很大进展。目前，饲料添加剂年使用量约 800 万 t(不包括常量矿物质)，产值 100 多亿美元。添加剂品种已达到数百种，其中美国约 300 种，欧洲约 260

种，日本约 110 种。

从饲料添加剂品种结构看，抗生素类用量有所减少，氨基酸、维生素及其他类的用量明显上升。据联合国粮农组织估计，目前全世界对限制性氨基酸的需要量为：赖氨酸 500 万 t、蛋氨酸 400 万 t、苏氨酸 370 万 t、色氨酸 120 万 t，而目前全世界各种氨基酸的生产总量仅为 59 万 t 左右，其中蛋氨酸为 27 万 t、赖氨酸为 10 万 t，而色氨酸和苏氨酸仅各约 200 t，前两种产量基本处于稳定阶段，后两种正处于发展之中。由此可见，世界氨基酸生产还需大力发展，以相应提高用于饲料添加剂的数量。在饲料添加剂中矿物质尤其是微量元素占很大的比例，为 66%～72%。维生素从数量上看只占添加剂的 0.2%～0.5%。但其价值却占 10%。在饲料添加剂总价值中，促进健康及生长物质量最大，接近 50%。据估计，全世界用于饲料添加剂的抗生素和抗菌药物总量每年至少在 4 000～5 000 t 之间，相当于世界年总产量的 40%～50%。

我国的饲料添加剂工业是伴随着配合饲料的生产而逐步发展起来的，在 20 世纪 80 年代得到了迅速发展。由于我国饲料添加剂工业起步较晚、底子薄，与西方国家相比有较大差距。目前国内批准使用的饲料添加剂有 232 种（其中包括 30 种饲料药物添加剂），年使用量约 15 万 t。近几年新建的一些饲料添加剂厂设备先进、产品质量稳定，为国内饲料添加剂工业生产水平的提高起了带头作用。但在总体上我国的饲料添加剂工业还比较落后，基础研究较薄弱，加工技术、生产工艺、管理水平不高，产品种类、规格少，产品更新换代慢，使用效果差，特别是对一些植物提取物和微生物类添加剂有待完善。

根据国家今后中长期规划，我国的配合饲料产量将达到 1 亿 t，而添加剂预混料分别为 150 万 t 和 200 万 t，这对饲料添加剂的发展提供了广阔的前景。

综观国内外饲料添加剂的发展，饲料添加剂产品有朝着高效性、畜禽专用化和系列化发展的趋势。高效性是饲料添加剂发展的必需，饲料添加剂的应用必须要给养殖业带来确切的生产性能和经济效益；畜禽专用化是饲料添加剂发展的必然途径，特别是对一些药物性添加剂，为了人类自身的安全，必须人畜分开，走畜禽专用化道路；系列化是饲料添加剂发展的必然结果。由于动物和基础饲料具有特异性的缘故，饲料添加剂要满足不同种类、不同生长发育阶段和生产目的、不同地区、不同饲养条件和不同基础饲料背景畜禽的要求，必然会出现系列化的饲料添加剂。因此，饲料添加剂的高效性、畜禽专用化和系列化是饲料添加剂发展的方向。

第四节 饲料添加剂的管理

一、饲料添加剂管理概况

随着饲料工业的发展，饲料添加剂的种类越来越多，除营养性添加剂外，其中大部分属药品、化学品管理范围(驱虫剂、抗球虫剂、抗菌促生长剂、抗氧化剂、防霉剂、调味剂、着色剂、酶制剂、益生素等)。添加剂在畜禽饲养中被广泛应用，且使用时间长，几乎贯穿畜禽饲养的全过程。由于饲料添加剂是由化学合成或生物合成制取，用于畜禽养殖中，和人民的健康有直接关系，从而使用饲料添加剂的安全性问题，引起了国际社会的广泛关注。特别是近几年来，由于英国的疯牛病、比利时的二恶英事件以及我国香港的β-兴奋剂事件给全球畜牧业和饲料工业敲响了一个又一个的警钟。饲料添加剂安全性问题涉及到添加剂在畜产品中的残留和对人类是否有危害作用、是否影响人类健康、是否危及环境等等。故20世纪90年代动物药品工业所面临的最大挑战是解决食品安全性的问题和食品生产者如何正确使用动物保健品的问题。国外对饲料添加剂的使用非常谨慎，执行严格的监督管理制度，颁布一些法规，并由专门的机构执行，严格限制未经安全性评价的添加剂用于畜牧生产中。本书收集了世界上有关国家和地区的饲料法规对饲料添加剂的管理要点，见附录Ⅱ。随着科技的不断发展，这些法规的内容也在不断地充实和完善。对饲料添加剂的安全性进行毒理学评价时，必须要在受试动物可能对人畜健康造成危害及其可能的有益作用之间进行权衡，即必须进行综合评价。安全性评价的结果不仅取决于安全试验资料，而且与当时的科技水平以及社会、政治等因素有关。随着时间的推移和科学技术的发展，对某种饲料添加剂的评价结论会发生变化。随着畜牧业生产中对各种疾病的有效控制以及人民生活水平的改善，安全标准、残留标准等评价也将随之提高。

纵观世界有关国家对饲料添加剂管理的要点，任何一种饲料添加剂在畜牧业生产中使用之前，必须进行安全性毒理学评价，除使用效果外，均需要考虑下列问题：

(1)饲料添加剂对食品动物(畜禽)及其微生物和食品消费者的毒性。

(2)畜禽产品中作为持久性残留物的添加剂及其代谢物的化学性质和数量。

(3)畜禽产品中的残留物对人的潜在毒性。

①动物体哪些组织或器官中的含量高。

②残留物在食品中的允许残留量。

③是否有适宜的监测方法。

(4)食品的加工工艺对饲料添加剂在食品中的残留及其各种代谢产物的毒性是否有影响。

为评价某种添加剂的安全性而进行的各种毒性试验称为安全试验，安全试验主要分为两类：第一类为一般毒性试验，包括急性毒性、蓄积毒性、亚急性和慢性毒性试验；第二类为专门毒性试验，包括繁殖试验、致畸试验、致癌试验、致突变试验、局部刺激试验、迟发性神经毒性试验、溶血试验和行为试验等。对于可能对环境造成污染的饲料添加剂还必须进行鱼类及鸟类的毒性试验。

由于饲料添加剂影响人类健康是通过人吃了畜禽产品而间接作用的。故提供产品的畜禽采食了加有添加剂的配合饲料，对人产生危害的并不一定是添加剂本身，可能是一种或多种添加剂的代谢产物。所以，必须对采食了该添加剂的畜禽进行代谢试验，以阐明动物体内残留物的化学特性。

凡属首创的化学饲料添加剂，一般要进行以上两类四个阶段的试验，即急性毒性试验；蓄积毒性、致突变和代谢试验；亚急性毒性（包括繁殖、致畸）试验；慢性毒性（包括致癌）试验。

凡属与已知物质（经过安全性评价并允许使用者）的化学结构基本相同的衍生物，则可根据第一、二、三阶段试验结果，由有关专家进行评议，决定是否需要进行第四阶段试验。

凡属与已知物质的化学结构完全相同的且具有一定毒性的化学物质，如多数国家允许使用，并有安全性证据，或世界卫生组织已公布允许量者，同时我国的生产单位能证明我国产品的理化性质、纯度和杂质或组分含量均与国外产品一致，则可进行第一、二阶段试验。若试验结果与国外同类产品一致，一般不再继续试验便可进行评价。若评价结果允许用于动物，则制定允许用量。凡产品质量或试验结果与国外资料或产品不一致，则进行第三阶段试验。

二、世界主要国家饲料添加剂的管理法规

由于世界各国对各种饲料添加剂的认识不同，各自饲养的动物种类及饲养环境不同，饲养管理体制不同，社会政治经济条件不同，人们的食物结构和饮食习惯不同，各国对饲料添加剂的管理准则的严格程度各有差异。但在最基本的问题上，即食品安全与人类健康问题、环境保护问题等，世界各国的目的是一致的。

(一)美国

美国的饲料添加剂最高管理机构是卫生和人类事务公共卫生署的食品药物管理局(Food and Drug Administration,FDA)。FDA任务的90%是实施“联邦食品、药物和化妆品法案”(Federal Food Drug and Cosmetic ACT,FFDCA),这部法案是美国基本联邦食品、药品法,属联邦管理法规(CFR)的一部分,饲料添加剂有关内容在CFR标题21卷的558部分内,包括对兽药审批需求,批准兽药的用法,兽药的用量和标签要求的官方文件。法规中第21卷第500至第599条内容是关于兽药、饲料及相关产品的规定。第200至第299条是关于药物的标签、注册及现行良好生产行为的规范,包括含A型药物及含B型和C型药物的饲料。FDA的下属机构有:兽药中心(Center Veterinary Medicine,CVM),主要负责饲料和饲料添加剂的管理;FDA总部下设的中心还有食品安全和应用营养中心,药物和生物制品中心,器材和放射卫生中心,毒理研究中心。

CVM新兽药评价办公室负责新兽药申请(NADA)程序。负责审查、评价申请的技术方面问题(如靶动物的安全性,药物的有效性,对环境的影响,对人的安全性,化学性质,生产和标签等)。1987年12月FDA公布了“食用动物体内化合物、致癌物质残留安全评价标准程序”。任何人或公司只有取得NADA批准证书后,才可以使用兽药。新兽药或饲料添加剂的保证人应收集并向FDA提供安全性毒理试验报告,以保证这些药物或添加剂在使用后对食品是安全的。

CVM监察和执法办公室负责中心的饲料用药程序管理,监控兽医、饲料生产者和畜主如何使用该药和添加该药的饲料,配合FDA利用法律控制违法饲料添加剂的生产和应用。FDA在1986年颁布了“加药饲料法规”,主要目的是防止加药饲料把有害药物残留带入人类食品中。该法规对添加药物进行分类管理。将所有兽药分为Ⅰ类和Ⅱ类药。添加药物饲料产品分为A,B,C型。

Ⅰ类兽药:对批准使用的动物,在最低使用量时,不需要停药期的药物。

Ⅱ类兽药:①对批准用药的动物,至少有一种在最低使用量时,需要有停药期的药物。②由于致癌性的原因,要求“无残留”或“零限量的规定”而需要停药期的药物。

A型添加药物饲料中的药物含有比B型饲料添加剂量允许水平更高的药量。生产A型添加药物饲料在生产前,须先取得FDA批准的FDA356申请表。B型是指需要进一步混合的添加药物饲料。C型是指不需要进一步混合的添加药物饲料。

在美国“联邦食品、药物和化妆品法”中,第四章“食品中对维生素、矿物质、氨基酸均按饲料的各种原料来规定”。在“联邦管理条件”中第21卷食品和药物部分,对药物和各种营养添加剂的管理和使用又有详细规定,可以根据其安全程度,把它们分成三类:公认安全(GRAS)、优先批准、非正式考察批准。在使用时有不同的要求。

美国FDA已批准使用的营养性添加剂大约有170种以上,美国FDA每年定期出版“饲料添加剂要览”(Feed Additive Compendium)详细报道了FDA有关加药饲料的规定,系统归纳和规范了药物性添加剂的使用,对我国畜牧生产者具有一定的参考价值。其中有详细的药物名称,各种药物添加剂的药理作用、性能、配伍禁忌,以及产生的抗耐药性和停药期。对每种动物的使用剂量,其中包括增重,治疗某种病害时不同用法的剂量及与其他药物配合使用时的剂量,不同动物不同生长阶段的剂量,都有严格的规定。

(二)日本

日本饲料添加剂最高管理机构是农林水产省畜产局。实施的法规为1953年5月颁布的《关于确保饲料安全性和改善饲料品质的法律》,简称《饲料安全法》,于1978年和1983年进行修订,是一部详细的管理饲料和饲料添加剂的法令。1977年和1980年相继公布了《饲料添加剂评价标准》和《确定指南》两项法令。根据这个法令第一条第二项规定,饲料添加剂要经农业物资审议会饲料部委员会根据其安全性和有效性进行审批,然后由农林水产省大臣以省令发布。此省令的名称为"关于饲料及饲料添加物的成分规格的省令"。省令中关于饲料添加物的规定十分详尽,包括批准的品种,对各种使用对象的添加剂量、各品种间配伍关系,每种饲料添加剂及其制剂的质量规格和检验方法。具有疾病诊断、治疗或预防作用,对动物的身体结构或机能有影响的物质,也应同时符合动物药品法的规定。为保证人民的健康,厚生省大臣也可对上述省令提出意见。若由于使用饲料添加剂而产生有害的畜产品,由地方食品卫生监督部门密切配合处理,甚至上报到农业物资审议会。

(三)欧洲经济共同体(欧共体)

欧洲经济共同体各国的畜牧业都很发达,饲料工业从20世纪30年代兴起。各国都由农业部管理饲料添加剂,每个国家都有自己的饲料法规。德国、英国自1970年以来,在各成员国之间通过了添加剂的使用和流通条例,实现了各成员国在饲料添加剂立法上的直辖市和欧共体范围内添加剂产品的自由流通。1985年9月欧共体条例附录中公布批准使用的饲料添加剂共分两大类,200余种。第一类可在欧共体内各国使用;第二类只能在某一国家的一定时间内使用。由于畜牧业发达,畜产品过剩,故对饲料添加剂的管理十分严格，对饲料中添加抗生素控制较严，饲料中添加的药物与人医用药是分开的，对乳酸杆菌这样的活菌制剂从 1991 年 1 月开始采用登记后使用的方法，对激素制剂至今尚未获准使用，也不准进口用过激素的畜产品。

抗菌促生长饲料添加剂一直是欧洲人所关注的焦点。由于有人认为，抗菌促生长的抗生素致使动物体内的细菌产生耐药性，其耐受性比人们所知的要严重，这种耐受性可能转移给人。若继续使用抗生素，细菌的流行性传染会变得无法控制，人类将进入“后微生物致病”(Post microbialera)时代。故芬兰提议将泰乐菌素和螺旋霉素禁止用作饲料添加剂，瑞典禁止抗生素用作饲料添加剂，除非用于治疗。最近，欧共体已于 1999 年 7 月 1 日颁布了禁用抗生素促生长剂决定，仅保留了黄霉素、卑霉素、盐霉素和莫能霉素。

但是世界上一致认为，饲料工业禁用抗生素缺乏足够的根据。大多数批准使用的生长促进剂具有很高的安全性，因为最多 10% 在动物肠道吸收，且未发现残留物。特别是卡巴氧和喹乙醇，若严格执行 28 天停药期，那么残留物对消费者的影响微乎其微。只要添加低水平的生长促进剂，就不必担心细菌的抗药性。一些生长促进剂(黄霉素)似乎能消除具有耐药性的肠道微生物。限制使用生长促进剂带来的潜在经济损失是巨大的。世界卫生组织材料表明，瑞典禁用抗生素，使感染性疾病和性病率上升。四环素的用量在 1988—1994 年翻了一番。

英国猪兽医医学会的报告显示，瑞典自 1986 年出台有关低水平口服抗生素的禁令，在颁布禁令后的第二年，发现 400 万头猪中有 90 万头断奶仔猪患了腹泻，主要是肠道毒素的大肠杆菌和痢疾造成的。估计 1987 年有 5 万头猪死亡的直接原因是禁用了抗生素。

(四)加拿大

加拿大药物饲料添加剂1998年修订版介绍了加拿大药物和生长促进剂管理规则摘要,为该国的配合饲料生产提供了有益的指导。摘要主要来自于药用成分手册(CMIB),其中每种药物都有自己的药用成分编号(MIB)。有一点需要说明的是,当几种药品联合作用时,其残留期等于几种药品中最长的残留期。

(五)中国

我国饲料添加剂的管理,在借鉴国外经验与先进技术的基础上,并结合我国国情,基本上形成了自己的管理体系。饲料添加剂在允许应用于畜牧生产之间,应严格按照管理程序进行审批。我国饲料添加剂管理的最高行政部门是农业部。

饲料添加剂中的化学饲料添加剂和微生物制品添加剂(化学药物、抗生素、酶制剂、驱虫剂、抗球虫剂、着色剂、黏结剂、防霉剂、抗氧化剂、中草药等)按农业部兽药管理实施法规执行,即1987年5月发布的《兽药管理条例》,1998年发布的《兽药管理条例实施细则》,1989年9月发布的《新兽药及兽药新制剂管理办法》,1998年6月发布的《关于进口饲料添加剂登记的暂行规定》。

我国兽药管理条例及其细则中不但有新兽药审批管理条例,而且还列出了对兽药生产企业、经营企业和兽医医疗单位的药剂管理监督条例。对药物生产许可证、经营许可证、制剂许可证及药物质量标准与批准文号、新兽药的审批、进口兽药管理严格执行审批制度,都列出了管理细则。

对于饲料添加剂生产和使用的管理,其中药物类添加剂除按《兽药管理条例》及《兽药管理条例实施细则》有关规定执行外,农业部还于1997年9月发布了《允许作饲料药物添加剂的兽药品种及使用规定》。而对于其他饲料添加剂及添加剂预混料,我国现均已有相关的法律法规，即 1999 年 5 月 29 日颁布的《饲料和饲料添加剂管理条例》，1999 年 12 月发布的《饲料添加剂和添加剂预混合饲料产品批准文号管理办法》和 1999 年 12 月 9 日发布的《饲料添加剂和添加剂预混合饲料生产许可证管理办法》，从而形成了对生产、经营、新产品的研究进行全面监督管理的体制。

第二章　维生素类饲料添加剂

通常认为维生素是一类有机化合物:①存在于天然食物和饲料中,与碳水化合物、脂肪、蛋白质和水分不同;②存在量少;③为正常组织发育以及健康、生长和维持所必需;④在日粮中缺乏或吸收、利用不当时,会导致特定的缺乏症或综合征;⑤不能由动物合成,必须由日粮供给。事实上,目前人们认为属于维生素的某些物质并不符合维生素的经典概念。争议最大的当属胆碱,因其需要量大,且在体内可以合成。此外,维生素 D 通过紫外线照射可在皮肤表层合成。烟酸在一定程度可由色氨酸合成。

第一节　维生素的分类

传统上,根据维生素在脂类溶剂或水中的溶解性分为两大类:脂溶性维生素(Fatsoluble vitamins)和水溶性维生素(Water-soluble vitamins)。前者包括维生素 A、维生素 D、维生素 E 和维生素 K,后者主要包括 B 族维生素和维生素 C。脂溶性维生素在饲料中的分布与脂质有关。在动物体内,脂溶性维生素与脂肪一起吸收。有利于脂肪吸收的条件也有利于脂溶性维生素的吸收(Scott 等,1982)。反之,当条件不利于脂肪吸收时,脂溶性维生素的吸收也受到影响。脂溶性维生素在体内有相当数量的贮存。除维生素 B_{12} 以外,其他水溶性维生素并不在体内贮存,摄入过多时,会从尿中迅速排出。因此,为避免缺乏症,必须每日供给水溶性维生素。脂溶性维生素主要经胆汁由粪中排出,水溶性维生素主要由尿中排出。水溶性维生素过多时,毒性较小。脂溶性维生素中的维生素 A 和维生素 D 过多时,会产生严重后果。脂溶性维生素仅由碳、氢、氧 3 种元素组成，而某些水溶性维生素分子中还含有氮、硫或钴。

表 2-1 给出了 18 种维生素的分类。但关于一些维生素的名称尚有争议。目前，人们已将维生素这一名词用于多种物质，但有些并不符合维生素的定义。表中所列的 18 种维生素中，胆碱只是暂作为 B 族维生素。与其他 B 族维生素不同，胆碱在体内可以合成，需要量大，发挥功能是以结构成分而不是辅酶形式。有些物质虽符合维生素定义，但仅少数动物需要，视这些物质为类维生素(Vitamin-like substances)，主要有：肌醇、肉毒碱、对氨基苯甲酸、黄酮类辅酶 Q、葡萄糖耐受因子、硫辛酸、乳清酸、维生素 B_{15}、维生素 B_{17}、维生素 H_3、维生素 U 等。

表 2-1　维生素的分类及其主要同义词

维生素	主要同义词
脂溶性维生素	
维生素 A_1	视黄醇
维生素 A_2	脱氢视黄醇
维生素 D_2	麦角钙化醇
维生素 D_3	胆钙化醇
维生素 E	生育酚
维生素 K_1	叶绿醌
维生素 K_2	
维生素 K_3	甲萘醌
水溶性维生素	
硫胺素	维生素 B_1
核黄素	维生素 B_2
维生素 B_6	吡哆醇、吡哆醛、吡哆胺
维生素 B_{12}	钴胺素
烟酸	维生素 PP，维生素 B_2
泛酸	维生素 B_5
生物素	维生素 H
叶酸	维生素 M，维生素 Bc
维生素 C	抗坏血酸
胆碱	

一、脂溶性维生素

脂溶性维生素都溶于脂肪及乙醚、氯仿等有机溶剂，不溶于水。它们包括维生素 A、维生素 D、维生素 E、维生素 K。这类维生素中的大部分能在体内贮积。短时期供给不足不会对畜禽生产力和健康产生不良影响，而长时期超量却会产生有害作用。已证明维生素 A、维生素 D 和维生素 K_3 过多对动物有毒性作用。

(一)维生素 A 和胡萝卜素

维生素 A 又名抗干眼病维生素，视黄醇等，是一种环状不饱和一元醇。维生素 A 的主要生理功能是维持一切上皮组织的完整，促进结缔组织中黏多糖的合成，维持细胞膜和细胞器(线粒体、溶酶体等)膜结构的完整及正常通透性，以及维持正常的视觉。当维生素 A 缺乏时，上皮组织增生，角质化，其中以眼、呼吸道、消化道、尿道及生殖器官等黏膜上皮受影响最大。泪腺上皮角质化，则眼泪的分泌停滞，使眼睛干燥，引起干眼症；由于上皮组织不健全(特别是呼吸道黏膜的破坏)，使细菌易入侵而引起感染，动物抗病力下降；性腺及性器官上皮细胞的病变常能使动物生殖能力下降或丧失，表现为受胎率下降、流产、怪胎、难产等；维生素 A 不足，视紫质合成减少，产生夜盲症；仔猪维生素 A 缺乏症状为偏头、旋转、步态摇晃、脊背凸起，但食欲正常。

维生素 A 仅存在于动物体内，植物中只有维生素 A 原——胡萝卜素和类胡萝卜素。α、β、γ-胡萝卜素和玉米黄素在动物肠壁细胞内及肝脏、乳腺内经胡萝卜素酶作用可转化为维生素 A。饲料中胡萝卜素的 90%是 β-胡萝卜素，其他含量甚少，玉米黄素主要存在于玉米中，因此，在饲料中各种类胡萝卜素含量以 β-胡萝卜素计。在动物体内，胡萝卜素的吸收转化率很低，并因动物种类而异(表 2-2)。

表 2-2 不同种类家畜利用 β-胡萝卜素转化为维生素 A 的效率

家畜种类	每毫克 β-胡萝卜素转为维生素 A 的量(μg)	胡萝卜素：维生素 A
家禽	500	2：1
猪	160	6：1
绵羊	170	5.8：1
牛	120	8：1
马	167	5.9：1

维生素 A 和胡萝卜素在光热条件下极易被氧化，当饲料贮存较久时，会渐被破坏，鲜草在阳光下晒制过程中，胡萝卜素损失80%以上，若在干燥塔中人工快速干燥可减少损失。

(二)维生素 D

维生素 D 又名丁种维生素，抗佝偻病维生素等，属固醇类衍生物，为无色晶体。维生素 D 的两种主要形式是 D_2(麦角钙化醇)和 D_3(胆钙化醇)，其分子结构很相似，仅侧链不同。维生素 D_2 和维生素 D_3 分别由植物麦角固醇和动物皮肤中的 7-脱氢胆固醇经紫外线照射而得。这两种维生素 D 在体内必须经进一步的化学变化才发挥生理作用。例如，维生素 D_3 先在肝内羟化为 25-羟维生素 D_3，然后在肾脏中进一步羟化为 1,25-二羟维生素 D_3 或 24,25-二羟维生素 D_3 而发挥生理作用。25-羟维生素 D_3 也具有治疗佝偻症的作用，但主要的活性成分是 1,25-二羟维生素 D_3。

维生素 D 的主要生理功能为调节钙、磷代谢，特别是促进小肠对钙、磷的吸收；调节肾脏对钙、磷的排泄；控制骨骼中钙与磷的贮存和血液中钙、磷的浓度等。

动物对维生素 D 的需要随动物品种、生产性能和饲养方式等不同。饲料中钙、磷含量及比例不符合动物需要量时会增加维生素 D 的需要量，约增加 1 倍或更高。某些霉菌毒素干扰维生素 D

的吸收及活性。矿物油影响维生素D的吸收。

维生素D存在于动物体内,鱼肝油和动物肝脏含有丰富的维生素D,全脂奶粉、蛋类含有维生素D。一般饲料中含维生素D很少。动物皮肤中的7-脱氢胆固醇在紫外光照射下可转化为维生素D_3,故动物多接受阳光可满足维生素D的需要。青草内含有丰富的麦角固醇,在晒干过程中部分可转化为维生素D_2 20～40倍。

(三)维生素E

维生素E又名生育酚,抗不育维生素,是一组具有生物活性的化学结构相似的酚类化合物。天然存在的维生素E有8种,即:α、β、γ、δ-生育酚和α、β、γ、δ-生育三烯酚,其中以α-生育酚活性最高。维生素E极易被氧化。

维生素E具有许多不同的作用,其中最重要的作用之一是作为动物体内的抗氧化剂,与硒协同使用,阻止细胞内、外不饱和脂肪酸和其他易氧化物的氧化,保护富于脂质的生物膜的完整,从而防止肝组织坏死和肌肉受损,维持红细胞的稳定性和毛细血管的完整性等。维生素E与动物的繁殖机能密切相关,具有促进性腺发育,促成受孕和防止流产等作用。最近的研究表明,维生素E对垂体——中脑系统具有调节作用,促进产生激素刺激甲状腺素和肾上腺素的分泌;高剂量维生素E能促进免疫球蛋白的生成,提高对疾病的抵抗力,增强抗应激作用等。

动物缺乏维生素E,会使多种机能发生障碍,主要表现为:

(1)繁殖机能紊乱,精子数量减少,睾丸退化,不孕,流产,甚至丧失生殖能力。种蛋孵化率低,死胚增多。

(2)犊牛、羔羊、猪、兔、禽引起肌肉萎缩及营养不良症或白肌病,血管平滑肌和心肌受损,引起心力衰竭。缺硒能促使症状加重。

(3)血管和神经受损,雏鸡可发生脑软化和患渗出性素质病。

(4)肝机能障碍,维生素 E 与硒同时缺乏时,会引起动物急性肝坏死,如果只缺乏其中之一,则为较轻的慢性病变。

(5)脂肪组织软化、酸败、出现黄膘猪(脂肪内有黄色素)。

维生素 E 在饲料中分布广泛,青饲料和谷类胚芽中富含维生素 E,但在自然干燥和贮存过程中损失很大,约 90%,人工快速干燥或青贮损失较少,主要的蛋白质饲料一般均缺乏维生素 E。

(四)维生素 K

维生素 K 是甲萘醌的衍生物,又名凝血维生素或抗出血维生素,是动物体内形成凝血酶原所必需的一种维生素。与其他维生素相比,对维生素 K 的讨论相对较少,但它在动物生产中却有着非常重要的作用。“维生素 K”这一术语指的不是单一的化合物,而是一组脂溶性的、具有抗出血作用的醌类化合物。维生素 K_1(叶绿醌)、维生素 K_2(甲基萘醌)可分别从植物性材料和细菌发酵产物中获得,而维生素 K_3(甲萘醌)则须通过化学合成得到。

维生素 K 可以在家畜肠道中合成,因此,即使饲料中不含有维生素 K,也可以在家畜粪便中发现维生素 K。尽管如此,如果只给家畜采食不含维生素 K 的日粮,并限制其食粪,以确保家畜体内没有有关的微生物,或者也可以在日粮中使用维生素 K 的拮抗物,便会使动物出现维生素 K 的缺乏症。由于各种家畜对其肠道内细菌合成的维生素 K 的利用率不同,以及“食粪癖”的表现程度也不一样,因此很难确定各种家畜日粮中维生素 K 的需要量。

禽类由于消化道短,因此其维生素 K 的合成量很少。雏鸡结肠是微生物活动的主要场所,其长度还不到整个肠道长度的 6%,即使同品种的成年鸡也仅占 7%。而其他家畜结肠的相对长度的变异区间可从 13%(狗)到 28%(兔)。另外,由于禽类肠道合成维生素 K 的部位离肛门太近,使得维生素 K 不能被充分吸收,因此,禽类基本上不能利用肠内合成的维生素 K。

食物通过消化道的速率也可能影响肠道内维生素K的合成。与禽类相比，猪能够更好地利用肠内合成的维生素K。猪采食一定量的日粮后，大约在15 h后第一次排粪，而大部分食物还会在肠道内停留较长一段时间。与之相比，鸡的这一过程只有大约3 h，因此仅有少量的维生素K被合成并被吸收。

维生素K是许多血浆凝血因子的合成所必需的。凝血酶原（因子Ⅱ）和血冻凝血因子Ⅶ、Ⅸ、Ⅹ的合成都要依赖于维生素K，如果缺乏维生素K，凝血的时间延长。上述4种凝血蛋白先在肝脏中合成无活性的前体，然后通过维生素K的作用，转化为具有生物活性的蛋白。如果给处于维生素K缺乏状态的家畜投加维生素K，低水平的凝血因子会很快在4 h内恢复正常活性。但如果没有肝脏的作用，这种活性的恢复是不会发生的。还有一些依赖于维生素K的辅酶（羧化酶）与骨的形成有关，骨钙就是在骨中发现的一种依赖于维生素K的蛋白质，这种蛋白质在鸡胚期骨组织开始沉积矿物质时发生了。另外，还有一种依赖于维生素K的酶，它参与皮肤形成过程中钙的代谢。

人工合成的有维生素K_3、维生素K_4。维生素K_1也能人工合成。维生素K_3的活性高，属水溶性，使用方便，因此应用最为广泛。

维生素K的主要生理功能是促进肝脏合成凝血酶和凝血因子Ⅶ、Ⅸ、Ⅹ，并起激活作用，参与凝血过程。动物缺乏维生素K可导致内出血，外伤凝血时间延长或流血不止。除凝血作用外，据报道，维生素K依赖蛋白质和肽参与钙代谢。

一般情况下，由于动物消化道的某些微生物能合成足够的维生素K_2，成年动物不易缺乏。幼龄动物，特别是笼养鸡不能由合成维生素K_2满足需要，此外，肠道疾病或动物长期服用广谱抗生素和抗菌药物制剂时，肠道微生物活力下降，可引起维生素K缺乏；由腐烂的植物饲料（草木樨、有香味的茉莉和其他一些芳香牧草）中形成的双香豆素降低维生素 K 的利用率，当饲料中含有此物以添加有磺胺类药、抗生素时，需增加日粮维生素 K 含量。

维生素 K 易被光和碱所破坏，应避光保存。

二、水溶性维生素

水溶性维生素都溶于水，它们包括 B 族维生素和维生素 C。B 族维生素包括硫胺素（维生素 B_1）、核黄素（维生素 B_2）、烟酸和烟酰胺、维生素 B_6、泛酸、叶酸、生物素、胆碱、维生素 B_{12} 及肌醇等。B 族维生素几乎都是辅酶或辅基的组成成分，参与机体各种代谢。水溶性维生素很少或几乎不在体内储备，因此，短时期缺乏或不足就会影响生产和动物健康，B 族维生素能由消化道微生物合成部分，成年反刍动物一般不会缺乏，单胃动物因在后肠合成，吸收利用少，幼龄动物合成少，必须依靠饲料补充。一般情况下，维生素 C 在成年动物体内均可合成满足其需要，仅在逆境或应激条件下会导致不足。

（一）硫胺素（维生素 B_1）

又名抗神经炎维生素，抗脚气病维生素，是 α-酮酸脱氢酶系中的辅酶成分，参与碳水化合物的代谢，对维持神经组织和心肌的正常功能起重要作用，维持肠胃的正常蠕动和胃液分泌以及消化道脂肪的吸收和发酵的正常功能。

维生素 B_1 缺乏，则碳水化合物代谢紊乱，神经、心肌功能异常，食欲不振，消化不良，生长受阻等。大多数常用饲料中，维生素 B_1 含量很丰富，特别是禾谷类籽实的加工副产品糠麸以及饲用酵母含维生素 B_1 量很高。块根、块茎饲料中含量较少。

吡啶硫胺素、氨丙啉是维生素 B_1 的拮抗物，饲料中含有这些物质时可引起维生素 B_1 缺乏；蕨类植物中含有硫胺素拮抗物，反刍动物食后发生中毒，其症状类似维生素 B_1 缺乏症。新鲜鱼和软体动物内脏中含有较多的硫胺素酶，能破坏维生素 B_1 活性，故不可生喂。

硫胺素易被热、碱破坏，在弱酸溶液中十分稳定。加工、贮存时应加以注意。

维生素 B_1 的需要量与饲料中可溶性碳水化合物含量有关，可溶性碳水化合物含量越高，维生素 B_1 需要量越高。

（二）核黄素（维生素 B_2）

核黄素为异咯嗪衍生物，橘黄色，易被碱、光及金属元素破坏。核黄素是许多氧化还原酶的重要组成部分，参与能量和蛋白质代谢。动物缺乏核黄素引起机体代谢紊乱。其症状：轻则表现为生长受阻，生产力下降，严重者，猪发生皮炎，形成痂皮及脓肿，眼结膜、角膜炎；母畜缺乏则出现早产，胚胎死亡及胎儿畸形；雏鸡的典型症状为足跟关节肿胀，趾内向弯曲成拳状，急性缺乏症能使腿部完全麻痹、瘫痪；种鸡缺乏时，种蛋孵化率低，雏鸡成活率低。

动物性饲料和青饲料、酵母中含量较高，禾谷类饲料和块根、块茎类饲料，脱脂乳中缺乏维生素 B_2，肠道微生物能合成部分维生素 B_2。

动物对核黄素的需要与日粮组成和环境温度有关，日粮营养浓度高，则核黄素需要量增加，环境温度低应供给较多的核黄素，种禽和妊娠动物的需要量较高。

（三）泛酸

泛酸，又名遍多酸，鸡抗皮炎维生素，是一种二肽衍生物，呈黄色黏稠油状，干热及在酸、碱溶液中易被破坏。

泛酸是辅酶 A 的组成成分，辅酶 A 参与糖、脂肪和蛋白质的代谢。泛酸在脂肪的合成和分解中起着十分重要的作用，与皮肤和黏膜的正常功能、毛皮的色泽和对疾病的抵抗力有很大关系。

动物缺乏泛酸主要导致皮肤和黏膜的病变，表现为表皮粗糙或羽毛稀少，毛发或羽毛脱落，而且生长迟缓、生殖功能发生障碍。抗病及抗应激力下降。猪表现为生长迟缓、消化道、呼吸道产生疾病，皮肤和黏膜病变，运动失调，后肢运动痉挛性鹅步，生殖机能紊乱。雏鸡则表现为生长不良，羽毛零乱，皮炎、眼分泌黏液增加，喙角与趾部形成痂皮。种蛋孵化率下降。泛酸还是许多微生物的必需营养素，缺乏会影响微生物的生长。

泛酸广泛存在于植物和动物饲料中，在麸皮、米糠、胡萝卜、苜蓿、油饼类饲料中含量尤为丰富，块根、块茎中含量较少。消化道微生物能合成部分泛酸。一般单胃动物饲料中都添加泛酸。

(四)烟酸/烟酰胺

烟酸和烟酰胺总称为维生素 PP 或抗癞皮病维生素，是较稳定的维生素之一，不易被热、氧、光、碱、酸破坏。

烟酸和烟酰胺有同样的生理功能。烟酸在动物体内可转化为烟酰胺，烟酰胺是辅酶Ⅰ、辅酶Ⅱ的组成部分。而辅酶Ⅰ、辅酶Ⅱ是许多脱氢酶的辅酶，在体内氧化还原反应中起着传递氢的作用，它与糖酵解，脂肪代谢，丙酮酸代谢，高能磷酸键的生成有密切关系，并在维持皮肤和消化器官正常功能中起着重要作用。

缺乏维生素 PP 动物产生皮肤病变，出现癞皮病，消化道疾病，生长迟缓，黏膜发炎和溃疡，羽毛生长不良，产蛋量和孵化率下降。引起家禽胫骨短粗病，狗黑舌病，鱼死亡率增高，鱼肉强直。

干酵母、麸皮、青饲料、动物蛋白饲料中含有比较丰富的烟酸或烟酰胺。玉米、小麦、高粱等谷物中的烟酸大多呈结合状态，单胃动物和家禽利用很少，日粮中均需补充，以满足需要。饲料中色氨酸可在动物体内转为烟酰胺，但一般饲料中色氨酸含量不高，很少有过剩(一般为第三限制性氨基酸)，而且转化率低，50～60 mg 色氨酸可合成 1 mg 烟酰胺。

过去一直认为反刍动物瘤胃微生物合成的烟酸可满足其需要，最近的研究表明，饲料中添加烟酸可改进高产奶牛产奶量，并减少酮病的发生。反刍动物补充烟酸还可促进瘤胃微生物合成蛋白质。研究还发现，喂以含热处理豆饼日粮的反刍动物，烟酸可能是瘤胃微生物生长的限制因子。

在大多数实际应用条件下，烟酸和烟酰胺产生同样的效果。但研究发现如果加入量很少，且色氨酸含量很低时，烟酰胺的效率比烟酸要高。

（五）维生素 B_6

维生素 B_6 是吡哆醇、吡多醛、吡哆胺的总称，这 3 种物质在动物体内有相同的生物学作用。

维生素 B_6 是许多氨基酸脱羧酶、转氨酶等的重要组成部分。含有维生素 B_6 的酶参与几乎所有氨基酸的合成与分解代谢，此外对脂肪、糖、无机盐的代谢也很重要。

缺乏维生素 B_6 时，幼龄动物生长缓慢或停止。猪、狗、猴等动物出现严重的红细胞、血红蛋白过少性贫血，生长不良。猪体内谷氨酸代谢紊乱引起谷氨酸在脑中积累、刺激大脑皮层，造成局部致癫痫性发作。鸡缺乏维生素 B_6 时，兴奋性强，有神经症状，腿软弱，皮炎，脱毛，毛囊出血，死亡率升高，产蛋率、种蛋孵化率下降。近来研究表明，缺乏维生素 B_6 时，动物抗体滴度低，补充后升高。

天然饲料中含维生素 B_6 丰富，酵母、谷物、豆类、种子外皮及禾本科含量都比较丰富，动物性饲料及块根、块茎中相对少。天然存在的维生素 B_6 很容易被动物利用，一般猪不易感缺乏，雏鸡易产生缺乏症。饲料中蛋白质和能量含量高时，维生素 B_6 需要量增加。幼龄动物、怀孕母畜和服用某些磺胺类药物和抗生素的情况下，维生素 B_6 需要量增加。提高日粮维生素 B_6 添加量可增强动物免疫力和抗应激能力。成年反刍动物一般无需补充。

(六)胆碱

胆碱是β-羟基乙基铵的氢氧化合物，是一种强碱。它以游离胆碱、乙酰胆碱和复合磷脂的形式广泛分布于生物体中，其生理功能可归纳为3个方面：

(1)胆碱作为卵磷脂、鞘磷脂的组成，在构成细胞结构和维持细胞功能上起着重要作用，参与脂肪代谢，可防止脂肪肝，肝、肾出血以及鸡和火鸡的胫骨粗短症。

(2)以乙酰胆碱形式参与神经冲动的传导。

(3)胆碱是一种甲基供体。研究表明：在高胱氨酸存在或含有无机硫酸盐条件下，添加胆碱可节省蛋氨酸。

动物胆碱不足，引起脂肪代谢紊乱，出现脂肪肝，肝脏、肾脏、眼球及其他器官出血，神经失调。猪表现为精神委靡，生长停止，运动失调，繁殖率下降。家禽骨骼、关节畸形、肿大，胫骨粗短，生长速度下降。据报道，某些产褐壳蛋的鸡在饲喂菜籽饼时产有鱼腥味蛋与胆碱不足有关。

动物性饲料、干酵母、饼粕内含胆碱十分丰富，谷物类含量少。动物体内胆碱和蛋氨酸可相互转化，因此，胆碱的需要与饲料中蛋氨酸含量有关。此外，日粮含能量越高，胆碱需要量越大，故饲喂高能饲料应补充胆碱。一般生长猪和禽饲料中添加胆碱。

(七)生物素

生物素，又名维生素H。是动物体内许多羧化酶和羧基转移酶系的辅酶，参与脂肪、碳水化合物、蛋白质、氨基酸、核酸等代谢，是动物皮肤、被毛、肉趾、蹄、生殖系统和神经系统正常发育和健康的维持不可缺少的。

猪缺乏生物素时生长缓慢，脱毛，皮肤起干鳞片及渗出褐色液体，舌上起横裂，后腿强直、软蹄踵糜烂，蹄踵和角质层开裂，繁殖力下降；禽缺乏时，喙及趾部皮炎，脚爪变形，种蛋孵化率下降，发生脂肪肝肾综合征（FLKS），生长缓慢，成活率降低。初步资料证明，生物素还能提高铜对生长的促进作用，减少背膘厚、改进胴体质量。

生物素广泛地存在于所有富含蛋白质的饲料中，特别是花生中生物素含量很高，但变异很大，多数谷物和木薯粉一类富含淀粉的饲料中生物素很少。玉米、大豆粕和动物蛋白饲料中的生物素能被充分利用，其他饲料中可利用的生物素很低。鸡对麦类及其副产品中生物素可利用率为0～20％。动物消化道微生物能合成少量生物素。近10多年的研究证明，由于饲料中含量变化大，利用率低，单靠天然饲料提供生物素是不能满足畜、禽需要的，必须添加工业生产的生物素；添加较高量的生物素能提高畜禽的抗病能力，防止鸡脂肪肝肾综合征（FLKS），减少鸡猝死，降低鸡腿病；防止畜禽应激引起的生产力下降。猪、鸡饲料中添加生物素普遍能提高生产，降低饲料消耗，尤以大麦、小麦为主的日粮效果明显。

饲料中之所以需要添加生物素是因为：

（1）新的植物性饲料和饲料加工调制技术、饲料中油脂的氧化酸败以及某些生物素拮抗物的存在都影响日粮中的生物素含量和效价。

（2）以禾谷类副产品等生物素含量低的饲料为日粮主要成分，而减少了对富含生物素饲料（如乳清、发酵副产品、酵母和苜蓿草粉）的使用。

（3）日粮配合的不合理使蛋白含量过高并且氨基酸比例失衡，多余氨基酸（特别是支链氨基酸、亮氨酸和异亮氨酸）的分解代谢需要生物素。

（4）粪便中含有肠道微生物合成的生物素，而密集舍饲工艺中的地面设计，减少了家畜通过食粪补充生物素的机会。

(5)不断的遗传改进导致动物采食量降低，更易引起生物素的缺乏。

(6)饲料中添加的抗生素抑制了胃肠道内生物素的合成。

(7)某些疾病和机能障碍使生物素的吸收受阻。

如果在日粮中用小麦代替玉米的话，必须添加 200～250 μg/kg 生物素，才能达到 250～300 μg/kg 的总的添加水平，这主要是由于小麦中的生物素利用率低。

(八)叶酸

叶酸最初由植物中分离出来，所以称之为叶酸，它是以四氢叶酸的形式在动物体内参与物质代谢的。通过对一碳基团的传递参与嘌呤、嘧啶的合成以及氨基酸的代谢，从而影响核酸的合成和蛋白质的代谢，对正常血细胞的形成有促进作用，并能促进免疫球蛋白的生成。

动物缺乏叶酸常引起贫血、红细胞减少，生长停止，禽还表现为脊椎麻痹，羽毛脱色，繁殖能力降低和胚胎死亡率高，特别明显的是胚胎胫骨短粗和嘴呈交错形；猪还出现皮炎、脱毛及消化器官、呼吸器官、泌尿器官黏膜受损等症状。

除木薯外，所有饲料原料均含有叶酸，特别是干酵母富含叶酸。脱水苜蓿粉，大豆粕和鱼粉也含有大量叶酸。但单胃动物对这些饲料中的叶酸利用很少，禽只有 20%～30%。猪与禽肠道微生物可合成部分叶酸，但尚无利用情况资料。对猪、禽通常需补充叶酸以防止缺乏症，增进生产效果，提高免疫力。反刍动物一般不必补充叶酸。长期饲喂广谱抗生素或磺胺类药物，需增加叶酸补充量。

(九)维生素 B_{12}

维生素 B_{12} 因其分子组成中含有一个钴原子又叫钴维生素，氰钴胺素，钴胺素。维生素 B_{12} 为红色、粉红色结晶，在弱酸中较稳定，不耐碱、阳光、氧化剂或还原剂。

维生素 B_{12} 参与体内一碳基团的代谢，是传递甲基的辅酶，它与叶酸的作用相互联系，影响体内生物合成所需的活性甲基的形成和其他一碳基团的代谢。因此参与许多代谢过程。其中最重要的是参与核酸和蛋白质的生物合成(被称为动物蛋白因子)，促进红细胞的发育和成熟。当维生素 B_{12} 缺乏时，能引起动物恶性贫血，此外，其他组织代谢也发生障碍，如胃肠道上皮细胞的改变，神经系统的损害等。维生素 B_{12} 还促进胆碱的生成。

猪维生素 B_{12} 不足表现为蛋白质沉积减少，生长迟缓甚至停滞，饲料转化率降低，正常红细胞性贫血，毛粗乱，皮炎及后肢运动不协调。母猪维生素 B_{12} 不足，则受胎率下降。家禽常发生肌胃黏膜炎症，雏鸡生长不良，种蛋孵化率下降，胚胎死亡率升高，羽毛生长不好等。

植物体内无维生素 B_{12}。分布于各处的微生物都能合成维生素 B_{12}。动物性饲料和微生物发酵饲料中含量丰富，是动物维生素 B_{12} 的重要来源。动物饲料中的钴不足影响消化道微生物合成维生素 B_{12}，磺胺类药和抗生素可抑制微生物合成维生素 B_{12}。猪、家禽通常需要补充维生素 B_{12}，而成年反刍动物只需补充足量的钴就能满足需要。不含微生物饲料的全植物性饲料中需要添加动物全部需要量的维生素 B_{12}。

(十)维生素 C

维生素 C 又名抗坏血酸，是一种多羟化合物，极易被氧化，微量金属离子(Cu^{2+},Fe^{2+}等)能促使维生素C氧化失效。维生素C的主要作用为：

(1)参与细胞间质的生成。维生素C是合成胶原和黏多糖等细胞间质时所必需的物质。当维生素C不足时，动物出现坏血病，此时，毛细血管因细胞间质减少而变得脆弱，通透性增加，引起皮下、肌肉、肠胃黏膜出血，软骨、骨、牙齿、肌肉及其他组织的细胞间质减少，则骨骼、牙易折断或脱落，创口溃疡不易愈合。

(2)具有解毒作用。某些毒物如铅、砷、苯等以及某些细菌毒素进入体内，投给大量维生素C可缓解其毒性。

(3)参与体内氧化还原过程中氢的转移。

(4)参与体内其他代谢。在叶酸转变为四氢叶酸过程，酪氨酸代谢过程以及肾上腺皮质激素合成过程都需维生素C存在。维生素C能促进肠道内铁的吸收，故临床上治疗营养性贫血时，常以维生素C作辅助药物。

(5)具有抗氧化作用。也具有抗感染和抗各种应激的能力。一些研究者还发现，抗坏血酸与蛋壳质量有关。

大多数成年哺乳动物和家禽均能在其肝脏或肾脏内合成维生素C，马铃薯、甜菜、奶粉和青绿饲料中含有维生素C，但加工、贮藏过程中易被破坏。一般情况下，饲料和体内合成的维生素C能满足成年动物需要，但幼龄动物和成年动物在某些环境、营养和疾病情况下需要补充维生素C。通常在如下情况使用：①作为早期断奶幼畜人工乳中的添加物；②各种应激情况下，如高温、生理紧张、运输、饲料改变、疾病等不仅动物合成维生素C能力降低，同时对维生素C的需要量也增加；③在临床上为了加速创口愈合或解毒也常用维生素C；④鱼虾饵料中一般需添加。大多数鱼虾合成维生素C能力很低，易产生缺乏症，特别是高温条件下，添加维生素C能降低死亡率。

(十一)肌醇及其他维生素

肌醇即六羟基环己烷,是活组织中的结构成分,广泛存在于各种生物组织中。肌醇有亲脂性,与胆碱一同起着维持正常的脂肪代谢,防止脂肪肝的作用。自然状态下陆生动物一般不会缺乏。水生动物易感缺乏,主要表现为消化机能差,饲料利用率低,生长缓慢,鲤鱼背部表皮还出现糜烂;鳗鲡有烂鳍、胃胀、贫血等症状。因此,水生动物日粮中,常需增补肌醇。各种谷物、酵母、蔬菜、水果以及肉类、乳等含有丰富的肌醇。

水生动物对肌醇的需要随日粮中含糖量增加而增加,幼龄和产卵前后的种鱼需要量增加。对虾以及其他甲壳类动物饲料中还常添加对氨基苯甲酸。

三、其他类似维生素的物质(类维素物质)

(一)对氨基苯甲酸(PABA)

对氨基苯甲酸参与构成叶酸分子。它是细菌的促生长物质,对机体的代谢也起着重要的作用,许多饲料中都含有对氨基苯甲酸,但是只有补充在家禽的日粮中才能提高饲养效益。畜禽对氨基苯甲酸的需要量目前尚不清楚,而缺乏症状很少发生。鳟鱼的需要量为每千克配合饲料 100～200 mg。

(二)甜菜碱(Betaine)

甜菜碱是甲基基团的供体,可用以代替胆碱和蛋氨酸,但它不能防止鸡的胫骨短粗病。

(三)肌醇(Inositol)

肌醇是六元醇,其抗脂肪肝的作用可防止肝脏的脂肪渗入。饲料中含有大量的肌醇,而且它还是各种磷脂的一个组成部分。

动物对肌醇的需要量还不十分清楚,只有一些由纯粹的营养物质,如酪蛋白、淀粉和脂肪所配制的日粮才需要补充肌醇。若用于治疗产蛋鸡的肝脂肪病,每千克配合饲料约需补充肌醇1 000 mg。用于防止鳟鱼肝的退化,每千克配合饲料需补充肌醇350～500 mg。

(四)维生素 F(必需脂肪酸)

维生素 F 是单个不饱和脂肪酸和多个不饱和脂肪酸的总称。动物体不能在体内生物合成维生素 F,因此必须以补充的方式提供。维生素 F 包括亚油酸、亚麻酸和花生四烯酸。如果在日粮中缺乏这类必需脂肪酸,就会改变皮肤的特性,使生长受到障碍以及降低饲料转化率。

不饱和脂肪酸同维生素 E 的关系十分密切,而动物对维生素 E 的需要量又必须同日粮中所含有的不饱和脂肪酸相配。

(五)维生素 P(芸香苷,Rutin)

芸香苷是类黄酮类化合物之一,通常是黄的色素。它能防止毛细管渗透压升高和血管脆性增加,亦可用于防止马蹄浮肿以及防止猪与大白鼠免受辐射的伤害。芸香苷和维生素 C 配合使用可以发挥协同的作用。但在动物日粮中补充芸香苷所得的效果还不很清楚。

(六)乳清酸(Orotic acid)

乳清酸是代谢的一种重要中间体。在某些情况下,尤其对青年动物和家禽具有促生长的作用。此外,它还具有保护肝的作用。

在动物性蛋白质含量低的日粮中，每千克配合饲料中补充乳清酸40 mg可提高日增重、受胎率和生命力。犊牛真正需要的是母牛初乳和泌乳头几个星期中高含量的乳清酸，而通常所用的代乳品是否能符合这种需要则还有待研究。

(七)维生素 B_{15} (Pangamic Acid)

维生素 B_{15} 是复合维生素 B 的成分，存在于米糠、酵母、血和其他类似的饲料中。它对动物营养的重要性尚不清楚。维生素 B_{15} 主要用于治疗肝硬变和脑硬化。

(八)维生素 B_T (肉毒碱，Carnitine)

肉毒碱是哺乳动物肌肉的组成物质，也存在于酵母、乳清和贝壳类(淡菜)中。在动物机体中，脂肪酸的代谢和对钙、磷以及维生素 D 的吸收过程中，维生素 B_T 起着不同功能的作用，但只有昆虫真正需要维生素 B_T。

(九)维生素 T(Termitin 或 Torutilin)

维生素 T 是由部分未知酵母成分和各种 B 族维生素组成的混合物，最初是由白蚁中分离而得。Goetsch 是第一个对此作了阐述的学者。肝、脑下垂体和各种真菌都含有维生素 T。在早期的饲养试验中都显示维生素 T 有促生长的作用。

(十)维生素 U(Cabagin)

蔬菜和水果都含有一种抗溃疡因子，即维生素 U。这种抗溃疡因子的主要活性物质是蛋氨酸甲锍盐(methionine-methylsulphonium salt)，它具有显著的抗脂肪肝作用。维生素 U 对胃和小肠的黏膜病症也有较好的治疗作用。

表 2-3　动物维生素缺乏症

维生素	缺乏症症状	备注
维生素 A 及β胡萝卜素	干眼症、夜盲、瞎眼；黏膜角化，皮毛干燥，蓬乱，繁殖能力下降，产蛋量降低，不育，哺乳动物胚胎早期死亡，流产，种蛋孵化 2～3 天内因外血管循环萎缩和消失而致胚胎死亡；抵抗疾病和传染的能力降低	反刍动物和单胃动物皆可发生
维生素 D_3	Ca、P 代谢紊乱，骨质钙化停止（佝偻症、软骨症），骨关节变形，易发生自发性骨折；牙齿发育不良，缺乏牙釉质；质壳脆弱易破裂	反刍动物和单胃动物皆可发生
维生素 E	心肌和骨骼肌变性（营养不良）；突发性心力衰竭，桑葚状心脏病变；胰脏萎缩；怀孕后期胎儿死亡，生育、繁殖受损；运动失调；家禽脑软化症，神经症状；渗出性素质（皮下蓝或绿色）；肝坏死；肌胃溃疡	反刍动物和单胃动物皆可发生，与 Se 和含硫氨基酸有关
维生素 K_3	凝血时间延长，出血不止，小伤口也可引起血管破裂	瘤胃发育健全的反刍动物不患
维生素 B_1	神经系统疾病症状；食欲不振或废食	瘤胃发育健全的反刍动物不易发生，但也有成年牛缺乏症报道；大脑皮质坏死
维生素 B_2	食欲减退；腹泻；家禽发生屈趾状麻痹	瘤胃发育健全的反刍动物不患
维生素 B_6	皮毛焦躁，皮炎；神经末梢和中枢神经系统病变；肝脏和心肝受损；繁殖能力降低，孵化率降低；蛋白质沉积减少	瘤胃发育健全的反刍动物不患
维生素 B_{12}	糙皮病，皮炎，家禽羽毛生长不良；贫血；孵化率降低，胚胎死亡率提高；饲料转化率降低	瘤胃发育健全的反刍动物不患
生物素	生殖紊乱；猪蹄周围皮炎，蹄裂，家禽喙部、胫及趾部周围皮炎；肉用仔鸡发生脂肪肝、肾病综合征	瘤胃发育健全的反刍动物不患，幼小动物敏感
叶酸	血象紊乱，猪患贫血症；家禽羽毛生长不良；繁殖能力降低，胚胎死亡率高；骨短粗症	瘤胃发育健全的反刍动物不患，幼小和种用动物特别需要

续表 2-3

维生素	缺乏症症状	备注
泛酸	皮肤和黏膜发生病变,发炎;肠道和呼吸道疾病;生殖机能紊乱;耐紧张能力降低,猪害"鹅步"——跨高阔步步态;家禽产蛋量降低,胚胎死亡率高	瘤胃发育健全的反刍动物不患,幼小和种用动物特别需要
胆碱	肝脂肪变性,发生脂肪肝;猪后腿叉开站立,运动失调,经常呈坐姿状态;家禽骨短粗症,骨关节畸形	瘤胃发育健全的反刍动物不患,幼小和种用动物特别需要
维生素 C	易患传染病;黏膜自发性出血;家禽在高温下紧张;蛋壳硬度降低	鸡、猪等在特定情况下需要补充,鱼类饲料需要添加

第二节 维生素添加剂的特点及应用

一、维生素添加剂的制剂特点和种类

由于大多数维生素都有不稳定、易氧化或易被其他物质破坏失效的特点和生产工艺上的要求,几乎所有的维生素添加剂都经过特殊加工处理和包装。例如制成稳定的化合物或利用稳定物质包被等。为了满足不同使用的要求,在剂型上有粉剂、油剂、水溶性制剂等。此外,商品维生素饲料添加剂还有各种不同规格含量的产品,可归纳为以下 3 类。

(一)纯制剂

纯制剂 B 族维生素制剂。多是化学合成的晶体物质,其化合物含量至少为 95%,如维生素 B_1、维生素 B_2、维生素 B_6、叶酸、烟酸、泛酸钙、维生素 C 和维生素 K_3 的纯品制剂(化合物纯度为 95%~99%)。

(二)经包被处理的制剂

经包被处理的制剂又称稳定型制剂。脂溶性维生素及维生素C极不稳定,常利用稳定物质进行包被以提高其稳定性。由于包被材料或加工方法不同,其产品有溶于水的和不溶于水的。这类产品的纯化合物含量有很大差异(表2-4)。

表2-4　商业维生素产品的活性

维生素的常用名	产品类型	活性物质的标准浓度
维生素A		视黄醇乙酸酯:
	包被/喷雾干燥	500 000 IU/g
	包被/喷雾干燥	650 000/g
维生素D_3		纯维生素D_3:
	包被/喷雾干燥	500 000 IU/g
	包被/喷雾干燥	1 000 000 IU/g
维生素E		*DL-α-*生育酚乙酸酯:
	吸附/喷雾干燥	50%=500 IU/g
维生素K_3		甲萘醌:
	MSB:100%	50%
	MSB:52%	26%
	MPB:50%	22.7%
	MSBC:50%	16.5%
维生素B_1	纯净	盐酸硫胺素:98%
维生素B_2		纯净核黄素:
	结晶	96%
	颗粒化	80%
烟酸		纯烟酰胺或尼克酸:
	纯净	
烟酰胺		99%
泛酸钙		*D-*泛酸钙:
	*DL-*泛酸钙	98%
	*D-*泛酸钙	45%
维生素B_6	纯净	盐酸吡哆醇:
		98%

续表 2-4

维生素的常用名	产品类型	活性物质的标准浓度
叶酸	纯净	纯叶酸：
	喷雾干燥	95%
		80%
生物素	稀释（载体）	纯 *D*-生物素：
	喷雾干燥	2%
		1%
维生素 B_{12}	稀释（载体）	单氰钴胺：
		1%
		0.1%
维生素 C	包被的抗坏血酸	*L*-抗坏血酸：
	复合抗坏血酸	99%
		89%～97.5%

（三）稀释制剂

利用脱脂米糠等载体或稀释剂制成的各种浓度的维生素制剂。

二、各种维生素添加剂的特点及应用

（一）维生素 A 和 β-胡萝卜素

1. 维生素 A 制剂　维生素 A 制剂有天然物和人工合成两类。天然物主要是鱼肝油及其制品，人工合成的主要有维生素 A 醇、维生素 A 醋酸酯、维生素 A 棕榈酸酯，有的还应用维生素 A 丙酸酯制剂。用作饲料添加剂的目前主要以合成维生素 A 产品为主。

(1)人工合成维生素 A 及其制剂。人工合成的维生素 A 化合物主要有维生素 A 醇、维生素 A 醋酸酯和维生素棕榈酸酯。维生素 A 醇的稳定性较差，作为饲料添加剂使用的主要为后两种。

维生素 A 油：将合成化合物溶于植物油即为维生素 A 油，一般添加有抗氧化剂。

溶水维生素A液：维生素A油中加入适量抗氧化剂，再加入表面性剂经一定处理而得。溶水维生素A液可在水中均匀分布，一般每毫升中含维生素A 3万～5万IU。主要用于人工乳和液体饲料中。

(2)粉剂。维生素A粉剂有吸附型和包被型两种。

①吸附型维生素A制剂：即将肝油或溶水维生素A液用谷物胚芽或脱米糠等粉末作为吸附剂吸附而成。稳定性差。

②包被型稳定维生素A制剂：为了增加维生素A制剂的稳定性，维生素A除脂化、添加抗氧化剂外，目前常用的方法还有用稳定的物质进行包被，主要有两种产品即微粒胶囊和微粒粉剂。

微粒胶囊是根据明胶在其等电点时溶解度低的特点，应用复凝聚法，以明胶作包被材料制成微粒胶囊，使维生素A酯外包被一层严密的保护膜，隔绝维生素A酯与空气、光线等的接触，从而达到防止或延缓维生素A酯的氧化，是较稳定的维生素A制剂。我国目前生产的饲料添加剂维生素A多为此制剂。

微粒粉剂(或称喷雾干燥粉末)是一种比较新的制造工艺产品，即应用喷雾、淀粉吸收干燥法制得。

将维生素A棕榈酸酯或醋酸酯分散于以明胶和蔗糖或葡萄糖组成的基质中，加入抗氧化剂，将此混合物用气流雾化，喷于正在搅拌着的干淀粉中，雾粒表面的水分被淀粉吸干，最后过筛、真空低温干燥。吸附用的淀粉用疏水的变性淀粉比较好。这种变性淀粉覆盖的微粒粉剂抗氧化性能好，硬度高，能抵抗机械损伤，粒度适中(在30～80目范围内)，单位饲料中颗粒较多，微粒表面不规则而粗糙，易吸附混匀。与微粒胶囊相比，具有明显的优越性。喷雾冻凝法亦可用来制备微粒粉剂。

近些年来，国外科技文献相继报道应用β-环糊精药物包被材料，将易于感光、氧化分解的维生素A、维生素D、维生素E、维生素 K 以及其他不稳定的维生素制成相应的β-环糊精包被制剂，可增加这类维生素的稳定性。

这些方法制备的稳定型维生素 A 制剂被动物食入后，在动物体内包被材料逐渐溶化，囊心的维生素释放出来，动物机体即可吸收、利用。

包被型维生素 A 制剂含有效成分差异很大，用作饲料添加剂的多为 10 万～25 万 IU/g。

2. β-胡萝卜素制剂 多为微生物合成物，其纯品为红棕色到深紫色的结晶性粉末，对光、氧和酸十分敏感。不溶于水，微溶于脂肪和油，溶于丙酮、石油醚等有机溶剂。因稳定性差，商品β-胡萝卜素制剂同维生素 A 制剂一样，多为各种包被材料处理的稳定制剂。如罗氏公司的产品为含β-胡萝卜素 10%的稳定型明胶包被粉末，在密闭容器中贮于 20℃以下干燥处，可贮存 6～12 个月。但在混入饲料中加工成块、制粒、膨化等时有部分损失。

以添加β-胡萝卜素补充维生素 A 很不经济，但对处于不良情况下的某些繁殖母畜具有维持正常繁殖性能的作用。通常在动物发情不明显，妊娠率低，妊娠后交配、分娩困难和产弱子等情况下添加。一般按下列推荐量添加可满足需要：母牛、母马：每头每天补 600 mg；母猪：每千克日粮含 100 mg；母兔：每千克日粮含 40 mg。

商品维生素 A 饲料添加剂除上述这些高浓度单项制剂外，还有以脱脂米糠、黄豆细粉等作载体的单项预混剂。此外，稳定型维生素 AD 或维生素 ADE 粉剂应用广泛。这可避免其中两种或三种物质分离。

溶水维生素 A 液和水溶性维生素 A 粉剂可用于人工乳、液体饲料和饮水。

(二)维生素 D

维生素 D 有维生素 D_2 和维生素 D_3。维生素 D_2 可由用紫外线照射处理饲用酵母而得。维生素 D_3 对禽类的活性远高于维生素 D_2,对于其他动物维生素 D_3 效果也很好,而且维生素 D_3 较维生素 D_2 稳定性好,因此,作为饲料添加剂的多用维生素 D_3,维生素 D_2 也有应用。此外鱼肝油及其制剂也可作为饲料中维生素 D 添加物,但目前几乎不用。

在配合饲料中,维生素 D_3 的稳定性虽比维生素 A 好,但它与热、潮湿和某些无机元素、氧化剂等直接接触时,也很易被破坏失效。因此也需要进行特殊的防氧化和包被处理,即所谓"稳定型的维生素 D_3"。

商品维生素 D 制剂同维生素 A 处理基本相同,即有维生素 D 微粒胶囊,微粒粉剂,*β*-环糊精包被物和维生素 D 油等制剂。稳定的维生素 AD 制剂为常用的商品性维生素 D 添加剂形式。

(三)维生素 E

由于维生素 E 醋酸酯较游离维生素 E 稳定,作为非抗氧化剂饲料添加剂用的维生素 E 为 *α*-生育酚醋酸酯,其中自然界存在的 *D*-*α*-生育酚醋酸酯效价最高。人工合成的维生素 E 是 *DL*-*α*-生育酚形式的产品。一般以 1 mg *DL*-*α*-生育酚醋酸酯为 1 个国际单位(IU),1 mg *D*-*α*-生育酚醋酸酯相当于 1.36 IU 维生素 E。

维生素 E 是一种抗氧化剂,在饲料中很易被氧化破坏,虽对其他维生素可起到保护作用,但自身却失去生理活性。因此,一般非抗氧化用维生素 E 制剂中也应添加抗氧化剂和进行其他稳定性处理。

同维生素 A、维生素 D 制剂一样,维生素 E 制剂也有油剂、粉剂(吸附型、微粒胶囊、微粒粉剂、*β*-环糊精包被物)和可溶性粉剂。

近年来，许多报道证实了除维生素 E 外，硒的重要生理功能之一是它的抗氧化作用，硒和维生素 E 并用时，可起到相互增强作用的效果。

供防治维生素 E 和硒缺乏用的维生素 E、亚硒酸钠的合剂，可按每毫升含维生素 E 醋酸酯 100 mg、亚硒酸钠 1 mg（相当于硒 0.45 mg）的比例配合。作为饲料添加剂应用时，生长肥育猪的常用量为每毫升合剂拌饲料 7 kg 左右；家禽预防量为 1 mL 溶于 1 000 mL 水中供饮水，治疗剂量为 1 mL 溶于 1 000 mL 水中饮水。配成的液体制剂须避光，贮存于阴暗处。

（四）维生素 K_3

由于人工合成的维生素 K_3 制剂效价高，又是水溶性结晶，性质较稳定，故用作饲料添加剂的维生素 K 多是维生素 K_3 制剂。

目前作为饲料添加剂的维生素 K_3 制剂有亚硫酸氢钠甲萘酯（MSB）、亚硫酸氢钠甲萘醌复合物（MSBC）和亚硫酸二甲基嘧啶甲萘醌（MPB），其活性成分为甲萘醌。

1. 亚硫酸氢钠甲萘醌（MSB） 多含 3 个结晶水，其分子式 $C_{11}H_8O_2 \cdot NaHSO_3 \cdot 3H_2O$，含活性成分约 52%。为白色或灰色结晶性粉末，无臭或微有特异臭味，有吸湿性，遇光易分解。MSB 对皮肤和呼吸道黏膜有刺激性。

MSB 商品制剂有含 MSB 94% 的高浓度产品，其稳定性差，但价格便宜。用明胶包被处理的 MSB 微粒胶囊制剂一般含 MSB 50%，稳定性好，且无刺激性。

2. 亚硫酸氢钠甲萘醌复合物（MSBC） 亚硫酸氢钠甲萘醌复合物的化合物成分与 MSB 相同，为 $C_{11}H_8O_2 \cdot NaHSO_3 \cdot 3H_2O$，二者的区别在于形成亚硫酸氢钠结合物时，MSBC 添加了过量的亚硫酸氢钠以提高甲萘醌的稳定性。此制剂常含有较多的游离亚硫酸氢钠，因而活性成分甲萘醌含量较低，一般在 30%～40%。我国饲料添加剂标准(GB 7294—87)要求含 $C_{11}H_8O_2 \cdot NaHSO_3 \cdot 3H_2O$ 水量 60%～75%即活性成分 31.1%～39.1%。MSBC 稳定性较好，是目前应用最为广泛的维生素 K_3 制剂。

3. 亚硫酸二甲嘧啶甲萘醌(MPB) 此制剂为稳定性最好的维生素 K_3 制剂，含活性成分 45.5%。在饲料制粒过程中能保持较高的活性，但具有一定毒性，且价格较贵。因此，目前应用不及 MSBC 广泛。因具有毒性，应限制使用。美国食品与药物管理局规定，以 MPB 作为营养性添加剂使用时，鸡与火鸡不得超过全价饲料的 2 mg/kg，生长肥育猪不得超过 10 mg/kg。

此外，以 α-环糊精包被处理的稳定型维生素 K_3 制剂在饲料中的应用亦有介绍。

(五) 硫胺素(维生素 B_1)

硫胺素为嘧啶衍生物，具有阳离子特性，能同许多阴离子形成盐或复杂的有机化合物。用作饲料添加剂的主要是由化学合成法制得的硫胺素盐酸盐(盐酸硫胺素)和硝酸盐(单硝酸硫胺素)。

盐酸硫胺素：其分子式为 $C_{12}H_{17}ClN_4OS \cdot HCl$，含有效成分 78.7%，为白色结晶或结晶性粉末，略有特异性臭味。易溶于水，具有吸湿性。在 pH 3.5 以下时稳定性较好，但在中性或碱性条件下不稳定，对热、氧化剂、还原剂、金属盐类敏感，特别是在有水分存在的条件下稳定性更差。

单硝酸硫胺素：其分子式为 $C_{12}H_{17}N_5O_4S$，含有效成分 81.1%，为白色或微黄色结晶性粉末，无臭或略有特异性臭味。微溶于水，吸湿性小。在中性和碱性条件下不稳定，但对热、氧化剂、还原剂较盐酸硫胺素敏感性差，在饲料中的配伍性较好，在预混料和配合饲料的加工和贮存过程中较稳定，特别是在加有吸湿性强的氯化胆碱的维生素与微量元素复合预混料中，以及饲料的制粒、膨化和宠物罐头饲料的加工过程中的损失率远低于盐酸硫胺素。

(六)核黄素(维生素 B_2)

商品维生素 B_2 为核黄素及其酯类,用作饲料添加剂的主要是由微生物发酵或化学合成的核黄素,此外,核黄素醋酸酯、核黄素丁酸酯、核黄素磷酸钠也有应用。

由两种来源的核黄素生物效价一样,其纯品为黄色—橙色结晶或结晶性粉末,微臭,味微苦,易溶于稀碱溶液,难溶于水、乙醇。干燥的结晶状核黄素对氧化剂、酸、热极稳定,但遇碱、光迅速分解,特别是在碱性溶液中或紫外线作用下分解更快。因此,必须密封、避光保存,在室温(25℃以下)下,至少可贮存 1 年。

在预混料中,应尽量避免与碱性物质配伍,特别是同时含有较多游离水条件下,核黄素损失量增加。在避光的干粉料中,核黄素稳定性较好。饲料的制粒和膨化加工对核黄素有破坏作用,制粒处理的损失率为 5%~15%,膨化处理为 0~25%。研究显示,无特异性病原菌动物饲料进行的高压或 γ 射线处理,对饲料中核黄素的损失不大,一般为 0~8%。核黄素在宠物罐头饲料的灭菌处理和贮存过程中的损失也不多,其损失率分别为 0~5%和每月 0~2%。

核黄素磷酸钠也是黄色—橙黄色结晶或结晶性粉末,无臭,有苦味。含核黄素 75%,其稳定性较核黄素差,贮存温度低于 15℃较好。核黄素磷酸钠主要在配制液体饲料或水溶液时选用。

核黄素丁酸酯可溶于油脂,要求核黄素溶于油脂时选用,在普通饲料中应用不多。核黄素丁酸酯效价相当于核黄素的 56%。

维生素 B_2 添加剂商品制剂除纯品外,还有以大豆皮粉或玉米芯粉等作为载体或稀释剂制成的多种不同浓度的产品,纯品维生素 B_2 含量在 96%以上,有静电作用,易吸附于加工设备上,在配制饲料时需预处理。经稀释处理的产品无静电作用,流动性好。

(七)泛酸

游离泛酸极不稳定,极易吸湿,在自然界很少存在。因此,作为饲料添加剂应用者多选用稳定性好的泛酸钙,此外,在液体饲料中,泛酸和泛醇也有应用。

作为饲料添加剂的泛酸钙产品有右旋泛酸钙(*D*-泛酸钙)和外消旋泛酸钙(*DL*-泛酸钠)两种。由于仅*D*型泛酸及其盐类具有生物活性。因此*DL*-泛酸钙效价为*D*-泛酸钙的50%。*D*-泛酸钙的生物活性为泛酸的92%。

D-泛酸钙为白色吸湿性粉末,无臭,味微苦,易溶于水,微溶于乙醇。其水溶液为中性或弱碱性。在阴冷、干燥条件下较稳定,吸湿后或水溶液中会水解,效价降低,在酸、中性条件下更易破坏,特别对酸敏感,对热中等敏感,但对氧化、还原作用和光稳定。因此,在预混料和配合饲料中应避免与吸湿性强的组分共存。*D*-泛酸钙在干粉配合饲料中损失不大,但混合后再粉碎,损失增加。制粒过程对*D*-泛酸钙有破坏作用,其损失率一般为5%～10%;膨化工艺后的损失为0～10%;在混合后罐头饲料的灭菌处理和贮存期间损失极少;对无特异性病原菌动物饲料进行高压灭菌处理后,*D*-泛酸钙损失量大,可达50%,而γ射线辐射灭菌则损失很少。*DL*-泛酸钙产品亦为吸湿性粉末,其吸湿性较*D*型产品强,流动性也较差。

在含磷酸盐的液体饲料中,泛酸钙会因形成磷酸钙而降低效价。在此种情况下可用*D*-泛酸钠代替。*D*-泛酸钠也为白色吸湿粉末,微有酸味,易溶于水。其生物活性为泛酸的93%。*D*-泛酸钠的稳定性,特别是在水溶液中的稳定性较*D*-泛酸钙差,因此,除非绝对需要,一般不用泛酸钠。

右旋泛酸(*D*-泛酸)为无色黏稠液体,长期贮存可形成结晶,能同水混溶。在酸性(pH值为3～7)液体中稳定性较好,因而在此条件下可选用。其效价与泛酸相当。

因泛酸的钙盐和钠盐均具有较强的吸湿性，包装的容器必须具有较好的防潮性，在稀释产品中常添加防结块剂(如氯化钙)，以增加流动性，防止结块。

(八)维生素PP(烟酸和烟酰胺)

用作补充烟酸的添加剂有烟酸和烟酰胺两种形式的产品。二者均为白色或微黄色粉末，无臭。烟酸味微酸，溶于水、乙醇，易溶于碱性溶液，无吸湿性，流动性好。烟酰胺味苦，易溶于水、乙醇，溶于甘油，吸湿性强，流动性差。

烟酸和烟酰胺在干燥和水溶液中都很稳定，几乎不受热、光、氧化、还原、潮湿的影响。酸、碱对二者有轻微影响。在与微量元素配合时，烟酸适宜于同呈酸性反应的硫酸盐、氯化物和硝酸盐配合，而烟酰胺适宜与呈中性或碱性反应的氧化物配合。

由于烟酰胺具有较强的吸湿性，主要用于配制液体饲料和水溶性制剂，其他饲料中则选用烟酸。烟酸的溶解度可满足配制犊牛、乳猪、羔羊的代乳料要求，无需选用烟酰胺。烟酸在各种饲料中的稳定性都很好，在配合饲料的加工、贮存过程中损失均很少，即使是制粒、灭菌处理的损失量也很低，在含微量元素的预混料中有少量损失。但配合饲料的膨化处理对烟酸的破坏较大，一般为10%～20%，多次试验显示，采用膨化后喷涂烟酸的工艺并未显示优越性，烟酸的损失量与膨化前加入日粮中相近。

(九)维生素B_6

尽管吡哆醛、吡哆胺与吡哆醇对动物有相同的生物学效价，但前二者的稳定性差，在光、加工和贮存温度、酸、碱度和水分的影响下，稳定性更差，因此，通常作为补充维生素B_6的均为吡哆醇，作为饲料添加剂的形式为盐酸吡哆醇。其生物活性相当于吡哆醇的

82.3%。

盐酸吡哆醇是一种白色—微黄色、无臭的结晶性粉末，味酸苦，易溶于水，但无吸湿性。商品盐酸吡哆醇多为含量在98%以上的产品。此产品在干燥避光条件下稳定性好，室温条件下贮存月损失率为1%～2%，但对光、碱敏感，特别是在水溶液中或吸湿条件下，遇光或碱迅速分解。

盐酸吡哆醇在应用干燥、惰性载体的各种维生素预混料中稳定性很好。在与氯化胆碱和微量元素矿物质共存，特别是与呈碱性反应的微量元素氧化物和碳酸盐共存时，盐酸吡哆醇迅速而大量地被破坏。试验显示，这种破坏主要发生在最初2个多月，其后损失量不大。一般情况下，在加有微量元素矿物质的预混料中，在最初3个月的贮存期间，盐酸吡哆醇的月损失率约10%，以后损失很少。

粉碎、混合对饲料中固有的吡哆醛，吡哆胺破坏很大，吡哆醇有少量损失，添加入饲料中的盐酸吡哆醇在粉料的混合和贮存过程中损失不大。在罐头饲料的加工和贮存期间也很少损失。制粒过程中的温度、水分和压模表面的磨损情况影响盐酸吡哆醇的破坏程序，特别是水分增加，大大增加对盐酸吡哆醇的破坏作用。一般制粒期间的损失率为5%～10%，膨化处理对吡哆醇的影响主要在于饲料在膨化机停留的时间，水分仅有少量影响，一般膨化损失为5%～20%，但潮湿膨化料在贮存期间吡哆醇的损失增加。

无特异病原菌动物饲料的所有灭菌处理对吡哆醇的破坏很大，损失率为20%～80%，多在40%～60%，随饲料中水分含量不同而不同。

(十)生物素

生物素的补充物为右旋生物素（*D*-生物素）制剂，纯品一般含*D*-生物素98%以上，是一种近白色结晶性粉末，在冷水中溶解度低，随水温升高其溶解度增加，但高温时稳定性受到影响，配制生物素溶液时，最适温度为50℃左右。生物素是稳定性较好的一种维生素，对氧化、还原、微量元素都很稳定，强酸、强碱、紫外线对生物素稍有影响，生物素对热敏感。

因生物素在饲料中使用量极微，作为饲料添加剂的商品制剂一般为含 *D*-生物素1%或2%的预混料。其产品有两种形式即载体吸附型生物素和与一定载体（如糊精）混合后经喷雾干燥制得的喷雾干燥型生物素制剂。喷雾干燥型粒度较前者小，其水溶性和吸湿性因载体不同而不同。两种产品在干燥密闭条件下都较稳定，在含有微量元素的干燥预混料中有少量损失，在干粉料的加工和贮存过程中生物素的损失不大，但贮存温度明显增加生物素的损失。低于70℃的一般制粒条件下，生物素的损失一般为5%～10%，随调质蒸汽量增加，饲料在调质器中停留时间的延长，压制颗粒温度的提高，生物素的损失增加，高者可达40%～50%。制粒温度超过80℃时，生物素的损失为20%～30%，随后贮存期的月损失率也增加为2%～5%。膨化处理对生物素的破坏也较大，为15%～20%，膨化饲料在贮存期间生物素的损失不大，每月约为2%。宠物罐头饲料的灭菌处理和贮存期间生物素的损失极微。但无特异性病原菌动物饲料的高压灭菌对生物素有破坏作用。随灭菌温度和时间的不同，生物素的损失为10%～30%；γ射线灭菌对生物素的影响受饲料中水分含量的影响，一般情况下生物素的损失甚微。

（十一）维生素 B_{12}（氰钴胺素）

维生素 B_{12} 是一种暗红色针状结晶细粉，无臭无味，溶于水和乙醇。在弱酸和中性条件下稳定性好，强酸、强碱、氧化、微量元素、热对维生素 B_{12} 稳定性稍有影响，维生素 B_{12} 对还原剂、光敏感，易被日光、还原剂破坏，应避光贮存，不宜与有还原作用的维生素C

等物配伍。

维生素 B_{12} 在预混料包括含有微量元素的预混料、配合料中都比较稳定，月损失率为 1%～2%。制粒、膨化对维生素 B_{12} 的损失有增加，制粒为 2%～4%，膨化为 2%～6%。

商品维生素 B_{12} 纯品含维生素 B_{12} 95%以上，由于饲料中添加量极少，用作饲料添加剂的商品制剂多为加有载体或稀释剂，含维生素 B_{12} 0.1%或 1%～10%的预混料粉剂产品，其颜色、吸湿性以及其他特性随维生素 B_{12} 的含量、载体的特性而不同。如以玉米淀粉作为稀释剂的产品吸湿性较以碳酸钙为稀释剂的产品强。

（十二）叶酸（蝶酰谷氨酸）

叶酸为黄色或橙黄色结晶粉末，无臭、无味，几乎不溶于冷水，随着水温的升高以及在酸性或碱性溶液中，其溶解度增加，但温度的升高或 pH 值的升高或降低，都可使叶酸效价迅速下降，特别是在酸性溶液中，损失更快。叶酸也能被紫外线分解。但在干燥、避光条件下稳定性较好，密封包装贮存于阴凉、干燥处至少可保存 1 年。

商品制剂主要有两种剂型。应用较多的是药用级叶酸，其含量以干物质计算，不少于 96%，含水量一般低于 8.5%。此产品为极细粉末，易凝集成团，流动性差，应用时需要预混合处理。

另一类为加有一定载体或包被材料加工制成的含叶酸 80%左右的喷雾干燥型制剂或微囊制剂。以糊精作为载体的喷雾干燥型制剂为微颗粒状粉末，流动性好，在预混料或配合饲料中，易混合均匀。以明胶或异丙醇和乙基纤维素作为包被材料制成的微囊制剂的稳定性好，特别是乙基纤维素包被制剂稳定性优于明胶包被制剂。

叶酸在预混料和配合饲料中的稳定性较差，主要受光照和含水量的影响，吸湿性强的微量矿物质硫酸盐、氯化物、氯化胆碱等对叶酸的效价影响大,因此要尽量避免与这些物质配伍。一般情况下,叶酸在预混料或干粉配合饲料的生产过程中损失5%～10%,贮存1个月后损失20%～40%。饲料的粉碎、制粒、膨化处理对叶酸的破坏更大,损失率为10%～50%。罐头饲料的灭菌对叶酸的损失随灭菌的温度和时间的增加而增加,且温度比时间的影响更大,一般损失率为45%～55%。干粉料的高温灭菌使饲料中的叶酸几乎全部受到破坏,γ射线的辐射灭菌对叶酸的破坏作用小于高温灭菌,一般在40%左右,降低饲料中的含水量可降低叶酸的损失率。经包被处理的叶酸产品在饲料的加工和贮存过程中稳定性虽有提高,但在饲料的膨化、灭菌处理时损失仍很大,特别是高压灭菌。

(十三)胆碱

胆碱的饲料添加物主要是氯化胆碱,含胆碱86.8%,其商品制剂有液体和干粉剂两类产品。

液体氯化胆碱制剂一般为含氯化胆碱70%以上的水溶液,为无色透明的黏性液体,有轻微异臭。粉剂为以70%氯化胆碱液体制剂加入一定的载体(如玉米芯粉、脱脂米糠粉、稻壳粉、二氧化硅、无水硅酸盐等)和抗结块剂制成含氯化胆碱50%的产品,依载体不同,为白色或黄褐色粉末或颗粒,有特异臭味,流动性依载体不同而不同,一般有机载体产品流动性较差,而二氧化硅、硅酸盐产品流动性较好。

氯化胆碱的稳定性很好,是最稳定的维生素,在饲料的加工和贮存期间损失很少。但氯化胆碱制剂都具有很强的吸湿性,对多种活性成分,特别是对许多维生素的有效性有严重的影响,应尽量避免与其他活性成分接触。此外,氯化胆碱在饲料中的添加量大,因此,一般不加入维生素预混料中,多直接加入配合饲料。

甜菜碱作为甲基供体可替代部分胆碱。目前芬兰已有饲料级甜菜碱产品。欧洲已批准为鸡、猪的饲料添加剂，并在鱼、玩赏动物饲料中应用。甜菜碱为黄色结晶，商品制剂含甜菜碱 97%以上，作为甲基供体的效果为 50%氯化胆碱的 2.3 倍，对维生素的稳定性无影响，但甜菜碱不能防止鸡胫骨短粗症的发生。

(十四)维生素 C

目前常用的维生素 C 添加物有 *L*-抗坏血酸、*L*-抗坏血酸钠、*L*-抗坏血酸钙，此外，据报道，新研制开发的 *L*-抗坏血酸-2-多磷酸盐是一种有效、稳定性好的补充物。

L-抗坏血酸为白色或类白色结晶性粉末，无臭，味酸，易溶于水，在干燥、密闭条件下相当稳定，但在水溶液中或在空气中易吸湿氧化变为微黄色，对碱、热、光、微量元素都不稳定，特别是在温热条件下，极易被氧化剂、碱、微量元素等破坏。因此，结晶 *L*-抗坏血酸在成分复杂的预混料和配合料中，特别是与氯化胆碱等吸湿性极强的组分共存时保存率很低，更不耐粉碎、制粒、膨化、灭菌等加工处理。用硅酸盐、乙基纤维素等被包处理的 *L*-抗坏血酸的稳定性有一定提高，但仍易被粉碎、制粒、膨化、灭菌等工序破坏。

L-抗坏血酸钙、*L*-抗坏血酸钠均为白色粉末，易溶于水，稳定性较抗坏血酸好，因此作为饲料添加剂较 *L*-抗坏血酸普遍。其活性 *L*-抗坏血酸钙相当于 81.6%抗坏血酸，*L*-抗坏血酸钠相当于 90% *L*-抗坏血酸。

(十五)肌醇

水产饲料中常需添加肌醇，用作饲料添加剂者为化学合成肌醇，其产品为含肌醇 97%以上的白色结晶或结晶性粉末，无臭，具有甜味，易溶于水。肌醇很稳定，在饲料中不易被破坏。

第三节 维生素的需要量和最佳维生素营养

随着人们对维生素作用的深入了解，饲料加工工艺的改进，及畜禽生产性能因遗传育种方法的改进而不断地提高，人们对维生素的推荐添加量已做了进一步的修改。维生素的营养作用不仅仅是为了防止缺乏症，而且还必须维持畜禽在商业化饲养条件下的最佳生产性能。动物对营养的需要量可以分为两种水平：最低需要量和最佳需要量。最低需要量是指能够防止缺乏症状出现的量，而最佳需要量则是保证动物发挥最佳生产性能的量。

一、维生素需要量

动物维生素需要量，虽然不同种动物的代谢需要相似，其日粮中的维生素需要量却差异很大。有些维生素对代谢虽属必需，但由于易从食物或其他代谢物合成，对某些动物来说，在日粮中并非必需。

家禽、猪和其他单胃动物对日粮中维生素的依赖程度比反刍动物大得多。传统观点认为，瘤胃发育完全的反刍动物缺乏任一种维生素不会引起危害，天然饲料中存在的维生素加上瘤胃微生物合成的维生素完全可满足其对 B 族维生素的需要量。然而，在特定条件下（如应激或高产），反刍动物日粮中亦需添加维生素，特别是硫胺素和烟酸。

反刍动物在生后的一段时间内，瘤胃并不能合成维生素。在生后不久，与非反刍动物一样，也需要日粮来源的 B 族维生素。从 8 日龄开始，瘤胃中的微生物便逐渐发育，到 2 月龄时，便可为宿主供给相当数量的 B 族维生素（Smith，1970）。瘤胃合成的这些维生素通过胃肠道的消化吸收可有效地被宿主利用。

包括人在内的单胃动物，肠道虽然可以合成相当数量的 B 族维生素(Mickelson,1956),但并不能被有效利用。利用率低的原因是,非反刍动物通常在肠道下部分合成维生素,此部位的吸收较差。由于马的大肠合成的B族维生素量大,虽然吸收较差,也可满足绝大部分需要量。有些动物如兔、大鼠等因有食粪习惯可更多地利用肠道合成的维生素。

二、影响维生素需要量和利用的因素

(一)动物本身

动物的维生素需要量在很大程度上取决于其生理状况、年龄、健康、营养和生产目的(Roche,1979a)。例如,高产奶牛由于产奶量高对维生素的需要量比干奶牛和产奶少的牛要高。由于种母鸡要维持高的孵化率,其日粮中维生素A、维生素D_3和维生素E水平比快速生长肉仔鸡还高。对猪日增重和产仔数的选择会使维生素需要量提高(Cunha, 1980a, 1984b)。

不同动物品种和品系对维生素的需要量也可能有差异。新品系由于生产性能高,对维生素的需要量也高。快速生长肉鸡的腿病可通过在日粮中加入高水平生物素、叶酸、烟酸和胆碱部分纠正(Roche,1979a)。

(二)限制饲养

草地中青绿多汁牧草是良好的维生素来源,其中的维生素A和维生素E多为可利用形式。青绿多汁牧草中含有丰富的β-胡萝卜素和α-生育酚。猪和家禽在完全限制饲养时,不能接触草地。同时,限制饲养也使猪和家禽通过食粪获取维生素的机会减少。此时,生产者更应注意维生素添加量。

(三)应激、疾病或不良环境因素

集约化生产时,由于动物的饲养密度加大,会增加应激或亚临床疾病。应激和疾病条件下，对某些维生素的需要量增加。近年的不少研究表明，可以满足生长、饲料转化率、妊娠和泌乳的维生素需要量并不能使动物产生最大的免疫力和抗病性（Cunha，1985）。疾病或寄生虫感染会影响动物胃肠道对维生素的吸收。迄今，仅用维生素A和维生素E得出了令人信服的证据（Whitehead和Portsmouth，1989）。严重感染寄生虫的动物，常发生维生素A缺乏。饲料中的黄曲霉毒素能引起消化紊乱（如呕吐、痢疾和内出血），干扰维生素A、维生素D、维生素E和维生素K的吸收。在肉鸡饲养中，发霉玉米通常与维生素D和维生素E的缺乏症有关。

采食高水平维生素可使雏鸡因伤寒导致的死亡率降低（Hill，1961）。添加高水平维生素E可使感染大肠杆菌雏鸡的死亡率降低40%～5%（Tegerdy和Nockels，1975）。Scott等（1982）认为球虫病对维生素K会产生三重应激：①球虫病降低采食量，进而使维生素K摄入量减少；②球虫病损害肠道，从而减少维生素K的吸收；③用球虫药会使对维生素K的需要量增加。

（Whitehead和Portsmouth，1989）提出了应激条件下鸡日粮中的维生素添加量（表2-5）。遗憾的是，关于应激对维生素需要量的影响还缺乏剂量反应资料。

表2-5 应激情况下对鸡的额外维生素添加量①

维生素	肉鸡②	蛋鸡	种鸡
维生素A(IU/kg)	5 000	3 000	3 000
维生素E(mg/kg)	30	30	30
维生素C(mg/kg)	500	500	1 000
硫胺素(mg/kg)	3	3	3
泛酸(mg/kg)	10	10	10

注：①为正常需要量之上的添加量；②如果肉仔鸡受到脂肪肝肾综合征的影响，应另外添加50～150 μg/kg生物素。

(四)维生素拮抗物

维生素拮抗物会干扰维生素的活性，Oldfield(1987)曾对维生素拮抗物的影响做过总结。在维生素拮抗物中，有些可切断维生素代谢分子，使其丧失活性，如硫胺素酶；有些可与代谢物结合，使其丧失活性，如抗生物素蛋白；有些由于具有与维生素相似的化学结构，可占据维生素代谢物的作用部位，如双香豆素。调整维生素供给量时，必须考虑饲料中维生素拮抗物的影响。

(五)抗菌药的使用

一些抗菌药会改变肠道微生物区系和抑制某些维生素的合成，使动物对维生素的需要量增加，某些磺胺药由于抑制肠道中维生素合成，会使动物对生物素、叶酸、维生素 K 以及其他维生素的需要量提高。

(六)日粮中其他营养素水平

采食低脂日粮时，会使与碳水化合物代谢有关的硫胺素和生物素的需要量提高(Whitehead,1992)。如果脂肪消化受阻，脂溶性维生素便不能吸收。以脂肪为能量来源时，成本较高，因此，最低成本日粮配合时，会使脂肪水平降至最低，进而影响脂溶性维生素的吸收。但日粮中含高水平的多不饱和脂肪酸时，会增加对维生素 E 的需要量。

维生素与其他营养素之间的互作也会影响维生素的需要量。例如，维生素 E 与硒，维生素 D 与钙和磷，胆碱与蛋氨酸，烟酸与色氨酸之间的关系均会分别影响这些维生素的需要量。

(七)体内的维生素贮存

体内的维生素贮存也会影响维生素需要量，对脂溶性维生素

和维生素 B_{12} 更是如此。脂溶性维生素易于在体内贮存，如维生素 A 和/或 β-胡萝卜素在肝脏和脂肪组织中的贮存足以满足 6 个月或更长时间的需要量(McDowell,1989)。

三、最佳维生素营养

最佳维生素营养(OVN)推荐量考虑到动物在一般的饲养条件下所遇到的应激因素诸如转群、病菌的侵入，维生素的拮抗物、环境温度改变而引起应激，及最近较为关心的产品的质量。NRC 的推荐量的主要是为了防止缺乏症所出现临床症状，并作为计算最佳推荐量的基础。如育种公司和维生素供应商的推荐量往往比美国 NRC 的推荐量要高，因为不同的推荐量有明显不同的目的性。

考虑的因素也包括饲料中的维生素生物利用率，在饲料加工时的稳定性及饲料其他成分(例如油脂)与维生素的作用及对维生素稳定性的影响。在最佳维生素营养所推荐添加水平的目标是确保饲料中的维生素可以满足动物获及最佳的生产性能和健康的需要。

Stahly 等人最近(1995)的实验结果可作为一个典型的例子说明 NRC 和最佳维生素营养的推荐量的区别。在这个实验中，给猪饲料添加多种维生素(核黄素、烟酸、泛酸、维生素 B_{12} 和叶酸)。添加量分别为 NRC 推荐量的 70%、170%、270%、370%和 470%。实验表明，猪在上述各种饲喂方法下均没有出现明显缺乏症状，而且日增重和饲料转化率随着添加水平增加而提高。这说明畜禽生产性能的提高所需要的维生素添加量已超过防止缺乏症出现的维生素添加水平。这个实验也显示这种添加方法对高瘦肉型猪的效果比中等瘦肉型猪的效果好。另外也清楚地表明：最佳维生素营养 B 族维生素的平衡对发挥蛋白质合成的遗传潜能的重要性。而罗氏(1997)最佳维生素营养对生长猪的推荐量是 NRC 的

200%～330%。

种禽公司所推荐的营养标准与罗氏公司的最佳维生素营养标准基本上是一致的，并且亦明显高于 NRC 的推荐标准。种禽公司的推荐量是来自于研究及实践，其目的在于提供均衡的营养以保证种禽在集约化生产条件下发挥其生产遗传潜能。这就是最佳维生素营养的基本原则。表 2-6 所示是罗氏 1997 年的推荐量与一些主要育种公司推荐的维生素添加量的比较。从比较中可以看出商业上所推荐的维生素需要量基本是大同小异的，其原因主要是因为在全球范围内饲料配方的营养成分是一致的，及维生素对生产性能的重要性。

表 2-6 罗氏 1997 年最佳维生素营养(OVN)指标和种禽公司肉鸡维生素推荐量的比较

维生素(IU/kg)	罗氏 1997	科宝 500	罗斯	爱维茵	哈伯德	AA
维生素 A	8 000～12 000	9 000～13 000	12 000	8 000	6 600	9 000
维生素 D_3	2 000～4 000	5 000	5 000	2 800	3 100	3 000
维生素 E	30～50	40～60	50	20	30	30
维生素 K_3	2.0～4.0	3	3.0	1.5	2.2	2.2
维生素 B_1	2.0～3.0	1.0～3.0	2.0	2.0	4.4	2.2
维生素 B_2	5.0～8.0	5	6.0	7.0	5.5	8.0
维生素 B_6	4.0～6.0	1.0～1.5	4.0	2.0	3.3	4.4
维生素 B_{12}(mg/kg)	20～30	10	16	13	15	22
烟酸	35～50	35	60	44	53	66
泛酸	10～14	12～24	18	11	11	12
叶酸	1.0～2.0	1.0	1.75	0.90	1.00	1.00
生物素(mg/kg)	150～250	200	200	140	200	200

四、最佳维生素营养中各种维生素的添加状况

(一)维生素 A 和维生素 D_3

维生素 A 在罗氏 1997 年家禽中的推荐量范围较以前有所改

变，主要是降低下限的用量。这反映了维生素 A 的免疫作用，最佳的需要量是与生产中不同条件下的免疫作用有关。与此同时，越来越多资料显示生育酚在免疫功能上的作用，而降低了维生素 A 在这方面作用的重要性。家禽和猪在初阶段需要高维生素 A 的添加量，其目的是增加这阶段的存留量为后一阶段生产上所遇到的免疫应激的需要。

牛的高水平维生素 A 推荐量主要是基于营养上的需要，而且这个水平与 NRC 推荐量较为相近。例如，罗氏 1997 年的对泌乳期奶牛的推荐量是在 100 000～125 000 IU/(头・天)。同样地，NRC 的推荐量计算起来为 80 000～100 000 IU/(头・天)。同样地，NRC 对肉牛的维生素 D_3 推荐添加量为 3 000 IU/(头・天)，而罗氏的标准则为 2 500～4 000 IU/(头・天)。

(二)维生素 C

家禽和猪体内均可合成维生素 C。但在集约化生产的应激条件下，维生素 C 的生物合成是不能满足需要的。大量的研究实验结果证实维生素 C 有缓解产蛋鸡、种鸡、肉鸡及猪应激反应的作用。

Mckee 和 Harrison 在 1995 年的研究报道在肉鸡断喙，球虫病和热应激的条件下添加的维生素 C，其增重分别提高 5%，6% 及 9%。目前较为普遍的是在蛋鸡及种母鸡饲料中添加维生素 C，其目的不在于缓解热应激的作用，而主要在于增加蛋壳的强度，提高蛋清的质量和孵化率，这些都具有直接的经济效益 (Brake，1996)，在一般商品饲料中添加维生素 C 对整个产蛋期有促进作用(在前 2/3 产蛋期添加 100 mg/kg，后 1/3 产蛋期添加 150 mg/kg)。最近的实践结果显示了添加维生素 C 明显提高蛋壳的质量，这种作用表现在整个产蛋期而非只在热应激的情况才产生。

维生素C在蛋壳强度及肉鸡的矿化作用方面扮演重要角色，而且添加维生素C对减轻胫软骨发生障碍及其严重性也有报道(Edwards,1989)。对大多数禽饲料来说无论是粉料还是颗粒料均推荐使用包被剂型的维生素C。

对母猪、犊牛来说，添加维生素C对提高免疫反应及铁的吸收，减少软脚症及防止naval bleadmg有很好的效果，乳猪料要经高温制粒、挤出、膨化，这就需要用稳定型(磷酸酯化)的维生素C才能获得所需的剂量(1 000～2 000 mg/kg)，维生素C刺激及提高种公猪精子的质量，尤其是在热应激情况下。根据目前已知的维生素强化指标，种公猪维生素C添加量已从200 mg/kg提高到500 mg/kg(罗氏,1997)。

添加维生素C产生的巨大经济效益更加突出了防止缺乏症的推荐量(猪、牛犊、家禽估计能合成足够的维生素C,而不添加)和最佳维生素营养(添加维生素C可产生经济效益而推荐添加)之间的差异。

随着高稳定型维生素的出现，水产饲料维生素C的推荐量也有明显调整。维生素的推荐量对鳝鱼、鳜鱼、罗非鱼、鲶鱼、鳗鱼及虾均可使用。物理保护型维生素C包被或包囊被稳定型维生素C(磷酸酯化)取代意味着可以减少昂贵的超量添加。和早期的水产养殖维生素C推荐量(1 000～2 000 mg/kg包被型维生素C)相比，新的1997推荐量反映的是使用磷酸酯化维生素C对水产饲料的推荐量(目前的指标是150～500 mg/kg,视品种而调整)。在某些情况下，使用某些化学修饰的稳定化产品会降低生物利用率，在这种情况下，鱼虾利用此来源的稳定化维生素C的能力明显下降，如抗坏血酸硫酸酯，另一方面磷酸酯化维生素C(无论是抗坏血酸磷酸酯或*L*-抗坏血酸-2-多聚磷酸)酯对鱼虾均显示高的稳定性及生物利用。

(三)维生素 K_3

表 2-7 维生素 K_3 产品的稳定性和生物利用率

维生素 K_3 产品	稳定性				生物利用率		
	预混料保持期(月)				凝血酶原时间(s)		
					补充量 mg/kg		
	1	2	3	4	5 25	50	400
二甲基嘧啶亚硫酸氢钠甲萘醌	83%	72%	63%	57%	28 25	25	19
烟酰胺亚硫酸氢钠甲萘醌	98%	90%	85%	83%	33 27	24	17

(四)硫胺素(维生素 B_1)

硫胺素的推荐量保存不变。除非是在放养条件下,由于硫胺素酶引起的缺乏症或 PEM(脑灰质软化)发生,对生长或肥育牛的推荐量才会有所提高。最少 2.0 mg/kg 饲料,仔猪和乳猪的建议添加量分别为 1.5 mg/kg 和 1.2 mg/kg 提高到 2.5 mg/kg 和 2.0 mg/kg,以利于神经组织的发育,1995 年 Whitchard 等人报告肉鸡中添加 2.0 mg/kg(日粮)叶酸生产性能得到改善。目前肉鸡的建议添加量从 1.5 mg/kg 提高到 2.0 mg/kg。

(五)维生素 B_2

核黄素的(核黄素相关酶)对于脂肪、氨基酸和碳水化合物的代谢是必不可少的,因而核黄素的需要量随着日粮中脂肪和蛋白质的含量增加而增加。OVN 建议添加量对后备母鸡、肉鸡和种鸡分别从 4～6 mg/kg、5～6 mg/kg 和 7～9 mg/kg 增加到 4～7 mg/kg、5～8 mg/kg 和 8～12 mg/kg,也体现了现代日粮中营养素增高的变化。

表 2-8 高瘦肉生长力猪对日粮核黄素浓度的反应

指 标	日粮核黄素(%)(NRC,1998)		
	50	175	300
生长和饲料利用率			
日采食量(g)	925	920	938
日增重(g)	645	677	696
饲料转换率	1.43	1.36	1.34
体内养分沉积			
蛋白质(g/天)	110	115	118
脂肪(g/天)	83	89	91
能量(g/天)	5 899	6 234	6 401

注:高瘦肉生长力猪在体重 10～27 kg 阶段内自由采食粉料,日粮中其他维生素水平均相当于或高于 NRC(1998)对 5～10 kg 猪的估计量的 600%。

(六)叶酸

叶酸对人类与动物营养的作用正受到更多的注意,叶酸防止婴儿精神失常症(NTD)的作用促使全球卫生机构最近建议孕妇每日摄入量为 400 μg(RDA 建议量仅为 180 μg/天)。美国和英国的研究证明怀孕母亲补充叶酸使 NTD 的发生率下降 60%～70%。这是 OVN 概念应用于人类营养,家畜中叶酸推荐量随着生产性能的增加而增加,为使种猪远到最佳繁殖性能,建议量与此相似,乳猪、仔猪、肥育猪和种猪的推荐量也分别由 5～8 mg/kg、4～6 mg/kg、2～5 mg/kg、4～6 mg/kg 增加到 6～10 mg/kg、5～8 mg/kg、3～5 mg/kg、5～9 mg/kg。母鸡维持孵化率对叶酸的需要比为维持产蛋率所需要的叶酸要多,因此,胚胎比母鸡首先受叶酸不足的影响。

表 2-9 高瘦肉生长力猪对日粮叶酸的反应

指标	日粮叶酸(%)NRC(1998)				
	200	330	460	590	720
生长和饲料利用率					
日采食量(g)	815	799	842	800	817
日增重(g)	657	655	668	634	670
饲料转换率	1.24	1.22	1.26	1.23	1.22
体内养分沉积					
蛋白质(g/天)	114	113	118	112	118
脂肪(g/天)	66	68	58	59	58
能量(g/天)	1.73	1.66	2.03	1.93	2.03

注:高瘦肉生长力猪在体重 10~27 kg 阶段内自由采食粉料,日粮中其他维生素水平均相当于或高于 NRC(1998)对 5~10 kg 猪的估计量的 600%。

(七)烟酸

烟酸的重要功能在 NAD 和 NADP 辅酶体系,参与碳水化合物,蛋白质和脂肪代谢,肉小鸡、肉中鸡和猪的建议量的提高于 NRC 1994 版的推荐量的提高是一致的。NRC 的推荐量 35 mg/kg 即是新的罗氏建议量的低限(35~50 mg/kg),饲料基础原料中烟酸的生物利用率是很低的(0~30%),只有豆粕达 100%。然而,豆粕中烟酸的含量较低(22~29 mg/kg,NRC 1994),因此日粮中烟酸的供给是不足的,可以忽略不计。

(八)生物素

生物素是一种相对稳定的维生素,典型的豆粕玉米日粮能提供足够的生物素,生物素推荐量变化范围大的原因是不同的来源的生物利用率不同,肉鸡料中的黄玉米的生物素的利用率通常是 95%~100%,而小麦中的生物素利用率基本为零。猪对玉米中的生物素的利用率从 10%~100%变化,需考虑补充添加,有意思的是肉鸡发生生物素缺乏症的情况并不少见,这意味着玉米豆粕日粮中生物素的量可能被高估了。典型的肉鸡日粮中的玉米及豆粕能够提供约 80 μg/kg 有效的生物素，而必需另外添加 150～200 μg/kg 生物素。生物素（六氢-2-氧化-1H-噻吩并[3，4-d]咪唑-4-戊酸）是含硫维生素，它有八种异构体，只有 *d*-生物素有生物活性。大多数人认为，肠道内微生物合成的生物素可以满足机体的需要，所以日粮中补充生物素的必要性经常被忽视，但植物和动物育种的变化、动物生产体系和饲料加工调制工艺技术的更新，使得那些不添加生物素的配合日粮已经不能满足动物的需要量。

生物素可以影响母猪的繁殖性能，包括窝产仔数、受胎率和断奶至发情间隔（表 2-10）。它能显著降低因返情而延长母猪的断奶至发情间隔的影响，提高一胎以后胎次的窝产仔数，促进妊娠期子宫扩张和胎盘形成（Scherf，1989），增加子宫角的长度（Simmins，1985），而子宫角的长短决定了胎儿的空间大小；生物素还能催化多聚不饱和脂肪酸合成的过程中的羧化反应，而其中的前列腺素能促进子宫的增大。

表 2-10　生物素对经产母猪和青年母猪繁殖力的影响

资料来源	胎次	生物素添加量（mg/MT）	分娩产仔猪（%）	断奶猪（对照组）	断奶至发情间隔（对照组-试验组）
Brook 等，1997	3	250	109.5	110.0	15.3-6.2
Bautista，1984	1	220	104.9	104.0	8.8-6.2
Bautista，1984	1	440	108.6	117.4	8.8-6.2
Simmins 和 Brooks，1983	4	350	102.0	103.4	11.9-9.0
Bryant 等，1985	4	440	103.0	106	14.5-10.2
Lewis 等，1991	3	330	104.3	107.9	6.4-6.0

肢蹄病往往引起种畜的致瘸甚至被淘汰，研究表明，添加生物素能减少舍饲青年母猪和繁殖母猪肢蹄病的发生；在已患病猪群中使用时，可以降低患猪的数量和发病频率（Bryant 等，1985）。

(九)类胡萝卜素的营养作用

很早以前就发现β-胡萝卜素对猪及牛的受精率有很好的效果，尤其是在饲料原料中提供的β－胡萝卜素有限的区别。犊牛的β-胡萝卜素的推荐量是100～200 mg/kg减至50～100 mg/kg，但对奶牛、种猪、兔及马的推荐量不变。对奶牛无论是干乳期还是泌乳期均已给出推荐量。

值得注意的是类胡萝卜虾素对虾及鳜鱼的强化推荐量。对鳜鱼维持高的添加水平可改善着色。而幼鱼添加50 mg虾青素可提高免疫反应、生长及存活率方面的表现(Torrisen，1995；1996)。因此，虾青素的推荐量保留在营养指标中。鳜鱼着色的虾青素添加水平保留在指标中以防止在以着色为主要目标的情况下减少添加量(50 mg/kg的添加量对着色是不足的，为防止混淆一着色为目标的饲料的推荐指标增加至100 mg/kg)。虾添加虾青素可改善免疫反应，是由于在虾饲料中强化添加15～50 mg/kg虾青素产生的潜在的抗氧化能力(Kurmaly，1995)。

(十)维生素E

动物一旦出现维生素E营养缺乏，机体的细胞及组织会发生一系列的病变：例如在猪上发生的桑葚紫红色心脏病、肝脏坏死症、营养性肌萎缩及在鸡上发生的脑软化、组织实质性渗出症和肌肉萎缩症等。维生素E缺乏时不可降低动物对疾病的免疫能力及生产性能。作为一种重要的营养物质，维生素E的作用不仅在于防止缺乏症状的出现，更重要的是提高动物的健康及生产性能。因而在为猪与鸡设计最佳维生素E营养时必须考虑两个目的：一是防止在实际生产的饲养条件下(如断奶、运输、免疫接种、限喂、断喙)出现缺乏症状的需要；二是满足高生产性能的需要。在畜牧生产上，维生素E不仅是基础营养成分，而且还是应激缓解剂，免疫促进剂，并能延长肉的保存时间。强化指标还就考虑饲料的组成，如脂肪，它会造成饲料及动物脂肪组织的氧化。家禽，猪，毛皮动物的维生素 E 推荐量和日粮的脂肪成分密切相关。在罗氏推荐指标的表中，维生素 E 的特殊功能（免疫，延长肉的保存期）常常加了注释，这就导致推荐量范围扩大，但会有说明。例如，对于奶牛的维生素 E 推荐量[NRC 的推荐量相当于 375 mg/(头·天)]，罗氏 1997 推荐指标范围较大，为 500～1 000 IU/(头·天)，但在注释中说明：较高的推荐指标是为了保障最佳的乳房健康，而较低的推荐指标是为保证正常生产水平的最佳营养指标，基于牛群新的分类方法，缓解奶肉牛的应激应有新的推荐指标，因为这时候，这些牛要经过运输（为了育成或引进牛）并让它们吃饲料。这一推荐量基于俄克拉河马州大学的研究成果，它显示可减少发病率（－13%），死亡率（－11%），并可提高补充牛的增重率（＋22%）。

大量的详细的研究说明，维生素 E 可以促进刺激免疫系统。基于免疫功能，肉仔鸡及火鸡仔鸡的推荐量分别从以前的 30～60 mg/kg 增至 150～240 mg/kg，40～60 mg/kg 增至目前的 100～250 mg/kg。这些仔鸡的推荐量保证在最大的免疫应激及免疫系统发育最不完善的情况下获得最佳的免疫效果。强有力的证据表明在来自 79 个鸡群的 150 万羽肉鸡添加高水平维生素 E 可获得理想的商业效果（Mclrog 等，1993）对带亚临床 IBD 症状的鸡群添加高水平的维生素 E(178 mg/kg) 比对照组（44 mg/kg 维生素 E）的收益可提高 7%。维生素 E 可减少水分损失，保持肉的颜色，减少胆固醇的氧化产物，防止酸败，为客户提供高品质，安全的肉。维生素 E 在正常添加水平之外的额外推荐添加量为肉鸡（最后 3 周）＋150 mg/kg，火鸡（最后 4～7 周）＋200 mg/kg，猪（大于 50 kg 体重至上市）＋150 mg/kg，肉牛（最后 100 天）＋500～1 500 mg/(头·天)。

目前有许多报道有关猪与鸡的维生素 E 需要量的研究。这些研究主要是针对饲粮中能预防临床缺乏症出现的维生素水平。由于是否会出现或何种程度的临床缺乏症却是取决于动物的遗传基因及实验条件的差异，因此而出现不同的结果及不同的需要NRC(1988)曾经推荐添加维生素 E 11～16 IU/kg 饲粮完全是可以满足防止缺乏症的出现及正常生产的需要。而 Jensen 等人(1988)却发现在饲粮中维生素 E 水平为 16 IU/kg 时却出现桑葚紫红色心脏病死亡。因此他们认为维生素 E 水平为 16 IU/kg 饲粮上，从这些不同的推荐量反映出用临床缺乏症状来判断这种维生素的需要量是不太准确。Wang(1996)建议用测定动物体内氧化物水平，可以反映动物体内的维生素 E 的保护程度，因此，这种测定方法可以可靠、准确地反映动物的维生素 E 需要量。

对维生素 E 在动物生产上的作用不应仅仅考虑在预防缺乏症状的出现，更重要的是维生素 E 是一种提高动物的健康状况及发挥动物最佳生产潜能的营养。在一个用 360 头母猪的试验中，Mahan(1994)报道虽然维生素 E 在母猪饲粮中的水平为 22 IU/kg 时并没有出现较高的乳房炎、子宫炎、泌乳不足综合征，但这些症状的严重程度却较 44 IU/kg 及 66 IU/kg 饲粮的添加水平高。这个实验的结果亦显示了维生素 E 添加水平提高时，母猪的产仔数亦随之增加。Mahan(1991)的另一个试验也报道相似的结果。这些结果亦证实了维生素 E 的作用不仅仅是防止缺乏症的出现，而且有发挥动物的生产潜能的作用。

在断奶猪中添加维生素 E 60～100 IU/kg，可减少桑葚紫红色心脏病及减少断奶时的应激。母猪在临产前 2～3 周的饲粮及哺乳饲粮添加同样水平的维生素 E，可减少乳房炎、子宫炎及泌乳不足综合征及增加初乳的维生素的含量。Bains(1994)建议在新城疫、传染性法氏囊，大肠杆菌、巴氏杆菌及球虫病易感的鸡群中，其饲粮维生素 E 的添加应在 150～300 IU/kg，以达到提高免疫功能的效果。

五、结语

20 世纪 90 年代新的基因改良品种的出现及生产性能的期望值越来越高,这就对动物及饲料生产提出了挑战。要想赶上这一变化的步伐,必须改进维生素产品剂型,提出新的强化推荐量以达到最佳维生素营养。这些强化水平意味着畜牧生产的营养及健康不会因维生素的供给而受到约束。

第三章　氨基酸添加剂

第一节　蛋白质、氨基酸营养

蛋白质是构成动物机体的重要物质，对于所有生物，可以说没有蛋白质就没有生命。植物能直接利用氨类化合物合成蛋白质，而动物不具备或不全具备这种能力，必须从食物或饲料中直接摄取蛋白质或其基本单位——氨基酸的大部分。

组成蛋白质的氨基酸有20余种，由这些氨基酸的不同组合、排列形成了生物体内繁多的蛋白质，分别执行各种功能。除了以蛋白质的结构单位执行各种功能外，氨基酸在基本生命过程的控制及调节中也起着重要作用，如参与某些激素、神经传递质的合成；磷脂、卟啉和核苷酸的合成也与氨基酸的供应有很大关系。血压、食欲和睡眠的调节也受某些氨基酸影响。

一、氨基酸的分类

氨基酸按其结构、性质，通常可分为中性、酸性和碱性三大类。按其对动物的营养来说，通常分为必需氨基酸和非必需氨基酸。

所谓必需氨基酸是指动物体内不能合成或合成速度和数量不能满足动物体的正常生理及生产需要，必须由饲料供给的氨基酸。所谓非必需氨基酸，即在动物体内合成较多或需要量少，不必由饲料供给即可满足动物正常生理活动及生产需要的氨基酸。

过去一直认为划分必需与非必需氨基酸只对体内合成氨基酸能力低的单胃动物和禽类有意义，而反刍动物瘤胃中的微生物能利用各种氮源合成菌体蛋白，其氨基酸能满足动物需要，无需用供给氨基酸。近些年的研究表明，对于高产奶牛、生长迅速的犊牛，高产毛绵羊等动物瘤胃内合成的氨基酸远远不能满足其需要。早期断奶犊牛因其瘤胃微生物体系尚未形成，也必须由饲料供给蛋白质或氨基酸。

对单胃生长动物而言，必需氨基酸一般有10种（表3-1），对雏鸡还有甘氨酸，胱氨酸和酪氨酸共13种，而成年动物的维持需要通常只需用8种。

表3-1 单胃生长动物氨基酸分类

必需氨基酸	非必需氨基酸
赖氨酸(Lysine)	甘氨酸(Glycine)
色氨酸(Tryptophan)	丝氨酸(Serine)
蛋氨酸(Methionine)	丙氨酸(Alanine)
缬氨酸(Valine)	天门冬酰胺(Asparagine)
组氨酸*(Histidine)	天门冬氨酸(Aspartic acid)
苯丙氨酸(Phenylalnine)	谷氨酸(Glutamic acid)
亮氨酸(Leucine)	谷氨酰胺(Glutamine)
异亮氨酸(Isoleucine)	胱氨酸(Cystine)
苏氨酸(Threonine)	半胱氨酸(Cysteine)
精氨酸(Arginine)	脯氨酸(Proline)
	羟脯氨酸(Hydroxyproline)
	酪氨酸(Tyrosine)

* 成年动物通常为非必需氨基酸。

二、氨基酸与蛋白质质量

并非所有的蛋白质对任何动物、任何生产目的都有同样的营养效果。蛋白质的生物学价值取决于所含氨基酸的平衡状况。

(一)必需氨基酸的“木桶模式”

现代科学已经证明，动物对饲料蛋白质的利用，是将蛋白质消化降解为氨基酸，然后以氨基酸（少部分以短肽）的形式吸收、参与机体代谢，合成各种动物组织蛋白，生产产品。而各种蛋白质所含氨基酸组成比例不同，不同生物体蛋白质所含氨基酸组成比例差异很大。当动物合成某一组织蛋白（或生产某一特定产品，如鸡蛋）时，动物只是按所合成蛋白质中氨基酸组成比例利用饲料蛋白质中的氨基酸。如果其中一种或几种必需氨基酸比例低于所合成蛋白质中相应氨基酸比例，则会限制其他氨基酸的利用，降低饲料蛋白质的生物学价值。只有所供蛋白质中所含氨基酸比例与将合成蛋白质一致时，才能被充分利用，即如同一只由许多木板组成的木桶，如图 3-1 所示，一块木板相当于一种氨基酸在所供蛋白质中的含量与产品蛋白质中含量的比值，即满足程度，若某种氨基酸比例低，不能满足合成需要，就好比组成木桶的一块木板较短，则木桶盛水效率降低，其他木板再长也只是浪费。所以只有各种必需氨基酸比例与产品蛋白质中一致，蛋白质才能最有效的被利用，各种氨基酸的效价也就高。

由此可见，饲料蛋白质的质量取决于所含必需氨基酸的总量和氨基酸组成比例。饲料蛋白质所含必需氨基酸总量大，各氨基酸组成比例与动物机体蛋白质（或产品蛋白质）氨基酸组成比例越接近，其生物学价值就越高，品质就越好。反之，蛋白质品质就差。一般说来，动物性蛋白质所含必需氨基酸量和比例都与动物产品接近，因而生物学价值高，品质好。多数谷物及其他植物性蛋白质含必需氨基酸总量少，比例不符合动物需要，生物学价值低，品质差。目前营养学家们将与某特定动物群体特定生长阶段的体组织蛋白质（或某产品蛋白质）中氨基酸比例一致的蛋白质视为此群体、此阶段的“理想蛋白质”。多数试验结果表明，卵蛋白几乎能够完全被动物利用，故被称为“理想蛋白质”。

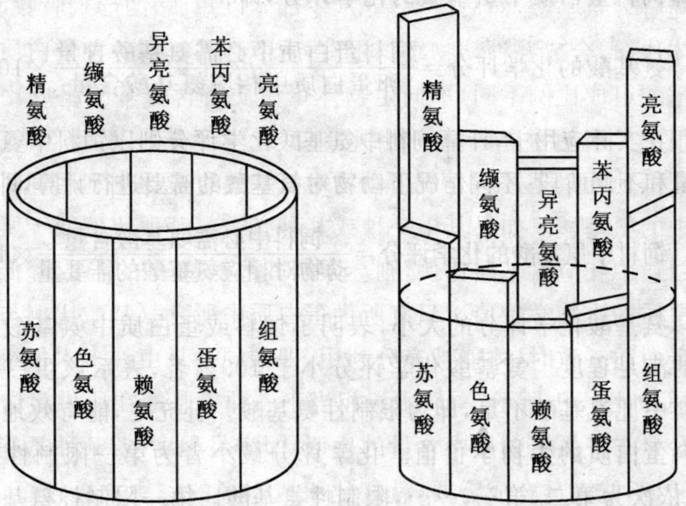

(a) 饲料中理想的氨基酸平衡　　(b) 参差不齐的饲料氨基酸

图 3-1　氨基酸的平衡

(二)限制性氨基酸

由于某种或几种必需氨基酸不足，会限制其他氨基酸的利用和蛋白质生物学价值，这些氨基酸被称为“限制性氨基酸”。

蛋白质中限制性氨基酸，是以其中各氨基酸组成比例与动物体蛋白质或产品蛋白质中各氨基酸比例接近的程度来确定的。饲料蛋白质中必需氨基酸的含量与动物体蛋白质中相应氨基酸含量之比称为“氨基酸的化学评分”。通常以百分比表示。即：

氨基酸的化学评分＝

$$\frac{\text{饲料蛋白质中必需氨基酸含量}}{\text{动物组织蛋白(或产品蛋白)质中相应氨基酸含量}}\times 100\%$$

由于卵蛋白质被视为“理想蛋白质”，故常以卵蛋白质为基准计算饲料蛋白质中氨基酸的化学评分，即：

$$氨基酸的化学评分=\frac{饲料蛋白质中必需氨基酸含量}{卵蛋白质中相应氨基酸含量}\times100\%$$

在实际应用中，计算饲料中氨基酸化学评分则以饲料中氨基酸含量和不同阶段，不同情况下动物对氨基酸的需要进行计算，即：

$$饲料中氨基酸的化学评分=\frac{饲料中必需氨基酸含量}{动物对相应氨基酸的需要量}\times100\%$$

氨基酸化学评分的大小，表明了饲料或蛋白质中氨基酸对动物的满足程度。氨基酸化学评分小于100%者，表示该蛋白质或饲料中此氨基酸不足，即为限制性氨基酸。补充之，能有效地提高饲料蛋白质的生物学价值。化学评分最小者为第一限制性氨基酸，依次为第二，第三，……，限制性氨基酸。第一限制性氨基酸如图3-1中最短的木板，其化学评分决定了蛋白质的生物学价值。通常情况下，赖氨酸、蛋氨酸是饲料中的第一或第二限制性氨基酸，色氨酸、苏氨酸则常为第三、第四限制性氨基酸（表3-2、表3-3和表3-4）。

表3-2　仔猪用玉米、豆饼饲料（CP 12%）的氨基酸化学评分　　%

必需氨基酸	需要量	饲料中含量	化学评分
精氨酸	0.20	0.77	385
组氨酸	0.18	0.30	167
异亮氨酸	0.50	0.58	116
亮氨酸	0.60	1.31	218
赖氨酸	0.70	0.50	71.4
蛋氨酸＋胱氨酸	0.45	0.48	107
苯丙氨酸＋酪氨酸	0.70	1.24	177
苏氨酸	0.45	0.51	113
色氨酸	0.12	0.10	83.3
缬氨酸	0.50	0.59	118

表 3-3 一些常用猪饲料中的限制性氨基酸

饲 料	第一限制性氨基酸	第二限制性氨基酸	第三限制性氨基酸	第四限制性氨基酸	第五限制性氨基酸
豆饼	蛋氨酸	苏氨酸	缬氨酸	赖氨酸	异亮氨酸
肉骨粉	色氨酸	蛋氨酸	异亮氨酸	苏氨酸	组氨酸
玉米	赖氨酸	色氨酸	异亮氨酸	苏氨酸	缬氨酸
高粱	赖氨酸	苏氨酸	蛋氨酸	异亮氨酸	色氨酸
小麦	赖氨酸	苏氨酸	蛋氨酸	缬氨酸	异亮氨酸
大麦	赖氨酸	苏氨酸	蛋氨酸	异亮氨酸	缬氨酸
玉米-豆饼	赖氨酸	蛋氨酸	苏氨酸	异亮氨酸	色氨酸

表 3-4 几种原料对肉用仔鸡的限制性氨基酸

饲 料	蛋白质含量(%)	第一限制性氨基酸	第二限制性氨基酸	第三限制性氨基酸
玉米	9.0	赖氨酸	色氨酸	精氨酸
高粱	9.5	赖氨酸	精氨酸	蛋氨酸
小麦	12.6	赖氨酸	苏氨酸	精氨酸
大豆饼	46.2	蛋氨酸	苏氨酸	色氨酸
菜籽饼	35.3	亮氨酸	赖氨酸	精氨酸
棉籽饼	36.1	赖氨酸	亮氨酸	蛋氨酸
椰子饼	21.2	赖氨酸	亮氨酸	蛋氨酸
棕榈核粕	12.9	赖氨酸	组氨酸	色氨酸
鱼粉	60.8	粗氨酸	—	—
肉粉	70.7	蛋氨酸	—	—
肉骨粉	48.6	色氨酸	蛋氨酸	异亮氨酸

平衡日粮氨基酸的方法，一是将限制性氨基酸互补的饲料配合；另一方法则是添加单体氨基酸。限制性氨基酸的补充，首先应考虑第一限制性氨基酸，在添加了第一限制性氨基酸的基础上，再考虑第二、第三……限制性氨基酸。反之，不仅不能对动物的生长、生产性能和饲料蛋白质生物学价值起改进作用，还会产生不良影响。

三、氨基酸的相互作用

由于氨基酸之间的相互作用,对机体的生理学、生化学有广泛影响,会出现抑制生长,饲料摄取量下降,以致引起病理学变化等现象,因而导致饲养成绩下降的现象也并非少见。所以也要把氨基酸的相互作用加以考虑,这是非常重要的。

(一)氨基酸的四种相互作用

Harper 氏将氨基酸的相互作用,主要划分为四类。它们是:①缺乏;②不平衡;③拮抗作用;④毒性。这种分法并不是根据它们作用的机制来分类的,而是为了方便起见,从饲料组成的角度,对生长以及其他等方面造成饲养结果下降情况来分类的。

(二)氨基酸的缺乏

满足不了一种或几种必需氨基酸时,就叫做氨基酸的缺乏。在实际饲料中并不存在某种特定氨基酸含量为零,称之为不足,比所谓的缺乏,更为确切。但一般也叫做缺乏。对于最不足的氨基酸,称为第一限制氨基酸,其次不足的氨基酸,称为第二限制氨基酸。在添加这些氨基酸时,就会改善生产成绩。

(三)氨基酸的不平衡

所谓氨基酸的不平衡,乃是两种或者是几种氨基酸相互间的数量比例,用氨基酸的绝对数量代替,达不到预期的效果。在试验工作中,也曾出现过由于添加第二限制氨基酸致使生产成绩下降的现象。在这种情况如果再添加第一限制氨基酸,就能排除生产成绩下降的状况。

在表 3-6 中列出了喂给幼猪以表 3-5 中所列出的 CP 12%的玉米-大豆粕饲料时的平均日增重。饲料中的第一限制氨基酸为赖氨酸(为需要量的71.4%),第二限制氨基酸为色氨酸(为需要量的83%)。这时如果添加色氨酸,可使增重减少。对这种添加效果,称之为氨基酸的不平衡。

表3-5　仔猪用的玉米-大豆粕饲料(CP12%)的必需氨基酸含量(引自R. A. Easter)

种　类	需要量(%)	饲料中含量(%)	需要量的满足率(%)
精氨酸	0.20	0.77	385
组氨酸	0.18	0.30	166
异亮氨酸	0.50	0.58	116
亮氨酸	0.60	1.31	218
赖氨酸	0.70	0.50	71.4*
蛋+胱氨酸	0.45	0.48	106
苯丙氨酸+酪氨酸	0.70	1.24	177
苏氨酸	0.45	0.54	113
色氨酸	0.12	0.10	83**
缬氨酸	0.50	0.59	118

*为第一限制氨基酸;**为第二限制氨基酸。

表3-6　添加第一和第二限制性氨基酸的效果

饲　料	增重(kg/天)
1.玉米-大豆粕饲料(CP12%)	0.40
2.饲料1+赖氨酸	0.50
3.饲料1+色氨酸	0.30
4.饲料1+赖氨酸+色氨酸	0.60

在表3-5的饲料中,添加第一限制氨基酸的赖氨酸,生产成绩得到改善;但只是添加第二限制氨基酸的色氨酸,成绩下降。如同时添加第一和第二限制氨基酸,生产成绩最好。

这种不平衡,是由于添加第二限制氨基酸时,血液中的第一限制氨基酸的浓度下降,而添加的第二限制氨基酸的浓度显著增加。血液中游离氨基酸浓度的这样变化,可以使饲料的摄取量减少,这是因为大脑能发出信号,才引起饲料摄取量的下降。这种信号很强，灵敏度很高。在自主选择饲料的实验中，同时并列地喂给不平衡饲料和无蛋白质饲料时，动物选择采取无蛋白质饲料。

表 3-7 因氨基酸相互作用所引起作用的方面

食欲
输送
由消化道的吸收
在肾脏的再吸收
向细胞和组织内部的运送
氨基酸的分解
蛋白质的合成
蛋白质的分解效率
必需物质的合成
形成有毒物质

（四）氨基酸的拮抗作用

氨基酸的不平衡，不论哪种必需氨基酸，第一或第二限制氨基酸都会出现。拮抗作用，乃是氨基酸之间，与化学结构有关联而引起的现象。表 3-8 乃是迄今为止所得知的拮抗作用。主要是在赖氨酸与精氨酸、异亮氨酸，缬氨酸与亮氨酸之间所见到的情况。在有拮抗作用的情况下，如果增加它们当中一方的数量，那么，也必须增加另一方的需要量。

表 3-8 各种氨基酸之间的相互作用

赖氨酸和精氨酸的拮抗作用
侧链氨基酸的拮抗作用
精氨酸-甘氨酸-蛋氨酸
蛋氨酸-苏氨酸
（组氨酸，苯丙氨酸，酪氨酸）-精氨酸
（苏氨酸，甘氨酸）-精氨酸
赖氨酸-精氨酸-矿物质

(五)侧链氨基酸的拮抗作用

亮氨酸过剩,特别能使异亮氨酸和缬氨酸的需要量显著增加。有关侧链氨基酸拮抗作用的机制,还有许多是不知道的。但是引起饲料摄取量下降的原因,大部分与侧链氨基酸有关的这一点,是没有异议的。

另外,如果给予的亮氨酸过剩,血液中的异亮氨基酸和缬氨酸的浓度就会显著下降。但是在亮氨酸过剩的量不大时,不需要经过多长时间就会适应过来,饲料摄取量和生长又都能恢复正常。Smith 等人对雏鸡,Phansalker 等人对鼠的试验发现,在亮氨酸过剩时,可加速体内异亮氨酸的分解。

(六)赖氨酸和精氨酸的拮抗作用

对赖氨酸—精氨酸拮抗作用的机制,很少做过详细研究。表 3-9 中所列事项,主要是在雏鸡方面被研究明确的。如前所述,碱性氨基酸通过细胞膜的部位是共同的。在赖氨酸与精氨酸存在拮抗作用时,由于赖氨酸过剩,好似没有妨碍精氨酸被消化道的吸收。但血液中的赖氨酸浓度升高时,就会降低精氨酸在肾脏尿细管处的再吸收。雏鸡饲料中的赖氨酸过剩,由尿中排出的精氨酸数量就增加。

表 3-9 由赖氨酸-精氨酸拮抗作用所引起

饲料摄取量下降
甘氨酸-脒基转换酶的活性下降
由肾脏的精氨酸酶而引起精氨酸分解的增加
尿中精氨酸增加

精氨酸的代谢,有两点是因赖氨酸过剩而受到影响。首先,在由精氨酸形成肌酸的第一阶段,甘氨酸—脒基转移酶的活性,因赖

氨酸过剩而下降。因此认为,这是减少肌酸形成的原因。在给予雏鸡以赖氨酸过剩的饲料,同时又在其中添加肌酸时,能够促进雏鸡的生长;其次,由精氨酸形成鸟氨酸时的精氨酸酶的活性,因赖氨酸过剩有所提高。因赖氨酸过剩,可提高肾脏的精氨酸酶活性达数倍之多,由精氨酸分解成为鸟氨酸和尿素的数量显著增多。Austic 认为,在赖氨酸过剩的情况下,按上述途径被分解的精氨酸的数量,能达到其摄取量的 30%～40%。

在这种情况下,除了肌酸形成不足和因促进精氨酸分解而使精氨酸不足以外,很明显是由于饲料摄取量的下降而使生长缓慢。通过表 3-10 的试验证明了这一点。第一,由于在饲料中加入足够的肌酸,可解除因赖氨酸过剩对减少甘氨酸—脒基转移酶活性的影响;第二,由于在饲料中同时添加 0.5%的 α-氨基异酪酸和苏氨酸,可以防止因赖氨酸过剩而使肾脏精氨酸酶的活性提高。

表 3-10 赖氨酸过剩对肾脏精氨酸酶抑制物质的影响(引自 R. E. Austic)

饲 料	增重量[1)]	饲料利用效率	肾脏[2)]精氨酸酶	尿素[3)]排泄量(%)
1. 基础饲料	129[a]	1.86[def]	1 190	7.2[a]
2. 1＋AIB,苏氨酸	124[a]	1.90[cde]	300	6.2[a]
3. 1＋精氨酸	130[a]	1.79[ef]	8 120	60.3[d]
4. 基础饲料＋赖氨酸	72[c]	2.76[a]	8 330	27.7[b]
5. 4＋AIB,苏氨酸	114[b]	1.95[cd]	960	9.4[a]
6. 4＋精氨酸	134[a]	1.75[f]	7 470	52.4[c]

1)从 22 日龄起,13 天的每只鸡的平均增重量;

2)精氨酸酶活性＝每小时肾脏形成的尿素 μmol/g;

3)尿素排泄量为精氨酸摄取量的%。在同一栏内不同符号的数值,在统计上有显著差异($P<0.05$)。

已经得知,α-氨基异酪酸和苏氨酸,可降低肾脏的精氨酸酶的活性。这种饲料,乃是在增加精氨酸需要量时又添加了赖氨酸。在添加赖氨酸过剩的饲料中,再添加能抑制精氨酸酶活性的 α-氨酸异酪酸(AIB)和苏氨酸,可使生长和饲料利用率得到显著地改善。这时,如在饲料中过多地添加精氨酸,其生长的结果会很坏,但饲料利用效率却是相同的。

这个事实,已经通过强制给饵或者配对饲养的试验得到了证实(表 3-11)。试验指出,引起饲料摄取量减少,除了形成肌酸数量不足和精氨酸过量分解等原因外,还因为赖氨酸与精氨酸有拮抗作用而使生长减退。对于这种饲料,即使添加 AIB 和苏氨酸,而且完全在自由采食饲料的情况下,也恢复不了和添加精氨酸时生长一样的水平。只有饲料的利用效率与添加精氨酸的情况是一样的。

表 3-11 在饲料摄取量相等情况下赖氨酸过剩的影响

饲 料	强制给饵[1)]			配对饲养[2)]		
	增重(g)	屠体中的干物质(%)	饲料利用率	增重(g)	屠体干物质(g)	饲料利用率
1. 基础饲料	112[a]	29.8[bc]	2.02[a]	129[b]	72[b]	2.08[b]
2. 1+AIB,苏氨酸	114[a]	28.8[c]	2.01[a]	135[b]	68[b]	1.99[b]
3. 基础饲料+赖氨酸	96[b]	32.4[a]	2.37[b]	55[c]	50[a]	3.31[c]
4. 3+AIB,苏氨酸	111[a]	30.3[b]	2.02[a]	121[b]	67[b]	2.03[b]

1)日龄在 22~35 天之间,对雏鸡每天行 3 次强制给饵,给饵量通过基础饲料自由采食的途径测得;

2)日龄在 11~25 天之间,1 和 2 组时使雏鸡自由采食,3 和 4 组时按其量进行配对饲养。

在同一栏内不同符号所记数值,在统计上为差异显著($P<0.05$)。

另一方面,以没有赖氨酸和精氨酸拮抗作用的饲料为基础,而饲料采食量相同,却得到了生长以及饲料利用效率都是一样的结果。由此可以得出下列结论:添加精氨酸时,在自由采食时,赶不上生长效果,这个差别乃是单纯的由于食入量的不同而产生的。

(七)水解酶类活性的变异

在氨基酸相互作用中,氨基酸分解酶的活性,对于改变氨基酸的利用率，进而改变氨基酸需要量的这种事实，就氨基酸营养的整体来讲，是有重大意义的。以精氨酸和精氮酸酶为例，已经明确不只是赖氨酸，而且苯丙氨酸、酪氨酸、组氨酸、亮氨酸、鸟氨酸等，都能够提高精氨酸酶的活性，同时还能增加对精氨酸的需要量。另一方面，对雏鸡的研究也明确，不只是α-氨基异酪酸，而且存在于自然界的苏氨酸和甘氨酸，都能抑制精氨酸酶的活性，从而使精氨酸的需要量减少。除精氨酸外，对其他氨基酸的这种相互关系，也已研究清楚。认为这种相互关系，是氨基酸相互作用的一种类型。

举其中一例。饲料中钠、钾离子含量过多时，有减轻赖氨酸—精氨酸的拮抗作用。在这种情况下，因为是一价的阳离子增加，从而促进了赖氨酸的氧化，不能够提高在肝脏中担任赖氨酸分解第一阶段的赖氨酸-α-谷氨酸酮还原酶的活性。高水平含量的氨氯离子，可抑制这种酶的活性。这种酶活性的变动，对雏鸡的赖氨酸需要量有影响，能够使其需要量增加或减少。

(八)精氨酸、甘氨酸和蛋氨酸以及蛋氨酸和苏氨酸的相互作用

Keshavarz、Fuller 等，在雏鸡试验中发现了精氨酸、甘氨酸和蛋氨酸的相互作用。蛋氨酸稍有不足，又在玉米、大豆粕饲料中过多地添加精氨酸，能显著使生长减退。如添加甘氨酸以及α-氨基异酪酸，生长减退的情况就更为严重。如添加蛋氨酸以及其他的甲基供给体时，能够预防这种生长减退。

由于过多地添加精氨酸，能使肌酸排泄量以及体组织的肌酸含量有所增加。相反，添加肌酸又可以预防因精氨酸而使生长受到抑制。在由精氨酸向肌酸转变的第一阶段，肌酸具有抑制甘氨酸—脒基转移的作用。由于精氨酸过剩而使蛋氨酸的需要量增加。在上述情况下，为增加合成肌酸时所需要的甲基，必须满足甲基的需要。Girard-Globa 等人，报道过有关蛋氨酸和苏氨酸之间相互作用。在这种情况下，见到了因添加过多的蛋氨酸而引起苏

氨酸的再次缺乏，最后导致生长下降的实例。

在白鼠试验中发现，因添加过多的蛋氨酸，致使血液和组织中的苏氨酸的浓度显著下降。同时使苏氨酸—丝氨酸脱水酶的活性显著上升。

添加苏氨酸，以及甘氨酸和丝氨酸，可使蛋氨酸的毒性减轻。在这种情况下，甘氨酸和丝氨酸之间相互被转换，作为由蛋氨酸向胱氨酸转变时的重要基质的丝氨酸，可以促进蛋氨酸的分解。

（九）实用饲料条件下的氨基酸相互作用

根据上述氨基酸相互作用得知，因它们的互作作用而影响到饲料摄取量和代谢的改变。但是对这些现象的研究，多是在低蛋白质饲料的状况下进行的，究竟在实际生产水平的条件下氨基酸作用又如何，是个问题。在实用饲料的情况下也能发生氨基酸的相互作用。

从实际的观点考虑，不仅要满足蛋白质以及必需氨基酸的需要量，还要使氨基酸的平衡达到最佳的状态。这才是避免引起它们的相互作用，且有希望获得最佳生产效果的最好办法。

四、饲料中添加氨基酸的主要作用

1.饲料中添加氨基酸满足动物需要，促进动物生长，改善氨基酸平衡提高饲料利用率，节约蛋白质资源　添加限制性氨基酸，能改善日粮中氨基酸的平衡，从而充分发挥其他氨基酸的作用，不必通过提高蛋白质含量来满足动物对氨基酸的需要，节约了蛋白质资源，促进动物生长并能提高饲料日粮的利用率。生产实践和饲养试验已证明，赖氨酸、蛋氨酸通常是畜禽的限制性氨基酸，少量添加可促进畜禽生产，提高饲料利用率。

许多试验和生产实践证明，通过添加限制性氨基酸，可降低日粮中蛋白质而生产性能保持不变。一般可降低日粮粗蛋白质 2～

4个百分点。常见的是以玉米＋豆饼为主的饲粮中添加赖氨酸，代替部分豆饼，或减少鱼粉用量而添加赖氨酸、蛋氨酸，从而节约蛋白质饲料。

例如粗蛋白为16％的玉米-豆饼型饲料，对生长猪（20～30 kg）是比较好的饲料，氨基酸较平衡，当因减少豆饼而降低日粮粗蛋白质2个百分点（即CP 14％）时，仅赖氨酸不能满足需要，添加其中不足量的赖氨酸，其饲养效果和生产性能与含粗蛋白16％时一样。

一般认为，当日粮粗蛋白下降2个百分点以上时，除添加蛋氨酸、赖氨酸外，还必须添加色氨酸和苏氨酸。

2.提高植物蛋白质及其饲料的营养价值，有利于开发蛋白质饲料资源 大量的研究结果显示，以几种饼粕类饲料配合作为蛋白质来源，添加其限制性氨基酸代替鱼粉是可行的。许多地区已应用全植物性饲料。对一些利用率低的植物蛋白质饲料，添加限制性氨基酸后，可改善其蛋白质及其饲料利用率，这将扩大蛋白质饲料来源。

3.改善肉的品质 饲料中添加赖氨酸能改善屠体质量，提高瘦肉率。资料表明，欧洲市场上20％～30％的赖氨酸以提高瘦肉率为目的使用。再次，蛋氨酸的添加亦能改善雏鸡和肉用仔鸡蛋白质的沉积，降低脂肪沉积。

蛋氨酸、赖氨酸改善肉的品质的机制还不太清楚。过去的意见认为，添加限制性氨基酸，提高了蛋白质的生物学效价，有利于蛋白质在体内的沉积，体内蛋白质的积蓄增加，体内脂肪相对减少，从而改善了肉的质量。日本研究人员认为，添加赖氨酸不仅是由于满足了氨基酸平衡，而且还由于赖氨酸的独特生理活性发挥了作用。用白鼠试验，研究各种必需氨基酸未达到或超过需要量（相当需要量的40％和160％）对肉质的影响，结果表明，除赖氨酸外的其他氨基酸缺乏时，采食量都下降，而赖氨酸缺乏时，采食量却上升。研究人员认为,赖氨酸缺乏所造成的肉质低劣是由于体内蛋白质合成与吸收热能的平衡被破坏引起的。

4.促进钙的吸收　东京大学医学部用白鼠进行的试验表明,赖氨酸能促进小肠对钙的吸收,其机制可能是,钙与蛋白质特异地结合成钙结合蛋白(CaBP),在肠黏膜上起传递作用,促进钙的吸收,而CaBP含有大量的赖氨酸(雏鸡CaBP含赖氨酸11%左右),当赖氨酸不足,CaBP合成下降,钙吸收下降。

5.可抵抗应激症　研究证明,注射色氨酸可减少白鼠断食期间相互攻击、残杀,减少的程度与色氨酸注射量成正比。研究人员认为,这是由于血液和脑中色氨酸通过其代谢产物5-羟色氨酸起到了这种生理作用。同样,猪因断奶、密饲而产生的咬尾等现象也可通过色氨酸得到解决。添加蛋氨酸可以减少家禽的啄羽、啄肛现象。当动物吸收了不平衡的氨基酸会产生自身营养性应激,添加甘氨酸可防止某些氨基酸过剩而产生的应激。

6.提高抗病能力　色氨酸可使动物体 *r*-球蛋白含量增加,从而增加抗病力。这种不用药物而是依靠营养提高抗病力,已越来越受到关注。

7.防止动物腹泻

(1)夏天,增加日粮蛋白质会增加饮水量,氮排泄增多,因而造成软便。使用低蛋白饲料,添加限制性氨基酸是解决此问题的理想对策之一。

(2)赖氨酸可防止仔猪腹泻。引起仔猪腹泻的原因很复杂,开食期,仔猪由食母乳(含赖氨酸量高)转为饲料,一是饲料成分发生改变,幼畜不适;二是蛋白质浓度增加,代谢增强,发育中的肾脏负担增加,体液需要增加,饮水增加为仔猪腹泻原因之一。因此降低蛋白质,添加赖氨酸可减少仔猪腹泻。

(3)研究表明,食入豆饼量较高时,仔猪会产生免疫反应而腹泻,为解决这一问题,许多国家添加限制性氨基酸来降低豆饼添加量，防止腹泻。

(4)谷氨酰胺、甘氨酸也能减少仔猪、犊牛的腹泻及脱水症状等。

8.可引诱鱼群和作为调味剂 甘氨酸、*L*-丙氨酸常用于鱼饲料，除做氮源外，还可引诱鱼群及增进食饵。谷氨酸钠常作为调味剂，促进动物采食。

第二节 饲料中应用的合成氨基酸及其添加原则

一、饲料中应用的合成氨基酸

目前对天然蛋白质中20种氨基酸均可以人工合成，但用作饲料添加剂的主要是蛋氨酸和赖氨酸，其次是谷氨酸、甘氨酸、色氨酸、苏氨酸、精氨酸等。

(一)蛋氨酸及其类似物

1.蛋氨酸(Methionine,Met) 蛋氨酸也称甲硫氨酸。它的化学名称叫2-氨基4-甲硫基正丁醇。分子式：$C_5H_{11}NO_2S$。

蛋氨酸分有*L*型和*D*型两种旋光性的化合物。*L*型易被动物吸收，*D*型可在动物体内经酶转化为*L*型。故*L*型和*D*型的蛋氨酸对动物具同等营养价值。试验证明，*L*-蛋氨酸，*D*-蛋氨酸和*DL*-蛋氨酸的生物效价无差异。

蛋氨酸于1922年被发现，1928年人工合成成功，1942年试验发现在大豆饼中添加蛋氨酸能提高营养价值，因而开始商品生产，1955年在美国开始大规模用作饲料添加剂。现在多是用化学法合成，产品是*L*型和*D*型等量的外消旋光性化合物，即*DL*-蛋氨酸。

植物蛋白质中蛋氨酸含量少，故以植物蛋白为日粮的蛋白质主要给源时，蛋氨酸常成为第一限制氨基酸，需要补充合成蛋氨酸。但必须注意，蛋氨酸添加量过多也会产生抑制生长等中毒症状，而且不能用补加其他氨基酸的方法来消除。最近研究表明，在家禽饲料中添加蛋氨酸不仅是为营养需要，而且可以显著抑制各种霉菌毒素（如黄曲霉素）的产生，喂给蛋氨酸含量较高的饲料，可以加速毒素排出，故有防病保健作用。试验证明，长期喂给蛋氨酸严重不足的饲料，家禽的疾病感染率达85%，而喂给添加蛋氨酸的饲料，在同样条件下，家禽的疾病感染率仅为8%左右。在猪的饲养研究中也证明，增加日粮的蛋氨酸含量，可以补偿因饲喂受黄曲霉素污染而造成的生产性能下降。

DL-蛋氨酸商品的纯度规定为98.5%，使用量最好是经过折算。例如，需加100 g蛋氨酸，则需添加纯度为98.5%的*DL*-蛋氨酸101.5 g（100÷0.985=101.5）。

饲料级消旋蛋氨酸营养值：

蛋氨酸含量		99%
粗蛋白含量（N×6.25）		58.1%
代谢能量	（MJ/kg）	（kcal/kg）
家禽（估计值）	21.0	5 020
猪（估计值）	22.0	5 280

基于蛋氨酸是典型家禽日粮中第一限制性氨基酸的事实，蛋氨酸很多年来已被广泛应用。对于仔猪和生长期猪的饲粮常常发生蛋氨酸缺乏的现象，特别是当由于生态原因而降低氮排出量采用的配方食粮，对于这种蛋氨酸缺乏的情况，对于反刍动物的蛋氨酸供应，由于反刍动物的降解作用，非保护性氨基酸的不能被完全利用。

2.蛋氨酸羟基类似物　也称羟基蛋氨酸，系4-甲硫基-2-羟基丁酸，即蛋氨酸分子的氨基（$—NH_2$）由羟基（—OH）所取代的化合物。它不是氨基酸，不含氮元素，但进入动物体内后能通过氨基转化变为蛋氨酸。

羟基蛋氨酸的合成生产路线比蛋氨酸简单、节能、污染少和成本低，因而有发展前景。

蛋氨酸羟基类似物，目前有 3 种产品，即液态羟基蛋氨酸（商品名 Alimet），羟基蛋氨酸钙（商品名 MHA）和 N-羟甲基蛋氨酸钙（商品名 Mepron）。

(1)液态羟基蛋氨酸（Alimet，MHA-FA）。分子式：$C_5H_{10}O_3S$。

羟基蛋氨酸是深褐色黏稠液体，含水量约 12%，所以贮运使用需一定条件。目前只有美国生产，年产量约 10 万 t。

经在家禽中多批次饲养试验，结果表明只要按等克分子添加使用，例如，需要添加 100 g 纯蛋氨酸时，利用 Alimet 则需添加 114.4 g（即 $100\times150.2/149.2\div0.88$），则 Alimet 与 *DL*-蛋氨酸的饲养效果是相同的。并发现在高温高湿的条件下，使用 Alimet 可以缓解鸡的"热应激"反应，从而使增重和饲料转化效率优于使用 *DL*-蛋氨酸。这是由于羟基蛋氨酸不含氨基，因而在氮转化为尿酸过程中产热减少的缘故。

(2)羟基蛋氨酸钙。系用液态的羟基蛋氨酸与氢氧化钙或氧化钙中和而制得的固态产品。其中约含 86%的羟基蛋氨酸。我国于 1987 年批准进口。

分子式：$(C_5H_9O_3S)_2Ca$，相对分子质量：338.4。

使用时以 *DL*-蛋氨酸为准，按等克分子添加。例如，需要添加 100 g 纯蛋氨酸时，若用 MHA-Ca 则需要添加 117 g（即 $100\times338.4\div2/149.2\div0.97$）。

(3)N-羟甲基蛋氨酸钙，又称保护性蛋氨酸，商品名 Mepron（埋普隆）。我国已于 1988 年批准进口。Mepron 是德国 Degussa（迪高沙）公司新近开发的新品种。适用于反刍家畜，因为它在瘤胃中不被微生物分解。据报道，可提高奶畜的产奶量，并可提高牛奶中蛋白质和脂肪的含量，减轻肝代谢负担，延长产奶期。每天产奶 25 kg 以上的奶牛，可喂给 25～30 g Mepron，日产奶量可增加 1 kg。对经产牛比对头胎母牛效果好，不能改善母牛的繁殖性能。在产犊前 10 天开始添加饲喂，可收到良好效果。据德国 Kaufamann 博士介绍，许多研究者经过计算的测定表明，亮氨酸、异亮氨酸、组氨酸、苏氨酸和蛋氨酸是高产奶牛的限制性氨基酸，蛋氨酸是第一限制氨基酸。Mepron 以及同类产品，都是过瘤胃蛋氨酸，目前多数是用油脂包被的，仅德国迪高沙公司产品是用甲醛处理的，美国产品则是用聚合物加工制成的。

Mepron 是用 *DL*-蛋氨酸为原料制得的，相对分子质量为 198.4，按质量标准规定，其含量以蛋氨酸（$C_5H_{11}NO_2S$）计应在 67.6%以上。使用时，若需添加 20 g 纯蛋氨酸，如用 Mepron 则需添加 29.6 g（即 20÷67.6%）。

（二）赖氨酸和以赖氨酸为主要成分的产品

1.赖氨酸　*L*-赖氨酸的化学名称是 *L*-2,6-二氨基己酸。因在生产过程中由于单纯游离的赖氨酸很难结晶析出，且易吸收空气中二氧化碳，不稳定，为此用盐酸中和可得到比较稳定的赖氨酸盐酸盐而析出。故市售商品是 *L*-赖氨酸盐，也有赖氨酸盐酸盐的。

分子式：$C_6H_{14}N_2O_2 \cdot HCl$，相对分子质量：182.65。

营养值：

赖氨酸含量		80.5%
赖氨酸盐酸盐含量		98.5%
粗蛋白含量（N×6.25）		94.4%
能量	（MJ/kg）	（kcal/kg）
家禽（代谢能估计值）	15.1	3 618
猪（净能估计值）	14.4	3 443

L-赖氨酸有发酵法和化学合成—酶法两种生产方法。

从营养角度讲,赖氨酸被看作“生长氨基酸”,日粮中赖氨酸含量充足与否,对动物生长和产肉影响显著。李琼华等(1985)用哺乳仔猪试验,在玉米50、麸皮25、大豆粕18、秘鲁鱼粉7组成的饲粮中添加0.3%赖氨酸盐酸。60日龄时,添加组仔猪断奶窝重比未添加组增加10.86 kg(约10%),差异显著。每千克增重消耗饲料(包括母猪料),添加组为4.83 kg,未添加组为4.91 kg。

日粮中赖氨酸水平对肉仔鸡产肉量有显著影响。Moranjr(1989)试验结果是鸡肉总产量随赖氨酸供给量减少而减少,尤其胸肌的产量受赖氨酸供给水平影响最大,胴体脂肪总量随赖氨酸水平提高而减少。认为NRC推荐的1.0%赖氨酸需量是肉仔鸡获得最大产肉量的最低水平,但常不能保证。另一些试验结果也表明,赖氨酸不足会导致肉仔鸡增重减少和屠体品质降低。例如在分别喂给含有0.95%和1.05%的饲粮至42日龄后,后者的体重总是高于前者,且含0.95%赖氨酸组屠体肌肉中脂肪含量较高,胸肌在肌肉总量中占百分较低。不少试验结果指出,向低蛋白日粮中添加赖氨酸可以显著提高猪、禽的生产性能,节约蛋白质,减轻热应激。

最近研究表明,在畜禽日粮中添加赖氨酸不仅是营养需要,而且还兼有其他作用。例如,赖氨酸可以延缓黄曲霉素的吸收,导致活性期间产生毒素代谢物很少,因而增加日粮的赖氨酸含量,可以补偿因受黄曲霉素污染所造成的猪生产性能下降。

在某种情况下,饲料中添加赖氨酸可减轻因饲喂加工贮存不合理的鱼粉等引起的肌胃糜烂的发病程度。

由于*D*型赖氨酸在动物体内不能被利用,也不能转化为有营养作用的*L*型赖氨酸,因此饲料添加剂只用*L*型赖氨酸。

畜禽营养需要的是*L*-赖氨酸,而我们添加的是*L*-型赖氨酸盐酸盐，因此必须根据商品纯度和 *L*-赖氨酸盐酸盐中的 *L*-赖氨酸的含量加以折算。

L-赖氨酸盐酸盐的纯度（即商品中含量）标准规定为 98.5%。*L*-赖氨酸盐酸盐中的 *L*-赖氨酸占 80.04%。即 *L*-赖氨酸需补充量÷0.985÷0.800 4=*L*-赖氨酸盐酸盐添加量。

例如，根据计算需要向 100 kg 某饲粮中添加 0.1%赖氨酸，那么实际应添加若干克 *L*-赖氨酸盐酸盐呢？即：

100 g÷0.985÷0.800 4=126.84 g。

2. Biolys 60 Biolys 60 是浅棕色的颗粒，且流动性好、颗粒密度高且易于加工处理。能提供盐酸赖氨酸中 60%的赖氨酸。

Biolys 60 是以微生物发酵制造，以尖端的生产工艺保证具有效含量的高品质的产品。

营养值：以下资料为典型数值

赖氨酸含量*：47.3%

（46.8%游离赖氨酸加 0.5%蛋白结合赖氨酸）

其中所含氨基酸：

苏氨酸	0.5%	色氨酸	0.15%	蛋氨酸	0.2%
蛋氨酸+半胱氨酸	0.3%	精氨酸	1.0%		

粗蛋白（N×6.25）		75%
磷		0.2%
代谢能量	（MJ/kg）	（kcal/kg）
家禽（估计值）	15.7	3 740
猪（估计值）	16.5	3 940

用途：

Biolys 60 已被欧洲共同体饲料法正式批准在动物中使用，主要用于提供动物营养中必不可少的氨基酸——赖氨酸。

表 3-12　Biolys 60 和盐酸赖氨酸的对换　kg

项　目	1 kg Biolys 60 相等	1 kg 的饲料级盐酸赖氨酸相等
Biolys 60	1.000	1.667
饲料级盐酸赖氨酸	0.600	1.000
赖氨酸	0.468	0.780

3. 特氨酸(产品名)　ADM 公司所产的饲料级色氨酸和赖氨酸盐酸盐均一混合物，经发酵生产。

营养成分：

L-赖氨酸盐酸盐	70.00%
L-赖氨酸	55.30%
L-色氨酸	15.00%
蛋氨酸	1.75%
缬氨酸	0.50%
苏氨酸	0.15%
粗蛋白	95.00%
代谢能(Mcal/kg)	
猪	3 300
家禽	3 000

(三) 色氨酸(Tryptophan，Trp)

色氨酸的化学名称是 α-氨基-β-吲哚基丙酸。

分子式：$C_{11}H_{12}N_2O_2$，相对分子质量：204.23。

饲料级色氨酸营养值：

色氨酸含量		98.5%
粗蛋白含量(N×6.25)		85.8%
能量	(MJ/kg)	(kcal/kg)
家禽(代谢能估计值)	22.8	5 460

猪(净能估计值)　19.7　4 716

色氨酸有 L-色氨酸和 DL-色氨酸两种产品。D-色氨酸对生长猪的生物学活性是 L-色氨酸的 60%～70%，因此 DL-色氨酸的生物学价值相当于 80%～85%的 L-色氨酸。

据日本产蛋鸡日粮添加色氨酸试验(1990)，对照组(Ⅰ组)日粮组成为：粗蛋白质 15.2%，赖氨酸 0.64%，含硫氨基酸 0.85%，色氨酸 0.15%。在Ⅰ组日粮基础上添加色氨酸 250 mg/kg(日粮中色氨酸总量达 0.175%，Ⅱ组)，Ⅲ组添加色氨酸 500 mg/kg(日粮中色氨酸总量达 0.20%)，从 25 周龄起喂了 405 天，结果见表 3-13。

表 3-13　产蛋鸡日粮中色氨酸不同添加量的效果

生产水平	添加量(mg/kg)		
	0	250	500
产蛋率(%)	77.2	81.7	86.2
平均蛋重(g)	48.0	51.1	53.5
料蛋比	2.58	2.46	2.35

由于色氨酸价格高，故目前在实际生产中应用还很少。

色氨酸还具有镇静、抗应激和防止胃溃疡以及增强免疫功能的生理作用。

(四)苏氨酸(Threonine，Thr)

常用是 L-苏氨酸，化学名称是 L-2-氨基-3-羟基丁酸。苏氨酸常是猪和禽的第三或第四限制氨基酸。在仔猪日粮中赖氨酸和苏氨酸之间的最佳比例为 1.5∶1。

分子式：$C_4H_9NO_3$，相对分子质量：119.12。

饲料级苏氨酸营养值：

苏氨酸含量　98.5%

粗蛋白含量(N×6.25)　73.5%

代谢能值	(MJ/kg)	(kcal/kg)
家禽(估计值)	14.5	3 470
猪(估计值)	15.5	3 700

(五)甘氨酸(Glycine，Gly)($C_2H_5NO_2$)

甘氨酸多存在于动物性蛋白中，植物性蛋白中极少，它可在体内合成，但合成量不能满足生长期的需要，特别是幼雏，故列为雏鸡的必需氨基酸，在低蛋白日粮中添加效果更好。

(六)谷氨酸(Glutamic acid,Glu)($C_2H_5NO_2$)

谷氨酸对于鸡，不是必需氨基酸，但为保持高产蛋率和生长率，需要谷氨酸较多，有人将其划为半必需氨基酸。目前多在仔猪人工乳或饲料中添加谷氨酸钠，以改善饲料适口性，增进食欲，加快生长，添加量一般需占日粮的0.1%。

二、饲料氨基酸的添加原则

(1)饲粮中缺什么添什么，按确定的供给量缺多少补加多少，不缺乏的添加基本无效。柏秋圃等(1987)用产蛋率75%鸡群作了添加不同量蛋氨酸和赖氨酸的饲养试验，结果是：①在以豆饼和鱼粉为蛋白质主要给源(CP 15.6%)的饲粮中添加赖氨酸(0.06% *L*-赖氨酸盐酸)基本无效，仅蛋重略有增加，但差异不显著($P>0.05$)，经济上不合算。究其原因是在该饲料中赖氨酸含量已略超过需要量。②在以棉仁饼、花生饼和菜籽饼为蛋白质主要给源(CP16.7%)饲粮中添加赖氨酸，对提高产蛋率的作用显著，其中以添加0.08% *L*-赖氨酸盐酸最为合算，究其原因是该饲粮赖氨酸含量不足。③上述两种饲粮中蛋氨酸都不足，分别是需要量的71%和66%，所以添加蛋氨酸的效果均显著，产蛋率提高9%左右。

(2)按限制氨基酸的第一、第二、第三……的顺序依次按需要量补足。若不补充第一限制氨基酸,而补足第二、第三限制氨基酸,不但无效,还可能加剧不平衡。

(3)应将添加的氨基酸均匀分布于全日粮中,以保证均衡供应,提高利用效率。合成氨基酸的吸收率和利用率在理论上被认为是100%,有人用赖氨酸喂公鸡的试验证明为92%。如果把一天应添加的量一次喂给,其利用率仅为61%。目前对这一现象的解释是一次给予不能像均匀分布于日粮中多次给予那样使吸收和代谢的部位有比较平衡的氨基酸供应,因而不能被充分利用所致。

(4)添加与否和添加多少,不仅考虑饲养效率,最终还取决于经济效益。

第三节 理想蛋白的研究及应用

一、理想蛋白质

(一)理想蛋白概念的起源

理想蛋白(Ideal protein,IP)的概念起源于人们尝试用氨基酸组成来衡量蛋白质的营养价值。早期用来衡量蛋白质营养价值的一些指标,如生物学价值(biological valie)不具有可加性,因此实际应用价值不大。1946年,Michell和Block提出用化学分数(chemical score),即日粮中第一限制性氨基酸和它的理想浓度的比值,来衡量蛋白质的营养价值。这就需要一个参比蛋白质,它的氨基酸组成应该最为平衡。于是理想蛋白的概念便应运而生(Fuller,1989)。

(二)理想蛋白的概念

最早提出理想蛋白这一概念的是Howard等(1958),对其要求仅为每 16 g N(氮)中含 5.3 g 赖氨酸。1964 年,Mitchell 给出了理想蛋白的正式定义:“所缺少的是一个比较尺度,用氨基酸的混合物或可以被完全消化和代谢的蛋白质来表述……这一氨基酸混合物与动物维持和生产的氨基酸需要相比,其组成应完全一致。”此后,许多学者对理想蛋白先后给出了自己的定义。其表述各异,但实质相同。即理想蛋白是氨基酸间平衡最佳的蛋白质,这里的平衡既包括必需氨基酸之间的平衡,也包括必需氨基酸与非必需氨基酸(N)之间的平衡。而衡量最佳与否的指标是:和畜禽需要的符合程度,即整个蛋白质的最大限度利用。

(三)理想蛋白的理论基础

影响畜禽氨基酸需要量的因素很多,包括畜禽本身、日粮、环境和其他。理想蛋白的理论基础为:尽管以上因素影响畜禽的氨基酸需要量,但对一定条件下的家禽来说,它们对不同氨基酸需要量之间的比例关系基本无影响或影响不大(Fuller,1989;Baker 等,1993;Baker 等,1994)。即蛋白质沉积对氨基酸构成的要求是相对恒定的,并且一般来说不受基因型、性别和体重的影响。张晔(1989)认为,生长猪的整个生长期所需的最佳氨基酸平衡只有一个的理论基础即①生长猪对日粮蛋白质的需要由维持需要和生长需要两部分构成,且维持需要仅占总需要量的很小部分,即生长猪对氨基酸的平衡的要求主要由生长需要所决定;②据测定,不同性别或体重的生长猪,其躯体氨基酸比例相当恒定(表 3-14)。由此推断,生长猪不论性别、体重如何,其在日粮氨基酸需要量方面的差异仅是绝对量上的不同,而各个氨基酸需要量之比总是保持不变的;③生物学价值高的日粮蛋白质,其氨基酸比例与肌肉的非常相似;④单独测某种必需氨基酸的需要量时,结果往往变异较大,但若与相应的赖氨酸联系起来,以二者之比表示,则变异程度大大降低。

表 3-14 生长猪机体的氨基酸组成(以赖氨酸为 100%计) %

体重(kg) / 氨基酸	Wiliam 等	张晔		Tayler	Buraczewski			Aumaitre 和 Duee		Jnst
		4.9	22.3		10	25	100			
赖氨酸	100	100	100	100	100	100	100	100	100	100
蛋氨酸+胱氨酸	34	37	40	43	40	40	43	43	40	46
苏氨酸	45	54	54	56	58	55	51	55	53	51
异亮氨酸	47	48	50	54	53	53	56	54	52	55
亮氨酸	85	100	101	94	113	108	103	101	100	90
组氨酸	33	37	40	—	36	38	41	38	38	45
苯丙氨酸+酪氨酸	78	106	101	100	90	90	80	96	94	84
缬氨酸	72	66	67	67	69	67	70	70	70	59

(四)理想蛋白研究的最近进展

以 ARC(1981)为标准,理想蛋白开始从理论发展为一门技术。进入 20 世纪 90 年代以来,理想蛋白和环境科学相结合而有了进一步的发展。

有关猪的理想蛋白研究以生长肥育猪为最多,近年开始向两端延伸,最近的理想蛋白模式随着猪只体重和日龄的增长,精氨酸的比例下降,而含硫氨基酸、色氨酸的比例上升,其他氨基酸基本不变(Baker 等,1996;Easter 等,1976)。而其他三种氨基酸(色氨酸、苏氨酸、含硫氨基酸)的维持需要较生长需要高(和赖氨酸相比较),故随猪体重的增加其所占比例也增加(Fuller 等,1989)。

Baker 等(1994)对肉鸡生长早期的三种理想蛋白模式作了比较研究。结果为:NRC(1994)无论在日粮赖氨酸缺乏(0.80%)还是过量(1.12%)时,日增重均较 NRC(1984)高(分别高 60%和 13%)。而 IICP(Illinois 鸡理想蛋白)和 NRC(1994)在饲料消耗和日增重上无差异。他们认为,NRC(1994)理想蛋白中赖氨酸含量太低,致使其他氨基酸含量太高。

(五)理想蛋白中氨基酸模式的确定方法

张晔(1989)认为方法有三:①总结已往测定的各种氨基酸的需要量,建立期间的比例关系;②以低蛋白日粮为基础,根据其中各种氨基酸缺乏的程度(即实际含量与需要量之比的大小),依次添加第一、二、三……限制性氨基酸,实测各种氨基酸之间的适宜比例;③分析畜禽躯体或肌组织的氨基酸成分,作为建立理想蛋白氨基酸平衡的参考。Wang 等(1989)用来确定理想蛋白的理论依据是:在理想蛋白中,每一种必需氨基酸都是限制性的,所有非必需氨基酸的总和也是限制性的,且限制性的顺序相同;去除非限制性氨基酸对氮沉积无影响。这样一来,就可以用去除某一氨基酸的一部分对氮沉积的影响来确定氨基酸模式。具体方法是轮流从对照日粮(酪蛋白)中去除固定比例(20%)的每一种氨基酸。如果去除的是第一限制性氨基酸(图 3-2 中 A),那么无论去除的量多么少都会降低蛋白质的沉积;相反,如果去除 20%的某种氨基酸而不影响蛋白质沉积(图 3-2 中 C),则意味着这 20%相对于第一限制性氨基酸来说是多余的;如果结果处于中间状态(如图 3-2 中 B),就表明可去除 20%以下的该氨基酸而对氮沉积不发生什么影响,但去除的比例逐渐增加到某一点时就会同样具有第一限制性。然后应用第一次试验的结果来重新评定另一种基础日粮,也就是从其中去除 20%的每一种氨基酸(图 3-3)。根据这些结果,可以算得一个模型,其中每一种氨基酸都具有同样的限制性。

图 3-2 从对照日粮中将每种氨基酸都去除 20%产生的结果(根据氮存留的下降算得一种氨基酸平衡,其中每种氨基酸都具有同等的限制性,Wang 和 Fuller,1989)。

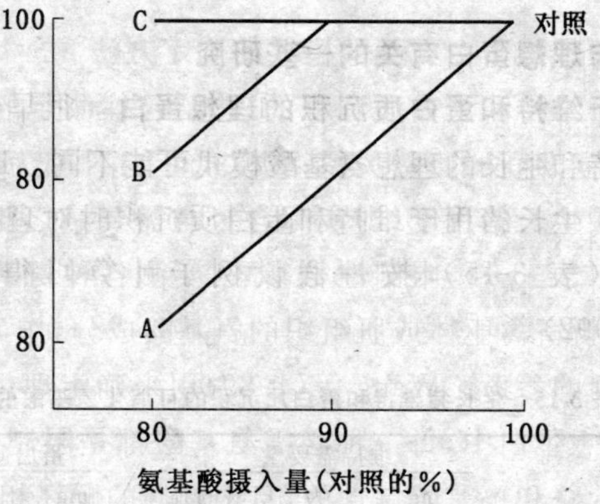

图 3-2 生长猪日粮蛋白质最佳平衡测定实验的原理

(Wang 和 Fuller,1988)

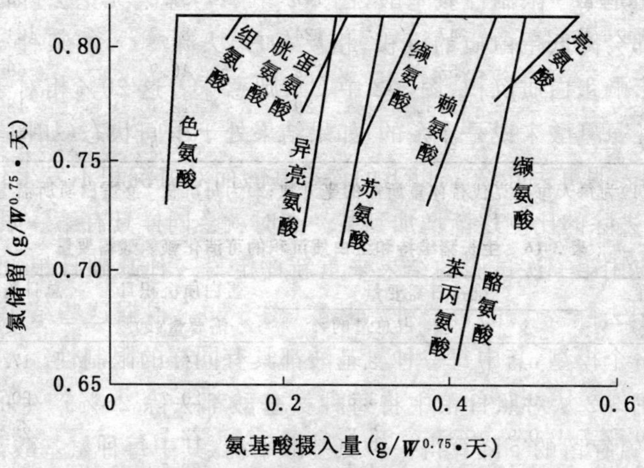

图 3-3 从对照日粮中将每种氨基酸都去除 20% 产生的结果

(根据氮存留的下降算得一种氨基酸平衡,其中每种氨基酸都具有同等的限制性)

(六)与理想蛋白有关的一些研究

1.用于维持和蛋白质沉积的理想蛋白 很早学者们就认为，猪用于维持和生长的理想氨基酸模式可能不同。Fuller 等(1989)单独估测了生长猪用于维持和蛋白质沉积时对理想蛋白的要求。据其结果（表 3-15），按一假设例子计算可得表 3-16（Blain Hansen，1992）。

表 3-15 生长猪维持和蛋白质沉积的可消化氨基酸的需要量

氨基酸	维持需要量[1]		蛋白质沉积需要量[2]	
	mg	为赖氨酸的%	mg	为赖氨酸的%
赖氨酸	36	100	68.1	100
异亮氨酸	17	45	43.0	63
亮氨酸	27	71	78.0	115
蛋氨酸	12	32	18.8	28
总含硫氨基酸	56	147	35.8	53
苯丙氨酸+酪氨酸	47	124	84.2	124
苏氨酸	53	139	46.9	69
色氨酸	11	29	12.1	18
缬氨酸	20	53	52.5	77

注：1)为每天每千克代替体重所需的毫升数；2)为每沉积 1 g 蛋白质所需毫克数。

表 3-16 生长猪维持和蛋白质沉积的可消化赖氨酸需要量

体重(kg)	维持日需要量		蛋白质沉积日需要量(g)	总日需要量(g)
	g	占总量的%		
30	0.5	2.9	16.9	17.4
50	0.7	3.3	20.2	20.9
70	0.9	3.8	22.5	23.4
90	1.1	4.7	22.5	23.6
110	1.3	6.0	20.2	21.5

从以上结果看出，维持和蛋白质沉积时所需的氨基酸构成不

同。这在苏氨酸和总含硫氨基酸上显得尤为突出，且维持对非必需氨基酸需要量较大。胱氨酸用于沉积蛋白质时可提供总含硫氨基酸需要量的一半，而维持时则可提供 80%。再就是维持需要量在总需要量中仅占很小一部分(3%～6%)。

2.关于必需氨基酸和非必需氨基酸的比例　严格地讲，理想蛋白必须包括必需氨基酸之间和必需氨基酸与非必需氨基酸之间的比例。下面说一下必需氨基酸与非必需氨基酸间的比例问题。ARC(1981)认为，猪日粮中其应为 1∶1；Colin(1993)认为其应为 435∶575(必需氨基酸中不包括精氨酸)。Wang 等(1989)认为，为达到最高氮沉积，日粮中必需氨基酸与非必需氨基酸的比例不应小于 45∶55。当用绝对含量表示理想蛋白时，就可直接从中看出二者的比例来。

3.用赖氨酸作参比的原因　理想蛋白可用绝对含量(单位理想蛋白中各种氨基酸的含量)和相对含量两种方式来表述。后者是采用与某一氨基酸的比例来表示，从文献来看多采用赖氨酸作参比，Wang 等(1992)，Baker(1994)对其原因进行了论述：

(1)和其他氨基酸，尤其是含硫氨基酸和色氨酸相比，赖氨酸的分析测试简单易行。

(2)虽内源赖氨酸(三甲基赖氨酸)用于合成肉毒碱，但吸收的赖氨酸主要用于蛋白沉积。

(3)有关畜禽赖氨酸需要量和影响因素的文献较多。

(4)赖氨酸需要量大，常常是猪禽日粮的第一、二限制性氨基酸。

(5)在配制日粮时，可应用价格便宜的合成赖氨酸。

4.理想蛋白技术的用途

(1)大大简化配方设计时与蛋白质有关的参数问题。只要确定了一种必需氨基酸的需要量，其他氨基酸的需要量即可相应得到，若将氨基酸需要量和可利用能联系起来则其应用范围会更宽。

(2)提供了一种参比蛋白质,可用于评价其他蛋白质的营养价值。以上是理想蛋白的最初的两大作用。

(3)按理想蛋白模式配制日粮,可提高氨基酸利用率。在生产性能下降低的情况下,可降低日粮氮素水平(Baker 等,1993;John Ghohl,1995)。或在相同氮素水平下,提高动物生产性能。

(4)降低氮排出量。Fuller(1979)发现,用其所提出的理想蛋白模式配制的日粮喂猪,氮排出量仅比采食无氮日粮的猪稍高;Wang 等(1989)的结果是二者无差异(回肠末端)。

二、各种动物的理想蛋白模式

(一)猪的理想蛋白模式

表 3-17 所列数据是基于总氨基酸,若采用可利用氨基酸这一指标,其可信程度则需要重新评价。因为可利用氨基酸的变化幅度较大,用其来建立理想蛋白模型会加大误差。

表 3-17 生长猪理想蛋白的必需氨基酸比例(以赖氨酸 100%计) %

氨基酸种类	Cole (1978)	Fuller (1979)	ARC (1981)	Cole (1995)
赖氨酸	100	100	100	100
蛋氨酸+胱氨酸	50	53	50	50～55
色氨酸	18	12	15	18
苏氨酸	60	56	60	66
亮氨酸	100	83	100	100
缬氨酸	70	63	70	70
异亮氨酸	50	50	55	50
苯丙氨酸+酪氨酸	100	96	96	96
组氨酸	40	31.5	—	33

近年来,回肠消化率被用来衡量氨基酸的可利用性,在很多情况下是合理的(Tanksiey 等,1984)。但 Batterham 等(1990)报

道，回肠可消化赖氨酸的存留率受日粮中赖氨酸水平的影响。Wiseman 等(1991)的试验结果表明，加热过度会导致鱼粉中赖氨酸等氨基酸的回肠和粪中消化率下降。尽管以回肠或粪中氨基酸消化率为指标配制的日粮能获得好的饲养效果，但仍不能完全解释氨基酸的热破坏问题。热处理对赖氨酸的破坏最严重(美拉德反应)，70℃加热 3 h，赖氨酸即与糖发生反应形成不能被动物利用的产物，结果只有 10％的赖氨酸被水解出来且吸收率低。大鼠体内的赖氨酸果糖结合物几乎全部从尿中排出。

Yen 等(1986a，b)以氨基酸可利用性为基础，建立了每种必需氨基酸都保持最低水平的理想蛋白模型。Wang 等(1991)采用回肠可消化氨基酸对 Yen 等的模型进行了改进(表 3-18)。

表 3-18　生长猪理想蛋白中回肠可消化氨基酸的比例(以赖氨酸 100％计)　％

氨基酸种类	Yen 等(1986a)	Yen 等(1986 b)	Wang 等(1990)
赖氨酸	100	100	100
蛋氨酸	37	39	—
蛋氨酸＋胱氨酸	52	58	60
苏氨酸	64	67	66
色氨酸	19	21	18.25
异亮氨酸	73	76	60
亮氨酸	130	140	111
苯丙氨酸	86	95	120
组氨酸	43	46	—
缬氨酸	90	97	75

Batterham(1974)和 Batterham 等(1978)认为，当给动物高水平合成赖氨酸时，每天应多次饲喂，以保证赖氨酸的持续供给。诺丁汉大学对苏氨酸也有类似的研究结果(表 3-19)。现代饲喂方式的猪是自由采食，故不存在上述问题。

表 3-19　日粮苏氨酸水平、饲喂频率对尿氮的影响　　g/天

日粮苏氨酸水平(%)	饲喂频率	
	每天 1 次	每天 2 次
0.55	17.68	16.34
0.60	17.87	16.00
0.65	17.29	15.45

引自 Santoma 等。

日粮中氨基酸总量应与能量水平保持一定的比例。赖氨酸通常是第一限制性氨基酸，故上述比例关系可用赖氨酸/消化能(g/MJ)来表示。诺丁汉大学的 Van Lunen 等(1996)报道了猪的赖氨酸/消化能需要(表 3-20)。

表 3-20　15～150 kg 生长育肥猪赖氨酸需要量和适宜赖氨酸/消化能水平

体重(kg)	PDR[1)] (g/天)	维持需要[2)] 赖氨酸(g/天)	生长需要[2)] 赖氨酸(g/天)	总需要量 赖氨酸(g/天)	适宜赖氨酸 /DE(g/MJ)
20	114	0.43	14.25	14.68	1.20
30	137	0.58	17.13	17.70	1.15
40	157	0.72	19.63	20.34	1.10
50	172	0.85	21.50	22.35	1.05
60	182	0.97	22.75	23.72	1.00
70	186	1.09	23.25	24.34	0.95
80	186	1.20	23.25	24.45	0.90
90	182	1.31	22.75	24.06	0.85
100	174	1.42	21.75	23.17	0.80
110	164	1.53	20.50	22.03	
120	152	1.63	19.00	20.63	
130	140	1.73	17.50	19.23	
140	127	1.83	15.88	17.71	
150	114	1.93	14.25	16.18	

注：1)蛋白质沉积率。2)36 mg/$W^{0.75}$，真消化率为 80%。沉积蛋白质中赖氨酸含量为 70 mg/g，真消化率为 80%，吸收率为 70%(Van Lunen 等，1996)。

(二)禽类的理想蛋白模式

即使在生长阶段,蛋鸡和肉仔鸡对氨基酸的需要量也是有差别的(表 3-21)。禽肉和蛋中氨基酸组成的差异决定肉仔鸡和蛋鸡对氨基酸需要的不同。火鸡、鸭、雉鸡和日本鹌鹑的氨基酸需要见表 3-22。

表 3-21 蛋鸡和肉仔鸡的氨基酸平衡(以赖氨酸 100%计) %

氨基酸种类	蛋鸡(周龄)				肉仔鸡(周龄)		
	0～6	6～14	14～20	产蛋期	0～3	3～6	6～8
赖氨酸	100	100	100	100	100	100	100
蛋氨酸+胱氨酸	70.6	83.3	88.9	85.9	77.5	72.0	70.6
色氨酸	20.0	23.3	24.4	21.9	19.2	18.0	20.0
苏氨酸	80.0	95.0	82.2	70.3	66.7	74.0	80.0
亮氨酸	117.6	138.3	148.9	114.1	112.5	118.0	117.6
缬氨酸	72.9	86.7	91.1	85.9	68.3	72.0	72.9
异亮氨酸	70.6	83.3	88.9	78.1	66.7	70.0	70.6
苯丙+酪氨酸	117.6	138.3	148.9	125.3	111.7	117.0	117.6
组氨酸	30.6	36.7	37.8	25.0	29.2	30.0	30.6
精氨酸	117.6	138.3	148.9	106.3	120.0	120.0	117.6

(NRC,Cole,1984;Van Lunen,1994)

表 3-22 其他生长禽类的氨基酸需要量(以赖氨酸 100%计) %

氨基酸种类	火鸡1)	鸭2)	雉鸡1)	日本鹌鹑1)
赖氨酸	100	100	100	100
蛋氨酸+胱氨酸	57.7	83.2	75	57.7
色氨酸	15.4	19.1	16.9	
苏氨酸	60.8	66.3	78.5	
亮氨酸	115.4	132.6	130	
缬氨酸	72.3	88.8	73.1	
异亮氨酸	65.4	77.5	75.4	
苯丙氨酸+酪氨酸	107.7	143.8	138.5	
组氨酸	35.4	43.8	27.7	
精氨酸	96.2	94.4	96.2	

注:1)NRC(1984);2)ARC(1975)。

(三)鱼类的理想蛋白模式

鱼类不能有效利用碳水化合物,蛋白质的供给就显得重要。由于蛋白质是鱼类的一种能源,故鱼类对蛋白质的需要高于猪、禽和反刍动物。几种鱼的氨基酸需要量见表3-23。不同鱼的氨基酸需要量不同。鲑鱼和虹鳟鱼及鲤鱼和鲶鱼对蛋氨酸和精氨酸的需要量近似,这是由于自下而上环境和习性类似。但前二者对这两种氨基酸的需要量明显高于后二者。

表3-23 鱼类的氨基酸需要量(以赖氨酸100%计) %

氨基酸种类	鲑鱼	虹鳟鱼	鲤鱼	鲶鱼
赖氨酸	100	100	100	100
蛋氨酸	80	75	54.4	46
色氨酸	10	25	14	10
苏氨酸	44	68	40	—
亮氨酸	78	100	59.7	70
缬氨酸	64	73.8	63.2	60
异亮氨酸	44	57.5	40.4	52
苯丙氨酸	102	—	114	100
组氨酸	36	—	36.8	30
精氨酸	120	111.3	73.7	86

注:Choi等,1992。

(四)反刍动物的理想蛋白模式

反刍动物对蛋白质的需要与单胃动物有着根本的差别。日粮氨基酸经过瘤胃时,其形式发生了根本的变化,即由日粮蛋白质转化成微生物蛋白质。反刍动物产品的氨基酸组成及瘤胃微生物的蛋白质需要模式见表3-24。以肉牛为例:体重250 kg,每天增重1 kg。奶牛的情况要复杂一些,因为要同时考虑维持、体蛋白质沉积、胎儿和产奶等四个方面的蛋白质需要。

表 3-24　瘤胃微生物、奶、肉和毛的氨基酸组成与氨基酸需要之比较(以赖氨酸 100%计)　%

氨基酸种类	瘤胃微生物[1]	奶[2]	羔羊[2]	肉牛[2]	毛[2]	需要量[1]
赖氨酸	100	100	100	100	100	100
蛋氨酸+胱氨酸	50.9	47.6	39.8	44	386.7	48.7
色氨酸	19.2	17.1	13.3	14.3	56.7	13.7
苏氨酸	66.3	61	46.9	50.5	216.7	55.3
亮氨酸	93.5	124.4	73.5	87.9	313.3	96.9
缬氨酸	65.7	90.2	49	58.2	170	66.3
异亮氨酸	61.9	68.3	46.9	56	113.3	62.9
苯丙氨酸+酪氨酸	114.3	120.7	74.5	91.2	336.7	91.3
组氨酸	26.8	36.6	32.7	40.7	26.7	36.4
精氨酸	55.4	48.8	62.2	73.6	336.7	33.8

注:1)Merchen 等(1992)。2)Orskov(1992)。Cole 等(1994)。

过瘤胃氨基酸是反刍动物氨基酸的直接供给形式,受日粮类型和瘤胃微生物的调控。日粮蛋白大部分被瘤胃微生物降解,其余的直接通过瘤胃(过瘤胃蛋白)。后者的质量关系至氨基酸的吸收状况。瘤胃微生物对玉米(含硫氨基酸含量高,赖氨酸含量低)等饲料蛋白质的降解能力较差,故过瘤胃蛋白比例较高。

三、新型蛋白质资源

剑桥大学的研究结果表明,不同来源的蛋白质对动物的生长和肌肉蛋白质沉积效率不同。不同饲料原料的蛋白质的质和量各不相同,取决于氨基酸的组成及其消化率。饲料的蛋白质营养价值主要取决于其蛋白质的数量和质量。

谷物是单胃动物的主要饲料来源,但其蛋白质不能满足动物营养需要。因此,要满足单胃动物的蛋白质需要就需添加富含蛋白质的饲料,以保证日粮蛋白质的数量和质量。传统的蛋白质补充料是鱼粉、动物副产品及植物蛋白。现代养殖生产中是应用合成氨基酸满足动物的蛋白质需要。

富含蛋白质饲料的直接评价指标是其氨基酸的平衡程度、消化率和利用率。某些高蛋白饲料的营养作用尚不清楚。例如断奶仔猪日粮中添加乳品加工副产品和血浆蛋白有很好的饲养效果，但其机理却不很清楚。

日粮中添加富含乳糖的原料对仔猪(尤其是在断奶后1～2周内)的饲养效果很好，有助于仔猪对干饲料的适应。但断奶仔猪只是在短期内对乳糖有很好的消化能力，7～8周龄时其乳糖消化酶活性迅速下降，此后高乳糖日粮反而对其有害。

断奶仔猪日粮中添加(一般约5%)血浆蛋白在某些国家已经相当普遍，但可能存在卫生和色泽不良等问题。仔猪日粮中添加血浆蛋白可缓解断奶所引起的一系列问题。Sohn等(1991)的试验结果表明，在赖氨酸供给量相同的情况下，血浆蛋白质和全血粉对断奶仔猪的饲养效果比乳清粉好，可能是由于所含的养分不同。

Hansen(1993)认为，血液产品能提高断奶仔猪的采食量和生产性能，可能是所含的生物活性物质所致。Gatneu等(1989)认为，血浆中免疫球蛋白能提高新生仔猪的免疫力。但是，这些免疫球蛋白在56～60℃就被破坏(远低于生产喷雾干燥血浆所用温度)。Hansen等(1993)认为，血浆免疫球蛋白对细菌具有吸附作用，从而减少内毒素的产生；免疫球蛋白能提高断奶仔猪对大肠杆菌(K88)的抵抗力。

四、理想蛋白应用中的问题

理想蛋白从概念的提出到应用，已有近40年历史，先后有许多学者对其进行了研究，目前已趋成熟，但还不是十全十美。首先，理想蛋白的构成很可能随动物基因型、性别、体重、日粮及环境等因素的不同而异。其次，畜禽机体不同部位的氨基酸构成比例也不同(Rilis，1983)，故在确定理想蛋白时，应该参考畜禽全身的氨基酸比例。而许多理想蛋白模式常是参考胴体，甚至是肌肉的氨基酸比例。而不同品种猪的肌肉氨基酸构成只是相似而已。再次，影响氨基酸需要量的各种因素对不同氨基酸的影响程度和方式并不一致(Batterham 等，1990；Chung 等，1992)；而且不同氨基酸在整体和不同组织的利用率、周转率、氧化率不同(John，1992)。最后，氨基酸、可消化氨基酸等的测定方法和条件的差异不可能不对理想蛋白模式产生影响。所以，对于理想蛋白还有许多需要研究的问题，至少包括：

(1)各种饲料中可消化氨基酸的测定。

(2)不同条件下畜禽对氨基酸，尤其是对赖氨酸的需要量。

(3)畜禽营养生理的研究。

(4)不同氨基酸在畜禽体内的代谢规律。

第四节　氨基酸平衡营养在饲料配方中的应用

饲料配方是饲料生产的核心技术，也是动物营养科学研究成果在畜牧生产中综合应用的一个媒介。一个高质量、科学的饲料配方对于合理利用各种饲料资源，提高其养分的利用效率，降低畜禽饲养成本具有重要意义。目前，在氨基酸平衡营养饲料配方方面，已有很大的进展。

一、通过回归分析预测饲料原料中氨基酸的含量

随着对饲料中氨基酸组成已有更多的了解，营养学家已不再考虑猪禽饲料配方中粗蛋白质量低限量的重要性了。事实上，猪维持和生长所需的蛋白质，确切地讲，需要的是氨基酸。蛋白质的给量取决于饲料日粮的特性，即日粮中蛋白质氨基酸成分的消化率和利用率以及猪的生产性状，即猪体在不同生长时期对所供给的氨基酸的吸收利用能力。

由于营养科学知识库的不断积累和增长，我们已经有更多的能力，可以根据更多种原料中的营养分含量来研制出优质的、氨基酸平衡营养的饲料配方。一些新的技术已使这些增加的知识和数据得以在实际工作中应用。例如，可以通过回归分析很容易地预测饲料原料中氨基酸的含量情况。如果一个配方能对原料中氨基酸含量的变化，可更快地、精确地作出反应，那就能使企业在生产上更快地获得经济上的效益。

例如，许多研究已表明，谷物饲料中必需氨基酸含量与粗蛋白含量存在着强相关关系（$r=0.90\sim0.99$ Haet 等，1987；Moss 等，1988）。然而，各种饲料原料因品种、土壤、施肥、收获期等条件以及加工、贮藏等的因素，它在粗蛋白、粗纤维、粗脂肪和粗灰分的含量方面会存在一定的变异，并影响其必需氨基酸的含量（Ward，1988）。1991 年，许万根等的研究，他们采用多元回归分析的结果表明，饲料原料中的这些常见成分含量与其必需氨基酸含量之间存在着一定的相关关系。其相关程序因原料种类而异，结果证明玉米、小麦、花生饼（粕）、国产鱼粉、小麦麸、米糠、苜蓿草粉、大豆、蚕豆、黑大豆和豌豆等的上述四种常见成分与必需氨基酸含量之间存在着显著的相关关系（$P<0.05$）。大麦、高粱、米糠饼（粕）的四种常规成分与必需氨基酸之间不存在相关关系。

许等曾利用未参加计算的玉米、麦麸等样品的数据资料比较了回归方程的估测值，按粗蛋白质递增比例计算值与实测值之间的差异。证明，一元回归方程估测误差（RSD）略高于多元回归方程估测误差，但相关程度两者基本一致。但许认为，用回归方程估测较按粗蛋白质递增比例推算，更接近于实际测定值。为此许等建议，这些预测回归方程可以应用于生产实际。应该说，这是对氨基酸平衡营养饲料配方的一个新贡献。

下面是一个根据粗蛋白％含量来预测棉仁粕中必需氨基酸含量的例子（引自 1990 年联邦德国 Degussa 材料）：

%蛋氨酸＝%粗蛋白×0.012 7＋0.153　　$r=0.87$

%蛋＋胱氨酸＝%粗蛋白×0.020 5＋0.306　　$r=0.63$

%赖氨酸＝%粗蛋白×0.051 8＋0.306　　$r=0.50$

%苏氨酸＝%粗蛋白×0.022 0＋0.335　　$r=0.65$

%色氨酸＝%粗蛋白×0.004 5＋0.101　　$r=0.49$

%精氨酸＝%粗蛋白×0.165 3－1.918　　$r=0.83$

(1)采用“NRC 精蛋白因子式”进行预测

$$\%精氨酸=\frac{\%CP\ 测定值}{(预测样本中)NRCP\ CP\ 均值}\times NRC\ 精氨酸均值$$

(2)采用 Ward(1988)回归方程进行预测

%精氨酸＝%粗蛋白×0.082－0.337　　$R^2=0.50$

(3)采用多元回归方程(Ivery,1986)

%氨基酸＝%粗蛋白×0.678－0.113(%灰分)＋1.022 1
$R^2=0.57$

以上都是由线性回归推导来的。其实计算机从统计上推导出来的最佳拟合“模型”,可以是线性的或者是非线性的。

用回归方程估测必需氨基酸含量的可靠性受许多因素的影响,如参加计算样品的代表性,变量值测定误差以及其他对必需氨基酸含量有影响的因子。参加计算的样品如缺乏代表性,所得回归议程的应用范围会受到很大的限制;当前,饲料氨基酸分析存在较大的误差,例如许万根等研究的菜籽饼(粕),大豆饼(粕)等饲料的常规成分与必需氨基酸含量相关很少或不存在相关,许等认为这与氨基酸测定误差有直接关系。因此,扩大样本代表性,降低变量值测定的误差对于有效地利用回归方程估测对于大豆饼(粕),将来如果增加采用蛋白溶解度(PS)的分析测值,可能会进一步改进对其必需氨基酸含量估测值的能力,也可能可用来预测消化率。总之,这方面的研究工作有待进一步的进行探索。

表 3-25　根据饲料原料中的粗蛋白质含量估算氨基酸含量的系数

原料名称	干物质(%)	粗蛋白质(%)	回归因子	赖氨酸	色氨酸	苏氨酸	蛋氨酸	蛋氨酸＋胱氨酸
干啤酒糟	88	22.8	a	0.180 0	0.069 0	0.073 0	−0.127 0	−0.058 0
			b	0.029 5	0.008 6	0.033 3	0.025 0	0.043 6
			r	0.73	0.90	0.98	0.95	0.93
菜子粕，Canola 品种	88	34.8	a	0.052 0	−0.175	0.480 0	0.141 0	−0.031 0
			b	0.054 7	0.018 1	0.030 3	0.016 4	0.046 7
			r	0.53	0.71	0.63	0.65	0.72
玉米	88	8.2	a	0.079 0	0.021 0	0.030 0	0.033 0	0.129 0
			b	0.018 6	0.004 7	0.032 6	0.017 0	0.028 3
			r	0.62	0.65	0.93	0.70	0.72
玉米面筋粉	88	18.9	a	−0.244 0	—	−0.134 0	−0.031 0	—
			b	0.043 3	—	0.043 0	0.018 4	—
			r	0.64	—	0.88	0.68	—
棉子粕	88	41.9	a	−0.125 0	−0.051 0	0.153 0	0.107 0	−0.078 0
			b	0.044 0	0.013 2	0.028 9	0.013 5	0.034 7
			r	0.82	0.92	0.88	0.80	0.83
鱼粉	91	62.9	a	−1.998 0	−0.388 0	−0.742 0	−0.690 0	−0.571 0
			b	0.108 1	0.015 8	0.053 7	0.039 1	0.046 3
			r	0.86	0.76	0.85	0.82	0.78

续表 3-25

原料名称	干物质（%）	粗蛋白质（%）	回归因子	赖氨酸	色氨酸	苏氨酸	蛋氨酸	蛋氨酸＋胱氨酸
花生粕	88	43.2	a	0.230 0	－0.027 7	0.378 0	0.129 0	0.154 0
			b	0.029 0	0.016 4	0.018 1	0.008 7	0.021 9
			r	0.76	0.90	0.93	0.64	0.78
芝麻粕	88	41.1	a	0.154 0	－0.168 0	0.176 0	－0.008 0	0.025 0
			b	0.021 0	0.018 1	0.030 8	0.028 2	0.047 3
			r	0.81	0.94	0.94	0.88	0.91
大豆粕	88	45.6	a	－0.081 0	0.080	0.081 0	0.017 0	0.147 0
			b	0.064 4	0.011 8	0.038 1	0.014 1	0.026 3
			r	0.78	0.59	0.81	0.65	0.57
葵花粕	88	33.5	a	0.172 0	－0.049 0	0.036 0	－0.057 0	－0.016 0
			b	0.030 4	0.013 4	0.036 1	0.024 7	0.014 4
			r	0.86	0.92	0.95	0.93	0.94
小麦麸	88	15.7	a	0.040 0	0.065 0	0.047 0	0.003 0	0.162 0
			b	0.038 1	0.009 9	0.029 9	0.015 5	0.026 4
			r	0.80	0.50	0.89	0.82	0.80
小麦次粉	88	15.9	a	0.323 0	—	0.130 0	0.069 0	－0.025 0
			b	0.015 8	—	0.024 0	0.012 3	0.038 7
			r	0.41	—	0.96	0.73	0.88

二、根据氨基酸平衡配制饲料

由于合成赖氨酸、蛋氨酸的工业化生产和商业性的销售，在20世纪60～70年代就引起了饲料配方上的一次革命——即在配方设计中添加应用合成氨基酸来达到氨基酸营养上平衡的饲料配方，从而降低了蛋白质的用量，节省了饲养成本；而20世纪90年代以来，饲料配方又进入以可消化氨基酸（或者以可利用氨基酸）为基础的配方设计，这使饲养成本又进一步得到了大的降低。

由于微生物分子的饰变，使得发酵工业有了迅速发展，从而也导致必需氨基酸工业化产生的急剧发展。为此，将来赖氨酸、蛋氨酸、苏氨酸、色氨酸的商业化供应增加，也就会更加促进这种新技术发展的进一步趋势。从而可以更加降低饲养成本，使企业获得更大的经济效益。这是因为，应用这些合成氨基酸后，可以提高一些饼粕类饲料，如葵花子饼、棉仁饼粕、芝麻粕以及菜子粕等的营养价值。此外，添加这些合成氨基酸后，还可以提高1 t大豆饼粕所生产的配合饲料的数量，这亦即是降低了日粮中大豆粕的用量。

通常，在实用氨基酸营养上有三个主要的原则必须清楚地予以了解。那就是：

(1)关于"限制性氨基酸"问题——这是指日粮中存在的，其含量低于动物获得最大生产性能量，所需要的任何氨基酸。限制性氨基酸可以通过仔细估价它们在日粮中的含量来加以预测，但其限制性只能用生物试验来验证。

(2)是关于氨基酸平衡与氨基酸不平衡问题，这是与限制性氨基酸有关的一个问题。并且它们在营养上具有相类似的重要性。

(3)是关于氨基酸的消化率与利用率问题。

例如，玉米中限制性氨基酸顺序的研究，见表3-26。

表 3-26 对体重 35 kg 的猪,粗蛋白 12%的玉米、豆饼日粮的化学成分

必需氨基酸	需要量%（36 kg 体重猪）	由日粮中提供的%	日粮提供的占需要量的%
精氨酸	0.20	0.77	385
组氨酸	0.18	0.30	166
异亮氨酸	0.50	0.58	116
亮氨酸	0.60	1.31	218
赖氨酸	0.70	0.50	71（第一限制氨基酸）
蛋氨酸＋胱氨酸	0.45	0.48	106
苯丙氨酸＋酪氨酸	0.70	1.24	172
苏氨酸	0.45	0.51	113
色氨酸	0.12	0.10	83（第二限制氨基酸）
缬氨酸	0.50	0.59	118

表 3-26 是从体重 35 kg 猪，CP12%玉米、豆饼日粮的“化学成分”中预测到的第一、第二限制性氨基酸情况。

广泛地讲,氨基酸不平衡与饲喂过量氨基酸所观察到的动物生产性能的下降有关。这是一个错误理解机制的现象,但是真实的生物学意义。任何实用猪日粮,如表 3-27 中养分平衡相对好的,CP16%玉米大豆饼日粮,也都有氨基酸过量的情况。

表 3-26 中有几种必需氨基酸的含量已超过实际需要量的 2～3 倍,大的已达到 5.5 倍。因此,在实际日粮配方中采取氨基酸平衡营养理论来降低过量的氨基酸水平,使饲料配方达到“理想蛋白质”氨基酸配比的模式,这是一个具有很大经济效益的新技术措施。因为,过量的氨基酸对猪蛋白质代谢作用是没有价值的。这和适宜的 Ca/P 比例对动物具有最佳生产性能的重要性是一样的。一些研究已经证明,过量的精、亮和蛋氨酸对其他一些氨基酸的吸收有抑制作用。而在一般蛋白质饲料配方中精氨酸、亮氨酸常常过量的,例如,玉米、大豆饼日粮,精氨酸

有的过量已达到5.5倍的情况，这对猪的生产性能毫无价值，而结果是产生额外的热增耗(HI)，这在夏季热天就很不利于猪有良好的生产性能。

表 3-27 体重 20 kg 的猪，CP16%玉米、大豆饼日粮的化学成分

必需氨基酸	需要量% (20 kg 体重猪)	由日粮中 提供的%	日粮提供的 占需要量的%
精氨酸	0.20	1.10	550
组氨酸	0.18	0.41	227
异亮氨酸	0.50	0.81	162
亮氨酸	0.60	1.59	377
赖氨酸	0.70	0.80	114
蛋氨酸＋胱氨酸	0.45	0.58	128
苯丙氨酸＋酪氨酸	0.70	1.56	222
苏氨酸	0.45	0.67	149
色氨酸	0.12	0.17	141
缬氨酸	0.50	0.82	164

通常，在猪日粮中蛋白质的补充大约占整个日粮的20%左右，成本上约占整个日粮的35%。这么高的蛋白质饲料成本，使营养学家和饲料生产厂家都必须采用更加经济的和减少猪对蛋白质/AA需要的新科学技术措施。因此，为了减少猪饲料中氨基酸的浓度，或者减少过量的氨基酸数量，来降低饲料蛋白质的成本，这就必须根据可消化氨基酸(或者可利用氨基酸)平衡营养的理论进行饲料配方的设计，才能达到这个目的。

关于在实践中应用添加赖氨酸的问题——在实践中有两种不同的，需要添加合成赖氨酸的情况(表3-28)。第一种情况是，使用赖氨酸以降低在日粮中蛋白质饲料的需要数量；玉米、大豆饼日粮就是一个典型的例子，用添加合成赖氨酸并与玉米适当地配合起来，就可以使替代大部分的大豆饼成为可能。第二种情况是，添加赖氨酸到一些低品质的蛋白质饲料中以纠正这种天然蛋白质饲料的赖氨酸缺乏，但又不造成其他氨基酸的过量。在这种情况下，低品质的蛋白质与其他原料相配合，直至除了赖氨酸外，其他每种氨基酸的需要都得到满足为止。然后，定量地添加赖氨酸，使达到动物需要量的水平。下面是几个添加赖氨酸的一些例子。

表 3-28 两种补加赖氨酸的情况

(1)在平衡很好的日粮中，用来替代蛋白质饲料；以提高经济效益
(2)用以纠正低品质蛋白质饲料中赖氨酸的不足或缺乏

表 3-29 是生长猪 CP16％水平，在玉米、大豆饼(粕)日粮中必需氨基酸的一般情况。如果将此日粮重新加以配合，使 CP 水平降低到 14％，从表面上看，赖氨酸是唯一低于需要量的氨基酸。因此，应有可能将合成赖氨酸添加到 CP14％的日粮，以获得与 CP16％日粮相同的生产性能水平。

表 3-29 在 CP14％或 CP16％玉米、大豆饼日粮中必需氨基酸配比情况(1)

氨基酸	需要量(1)(体重 20 kg)	CP16％		CP14％	
		数量	占需要量的％	数量	占需要量的％
精氨酸	0.20	1.10	550	0.48	470
组氨酸	0.18	0.41	227	0.21	116
异亮氨酸	0.50	0.81	162	0.69	138
亮氨酸	0.60	1.59	377	1.45	241
赖氨酸	0.70	0.80	114	0.64	91
蛋氨酸＋胱氨酸	0.45	0.58	128	0.52	115
苯丙氨酸＋酪氨酸	0.70	1.56	222	1.42	202
苏氨酸	0.45	0.67	149	0.60	133
色氨酸	0.12	0.17	141	0.13	108
缬氨酸	0.50	0.82	164	0.71	142

从表 3-30 可见，添加苏氨酸在数字上的结果对改进增重速度并不显著($P<0.01$)，但是在饲料效率(G/F)上是显著提高了。这与 Brown 等(1973)和其他工作者的观察是一致的，即获得最大

饲料效率所需要的氨基酸数量是大于最大日粮增重的效率。

表 3-30 采用添加赖氨酸、色氨酸和苏氨酸的玉米、大豆饼 CP14%日粮对幼猪生产性能的影响

日粮	反映指标		
	日增重(g)	每日耗料量(kg)	G/F
(1)18%CP(玉米、大豆饼日粮)	270c	0.60c,d	0.44d
(2)14%CP(玉米、大豆饼)+0.5%Lys+0.05Trp	290c	0.63c,d	0.46c,d
(3)(2)+0.24% *DL*-Met	230d	0.56d	0.41c
(4)(2)+0.13 *L*-Thr	300c	0.66c	0.47c

注①引自 Corley(1980)sfou。

c,d,e——指在同一列中具有不同标号的平均值间差异显著($P<0.05$)。

根据以上这些实验数据,使我们得出结论:即在幼猪的玉米、大豆饼(粕)日粮中降低 4 个百分单位的粗蛋白水平后,将至少需要添加赖氨酸、色氨酸和苏氨酸,才能把猪的生产性能恢复至与标准日粮同样的水平。

三、几种合成氨基酸的使用实例

(一)在生长肥育猪全价配合饲料中应用

Lewis(1985)提出在猪日粮中可以用玉米加合成氨基酸代替豆饼,配比与代替量如下式:

(1)4.85%玉米+0.15 *L*-赖氨酸盐酸盐=5%大豆饼。

(2)9.61%玉米+0.3 *L*-赖氨酸+0.03 *L*-色氨酸+0.06% *L*-苏氨酸=10%大豆饼。

(3)14.35%玉米+0.45% *L*-赖氨酸盐酸盐+0.06% *L*-色氨酸+0.12% *L*-苏氨酸+0.02 *DL*-蛋氨酸=15%大豆饼。

柏秋圃、魏树立等(1986—1989)进行了“玉米加合成赖氨酸代替大豆饼喂猪的研究”,结果是:用 97%玉米+3% *L*-赖氨酸盐酸盐的配料代替生长肥育猪“三饼”(棉、菜、豆饼)饲粮中的全部大豆饼(三阶段中的8.29%、6.29%和4.29%)。饲粮的营养水平为DE为12.98 MJ/kg,CP为14.28%、12.79%和12.37%。Lys为0.92%、0.84%和0.74%。全期(14～92 kg)平均日增重645.8 g(“三饼”组603.7 g),料肉比为3.04:1(“三饼”组3.26:1)。饲粮粗蛋白比“三饼”组降低两个百分点,节省20.5%粗蛋白。肉质良好,经济合算。同时试验结果表明用97.5%玉米+2.5% *L*-赖氨酸盐酸盐配料代替等量大豆饼的饲养效果不如97%玉米+3% *L*-赖氨酸盐酸盐配料。但是超比例地添加赖氨酸,即用95%玉米+5% *L*-赖氨酸盐酸盐配料代替等量大豆饼,并未取得提高增重和降低耗料的效果。

本研究结果是可替代猪全价饲粮中4.29%～8.29%的全部大豆饼,突破了Lewis和日本森本宏等认为只能代替5%豆饼,若超过5%则需适当添加色氨酸和苏氨酸的设想。这一方面说明97%玉米+3% *L*-赖氨酸盐酸盐配料代替猪饲粮中大豆饼的数量,是有个适当的界限和范围。另一方面也说明替代量并不一定固定和绝对的5%,而与饲粮中赖氨酸总供给水平,其他必需氨基酸的余缺与平衡情况,以及猪的生产水平有关。

(二)在肉仔鸡全价配合饲料中的应用

据国内报道,用玉米3.67%+*DL*-蛋氨酸0.09%+*L*-赖氨酸盐酸盐0.24%可以代替肉仔鸡的全价饲粮中4%秘鲁鱼粉,饲养效果无差异。

四、平衡氨基酸营养——减少氮排出的有效途径

(一)降低氮排出量的原理

1.理想蛋白质的应用 近年的研究发现,猪饲料蛋白质的营养价值应由回肠可消化氨基酸含量而不是粪便可消化氨基酸含量

决定，因为大肠微生物降解氨基酸生成的胺或氨很快经尿排出，不对猪体提供任何营养。由于不同饲料同一氨基酸的回肠表观消化率不同，理想蛋白质和动物氨基酸需要量都应在回肠可消化氨基酸的基础上表达，回肠可消化氨基酸含量最接近饲料中真正被机体利用的氨基酸量。

研究者通过氮平衡试验测定氨基酸最佳用量。试验的主要目的是测定达到最大氮存留率（也即最小排出率）的氨基酸用量。氮平衡试验发现，日粮赖氨酸比传统日粮升高 40%时，氮排出率降低了 30%。人们还通过氮平衡试验研究了必需氨基酸之外的氮需要量，发现日粮蛋白质降低到 13%时，氮存留量没有降低，氮利用率则随蛋白质的升高而降低。

2. 以可消化氨基酸配制日粮　以饲料粗蛋白质和氨基酸含量为基础配制日粮时，由于不同饲料蛋白质和氨基酸消化率不同即氨基酸实际可利用量不同，饲料实际营养水平与总氨基酸计算值存在相当的误差。通常在配方制作时设置一定的安全裕量来补偿此种误差。随着营养学的发展，人们越来越认识到用可消化氨基酸评价饲料营养价值的必要性。Tanksley 等（1989）在关于生长猪的一个实验中，研究用肉骨粉蛋白取代玉米—豆粕型日粮中 50%的豆粕蛋白对猪生长性能的影响（表 3-31）。结果表明，用等量肉骨粉蛋白取代 50%豆粕蛋白使日增重和饲料转化率下降，原因是取代后日粮赖氨酸和色氨酸水平有所降低。进一步的实验表明，在取代后的日粮中添加合成赖氨酸和色氨酸添加剂，动物日增重和饲料转化率迅速达到并超过对照组水平。学者们在世界范围内进行的其他研究一致表明，以回肠可消化氨基酸为指标配制日粮可以更精确的预测动物生产性能，以此为指标评估新型饲料原料营养价值更具科学性。

表 3-31　猪生长性能与饲养方案及日粮蛋白质及氨基酸含量的关系

组　别	100%大豆蛋白		50%大豆蛋白	
	1	2	3	4
氨基酸添加	—	—	＋色氨酸	＋色氨酸、赖氨酸
粗蛋白	15.2	15.2	15.2	15.3
总色氨酸	0.12	0.09	0.12	0.12
回肠可消化	0.09	0.06	0.09	0.09
总赖氨酸	0.70	0.66	0.60	0.74
回肠可消化	0.60	0.53	0.53	0.60
日增重	690[a]	590[b]	610[b]	710[a]
料/重比	2.42[a]	2.63[b]	2.63[b]	2.49[a]

注：a、b 同行中，右肩标有相同字母者差异不显著（$p>0.05$）；右肩标有不同字母者差异显著（$p<0.05$）。

（二）在养猪生产中如何降低氮的排出

1. 以饲料原料氨基酸实测值作配方　不同饲料原料的氨基酸组成不同，也即饲料氨基酸组成有品种特征性。对某种饲料原料来说，粗蛋白质和氨基酸含量又有一定的变异性。动物性加工副产品的氨基酸含量变异程度高于植物性饲料。引起饲料氨基酸含量变异的因素有：加工过程，动物副产品的组成，植物产地及气候条件等。配制日粮时，人们一般参考书本上的氨基酸数据，而这些数据有时和实际含量差别很大，造成日粮营养水平的不稳定性，影响动物的生产性能。在生产实际中作配方时，通常设置一定的安全裕量来满足动物的营养需要，但安全裕量同时也意味着生产成本的上升和蛋白质资源的浪费以及氮利用率的降低。如果以饲料原料实测值作配方，则可以免去或降低安全裕量的添加。美国公职化学家协会（AOAC）于 1993 年建立一套氨基酸标准分析方法，应用该法可快速准确的测出饲料氨基酸含量。

2. 降低日粮蛋白质水平　减少氮排出的最有效的办法是降低日粮粗蛋白质含量。降低粗蛋白质含量的前提是日粮氨基酸满足动物营养需要。工业合成氨基酸的诞生使降低日粮粗蛋白质的做法成为可能。

按照理想蛋白质模式配置猪日粮，将传统的肥育猪日粮的粗蛋白水平降低 2～3 个百分点而不影响动物生产性能是完全可能的，而且可使单只猪的氮排出量减少 16%或 0.9 kg。采用多阶段饲养方案比二阶段饲养方案可使氮排出量进一步降低。三阶段低蛋白日粮可使氮的排出降至每猪 3.5 kg，这个量比二阶段传统日粮饲养法每猪降低 1.1 kg 或 20%的氮排出量。

我国目前低氮日粮没有得到推广，原因在于人们还没有充分认识到低氮日粮对节约蛋白质资源以及对环境的好处。此外，按目前饲料市场原料价格计算，低氮日粮成本可能还略高于传统日粮。

如上所述，如果以回肠可消化氨基酸和理想蛋白质模式为基础制作配方将改善氮的利用率。欧洲饲料联合会(DLG，1995)指出，通过改进畜牧生产可使动物氮排出量减少 25%～55%，具体措施和成效如表 3-32 所示。

表 3-32 养猪生产中减少氮排出的方法

方 法	减少氮排出潜力
日粮粗蛋白质降低 1%	8
使用消化率高的饲料原料	6
阶段饲养	12.5
添加必需氨基酸，使日粮氨基酸达最佳平衡	24
改进管理和使用促生长剂提高饲料转化率	12.5

为了最大限度地减少氮的排出，我们需要全面细致的考虑其他各种影响因素，如性别、年龄、基因型、最佳成熟期、生理状况(如怀孕、泌乳)，因最佳氨基酸模式随上述因素的变化而变化。

动物对蛋白质的营养需要实际是氨基酸的营养需要，日粮中各种氮基酸的比例应由动物品种、年龄、生产目的等因素决定。使用工业合成纯氨基酸添加剂,可以配制出氨基酸比例最佳且蛋白质含量较低的新型日粮,同时日粮氮利用率升高,氮排出比传统法降低50%。了解日粮氨基酸的精确含量及其消化率对于配制兼顾营养需要和环境保护的日粮十分必要。如何提高粗蛋白质含量低于13%的日粮氮的利用率,还需进一步的深入研究,尤其是氨基酸和能量间的互作及非必需氨基酸需要量。

附表

附表 3-1 常用饲料原料中粗蛋白质和氨基酸含量及消化率

(德固萨-赫斯氨基酸数据库,1.1版本)

饲料原料	粗蛋白质(%)	蛋氨酸(%)			蛋氨酸+胱氨酸(%)		
		tot.[1]	DC[2]	dig.[3]	tot.	DC	dig
小麦	13.3	0.38	74	0.28	0.50	84	0.42
大麦	10.6	0.38	70	0.27	0.42	76	0.32
玉米	8.53	0.25	56	0.14	0.37	76	0.28
豌豆	20.9	1.50	83	1.25	0.52	67	0.35
豆粕	44.0	2.75	86	2.37	1.31	81	1.06
鱼粉	64.8	5.01	85	4.26	2.42	76	1.84

饲料原料	苏氨酸(%)			色氨酸(%)		
	tot.	DC	dig.	tot.	DC	dig.
小麦	0.38	72	0.27	0.15	78	0.12
大麦	0.36	66	0.24	0.12	73	0.09
玉米	0.31	62	0.19	0.06	48	0.03
豌豆	0.78	69	0.54	0.19	67	0.13
豆粕	1.76	79	1.39	0.57	83	0.47
鱼粉	2.73	78	2.13	0.71	79	0.56

注:表中数据以干物质含量88%为基础。

1)总氨基酸含量;2)消化率;3)回肠可消化氨基酸含量。

附表 3-2 家禽日粮真可消化氨基酸含量(1997)

	代谢能(kcal/kg)	粗蛋白(%)	蛋氨酸(%)	蛋氨酸+胱氨酸(%)	赖氨酸(%)	苏氨酸(%)
肉鸡						
1～3 周龄	3 150	21.0	0.52	0.84	1.09	0.65
4～7 周龄	3 150	20.0	0.48	0.81	0.99	0.59
>7 周龄	3 150	18.0	0.40	0.72	0.86	0.55
1～3 周龄 氨基酸(mg/kcal ME)			1.68	2.68	3.48	2.05
4～7 周龄 氨基酸(mg/kcal ME)			1.51	2.56	3.10	1.84
>7 周龄 氨基酸(mg/kcal ME)			1.22	2.22	2.64	1.68
蛋鸡						
1～6 周龄	2 800	18.5	0.36	0.67	0.76	0.50
7～12 周龄	2 750	15.0	0.30	0.57	0.62	0.40
1～6 周龄 氨基酸(mg/kcal ME)			1.30	2.39	2.72	1.80
7～12 周龄 氨基酸(mg/kcal ME)			1.09	2.10	2.26	1.47
后备蛋鸡 13～20 周龄	2 700	13.0	0.28	0.50	0.53	0.34
>20 周龄的商品蛋鸡和种鸡	氨基酸摄入量[mg/(只·天)]		390	690	770	480
采食量 105 g/(只·天)	2 900	16.0	0.37	0.65	0.74	0.46
采食量 105 g/(只·天)	2 850	15.0	0.34	0.60	0.68	0.42
后备期	2 750	15.0	0.29	0.53	0.57	0.42
种母鸡	2 800	16.5	0.34	0.60	0.66	0.49

附表 3-3 家禽日粮总氨基酸推荐量(1997)

	代谢能(kcal/kg)	粗蛋白(%)	蛋氨酸(%)	蛋氨酸+胱氨酸(%)	赖氨酸(%)	苏氨酸(%)	色氨酸(%)	精氨酸(%)
肉鸡								
1～3 周龄	3 150	21.0	0.56	0.96	1.24	0.77	0.21	1.28
4～7 周龄	3 150	20.0	0.52	0.92	1.12	0.70	0.19	1.18
>7 周龄	3 150	18.0	0.43	0.82	0.98	0.65	0.17	1.03

续附表 3-3

	代谢能(kcal/kg)	粗蛋白(%)	蛋氨酸(%)	蛋氨酸+胱氨酸(%)	赖氨酸(%)	苏氨酸(%)	色氨酸(%)	精氨酸(%)
1～3 周龄 氨基酸(mg/kcal ME)			1.80	3.06	3.94	2.43	0.67	4.07
4～7 周龄 氨基酸(mg/kcal ME)			1.63	2.89	3.52	2.18	0.59	3.69
>7 周龄 氨基酸(mg/kcal ME)			1.34	2.51	3.02	2.01	0.54	3.19
蛋鸡								
1～6 周龄	2 800	18.5	0.39	0.76	0.86	0.59	0.16	0.98
7～12 周龄	2 750	15.0	0.33	0.65	0.70	0.48	0.13	0.80
1～6 周龄 氨基酸(mg/kcal ME)			1.38	2.72	3.10	2.10	0.59	3.52
7～12 周龄 氨基酸(mg/kcal ME)			1.22	2.39	2.56	1.76	0.46	2.93
后备蛋鸡 13～20 周龄	2 700	13.0	0.30	0.57	0.60	0.41	0.12	0.69
>20 周龄的商品蛋鸡和种鸡	氨基酸摄入量[mg/(只・天)]		420	780	880	575	160	980
采食量 105 g/(只・天)	2 900	16.0	0.40	0.74	0.84	0.55	0.15	0.90
采食量 105 g/(只・天)	2 850	15.0	0.37	0.68	0.77	0.50	0.14	0.82
后备期	2 750	15.0	0.32	0.60	0.65	0.50	0.14	0.69
种母鸡	2 800	16.5	0.37	0.68	0.75	0.58	0.15	0.79

附表 3-4　生长猪在自由采食情况下对日粮氨基酸的需要量(90%干物质)[a]

	体重(kg)					
	3～5	5～10	10～20	20～50	50～80	80～120
粗蛋白质(%)[c]	26.0	23.7	20.9	18.0	15.5	13.2
	氨基酸需要量[d] 以真回肠可消化氨基酸为基础(%)					
精氨酸	0.54	0.49	0.42	0.33	0.24	0.16
组氨酸	0.43	0.38	0.32	0.26	0.21	0.16
异亮氨酸	0.73	0.65	0.55	0.45	0.37	0.29
亮氨酸	1.35	1.20	1.02	0.83	0.67	0.51
赖氨酸	1.34	1.19	1.01	0.83	0.66	0.52
蛋氨酸	0.36	0.32	0.27	0.22	0.18	0.14
蛋氨酸+胱氨酸	0.76	0.68	0.58	0.47	0.39	0.31
苯丙氨酸	0.80	0.71	0.61	0.49	0.40	0.31
苯丙氨酸+酪氨酸	1.26	1.12	0.95	0.78	0.63	0.49
苏氨酸	0.84	0.74	0.63	0.52	0.43	0.34
色氨酸	0.24	0.22	0.18	0.15	0.12	0.10
缬氨酸	0.91	0.81	0.69	0.56	0.45	0.35

续附表 3-4

	体重(kg)					
	3～5	5～10	10～20	20～50	50～80	80～120
	以表观回肠可消化氨基酸为基础(%)					
精氨酸	0.51	0.46	0.39	0.31	0.22	0.14
组氨酸	0.40	0.36	0.31	0.25	0.20	0.166
异亮氨酸	0.69	0.61	0.52	0.42	0.34	0.26
亮氨酸	1.29	1.15	0.98	0.80	0.64	0.0
赖氨酸	1.26	1.11	0.94	0.77	0.61	0.47
蛋氨酸	0.34	0.30	0.26	0.21	0.17	0.13
蛋氨酸＋胱氨酸	0.10	0.63	0.53	0.44	0.36	0.29
苯丙氨酸	0.75	0.66	0.56	0.46	0.37	0.28
苯丙氨酸＋酪氨酸	1.18	1.05	0.89	0.72	0.58	0.45
苏氨酸	0.75	0.66	0.56	0.46	0.37	0.30
色氨酸	0.22	0.19	0.16	0.13	0.10	0.08
缬氨酸	0.84	0.74	0.63	0.51	0.41	0.32
	以总氨基酸为基础(%)					
精氨酸	0.59	0.54	0.46	0.37	0.27	0.19
组氨酸	0.48	0.43	0.36	0.30	0.24	0.19
异亮氨酸	0.83	0.73	0.63	0.51	0.42	0.33
亮氨酸	1.50	1.32	1.12	0.90	0.71	0.54
赖氨酸	1.50	1.35	1.15	0.62	0.75	0.60
蛋氨酸	0.40	0.35	0.30	0.25	0.20	0.16
蛋氨酸＋胱氨酸	0.86	0.76	0.65	0.51	0.44	0.35
苯丙氨酸	0.90	0.80	0.68	0.55	0.44	0.34
苯丙氨酸＋酪氨酸	1.41	1.25	1.06	0.87	0.70	0.55
苏氨酸	0.98	0.86	0.74	0.61	0.51	0.41
色氨酸	0.27	0.24	0.21	0.17	0.14	0.11
缬氨酸	1.04	0.92	0.79	0.64	0.52	0.40

a. 具有中-高瘦肉生长速度(体重 20～120 kg 期间胴体无脂瘦肉增重 325 g/天)的公母混养猪群(阉公猪和青年母猪各一半)。

c. 粗蛋白质水平适用于玉米-豆粕型日粮。在 3～10 kg 体重仔猪日粮中使用血浆粉或奶粉时,蛋白质水平将比表中低 2%～3%。

d. 总氨基酸需要量是以下列类型日粮为基础:3～5 kg 仔猪,含有 5%血浆粉和 25%～50%奶粉的玉米-豆粕型日粮。

附表 3-5 不同瘦肉生长速度的阉公猪和青年母猪在自由采食情况下对日粮氨基酸的需要量(90%干物质)[a]

体重范围	50～80 kg 体重						80～120 kg 体重					
瘦肉增重(g/天)	300	300	325	325	350	350	300	300	325	325	350	350
性别[b]	公猪	母猪	公猪	母猪	公猪	母猪	公猪	母猪	公猪	母猪	公猪	母猪
采食量估测值(g/天)	2 750	2 400	2 755	2 400	2 755	2 400	3 280	2 865	3 280	2 865	3 280	2 865
粗蛋白质(%)[c]	14.2	15.5	14.9	16.3	15.6	17.1	12.2	13.2	12.7	13.8	13.2	14.4
氨基酸需要量[d]												
以真回肠可消化氨基酸为基础(%)												
精氨酸	0.20	0.23	0.22	0.26	0.25	0.28	0.13	0.15	0.15	0.17	0.16	0.19
组氨酸	0.18	0.21	0.20	0.23	0.21	0.24	0.14	0.16	0.15	0.18	0.17	0.19
异亮氨酸	0.32	0.36	0.34	0.39	0.37	0.42	0.25	0.29	0.27	0.31	0.29	0.33
亮氨酸	0.58	0.66	0.62	0.72	0.67	0.77	0.45	0.51	0.48	0.55	0.52	0.59
赖氨酸	0.58	0.66	0.61	0.71	0.67	0.76	0.45	0.51	0.48	0.55	0.52	0.59
蛋氨酸	0.16	0.18	0.17	0.19	0.18	0.21	0.12	0.14	0.13	0.15	0.14	0.16
蛋氨酸＋胱氨酸	0.34	0.39	0.36	0.42	0.39	0.44	0.27	0.31	0.29	0.33	0.31	0.35
苯丙氨酸	0.34	0.39	0.37	0.42	0.40	0.46	0.27	0.30	0.29	0.33	0.31	0.35
苯丙氨酸＋酪氨酸	0.54	0.62	0.59	0.67	0.63	0.72	0.43	0.49	0.46	0.52	0.49	0.56
苏氨酸	0.37	0.43	0.40	0.46	0.43	0.49	0.30	0.34	0.32	0.37	0.34	0.39
色氨酸	0.11	0.12	0.11	0.13	0.12	0.14	0.08	0.10	0.09	0.10	0.10	0.11
缬氨酸	0.39	0.45	0.42	0.48	0.45	0.52	0.30	0.35	0.33	0.38	0.35	0.40

续附表 3-5

体重范围	50～80 kg 体重						80～120 kg 体重					
瘦肉增重(g/天)	300	300	325	325	350	350	300	300	325	325	350	350
性别[b]	公猪	母猪	公猪	母猪	公猪	母猪	公猪	母猪	公猪	母猪	公猪	母猪
以表观回肠可消化氨基酸为基础(%)												
精氨酸	0.19	0.21	0.21	0.24	0.23	0.26	0.12	0.13	0.13	0.15	0.15	0.17
组氨酸	0.17	0.20	0.19	0.21	0.20	0.23	0.14	0.15	0.15	0.17	0.16	0.18
异亮氨酸	0.29	0.34	0.31	0.36	0.34	0.39	0.23	0.26	0.24	0.28	0.26	0.30
亮氨酸	0.56	0.64	0.60	0.69	0.65	0.74	0.43	0.50	0.47	0.53	0.50	0.57
赖氨酸	0.53	0.61	0.57	0.66	0.61	0.71	0.41	0.47	0.44	0.51	0.47	0.54
蛋氨酸	0.15	0.17	0.16	0.18	0.17	0.20	0.12	0.13	0.13	0.14	0.13	0.15
蛋氨酸＋胱氨酸	0.31	0.36	0.34	0.39	0.36	0.41	0.25	0.29	0.27	0.31	0.29	0.33
苯丙氨酸	0.32	0.36	0.34	0.39	0.37	0.42	0.24	0.28	0.26	0.30	0.28	0.32
苯丙氨酸＋酪氨酸	0.50	0.58	0.54	0.62	0.58	0.67	0.39	0.45	0.42	0.49	0.45	0.52
苏氨酸	0.32	0.37	0.35	0.40	0.37	0.43	0.26	0.30	0.28	0.32	0.30	0.34
色氨酸	0.09	0.10	0.10	0.11	0.10	0.12	0.07	0.08	0.07	0.09	0.08	0.09
缬氨酸	0.36	0.41	0.38	0.44	0.41	0.47	0.28	0.32	0.30	0.34	0.32	0.37
以总氨基酸为基础(%)												
精氨酸	0.24	0.27	0.26	0.29	0.28	0.32	0.16	0.18	0.18	0.20	0.19	0.22
组氨酸	0.21	0.24	0.23	0.26	0.24	0.28	0.17	0.19	0.18	0.20	0.19	0.22
异亮氨酸	0.36	0.41	0.67	0.77	0.72	0.83	0.46	0.54	0.50	0.58	0.54	0.63

续附表 3-5

体重范围	50～80 kg 体重						80～120 kg 体重					
瘦肉增重(g/天)	300	300	325	325	350	350	300	300	325	325	350	350
性别[b]	公猪	母猪	公猪	母猪	公猪	母猪	公猪	母猪	公猪	母猪	公猪	母猪
亮氨酸	0.61	0.71	0.67	0.77	0.72	0.83	0.46	0.54	0.50	0.58	0.54	0.63
赖氨酸	0.67	0.76	0.72	0.82	0.77	0.88	0.53	0.60	0.57	0.64	0.60	0.69
蛋氨酸	0.17	0.20	0.19	0.21	0.20	0.23	0.14	0.15	0.15	0.17	0.16	0.18
蛋氨酸＋胱氨酸	0.38	0.44	0.41	0.47	0.44	0.50	0.31	0.35	0.33	0.38	0.35	0.40
苯丙氨酸	0.38	0.44	0.41	0.47	0.44	0.51	0.29	0.34	0.32	0.36	0.34	0.39
苯丙氨酸＋酪氨酸	0.61	0.70	0.65	0.75	0.70	0.80	0.48	0.54	0.51	0.59	0.55	0.63
苏氨酸	0.44	0.50	0.47	0.54	0.51	0.58	0.36	0.41	0.38	0.44	0.41	0.46
色氨酸	0.12	0.14	0.13	0.15	0.14	0.16	0.10	0.11	0.10	0.12	0.11	0.13
缬氨酸	0.45	0.51	0.48	0.55	0.52	0.59	0.35	0.40	0.38	0.43	0.40	0.46

a. 具有中、中-高和高瘦肉生长速度的猪是指：体重 20～120 kg 期间，胴体无脂瘦肉平均生长速度分别为 300、325 和 350 g/天。

b. 此行中“公猪”是指阉公猪；“母猪”是指青年母猪。

c. 粗蛋白质和总氨基酸需要量是以玉米-豆粕型日粮为基础确定的。

d. 由生长模型估测。

第四章 微量元素饲料添加剂

第一节 概 况

微量元素有 8 种:铁、铜、锰、锌、钴、碘、硒、钼(钼仅对牛、羊、鸡,猪无钴指标)。常需补充的有铁、锌、铜、锰、碘、钴、硒(钴仅对反刍动物)。我国猪、鸡饲养标准有铁、锌、铜、锰、碘、硒需要指标。

动物营养学研究证实,动物必需的矿物质微量元素如铁、铜、锰、锌、钴、碘、硒、铬等,存在于动物肌肉、内脏、血液的蛋白质及消化液中,具有调解体组织的胶质性、膨化性、渗透性、穿透性及各种化学反应,保持身体的恒定和肌肉或神经的兴奋,促进酶激活、解毒等重要生理功能。动物必需的微量元素需要量虽低,却不可缺乏。随着集约化养殖业的发展,动物对微量元素需要量与基础饲粮中微量元素提供量差距较大,故一般情况下,需要使用含微量元素的饲料添加物。选择各种微量元素添加物时,必须考虑它们的生物利用性、稳定性、物理性质和铅、镉、汞、砷等重金属含量等。饲料原料中常缺乏微量元素,所以在全价饲料中一般要添加微量元素预混料。为更好地满足动物的需要量,提高配合饲料中微量元素的利用率,就必须弄清各种矿物元素的生物学效价。现在人们普遍认为,"有机"或"蛋白源"的矿物元素比许多常用的无机矿物元素的生物学效价高,同时,在多数情况下,在日粮中添加这些有机矿物元素可以提高饲料采食量、生长速度、饲料转化率、母猪的繁殖性能和各个阶段猪的健康状况。这些结果表明,有机微量元素除了利用率较高外,由于矿物元素参与机体内所有的生化反应,在代谢和生理方面还有一定的优势。随着人们对蛋白质螯合微量元素的作用方式的认识,它们在提高动物生产性能和健康等方面的利用越来越广泛。同时，由于它们的消化、吸收率较高，需要量相对较低，排出量较少，对保护环境有利。微量元素添加物主要是无机盐产品，如硫酸亚铁、硫酸锰、硫酸铜等；而使用简单有机酸盐类产品（如柠檬酸铁）和微量元素 -氨基酸螯合物（如氨基酸铁）可提高微量元素的吸收率。为了满足猪对矿物元素的需要量，通常在日粮中添加矿物元素的无机盐，如氧化物、硫酸盐、碳酸盐。这些无机盐在消化过程中被不同程度地分解成离子，随后被机体吸收。当然，它们也可能和日粮中的其他分子形成复合物而难以为机体所吸收，如果它们完全形成了复合物，则生物学效价为零。可见，机体对矿物元素的利用率存在相当大的差异。为安全起见，日粮中的添加量常高于最低需要量，这不仅导致养分过剩和不必要的浪费，并且对环境产生明显的危害。因此，人们对有机态或螯合物微量元素，即常说的蛋白质螯合物或氨基酸态微量元素的兴趣越来越浓厚。

蛋白质螯合态微量元素的生产过程如下：水解蛋白源，形成氨基酸和肽的混合物，然后矿物元素的硫酸盐和蛋白水解产物在适应的条件下发生反应，生成含螯合矿物元素的复合物（Hynes 和 Kelly，1995）。自然条件下，许多矿物盐类以蛋白质螯合物的形式存在。在小肠，这些螯合物利用肽或氨基酸的吸收通道，而不是矿物元素离子的吸收通道。从而避免了与利用同一通道吸收的矿物元素之间的竞争。因此，这些螯合态的矿物元素生物学效价高，而且很容易运转，因而也促进了肠道的吸收。它们更加稳定，保护了日粮中其他养分和它们发生的不利生化反应（降低吸收率）。还有人以为，这些螯合态的矿物元素在特定组织、靶器官或功能位点发挥特定功能。所有这些优点都使得在日粮中使用螯合态的矿物元素有很大的吸引力。蛋白质螯合态的微量元素要比其他类型的微量元素在吸收通道竞争、元素之间竞争和在体内利用率方面似乎更好一些。而生产研究也表明蛋白质螯合态的微量元素比氨基酸螯合态微量元素要有较高的生物利用率。

第二节 微量元素添加剂的功能和应用

一、铁(Iron, Fe)

(一)营养功能及缺乏症

铁的生物学作用主要是参与一些重要酶类的合成和组成，诸如血红蛋白、肌红蛋白、细胞色素氧化酶、过氧化物酶与触酶等等；特别是对体内氧的输送和各个氧化系统起着重要作用。研究证明：①三羧循环中有1/2以上的酶(因素)含有铁，或者是在有铁存在时才能发挥生化作用。②缺铁可使细胞内DNA合成受到抑制，正常肝细胞内的线粒体异常，细胞色素c含量减少，从而使蛋白质的合成和能量的利用率降低。③缺铁可使体内无机盐及维生素的代谢紊乱。动物体内铁约有60%～70%存在于血红素中，约20%铁和蛋白质结合形成铁蛋白，贮存于肝、脾、骨髓中；其余铁存在于细胞色素酶及多种氧化酶中，在呼吸过程中起重要作用。

畜禽缺铁常表现为贫血，腹泻，饲料利用效率降低，免疫功能降低，还可能对免疫系统有持久的作用，以至体重和体长的生长发育受到不良影响。动物体内铁含量过高过低都可增加细菌和寄生虫感染的敏感性。畜禽中以乳猪最易因铁不足而引起营养性贫血。

绝大多数饲料中的铁含量是比较丰富的，多在80 mg/kg以上，加之铁在动物体内循环利用率很高，故在一般情况下的成年家畜很少缺铁的。但由于饲料中铁的吸收率很低，仅5%～10%故对于需铁量较多的畜禽，例如，2～4周龄内的哺乳仔猪，畜禽生长期，高产畜禽则容易不足，需要补充。另外，在地区性缺铁(如盐碱干燥土壤中铁溶解性差)，动物有肠道疾患和寄生虫，用未脱毒棉籽饼以及为了相关微量元素间平衡需要等情况下，也需注意补铁。

无机铁化物比植物饲料中的结合态铁易于吸收，在无机铁盐中 Fe^{2+} 比 Fe^{3+} 易吸收。柏秋圃等（1987）用生长鸡对 $^{59}Fe^{2+}$ 与 $^{59}Fe^{3+}$ 的吸收利用率研究的结果是：$^{59}Fe^{2+}$ 的吸收率为 98.22%，$^{59}Fe^{3+}$ 的吸收率为 48.13%，Fe^{2+} 比 Fe^{3+} 的吸收率高 1 倍，$^{59}Fe^{2+}$ 在肝中的沉积量比 $^{59}Fe^{3+}$ 多 55 倍，表明利用效率也是很高的。

（二）铁源生物利用率

铁的添加物有硫酸亚铁、碳酸亚铁、磷酸高铁、三氧化铁、柠檬酸铁铵、苏氨酸铁等，它们的生物利用率如表 4-1 所示。

表 4-1　各种铁源之相对生物利用率

铁　源	鸡与鼠①（%）	猪②（%）	反刍动物③（%）
硫酸亚铁（七水盐）	100	100	100
硫酸亚铁（一水盐）	100	92	—
无水硫酸亚铁	100	—	—
氯化亚铁（Ferrous chloride）	98	—	—
硫酸亚铁铵	99	—	—
柠檬酸铁铵	107	100	—
柠檬酸铁胆碱	102	140	—
甘油磷酸铁（Ferric glycerophosphate）	93	—	—
硫酸铁（Ferric sulfate）	83	—	—
柠檬酸铁（Ferric citrate）	73	100	—
氯化铁（Ferric choride）	44	100	80
焦磷酸铁钠（Sodinm iron pyrophosphate）	14	70	—
氧化铁（Ferric oxide）	4	—	10
碳酸亚铁（Ferrous carbonates）	2～6	0～74	60
右旋糖酐铁（Iron dextran）	—	100	100

①摘自 Fritz 等，1970 及 Miller，1983。

②、③摘自 Miller，1983 及 O'Dell，1979。

(三)铁的应用问题

1.目前国内在饲料添加剂中铁元素使用上的主要问题

(1)盲目超量添加铁,甚至导致畜禽腹泻和慢性中毒,抑制生长,有的引起缺磷症状。

(2)盲目配伍,铁盐可和许多药物发生反应,不宜合用。例如硫酸亚铁与四环素会络合,使吸收都降低。

(3)所用的含铁原料,多为工业级的硫酸亚铁,杂质较多,据测游离水含量高达26.7%～36.2%,带来前处理和粉碎困难,含铁量不稳定,总之是原料质量差。

(4)加工工艺不合理,作为饲料用的硫酸亚铁应干燥为含1个结晶水的为最好;粒度也不合要求,普遍是过粗。

(5)国内目前生产的微量元素添加剂预混料,所用的载体和稀释剂绝大多数是石灰石粉。而石灰石粉(碳酸钙)的化学稳定性很差,易与硫酸亚铁发生化学反应,将二价铁转变为三价铁,含铁预混料在常温常湿下贮存8周,以碳酸钙为载体的预混料中Fe^{2+}的损失率高达34%～36%,而以玉米、膨润土和沸石为载体的预混料中Fe^{2+}的损失率分别为6.68%、8.74%和8.97%,石灰石粉不宜作为含Fe^{2+}微量元素预混料的载体或稀释剂。

2.硫酸亚铁作为棉子饼的减毒剂 硫酸亚铁作为棉籽饼的减毒剂,仍是目前最为有效可靠的方法。棉籽饼中含有游离棉酚(Freegossypol, 缩写为FG)和结合棉酚,游离棉酚可被单胃动物吸收产生毒害作用,结合棉酚不易被吸收,毒性较小。我国饲料卫生标准中规定,游离棉酚在配合饲料中含量:对于肉鸡不得超过100 mg/kg;肉猪不超过60 mg/kg;蛋鸡不超过20 mg/kg。由于硫酸亚铁($FeSO_4 \cdot 7H_2O$)的亚铁离子(Fe^{2+})可与游离棉酚螯合,形成难以被动物吸收的复合物,从而可以减轻和消除其毒性。亚铁离子与游离棉酚螯合时约为1∶1的比例,因七水硫酸亚铁分子

的 Fe^{2+} 含量为 20.1%，所以按游离棉酚含量 5 倍重量添加硫酸亚铁，即可收到减轻毒性的效果。例如，目前绝大多数预浸出的棉籽粕中游离棉酚含量为 0.12%，这样 1 kg 棉籽粕就须均匀加入 6 g 的七水硫酸亚铁。

许多用添加硫酸亚铁对日粮中游离棉酚进行减毒处理的效果报道很不一致，究其原因，这不但是与游离棉酚的数量有关，而且与棉籽饼中其他棉酚色素和环丙烯类脂肪酸，以及蛋白质生物学价值，可利用赖氨酸含量，赖氨酸与精氨酸比例，维生素 A，Ca，K，Na 等有效供给量等有关。

据国外研究报道，被家禽吸收的棉酚，除大部分由粪、尿、CO_2 排出外，存留在体内的棉酚大部沉积在蛋中。蛋黄在储存期间变黑（茶青色）的主要原因是棉酚沉积，即一部分棉酚与脑磷脂形成复合物和一部分棉酚与蛋黄蛋白质结合的反应。试验结果表明，产蛋鸡日粮中棉酚含量达 0.008%时，就可使蛋黄在储存期间变色（绿色）。棉籽饼中环丙烯类脂肪酸则是使蛋白（蛋清）变粉红色的原因。环丙烯类脂肪酸对棉酚引起蛋黄变色有促进作用。文献报道禽对棉酚的耐受水平相差很大，高者达 1 000 mg/kg（0.1%），低者为 160 mg/kg（0.016%）。目前比较认同的是蛋试验 AGU 值（可利用棉酚单位）0.30%以下的棉籽饼在产蛋鸡日粮中占 5%到 10%的水平是成功和安全的。棉酚水平增加一般会引起家禽死亡率的上升，并可使孵化率降低，但有试验结果表明，日粮中游离棉酚在 120 mg/kg 以下时，不降低孵化率。

肉仔鸡对游离棉酚的耐受性较高，可能是由于产肉和作用时间短之故。据国外报道，在 1966 年用金属盐钝化棉酚活性的国际讨论会上，动物营养专家的结论是：对于肉仔鸡用 2 份铁：1 份棉酚（重量比）能有效地防止游离棉酚对生长的有害影响，并提出日粮中的游离棉酚含量最高以不超过 300 mg/kg，加铁 600 mg/kg 为宜。而饲料制造商则推荐以 4：1 的重量比加铁到 600 mg/kg，这样日粮中游离棉酚含量降低 150 mg/kg，主要是为降低组织中残留。

对于生长肥育猪，其日粮在按与游离棉酚重量 1∶1 加铁和增加高质量蛋白质及维生素 A 等情况下，游离棉酚含量允许达 400 mg/kg。但若以棉仁粕作为日粮的唯一蛋白源时，则游离棉酚含量应不高于 100 mg/kg。郭福祥（1990）用含游离棉酚 100 mg/kg、200 mg/kg 添加和不添加硫酸亚铁的日粮，长期饲喂地方品种种猪的试验结果表明，对后备猪的性成熟和性器官发育，对成年母猪的发情、受孕、产仔和泌乳，均无不良影响。但含游离棉酚 100～200 mg/kg 加铁脱毒或不脱毒棉籽饼日粮，对种公猪的发情机能有不利影响，其影响程度主要与日粮中棉酚含量有关。公猪采食棉籽饼日粮 8 个月和 13 个月，含游离棉酚 100 mg/kg 脱毒或不脱毒日粮的公猪与母猪配种，母猪受孕产仔正常。含游离棉酚 150 mg/kg 脱毒组公猪和含游离棉酚 200 mg/kg 不脱毒公猪，与母猪配种，母猪虽能受孕产仔，但产死胎增多。棉籽饼日粮中添加硫酸亚铁可提高公猪的有效精子数，但日粮添加铁量达 480 mg/kg 时，公猪的精子畸形率增高，这可能仍是棉酚含量高的不良作用。

日粮中游离棉酚含量较高时，动物易缺乏铁，故即使不与游离棉酚结合而减毒，而为预防缺铁，补铁也是必要的。同时又要注意，铁易与赖氨酸结合，故一般非特殊情况加铁量以不超过 400 mg/kg 为宜。

3. 有机铁的应用 几种铁源相对生物学效价如下：$FeSO_4$（100%，标准物）、$FeCl_2$（106%）、$FeCl_3$（78%）、$FeCO_3$（10%）、螯合铁或蛋白源铁（125%～185%）。这激起人们在猪，尤其是母猪和仔猪日粮中添加螯合铁的兴趣。过去一直认为，仔猪体内的铁含量和母乳中的铁含量不能通过母猪日粮添加铁而提高。但 Brady（1978）报道，在母猪日粮中加入高剂量（300 mg/kg）氨基酸螯合铁，能使母乳中铁由 1.4 mg/kg 增加到 2.6 mg/kg，产后 2 周的哺乳仔猪比不加喂氨基酸螯合铁的仔猪血红蛋白提高 30%，表明铁化物的分子结构与转移效率有关。

研究表明，氨基酸铁可以提高铁通过胎盘进入胚胎的比例（Ashmead 和 Graff，1982）。Ashmead（1996）报道，在妊娠日粮中添加 200 mg/kg 的氨基酸铁，有相当的铁通过胎盘进入胎儿，从而降低了胎儿的死亡率，提高了仔猪的初生重和断奶重。连续八胎的研究表明，在日粮中使用氨基酸铁可以降低死产率，提高每胎的窝均断奶仔猪数，缩短断奶到发情间隔。在爱尔兰和丹麦，往妊娠和哺乳母猪日粮中添加生物复合铁（百乐铁）的试验取得了同样的结果。添加 Bioplex Fe 提高了仔猪增重、断奶体重和血红蛋白含量。所有这些研究都表明，在妊娠和哺乳母猪日粮中添加蛋白质螯合铁可以提高母猪的繁殖性能，降低死产和乳猪死亡率，仔猪健壮，精神状态好，更容易克服断奶应激。

对以上现象的解释是：螯合铁以更容易通过胎盘转运的形式被吸收进入血液（在猪无机铁无法通过胎盘转移给胚胎），进入发育中的胚胎，同时其生物学效价和吸收率也有不同程度的提高。乳猪从出生到断奶体内铁的营养状况良好，可以保证仔猪有较高的生产性能。血液中铁蛋白和免疫球蛋白保持高的浓度，可以使仔猪更健壮。另外有人认为，妊娠早期子宫中分泌的子宫铁蛋白（uteroferrin 依赖于孕酮的一种蛋白质）与铁向胚胎的转运和胚胎的成活率有一定的关系。后一种观点和一些实验报道的添加螯合铁提高产仔数相一致。

需要提出的是，在母猪产前 1 周开始到整个泌乳期以及吮乳和断奶仔猪日粮中使用有机铁，通过自然过程，实现仔猪皮肤红润的目的。而不必通过大量使用有机砷制剂（45～90 mg/kg）人为使仔猪皮肤变红。

(四)常用的铁源——硫酸亚铁(Ferrous sulfate)

分子式：$FeSO_4 \cdot 7H_2O$，相对分子质量：278.01。

1.产品简述 硫酸亚铁由硫酸与废铁屑反应而得；或从钢铁酸洗废硫酸和钛白粉(硫酸法)生产中钛铁矿酸浸液中回收。

2.成分 根据GB 8252—87，其技术要求如表4-2所示。

表4-2 项目和指标

项目	指标	项目	指标
硫酸亚铁($FeSO_4 \cdot 7H_2O$)(%)	≥98.0	重金属(以Pb计)(%)	≤0.002
硫酸亚铁(以Fe计)(%)	≥19.68	水不溶物(%)	≤0.2
砷(As)(%)	≤0.000 2	细度(通过W=28 μm试验筛)(%)	≥95

3.性质 天蓝色或绿色结晶。比重1.98。热至56.6℃由七水物转变为四水物，64.4℃又转化为一水物，300℃成无水物。在干燥空气中易风化，在潮湿空气中易氧化成棕黄色的碱式硫酸铁。溶于水，微溶于醇。

二、铜(Copper，Cu)

(一)营养功能及缺乏症

铜在动物体内的作用十分广泛，主要是通过多种含铜酶(如血浆铜蓝蛋白，超氧化物歧化酶，黄嘌呤氧化酶，细胞色素氧化酶等数十种酶)在生物氧化还原过程中起重要作用。铜参与造血过程与髓蛋白的合成，促进骨与胶原的形成，参与羽毛角化作用与色素沉着，也与神经细胞的正常发育有关。动物体内含铜量不高，但分布颇广，多存于肌肉中，肝脏、骨髓也不少。铜是细胞色素氧化酶、酪氨酸酶(Tyrosinase)的重要成分之一。血铜与α-球蛋白结合成血浆铜蓝蛋白。铜蓝蛋白可保护组织不受氧的毒害。铜对血红蛋白卟啉核的形成很重要，是铁吸收后参与血红蛋白形成的必需成分。

畜禽对铜的需要量不多，供给 4～6 mg/kg 即可满足需要。我国常用饲料中含铜为 5～20 mg/kg，故除缺铜地区以及喂高锌、高硫饲料诱发缺铜症外，一般是不致缺乏的。由于铜是必需微量元素，植物饲料中铜被动物的吸收率又较低，成年动物为 5%～10%，幼年动物为 15%～30%。所以仍应注意保证满足需要，但不可滥用，因为在一般情况下铜的化合物是有毒害作用的。

(二)铜源生物利用率

在铜源中，硫酸铜、氧化铜、氯化铜、碳酸铜均有效，但亚硫酸铜则无促生长效果。目前多使用硫酸铜。

(三)铜的应用

1.高铜的促生长作用　自从 Borber 等于 1955 年首次报告在猪饲料中添加高剂量铜可以提高生长速度和饲料利用效率以来，进行过很多试验研究，并应用于生产实践。实践证明，在猪饲料中高浓度铜(100～250 mg/kg)有明显的促生长的功能，并可防治肠炎和霉菌病，与抗生素相似。铜与许多抗生素并用，其效果相加，不会互相抵消。一般对肉猪的推荐用量为 125～250 mg/kg，对肉鸡的推荐用量为 100 mg/kg。总结我国自 20 世纪 80 年代以来进行的多次高剂量铜(200～250 mg/kg)作幼猪、幼雏、幼兔的生长促进剂的研究结果，结果是对猪、兔有效，对肉鸡无影响或作用甚微。

现将国内外关于应用添加高剂量铜作为生长促进剂的效果、影响因素及作用机制等问题，概括如下：

(1)关于添加量。在生长肥育猪饲粮中添加铜的有效剂量，一般公认为 125～250 mg/kg。多数试验结果认为生长猪的有效添加剂量为 200～250 mg/kg。Cromwell 等（1989）发现，添加 125 mg/kg 铜提高日增重的效果仅相当于 250 mg/kg 的 75%。但也有添加 125 mg/kg 和添加 250 mg/kg 效果相同的报道，原因可能与其他影响因素有关。添加量长期达 250 mg/kg(4 个月以上)则有中毒的危险，达 500 mg/kg 时则反而降低了生产性能。邱华生（1992）建议：体重 30 kg 前的幼猪用 200～250 mg/kg；30～60(或 70)kg 中猪用 125～150 mg/kg。

(2)关于提高增重及饲料利用效率的效果。据 Braude(1976)总结 119 次试验结果是：平均提高增重 9.1%和饲料效率 7.4%。据英国总结 250 次共 1 500 头猪试验结果是：增重提高 5%～10.5%，每单位增重的饲料消耗减少 3.9%～8.1%。美国肯塔基州大学(1989)总结该校近期的若干试验结果是：250 mg/kg 的添加量可以提高生长猪增重 24%～39%，提高饲料效率 11%～12%，增加采食量 8%～17%。但据日本试验报道(1990)，在早期断奶仔猪(6～25 kg)饲粮中添加 125 mg/kg 铜对生长无影响，增为 250 mg/kg 也未见改善；但在育成期(20～65 kg)饲粮中添加 125 mg/kg 铜，则使体重显著增加。添加效果报道不一，与猪的生长阶段，饲养条件等诸多因素有关。

(3)关于猪的生长阶段与添加效应。综合几乎所有试验结果，添加高剂量铜的促生长作用在猪的不同生长阶段是不同的，以早期断奶仔猪效应最高，以后随着生长则明显降低，但在体重 50 kg 以前仍可取得差异显著的添加效应，在体重 50 kg 以后则不显著，甚至没有改进。美国总结 154 个试验的结果列于表 4-3。

表 4-3 添加高剂量铜对不同生长阶段猪的饲养效果

%

项目	仔猪	中猪	肥猪
增重提高	27.1	6.5	3.6
饲料转化效率提高	8.3	2.3	1.1

明再勉等(1986)进行的仔猪哺乳期补饲不同水平铜的试验结果,列于表 4-4,供参考。表 4-4 的结果表明,在仔猪饲粮中添加 250 mg/kg 铜的效果最好,差异显著,补料进食量也明显增加(比 0 组增加 18.5%),每千克增重耗料或消化能(DE)无显著差异。

表 4-4 添加不同剂量铜对哺乳期仔猪的饲养效果

加铜量(mg/kg)	窝数	头数	始重(kg)	末重(kg)	日增重		饲料/增重	
					g	比较	kg	比较(DE)
0	4	36	3.25	15.47	306	100.0	1.99	100.0
60	4	35	3.10	15.37	307	100.3	2.01	100.9
125	4	36	3.29	16.03	338	103.9	2.00	100.5
250	4	38	3.21	17.20	347	113.4	1.93	96.7

(4)关于铜的不同化合物的添加效应。目前仍公认以使用硫酸铜效果最好,生物效价高,易吸收,且成本较低。但因其分子中铜含量较低($CuSO_4 \cdot 5H_2O$ 中的 Cu 占 25.5%,碳酸铜中 Cu 占 53.2%),且因硫酸盐易于吸湿返潮,故多主张用碳酸铜、氧化铜和螯合铜,并经试验认为同样有效。但 Cromwell 等用硫酸铜和氧化铜做了 5 个试验,结果是使用硫酸铜提高增重和饲料效率达显著水平,而使用氧化铜则无明显增加效应。John Golh(1990)通过试验结果与上述相同。均认为没有通过滤氨过程制取的氧化铜,可溶性很差,所以无效。近年不少研究证明,添加无机螯合铜化物、有机螯合铜化物和硫酸铜在效果上无差异。

饲料中加铜过高,动物肝中铜积累,对人的食用不利。另一方面,大量铜会被排出,通过粪尿污染环境和土壤,令人担心,建议综合考虑,适量添加。

2. 有机铜的应用 Zhou 等(1994)比较了在日粮中添加赖氨酸铜和 $CuSO_4$ 对断奶仔猪的影响。试验采用自由采食,持续 24

天以上。结果是:在整个试验期,赖氨酸铜组的仔猪采食量(685 g/天 对 531 g/天)和生长速度(420 g/天对 353 g/天)均较快,血清铜和细胞有丝分裂活性也较高,后者表明赖氨酸铜促进生长激素分泌的强度较高。

Coffey 等(1994)做了 8 个试验评定了赖氨酸铜和 $CuSO_4$ 不同添加水平的利用效率,用不添加铜做对照,每个试验持续 28 天或 35 天。结果表明:在日粮中添加赖氨酸铜较添加 $CuSO_4$ 提高日采食量 4.0%,日增重 4.2%,饲料转化率 0.6%。Apgar 和 kornegay(1996)比较了在日粮中添加 200 mg/kg $CuSO_4$ 或 200 mg/kg 赖氨酸铜对猪生长性能的影响。结果是:在采食量相当的情况下,后者的生长速度较前者高 14.3%。但二者对铜吸收和沉积情况相当。Apgar 等(1995)的研究未能发现酮源对生长性能的影响,但发现在日粮中添加 200 mg/kg 的赖氨酸铜较添加同浓度的 $CuSO_4$ 提高了肝中铜的含量,这说明有机铜和无机酮的代谢途径不同或者讲有机铜的吸收率较高。在日粮中添加高水平的铜对铁或锌的吸收没有干扰作用。采食赖氨酸铜日粮的仔猪,其铜的相对利用率和沉积率较低说明:和无机铜相比,对各个阶段的猪有机铜发挥出促生长作用所需要的剂量要低一些。

有研究表明蛋白质螯合铜比 $CuSO_4$ 的利用率要高得多。蛋白质螯合铜的吸收机制和无机铜不同,它的吸收不干扰锌或铁的吸收。结论之一是蛋白质螯合金属元素以二肽样的氨基酸复合物吸收,穿过肠膜进入血液。Ashmead 等(1985)的体外实验证实了这一假设,大鼠分离肠段对蛋白质螯合铜的吸收率是 $CuSO_4$ 的 4 倍。

3.目前应用中存在的问题 目前国内对于铜的使用剂量比较混乱,由于一些企业的误导,农民要求饲喂饲料后猪的粪便发黑,因此导致多数饲料企业在饲料中普遍加入高铜,一般在全价料中达到 200～300 mg/kg。而作为具有中国特色的浓缩饲料,其中的铜含量更高，可达1 000～1 500 mg/kg。作为1%的预混料，铜含量可达20 000～30 000 mg/kg。在这样的情况下，高铜不仅导致维生素的破坏，而且导致加油预混料或浓缩饲料酸败问题的严重化。目前国际上一般通行复合抗氧化剂，除含有BHT、BHA、PG、乙氧喹以外，还含有螯合高浓度金属的柠檬酸等物质（增效剂），比单一的抗氧化剂在保护饲料中的维生素、色素和脂肪方面效果要好，而且可以避免单一抗氧化剂的超量添加（如乙氧喹一般建议为150 mg/kg）。很多国外进口的抗氧化剂在进口登记时，尚无高铜问题，随着高铜和大量添加易氧化的鱼油等问题的出现，这些抗氧化剂出现不能有力保护浓缩料脂肪酸败的现象。为此不少国际公司已改变产品配方和登记，以满足国内企业的需要。另外，作者在美国利用大豆油和不同粒度的硫酸铜在Rancimat所做的实验表明，随着硫酸铜粒度粗化，其对脂肪的氧化作用减少。因此在生产中可以采取如下措施减少酸败问题：①减少铜含量，如日本1997年立法将仔猪日粮的铜含量降至45 mg/kg，将生长肥育猪的日粮铜含量降至10 mg/kg，欧洲目前一般在仔猪使用的铜含量为120～170 mg/kg；②改变铜源，由硫酸铜转为碱式氯化铜和蛋白质螯合铜，减少所需的铜量；③改变铜源的粒度，粗化铜源，但要注意混合均匀度；④使用合适种类和剂量的抗氧化剂；⑤使用优质油脂；⑥已经酸败的饲料尽量不要同新料混合再加工。

（四）常用的铜源——硫酸铜（Copper Sulfate）

分子式：$CuSO_4 \cdot 5H_2O$，相对分子质量：249.68。

1.产品简述 硫酸铜由铜氧化焙烧成氧化铜，再与硫酸作用，经澄清、结晶、过滤而得。

2.成分 根据国际标准GB 8249—87，其技术要求如表4-5所示。

表 4-5 项目和指标

项目	指标	项目	指标
$CuSO_4 \cdot 5H_2O$(%)	≥98.5	砷(As)(%)	≤0.000 5
Cu(%)	≥25.0	重金属(Pb)(%)	≤0.001
水不溶物(%)	≤0.2	细度(W=28 μm 试验筛)(%)	≥95

3. 性质 深蓝色块状大结晶或蓝色结晶粉末。有毒。无臭。有金属涩味。比重为 2.284。溶于水及氨水,微溶于甲醇,不溶于无水乙醇,水溶液呈弱酸性反应。加热至 45℃失去 2 个结晶水,至 110℃失去 4 个结晶水,至 250℃以上则失去全部水,变成白色无水硫酸铜。继续加热则分解成 $CuO \cdot SO_2$ 和 O_2。

4. 应用 杂质及游离硫酸含量不可太高,长期贮存易产生结块现象。铜会促进不稳定脂肪之氧化而造成酸败,同时破坏维生素,配制时应注意。本品操作时应避免眼、皮肤的接触及吸入体内。硫酸铜具毒性,作为饲料添加剂原料以一水硫酸铜为好。

三、锰(Maganese, Mn)

(一)营养功能与缺乏症

锰是许多酶的辅因子,是丙酮酸羧化酶的组成部分。锰与以下酶系统的活性密切相关:水解酶、激酶、脱羟酶、转移酶以及依赖锰的含铁酶。锰通过这些酶系统参与碳水化合物、脂肪和蛋白质的代谢,锰为骨骼的生长和维持结缔组织的正常所必需,锰也参与机体繁殖和免疫反应。锰遍布动物全身,有 25%在骨骼中,它参与形成硫酸黏多糖软骨素,是软骨必需成分。

缺锰时,家畜生长受阻,骨骼畸形,生殖机能异常,产奶少,胎儿弱且运动失调,家禽缺锰时可见骨短粗症(跛行,腿短而弯曲,关节肿)或溜腱症。试验证实,家禽日粮中应有 100～120 mg/kg 的锰含量。猪缺锰导致骨骼生长不良,肌脂沉积增加,繁殖性能和产奶量降低，事实上，降低背脂厚的有效的方法之一是饲喂含锰化合物。在欧洲所做的一些现场试验表明在育肥猪日粮中添加有机锰可以降低脂肪的沉积，提高胴体瘦肉量。

(二)锰源生物利用率

不同锰源生物利用率不同，见表 4-10。MnO 和 $MnSO_4$ 是常用的锰源，以 $MnSO_4$ 为 100%。其他锰源的相对的生物学效价为：MnO 为 60%～80%，MnO_2 为 30%～40%，MnO_3 为 25%～40%(McDowell,1992)。Henry(1995)报道，蛋白质或氨基酸锰的生物学效价较 $MnSO_4$ 高。

表 4-6 各种锰源之相对生物利用率 %

锰 源	鸡与鼠	猪	反刍动物
$MnSO_4 \cdot H_2O$ (reagent)	100	100	100
$MnSO_4 \cdot 2H_2O$	高(100)	—	—
$MnSO_4 \cdot 4H_2O$	高(100)	—	—
$MnCl_2 \cdot 2H_2O$	高(100)	—	100
$MnCl_2 \cdot 4H_2O$	高(100)	—	—
$MnCO_3$	高(90)	100	—
$KMnO_4$	高(90)	—	—
MnO	高(90)	100	—
MnO_2	高(80)	—	—
菱锰矿(Rhodochrosite)($MnCO_3$)	低(0)	—	—

注：同属碳酸锰，菱锰矿(Rhodochrosite)之效果差，此乃因其所含不纯物较高，物理化学结构不同所致。

(三)锰的应用

猪日粮锰的需要量极低，并且很好确定。锰易穿过胎盘，所以，母猪锰的状况影响初生仔猪的需要量。有研究认为 0.4 mg/kg 即可满足仔猪的需要。而缺锰母猪对锰的需要量为 3～6 mg/kg。

一般而言，玉米-豆粕型日粮含有足量的锰满足生长肥育猪正常生长和骨骼形成的需要。长期饲喂含锰 0.5 mg/kg 的日粮导致骨骼生长异常、脂肪沉积增加、发情周期异常或消失、初生仔猪弱小和产奶量下降。基于锰的沉积，妊娠母猪锰的需要量为 25 mg/kg。Christianson(1989,1990)的研究表明，饲喂 10 mg/kg 或 20 mg/kg 锰比饲喂 5 mg/kg 锰的母猪所产仔猪初生重大，而且，饲喂 20 mg/kg 的锰有助于改善母猪的再发情。根据最近的研究结果妊娠和哺乳母猪对锰的需要量为 20 mg/kg。

美国 NRC(1994)家禽营养需要量建议肉仔鸡各阶段饲粮锰的需要量为 60 mg/kg，建议来航白壳蛋鸡育雏、育成及产蛋期的饲粮锰需要量分别为 60、30、30 mg/kg，褐壳蛋鸡锰需要量系由上述白壳蛋鸡锰的需要量外推而来，缺乏直接的试验依据，各阶段分别为 56、28、28 mg/kg。我国鸡的锰需要量标准借用 NRC 标准。

(四)常用的锰源——硫酸锰(Manganese Sulfate)

分子式：$MnSO_4 \cdot H_2O$，相对分子质量：169.01。

1.产品简述 以一氧化锰用硫酸酸解成对苯二酚副产回收制得硫酸锰。

2.成分 GB 8253—87 规定了饲料级硫酸锰的技术指标及含量，见表 4-7。

表 4-7 饲料级硫酸锰技术指标

项目	指标	项目	指标
$MnSO_4 \cdot H_2O$(%)	≥98.0	重金属(以 Pb 计)(%)	≤0.001 5
Mn(%)	≥31.8	水不溶物(%)	≤0.05
砷(As)(%)	≤0.000 5	细度(通过 W=0.50 μm 试验筛)(%)	≥95

3.性质 白色带粉红色粉末状结晶，无臭，味微苦。比重 2.95。易溶于水，不溶于乙醇。加热至 200℃以上开始失去结晶

水，500℃变为无水盐，700℃以上开始分解，放出三氧化硫，最后变为四氯化三锰。1 150℃完全分解。

4.品质判断与应用 本品水中溶解性高低可简易判断出品质优劣。高温多湿环境下，贮存太久会有结块现象。

四、锌(Zinc，Zn)

(一)营养功能与缺乏症

锌是多种酶(碳酸酐酶和碱性磷酸酶等)和激素(胰岛素)的重要组分。锌对机体内蛋白质、碳水化合物和脂肪的新陈代谢非常重要，是维持毛发生长、皮肤健康和组织修补之必需元素。锌广泛分布于动物整个机体，以肌肉、毛发、公畜生殖液和眼的脉络膜上皮中含量较高。

缺乏锌时，动物表现为生长停滞和上皮细胞代谢异常。猪日粮锌不足造成食欲差，生长慢，皮肤有似疥癣的损伤、排出深色的渗出物、腹泻、呕吐、严重者死亡。雏鸡缺锌造成生长受阻、腿骨短粗，肘关节肿大；皮肤有鳞片屑，尤其在腿上；羽毛蓬乱；饲料利用率差。

(二)锌源生物利用率

不同锌源如硫酸锌、氧化锌、氨基酸螯合锌等的生物利用率不同，如表4-8为不同锌源对鸡相对生物利用率。

表4-8 不同锌源对鸡之相对生物利用率[①]

锌 源	相对生物利用率
$ZnSO_4 \cdot 7H_2O$(A. R.)	100[②]
红锌矿 Zincite (red zinc ore) (ZnO)	90[②]
ZnO(A. R.)	92[②]
菱锌矿 Smithsonite ($ZnCO_3$)	89[②]

续表 4-8

锌源	相对生物利用率
ZnO(technical)	113②
黑色和褐色纯银矿石 Sterling black	87②
Zn metal (powder)	107②
and brown ore	
$ZnCO_3$(A. R.)	100②
锌铁尖晶体石 Franklinite ($Fe,Mn,ZnFeO_2)_2$	14
硅锌矿 Willemite(Zn_2SiO_4(+Mn))	109②
异极矿 Hemimorphite($2ZnO \cdot Si_2O \cdot H_2O$)	95②
闪锌矿 Sphalerite (zincblende, ZnS)	8

① 本资料采自 Edwards,1959。
②统计上,该差异未达显著水准。

(三)锌的应用

随着人们对锌研究的深入,研究人员对高剂量锌在畜禽日粮中的生长作用进行了广泛的研究。据报道,在早期断奶仔猪日粮中添加高剂量的锌,能减少仔猪腹泻,提高日增重,改善饲料转化率。

1.锌来源、添加量和添加时期 目前多以氧化锌、硫酸锌及蛋氨酸锌(Zn-Met)、赖氨酸锌(Zn-Lyst)等为锌来源。添加量因锌来源不同而差异较大,无机锌添加量较高,有机锌添加量相对低些,添加时期一般在断奶后的1～4周之内。

在以氧化锌形式喂给断奶仔猪含锌量达3 000 mg/kg的开食料14天时引起的仔猪断奶后腹泻减少与体重提高报道后,在锌的药理学利用方面引起了极大的关注。许多近期的研究已经证实这一发现,而且已经表明甚至在不腹泻的情况下也能提高增重效果(Hill等,1996)。在有些研究中,锌的含量在2 000～6 000 mg/kg范围内变动,且连续喂给猪只长达5周。最近研究(Ward等,1996)对饲喂氧化锌与蛋氨酸锌进行了比较,报道指出:喂给蛋氨酸锌来源的 250 mg/kg 锌水平开食料与氧化锌来源的 2 000 mg/kg 的锌在生产性能上的没有差异。在另外一些研究中,没有发现锌的药理学水平的有益作用(Fryer 等,1992;Tokach 等,1992;Schell 和 Kornegay,1996)。最近大面积的研究表明,高锌(3 000 mg/kg,氧化锌来源)与高铜(250 mg/kg,硫酸铜来源)日粮水平对仔猪均有效,但当两者同时添加于断奶仔猪日粮中时,从生长促进方面来说其作用没有可加性(Hill 等,1996)。

Hahn 和 Baker(1993)观察到,饲喂氧化锌提供 3 000 mg/kg 锌提高了断奶仔猪的平均日增重,但饲喂其他锌源(硫酸锌或螯合的锌—赖氨酸和锌—蛋氨酸)则没有产生任何作用。Hahn 等(1993)以氧化锌或硫酸锌来源 3 000 mg/kg 或 5 000 mg/kg 水平锌日粮喂给断奶后 2～4 周仔猪。结果添加氧化锌来源锌无论是 3 000 mg/kg 还是 5 000 mg/kg,均提高断奶仔猪的日增重和日采食量($P<0.05$),而添加硫酸锌来源锌只在 3 000 mg/kg 时提高断奶仔猪的日增重和日采食量。但添加硫酸锌猪血浆中锌的浓度是添加氧化锌的 2 倍。

J. C. Woodworth 等(1996)添加氧化锌对早期断奶仔猪(3.9 kg,12 日龄,Newsham 杂交猪)生长性能的影响进行了试验。试验分 9 个处理组,对照日粮不添加任何锌,8 个试验日粮,逐渐增加氧化锌来源锌的水平(50、100、200、400、800、1 600、2 400 和 3 200 mg/kg 锌)。所有日粮均以粉料形式喂给。分成四个阶段进行统计分析:0～5 天、5～11 天、11～21 天、21～36 天。在 36 天的试验中,始终保持日粮中锌的含量。从 0～5 天至 5～11 天阶段,各组间生长性能差异不显著($P>0.05$),但 100 mg/kg 锌日粮组平均日增重、平均日采食量以及增重/采食量(G∶F)最大。11～21 天的 3 200 mg/kg 锌日粮组平均日增重最大($P<0.03$),平均日采食量也最大,而 100 mg/kg 锌日粮组平均日增重方面排列第二。从 21～36 天阶段中,3 200 mg/kg 锌日粮组平均

日采食量最大，而 100 mg/kg 锌日粮组增重/采食量最大。整个 0～36 天阶段，3 200 mg/kg 锌日粮组平均日增重与平均日采食量最大，而 100 mg/kg 锌日粮组增重/采食量最好。这些试验结果表明：3 200 mg/kg 氧化锌来源锌添加到仔猪日粮中能得到最佳的生长性能，而只需要 100 mg/kg 氧化锌来源的锌就能满足锌的基本需要量。

G. M. Hill 和 G. L. Cromwell 等(1996)用高锌与高铜日粮饲喂各种不同健康状况与畜舍条件断奶仔猪生产性能方面的作用，进行了两个阶段为期 28 天的饲养试验。把试验猪分成四个水平的日粮处理组，锌与铜均达到或超过 NRC 需要值。试验处理包括对照组；3 000 mg/kg 锌(氧化锌来源)；250 mg/kg 铜(硫酸铜来源)；3 000 mg/kg 锌和 250 mg/kg 铜。第一阶段日粮(1.4%赖氨酸)饲喂 7 天，第二阶段日粮(1.2%赖氨酸)饲喂 21 天，两种日粮均喂以金霉素(220 mg/kg)。日粮锌与铜的额外增加分别提高了血清中锌与铜的浓度，但是没有改变铁的浓度。这些结果表明：在 NRC 锌、铜建议量的基础上，添加药理水平的 3 000 mg/kg 锌(氧化锌来源)或 250 mg/kg 铜(硫酸铜来源)可提高断奶仔猪的生长速度，但高剂量锌和铜的促生长作用没有可加性。

2. 日粮营养状况与环境条件 早期断奶仔猪日粮中添加高锌的效果受到日粮营养状况和环境条件的影响。Le-Mieux 等(1995)报道，在一个良好的生长环境下，用营养丰富的由乳清粉、喷雾干燥血粉和进口鱼粉等配合而成的日粮中加 3 000 mg/kg 的锌(ZnO)比无环境控制条件下玉米-豆粕型简单日粮中添加 3 000 mg/kg 的锌(ZnO)效果要好。但也有报道添加高锌于简单日粮与配合日粮中对断奶仔猪来说效果相同(Lee 等，1996)。LeMieux 等(1994)用高剂量 ZnO(锌 3 000 mg/kg)与抗生素(阿谱拉霉素 165 mg/kg)对比时，结果超剂量锌提高了平均日增重与平均日采食量。阿谱拉霉素对平均日增重与平均日采食量有提高的趋势，但效果不显著（$P>0.10$）。无论是添加高锌还是添加阿普拉霉素，饲料利用率均没有受到影响（$P>0.01$）。而生长性能的提高是缘于仔猪采食量的增加。因此，喂给4周龄断奶仔猪添加超剂量的锌（3 000 mg/kg 日粮）含1.10%赖氨酸玉米-豆粕型日粮，能够提高仔猪的生长性能与采食量。ZnO和抗生素对早期隔离断奶（SEW）仔猪都有效。建议在日粮添加高锌，并以日粮粗蛋白质水平高于20%、赖氨酸1.1%～1.5%为宜，并控制好仔猪的生长环境。

Wedekin（1994a）报道，随着日粮中钙含量的提高，蛋氨酸锌的利用率提高。不同锌源的生物学效价差异很大。Wedekind（1992）报道，采食玉米-豆粕型日粮的仔猪对蛋氨酸锌（一般产品含锌10%）中锌的相对生物学效价为206%（$ZnSO_4$ 为100%），蛋白质螯合态锌（百乐锌，含锌15%）的生物学效价为215%～250%，ZnO为61%。有关ZnO的结果对仔猪有一定的意义，因为常在仔猪日粮中添加大剂量的ZnO（2.5～3.5 kg/t），认为在这种情况下，ZnO可以发挥其药理作用，提高仔猪的生产性能和降低断奶时腹泻的发生率。Hahn和Bake（1993）报道，在猪日粮中添加 $ZnSO_4$ 或蛋氨酸锌较添加ZnO提高血浆含锌量，但对生产性能没有显著影响。Wedkin等（1994）报道，不同锌源对猪的生产性能没有影响，ZnO的生物学价较蛋氨酸锌低，但较赖氨酸锌高。Schell和Kornegay（1996）报道，用血清锌含量作评定指标，以 $ZnSO_4$ 作参比（100%），不同锌源的相对生物学效价为：ZnO，69%～77%；蛋氨酸锌或赖氨酸锌，77%～99%。Hahn和Bake（1993）的报道的生物学效价为，ZnO，55%，蛋氨酸锌110%～116%。

为了比较不同锌源的有效性，Swinkels等（1996）在缺或不缺锌的猪日粮中研究以62 mg/kg Zn的浓度添加 $ZnSO_4$ 和氨基酸锌使血清和软组织锌含量恢复的效率。与预期的相同，缺锌猪和正常猪对代谢和生理反应存在相当大的差异。但不同的锌源之间并不存在显著差异。非常有意思的是，测定小肠中铜、铁、锌的浓度后发现，添加氨基酸锌提高缺锌猪和正常肠道中铁的含量。表明氨基酸锌可以提高铁的吸收率，但对铜却没有影响。

以上研究表明，由于蛋白质螯合锌在动物学效价、体组织含量以与金属离子如铁的共生关系等方面有一定的优势，因此有可能取代 ZnO 在断奶仔猪日粮中的作用，同时用量要小一些。当然对母猪和公猪也有很大的应用前景，因为锌对繁殖性能和精子的生成有着不可替代的作用。目前断奶仔猪生产系统中常出现的一种现象是，在断奶后的 2 周使用高锌（2 000～3 000 mg/kg）的确可以大大降低腹泻的发生，而且断奶仔猪的生长速度不错。但是一旦停止高锌，加上更换日粮，仔猪腹泻现象又会发生。出现这种现象的主要原因是，高锌发挥清除肠道内细菌的作用，不仅对有害菌对有益菌都发挥作用。而当不存在高锌时，病原菌比有益菌更容易在肠道内定植和繁殖，因此常导致肠道菌落的紊乱而诱发腹泻。然而为减少环境污染，一些国家已经制定新的锌添加标准。如日本 1997 年 8 月 8 日开始，将猪饲料中的锌水平由 120 mg/kg 降低到 5 mg/kg。为达到相同的效果，必须使用生物学效价较高的产品如蛋白质螯合态锌（百乐锌）或蛋氨酸锌。

3. 高锌与铜、铁、钙等的相互关系 日粮中添加超过正常需要量 20～30 倍的高水平锌，必然打破原有各种元素的平衡。如锌元素过量对铜、铁的吸收不利，造成动物贫血。因此在添加高剂量锌的同时，要考虑与其他元素的平衡，主要是考虑铜、铁、钙等的平衡。

周文卿、胥传来（1996）等对 35 日龄三元杂交断奶仔猪进行了为期 2 周的饲养试验。试验结果表明，在断奶仔猪日粮中加入高剂量氧化锌（2 000 mg/kg），且铜、铁的量分别提高至 200 mg/kg 和 150 mg/kg，试验组比对照组日增重提高了 14.8%，饲料利用率提高了 7.5%，腹泻病发生率降低了 66.7%。这说明在使用高锌的同时添加高铁和高铜，能更有效地提高断奶仔猪的生长性能。但 Hill 等(1996)、Smith 等(1997)报道，高锌和高铜混合添加对生产性能的提高不具可加性。Hill 等(1996)在使用高锌(3 000 mg/kg)和高铜(250 mg/kg)混合添加时，尽管血清锌和铜的浓度都升高，但不改变血清铁的浓度。

1975 年 Hsu 等指出，高钙日粮能降低锌中毒的严重程度。宁康键等(1995)指出：高钙不利于锌的吸收，并建议在短期内(2～3 周)使用高锌日粮需要提高钙的水平，至少达到 1.0%以限制对锌的吸收，防止中毒。通常日粮中添加 100～150 mg/kg 锌，以防止①饲料中钙偏高；②饲料中铜 250 mg/kg 可能中毒；③饲料中含较高植酸(与锌结合，影响利用率)等造成的不良后果。

(四)常用的锌源——硫酸锌(Zinc Sulfate)

分子式：$ZnSO_4 \cdot 7H_2O$，相对分子质量：287.54。

1. 产品简述 将锌屑或氧化锌经硫酸酸解后，滤过该液，除去氧化过的铁、锰等沉淀物，滤液中加入锌金属，重金属析出分离后，浓缩即得结晶硫酸锌。

2. 成分 根据 GB 8251—87 规定饲料级硫酸锌的技术指标，见表 4-9。

表 4-9 饲料级硫酸锌技术指标

项 目	指 标
$ZnSO_4 \cdot 7H_2O$(%)	≥99.0
Zn(%)	≥22.5
砷(As)(%)	≤0.000 5
重金属(以 Pb 计)(%)	≤0.001
水不溶物(%)	≤0.05
细度(通过 W=800 μm 试验筛)(%)	≥95

3. 性质 白色结晶粉末，比重 1.97，溶于 39℃，在干燥空气中

易风化，加热至100℃失去$6H_2O$，成为$ZnSO_4 \cdot H_2O$，280℃失去全部结晶水，767℃高温分解$ZnO+SO_3$，易溶于水，不溶于乙醇，水溶液呈弱酸性反应。

氧化锌：为白色粉末，不溶于水和乙醇，易溶于有机酸和碱液，溶于乙酸不起泡，溶于氨和碳酸氨溶液。含锌量以分子式计为80.3%，含锌量高，成本低，稳定性好，对饲料中维生素影响小，储存时间长，不结块，不变性，具有良好的加工特性，生物学利用率同硫酸锌，是良好的补锌饲料添加剂。在保存时应注意不要接触二氧化碳，氧化锌易吸附二氧化碳变成碳酸锌。

五、钴(Cobalt, Co)

(一)钴的功能和缺乏症

钴是维生素B_{12}(氰钴胺)的组成成分。维生素B_{12}在促进红细胞形成和蛋白质代谢中起重要作用。动物缺钴和缺少维生素B_{12}症状相近：食欲不振，消瘦，黏膜苍白等贫血症状。

(二)钴的应用

非反刍动物如猪、家禽等由于其维生素B_{12}的来源主要靠日粮直接供给，因此，钴对于非反刍动物的营养意义并不显著。在一般情况下，猪、禽的日粮配方并不考虑添加钴。由于反刍动物维生素B_{12}的来源主要是通过瘤胃微生物的合成，因此，钴对反刍家畜的健康及其生长发育具有重要的意义，为其日粮不可缺少的矿物元素。有资料表明，钴的营养功能及其生理活性完全依赖于反刍动物瘤胃微生物的共生作用。日粮钴的缺乏会导致反刍动物瘤胃微生物量的减少、区系组成发生变化，是维生素B_{12}及其他营养物质的合成受阻，影响动物生长发育。与此相反，钴供应充足时，可促进瘤胃微生物的合成作用，有利于动物正常生理代谢，促进其各种生产性能。据报道，钴能促进牛对尿素的利用和纤维素的消化，并能提高牛的生长速度以及牛奶中乳脂和乳蛋白的含量。在乳牛的试验中，通过在试验组添加 $CoCl_2$，证明对照组乳牛的乳脂和乳蛋白的含量均低于试验组，补饲 $CoCl_2$ 能促进乳牛体重增加，促进饲料的消化，并促进其发情和提高受精率。在基础日粮中添加铜和钴可以提高母牛瘤胃中乙酸的浓度，而对丙酸浓度却没有明显影响，但对瘤胃中 pH 值，总挥发性脂肪酸浓度有明显影响。瘤胃中钴少于 20 μg/kg 时可抑制维生素 B_{12} 的合成。每千克日粮干物质若含钴 0.8～1.2 mg、锰 67～70 mg 时，可为瘤胃微生物区系的生命活动和饲粮营养物质消化率的改善建立最适宜的条件。另外，有试验表明，钴可保护家畜避免大脑皮质坏死、维生素不足及维生素 B_{12} 的缺乏。在瘤胃合成维生素 B_{12} 开始后，反刍动物就没有缺钴的症状了，这表明钴的需要量主要用于维生素 B_{12} 的合成。钴能迅速地通过黏膜进入乳汁或发育的胚胎中。

反刍动物对钴的估计需要量按饲料干物质计为 0.4～1.0 mg/kg。成年母牛每天需要钴 1.0 mg。犊牛对钴的需要量依照维生素 B_{12} 的保证程度，按饲料干物质计为 0.1～1.0 mg/kg。羔羊每天需要钴 0.2 mg，母羊需要 0.08 mg。绵羊饲粮中钴的含量能否满足可根据肝脏中维生素 B_{12} 的含量进行判断。

由于家畜能限制钴的吸收，故不易引起中毒。但若钴摄入量过高，就可能出现厌食、贫血、红细胞增多、运动失调等与缺钴相似的临床症状。绵羊能耐受高于正常日粮 1 000 倍的含钴量，但高于 200 mg/kg 时会致命。牛对钴的耐受力比羊低。

(三)钴源

钴源中，硫酸钴、氯化钴、氧化钴、碳酸钴和硝酸钴都易被动物吸收。目前使用较多的是氯化钴和硫酸钴。钴源的技术指标见表 4-10。

根据 GB 8255—87 规定，氯化钴的技术要求为：

分子式：$CoCl_2 \cdot 6H_2O$，相对分子质量：237.93。

外观：红色或红紫色结晶。

目前我国生产饲料级氯化钴的工厂是北京化工厂。

表 4-10 钴源的技术指标

项目	指标	项 目	指标
$CoCl_2 \cdot 6H_2O$(%)	≥98.0	As(%)	≤0.005
Co(%)	≥24.3	Pb(%)	≤0.01
水不溶物(%)	≤0.03	细度(通过 W=800 μm 试验筛)(%)	≥95

六、碘(Iodine,I)

(一)碘的功能和缺乏症

碘与酪氨酸(Tyrosine)合成甲状腺素(Thyroxine)，且常以甲状腺球蛋白(Thyroglobulin)形态储存，依需要而逐渐释放出甲状腺素以调节体内代谢。动物体内 70%的碘存在于动物甲状腺。动物缺碘会引起甲状腺肿及甲状腺素不足所造成的体内机能异常，无法达到正常的生长及繁殖，并导致产仔不良，被毛粗劣及虚弱。

(二)碘的应用

目前配合饲料原料中所含碘不能满足动物需要，常通过预混料添加碘以补足之。碘源中，碘化钾和碘化钠可以充分被动物利用，但它们不稳定，碘酸钙 $Ca(IO_3)_2$ 的利用率很好且稳定。大多数有机含碘化合物，如二碘水杨酸虽易吸收，但大量从尿中排出，因而生物学效价低。近年来发现泌乳牛对乙二胺二氢碘酸(EDDI)的吸收与无机碘一样有效，且在组织内存留比无机碘还好。

(三)碘源

不同碘源产品简述见表 4-11。

表 4-11 几种碘源技术要求

项 目	碘源及指标			
	碘化钠	碘化钾	碘酸钾	碘酸钙①
分子式	NaI	KI	KIO_3	$Ca(IO_3)_2 \cdot H_2O$
相对分子质量	149.89	166.01	214.00	407.88
外观	白色结晶粉末	白色或无色立方晶体	白色结晶粉末	白色结晶粉末
含量(%)	≥99	≥99	≥95	≥99
砷(As)(%)	≤0.000 2	≤0.000 2	—	≤0.000 05
重金属(Pb 计)(%)	≤0.001	≤0.001	≤0.001	≤0.002
水中溶解性	易溶	易溶	溶	微溶
主要生产厂	北京化工厂	天津制药厂 辽宁省东北制药厂	自贡张家坝化工厂	化工部饲料添加剂技术开发服务中心

①根据化工部饲料添加剂技术开发服务中心(山东济南)的技术指标。

七、硒(Selenium,Se)

(一)硒的功能和缺乏症

硒是谷胱甘肽过氧化物酶的必需成分。此酶能使代谢中产生的过氧化物变成无害的醇,保护细胞膜的类脂不被氧化,延长生物膜生命。硒在体内参与其他酶的作用,有强的抗氧化作用,活化含硫氨基酸的作用,类似维生素 E。

我国许多地区土壤和饲料中硒含量少,易造成地区性缺硒症:白肌病,鸡渗出性素质,胰腺纤维变性,营养性肝病和繁殖机能紊乱。

表 4-12 动物日粮中硒需要量及中毒量 mg/kg

畜禽类别	需要量(mg/kg)	中毒量(mg/kg)
奶牛	0.10～0.2	5
肉牛	0.10～0.40	8.5
猪	0.1～0.2	5～8
羊	0.1～0.15	10～20
鸡	0.15～0.20	10

(二)硒的应用

最近研究表明,在满足机体对硒的需要量上,有机硒比无机硒更为有效(250%～350%,相对于亚硒酸钠)。如 Mahan 和 Kim (1996)报道,和亚硒酸钠相比,在日粮中添加酵母硒(Sel-Plex,奥特奇公司)提高经产母猪体组织硒的贮存量,奶量硒含量提高80%,这一点对新生仔猪非常重要,因为仔猪在断奶时常缺硒,而缺硒会导致桑葚心病的发生。另外,硒摄入量不足会降低母猪肌肉弹性和肌肉强度,从而延长分娩时间,提高死产率。高产母猪和高胎次母猪体内硒的贮存量可能耗费殆尽,日本已于 1993 年禁止在饲料中使用亚硒酸钠。

Marin-Guzman 等(1997)的研究证实了硒对公猪生殖能力的重要性(表 4-13)。采食 500 μg/kg 硒的公猪的精子活力较采食维生素 E 200 IU/kg 的要高,而且其活力在 16 周的试验期里没有下降。同时还表现出畸形精子少,受精能力强等优点。以下结果表明,在公猪日粮中添加充足的硒,对于精子的生成和提高母猪的受胎率具有非常重要的意义。

Mahan 等(1995)报道,在生长/肥育猪日粮中添加硒可以提高胴体瘦肉率,提高体内各种器官的含硒量和谷胱甘肽过氧化物酶的活性,后者对预防细胞膜的氧化有重要作用。缺硒会导致细胞膜对氧化敏感和肌肉滴水损失增加。滴水损失对肉的感官指标

（滴水损失大时肉色苍白）和风味不利，同时肉的重量大大降低并有可能为微生物所污染。在家禽和猪日粮中添加有机硒，如 Sel-Plex，有助于保持机体组织结构的完整性，从而减少滴水损失。Muñoz 等（1997）报道，在猪的日粮中添加 Sel-Plex 和其他抗氧化剂，可以显著地降低背最长肌的滴水损失（表 4-14），而且屠宰后成熟的时间越长，滴水损失越高，添加抗氧化剂的效果越明显。

表 4-13 硒和维生素 E 对精液品质和受精率的影响

项 目	硒（mg/kg）		维生素 E（IU/kg）	
	0	0.5	0	220
精液体积（mL）	158	213	175	195
精液浓度（$\times 10^6$ mL）	807	946	965	788
精子活性（%）	60.4	87.9	72.5	75.8
正常精子含量（%）	24.2	61.9	41.4	44.8
受精率（%）	73.4	98.5	89.1	87.2

引自：Marin-Guzmaan 等（1997）。

表 4-14 在日粮中添加各种抗氧化剂# 对猪背最长肌滴水损失的影响 *

项 目	组别	屠宰后时间（h）			
		24	48	72	120
整块肌肉	对照组	1.98	2.09	3.51	4.75
	处理组	1.57	2.25	3.00	4.13
猪排	对照组	4.70	6.74	8.75	10.74
	处理组	3.57	5.21	7.49	9.50

注：* Muñoz 等（1997）。

0.1 mg/kg 硒（sel-plex50），20～100 kg 体重；500 mg/kg 维生素 E，20～100 kg 体重；670 mg/kg 维生素 C，80～100 kg 体重。

在日粮中补充一定量的硒。硒源有亚硒酸钠和硒酸钠等，它们的硒生物利用率见表 4-15。

表 4-15 各种硒源对鸡渗出性素质防治效果之相对生物利用率 %

硒源	相对利用率	硒源	相对利用率
亚硒酸钠(Na_2SeO_3)	100	大豆粕	60
硒酸钠(Na_2SeO_4)	58～59	鲔鱼鱼粉	22
硒化钠(Na_2Se)	42	家禽副产物粉	18
硒元素(灰)	7	硒基-*DL*-胱氨酸	73
小麦	71	硒基-*DL*-蛋氨酸	38
玉米	86		

(三)常用的硒源——亚硒酸钠

我国目前较多应用亚硒酸钠,并已制订饲料添加剂亚硒酸钠国家标准 GB 8254—87。其技术要求如下:

分子式:Na_2SeO_3,相对分子质量:172.94。

外观:无色结晶粉末。

表 4-16 饲料级亚硒酸钠技术要求

项目	指标
Na_2SeO_3(以干基计)(%)	≥98.0
Se(以干基计)(%)	≥44.7
澄清度	澄清
水分(%)	≤2.0
硒酸盐及硫酸盐	合格

因该品毒性大,使用时要确保安全,目前生产的工厂是北京化工厂。

八、铬(Chromium,Cr)

(一)铬的功能和缺乏症状

铬是人和多数单胃动物的必需微量元素,三价铬的化合物是有营养意义的，六价铬化合物对人则是有毒的。Cr^{3+}是葡萄糖耐受因子(GTF)的活性成分之一，GTF可以提高细胞受体对胰岛素的敏感度。胰岛素促进机体内许多器官的合成代谢，抑制其分解代谢。Schwartz和Mertz(1959)发现在大鼠日粮中添加铬酵母或其提取物可以提高其糖耐量。目前的研究结果表明，GTF是有机铬复合物，其中心位置为三价铬，与2个烟酸连接形成铬烟酸轴，周围结合一个胱氨酸、一个甘氨酸和一个谷氨酸。Mertz在1976年就认为酿酒酵母中的活性部分就是烟酸/铬复合物，而现代研究也表明，酿酒酵母中铬含量较高。另外，GTF中的氨基酸被认为与复合物在体内各系统中的吸收和转运有关。研究表明铬在动物出生时较高，随着年龄的增长体内铬含量降低。另外，铬在核酸中含量较高，对于核酸链的代谢、结构和完整性至关重要(Kamen，1996)。铬的需要在应激状态下如运动、疾病(糖尿病、低血糖、粥样动脉硬化心脏病)、一些生理状态下(妊娠、泌乳)、运输、热应激和营养缺乏等情况下增多。除酵母铬外，其他类型的有机铬还有烟酸铬和甲基吡啶铬(吡啶羧酸铬，吡啶甲酸铬)。无机铬很难吸收，进入消化道的铬仅有1%～3%可被吸收，有机铬复合物较易吸收。

表 4-17　缺铬的后果

不能代谢碳水化合物
组织对胰岛素的敏感性降低
影响蛋白质代谢
降低生长速度
血清胆固醇含量升高
缩短寿命
对应激敏感
精子含量和受精率降低

引自：Lindemann(1996)。

(二)铬的应用

关于有机铬在葡萄糖、脂肪代谢以及降低胆固醇和改善胴体品质与繁殖性能和衰老调节方面已有不少研究。Aderson 等(1997)的研究也表明 100 mg/kg 来自三氯化铬和甲基吡啶铬的铬剂量在大鼠并无毒性。McCarty(1997)综述大量关于不同铬源的研究也表明，亚毒性肌肉注射铬并未产生毒性，表明在动物饲料中补充三价铬是安全的。但三价的无机铬吸收率非常低，效果低于有机铬源。

机体缺铬有许多不利的影响。一些因素会影响动物体内铬的含量。其中两个最重要的因子是：①常用饲料中铬的生物学效价较低；②应激加大了铬的排出量。在日粮中添加有机铬可以弥补这些缺陷，同时通过提高糖的利用有利于动物健康和生产性能的充分发挥。在猪营养上则涉及到生长和繁殖两个方面的问题。

1.铬的形态与剂量的影响 铬的形态有无机铬与有机铬两种，无机铬有氯化铬、硫酸铬、硝酸铬等，有机铬有酵母铬、烟酸铬、醋酸铬、草酸铬、甲基吡啶铬、氨基酸铬、蛋白铬等，有机铬比无机铬吸收率高。在猪营养中研究较多的是氯化铬、酵母铬、甲基吡啶铬及烟酸铬，生产上使用的主要是甲基吡啶铬；另外，铬的不同剂量其作用效果也不同。NRC(1998)指出，玉米-豆粕型日粮中总铬含有 750～1 500 μg/kg，但这其中可能大部分不能利用。

Evan 等(1992)研究了氯化铬、烟酸铬、甲基吡啶铬三种铬对鼠骨骼肌细胞的作用，结果表明，甲基吡啶铬促进了骨骼肌细胞对胰岛素的内化作用，增加了葡萄糖的摄入，提高了蛋白质的合成，而氯化铬和烟酸铬则对以上的作用没有影响。Page(1990)对肥育猪分别补充 0、30、60 mg/kg 的氯化铬，结果表明对饲料效率及背膘厚度、屠体长度、眼肌面积、瘦肉率、血清中胆固醇、尿素氮、葡萄糖、甘油三酯、总蛋白、钙、磷没有影响。

Lien(1996a)给 60 kg 猪分别补充 0、200、600 μg/kg 铬(甲基吡啶铬),结果表明,600 μg/kg 铬降低了血清中葡萄糖及总胆固醇水平,200 μg/kg 水平降低了背膘厚度($P<0.05$),补铬增加了眼肌面积,600 μg/kg 铬水平的效果优于 200 μg/kg 水平。Lien(1996b)给 6 kg 猪分别补充 200 μg/kg 铬(甲基吡啶铬与氯化铬)进行为期 95 天的试验,结果表明:甲基吡啶铬提高了增重及采食量,降低了血清甘油三酯及低密度脂蛋白水平,提高了血清肌酸及高密度脂蛋白水平,增加了血清胰岛素浓度,而氯化铬则没有影响,甲基吡啶铬比氯化铬消化率更高,这些结果表明,有机铬比无机铬更有效。

因此,有机铬的生物学价值高于无机铬,而甲基吡啶铬则是目前为实践所证实的最为有效的铬的形态,其在猪饲养中的有效剂量为 200 μg/kg。但是,其他形态铬以及高剂量的铬作用效果如何,这方面的研究还比较缺乏,有待于进一步拓展。

2.铬的时效性及动物不同生长阶段的影响　铬的作用效果具有一定的时效性。大多数的研究表明,在提高生产性能及改善胴体品质方面,在生长期补铬效果不明显(Evock-Clover,1993;Wenk,1995),而在肥育阶段对提高生产性能(Wenk,1995)及在生长肥育全期对改善胴体品质效果比较显著;而对于繁殖母猪,在生长肥育繁殖全期补铬效果比较明显。但是,也有的实验结果与此有不同之处。

Min(1997)研究了铬(甲基吡啶铬)对猪不同生长阶段的影响,结果表明,在生长阶段,补铬对增重、采食量及饲料效率没有影响;在肥育阶段,补充 200 μg/kg 铬提高了饲料效率,增加了胴体长度,降低了胴体脂肪。60 kg 体重时,对血糖、胰岛素、总胆固醇、甘油三酯及非酯化脂肪酸没有影响;100 kg 体重时,200 μg/kg 或 400 μg/kg 铬使血浆甘油三酯水平下降,脂肪降解及蛋白质合成水平随着铬水平的升高(0～200 μg/kg)而上升。

Bonomi(1998)研究了铬对超重肥育猪(屠宰重 160 kg)的影响,结果表明,300～400 μg/kg 的铬(酵母铬)改善了增重(6.45%～8.35%),饲料效率(10%～13%),胴体重(6.9%～7.6%),后腿重(15.0%～19.3%),眼肌重(18.75%～23.3%),肉的消化率(7.00%～7.31%,以体外胃蛋白酶可消化蛋白计)。100 μg/kg 与 200 μg/kg 剂量无显著影响。

Lindemann(1996)指出,补铬对母猪繁殖性能的作用效果具有时间/剂量依赖性。因为铬作用的靶组织之一是肌肉组织,这是体内最大的组织,铬在生产过程中有不同的耗竭,以及其他组织优先利用铬,因此,在铬到达胚胎组织产生作用需要一段时间。当以微克/千克级水平补充时,因为靶组织很大,因此有必要进行长时间的补充才能产生效果。另外,有妊娠期间由于采用了限饲,繁殖母猪所摄入的矿物质及维生素减少,因此在生长肥育繁殖全期补铬效果比较好;与对照组相比,在配种时开始补铬可以使妊娠增重、初生重及 21 日龄重增加,这可能是因为补铬提高了营养物质利用率的原因。补铬对胴体品质的作用效果可能与初始重、铬的耗竭状况、补铬时间的长短或体重与时间的相互关系有关,其中,补铬时间的长短是一个关键性因素,因为铬的作用效果具有累积性。

因此,补铬的作用效果与补铬的时间长短密切相关,从开始补铬到产生效果需要一段时间,铬的作用效果具有累积性,早补铬比晚补铬作用效果显著。

3.不同动物种类的影响 铬对不同动物作用效果不同。Lyon(1997)认为,铬对奶牛的作用效果主要是提高初产奶牛产奶量;对肉牛的作用效果是降低呼吸性疾病的发病率;对肉鸡的作用效果是改善胴体品质;对于初产母猪可以增加断奶时仔猪数,对生长猪则可以改善饲料效率,对肥育猪则可以提高胴体瘦肉率。

4.日粮中蛋白质水平的影响 铬与日粮蛋白质水平之间具有

互作效应。Harris 等(1995)研究了铬(0,200 μg/kg)与蛋白质水平(100%,85% NRC)对猪从断奶到育成时的影响,结果表明,补充铬对生长期及肥育期背膘厚度、眼肌面积及瘦肉率没有影响。Lindemann(1995)研究了不同水平赖氨酸(100%,120% NRC)及不同水平铬(0,100,200,500,1 000 μg/kg)铬(甲基吡啶铬)对生长肥育猪的影响,结果表明,不同处理组间日增重没有差异,但是对采食量及饲料效率产生影响,200 μg/kg 铬与赖氨酸间对于采食量及饲料效率具有互作效应。补充铬后,猪背膘下降,背最长肌面积增加,200 μg/kg 铬与赖氨酸间对降低背膘厚度及增加眼肌面积具有互作效应。在 120%赖氨酸水平时,补充 200 μg/kg 铬对于增加眼肌面积及降低第十肋骨处背膘厚度具有二次效应。这可能是因为补铬提高了氮的吸收与沉积,促进了蛋白质合成的原因。

5.**生长激素的影响** 铬与生长激素之间具有互作效应。Anderson 等(1997)证实,对生长阶段的猪分别进行如下处理:对照;300 μg/kg 铬(甲基吡啶铬);生长激素 100 μg/kg BW,及铬+生长激素。结果表明,补铬后肾脏(1.1 L 至 2.3 μg)与肝脏(5.9 L 至 9.8 μg)中铬的含量增中,背最长肌中铬的含量低于 1.5 ng/g;而生长激素降低了肝脏中铬、铜、铁、锌水平,增加了肝中的铜、铁、锌水平。补铬增加了肾及肝中铬的水平,但对心脏及肌肉中的水平则没有影响,而生长激素则导致肾及肝中铬的水平下降。

Evock-Clover 等(1993)对生长阶段的猪分别进行如下处理:对照;300 μg/kg 铬(甲基吡啶铬);生长激素 100 μg/(kg BW·天);铬+生长激素。结果表明,生长激素增加了肝重(32%)、心脏重(14%)及肾重(26%),背膘厚度下降 50%,背最长肌面积增加 14%;补铬仅增加了心脏重量;与单独使用生长激素相比,铬与生长激素结合使用可使心脏重增加 7%。生长激素使用胴体内水及脂肪含量增加 43%,灰分增加 25%,脂肪降低 40%,铬对胴体组成没有影响；当铬与生长激素结合使用时，比生长激素单独使用时降低脂肪15%，铬与生长激素具有互作效应。生长激素使血清中胆固醇及胆固醇与HDL比升高，补铬后则胆固醇及胆固醇与HDL比降低，补铬可使HDL升高；生长激素使血清葡萄糖及胰岛素水平升高，而补铬则可降低葡萄糖及葡萄糖与胰岛素比，从而提高胰岛素的作用效率。补铬可以维持注射生长激素猪正常代谢水平，铬与生长激素在物质代谢上具有互作效应。另外，铬与生长激素在激素代谢方面也具有互作效应。生长激素处理后血中生长激素水平上升，胰岛素样生长因子(IGF-I)水平升高；补铬后，生长激素水平进一步升高，但IGF-I则没有进一步提高，这可能是因为补铬后胰岛素的敏感性及水平发生改变的原因。胰岛素与生长激素对于促进IGF-I mRNA的表达具有协同使用，补铬后胰岛素水平下降，所以IGF-I相应下降；另外，生长激素与胰岛素对于胰岛素样生长因子结合蛋白IGFBP具有调控作用，生长激素增加IGFBP-3水平，而胰岛素降低IGFBP-1与IGF-2水平，补铬后，胰岛素水平下降，IGFBP-1与IGFBP-2水平上升，从而提高了组织对IGF-I的利用，则血清中游离的IGF-I水平下降。补铬与生长激素对于体内激素的代谢调控具有协同作用。

铬与生长激素的互作对于激素代谢的调控作用需要进一步深入研究，尤其是铬—激素—营养调控间相互关系的研究对于最终阐明铬的作用机制具有重要意义。

6. 环境的影响 当畜禽处于应激环境(如高温、运输、混群、进入陌生环境等)时，糖原降解及糖异生作用增强，葡萄糖的降解则导致铬动员并最终经尿排出体外，而被动员的铬又不能被肾重吸收，因而应激时铬的需要量增加；补铬可以提高胰岛素的作用效率，增加组织对葡萄糖的摄取，从而缓解应激。

7. 铬的安全性 NRC(1980)指出，家畜对日粮铬的最高耐受水平为3 000 μg/kg(以氧化铬提供)和1 000 μg/kg(以氯化铬提供)。Flodin(1988)研究表明,三价铬毒性很低甚至无毒,并且,如果应用适当,甚至还有有益的效果,特别是在以有机化合物形式饲喂时更是如此,这一点已为人们所广泛接受;而以酵母铬形式供给时则根本无毒。Mowat(1995)研究表明,三价铬的应用:毒性比为1∶10 000,因此铬是一种高度安全性的微量元素。Lindemann(1996a)指出,实际上铬的毒性比铜、碘、锌、锰,特别是比硒的毒性还要低。

附表 4-1 无机来源的微量元素和估测的生物学利用率[a] %

微量元素和来源[b]	化学分子式	元素含量	相对生物学利用率
铜			
五水硫酸铜	$CuSO_4 \cdot 5H_2O$	25.2	100
氯化铜	$Cu_2(OH)_3Cl$	58.0	100
氧化铜	CuO	75.0	0～10
一水碳酸铜	$CuSO_3 \cdot Cu(OH)_2 \cdot H_2O$	50～55	60～100
无水硫酸铜	$CuSO_4$	39.9	100
铁			
一水硫酸亚铁	$FeSO_4 \cdot H_2O$	30.0	100
七水硫酸亚铁	$FeSO_4 \cdot 7H_2O$	20.0	100
碳酸亚铁	$FeCO_3$	38.0	15～80
三氧化二铁	Fe_2O_3	69.9	0
六水氯化铁	$Fe_2Cl_3 \cdot 6H_2O$	20.7	40～100
氧化亚铁	FeO	77.8	—[c]
碘			
乙二胺双氢碘化物(EDDI)	$C_2H_8N_22HI$	79.5	100
碘化钙	$Ca(IO_3)_2$	63.5	100
碘化钾	KI	68.8	100
碘酸钾	KIO_3	59.3	—[c]
碘化铜	CuI	66.6	100

续附表 4-1

微量元素和来源[b]	化学分子式	元素含量	相对生物学利用率
锰			
一水硫酸锰	$MnSO_4 \cdot H_2O$	29.5	100
氧化锰	MnO	60.0	70
二氧化锰	MnO_2	63.1	35～95
碳酸锰	$MnCO_3$	46.4	30～100
四水氯化锰	$MnCl_2 \cdot 4H_2O$	27.5	100
硒			
亚硒酸钠	Na_2SeO_3	45.0	100
十水硒酸钠	$Na_2SeO_4 \cdot 10H_2O$	21.4	100
锌			
一水硫酸锌	$ZnSO_4 \cdot H_2O$	35.5	100
氧化锌	ZnO	72.0	50～80
七水硫酸锌	$ZnSO_4 \cdot 7H_2O$	22.3	100
碳酸锌	$ZnCO_3$	56.0	100
氯化锌	$ZnCl_2$	48.0	100

a. 列于每种微量元素下的第一种元素来源通常作为标准，其他来源与其相比较估算相对生物学利用率。

b. 斜体字表示较少使用的微量元素来源。

c. 破折号表示无有效的数值。

第五章　非蛋白氮添加剂

非蛋白氮(NPN)是指非蛋白质的,即不具有氨基酸肽键结构的其他含氮化合物,包括尿素、缩二脲、异丁叉二脲、磷酸脲、脂肪酸脲、液氨、氨水、硫酸铵等。随着养殖业和饲料工业的发展,对各种饲料资源的需求量会越来越大,蛋白质饲料会越来越紧缺,据测算,2000 年我国蛋白质饲料短缺达 1 190 万 t,相当于 3 216 万 t 饼粕或 17 亿 t 谷物的含量。反刍动物可利用非蛋白质氮,据报道,1 kg 尿素等于 28 kg 粗蛋白质或等于 2 kg 可消化粗蛋白质,相当于 6～9 倍的大豆饼或亚麻饼的蛋白质含量。因此,开发利用以尿素为代表的非蛋白氮饲料对于发展饲养以反刍动物为主的草食动物具有重要意义。早在 1928 年,国外就有人用人工方法合成尿素,并发现反刍动物瘤胃微生物可以用尿素合成菌体蛋白质。我国对非蛋白氮的研究利用开始于 1951 年。有关尿素的饲喂方法,20 世纪 80 年代前,是将尿素直接加入饲料中,效果不好。80 年代后开始研究新的尿素饲料,如美国开发的淀粉尿素,日本研制的异丁基双脲,目前国外研制出的以尿素为主的非蛋白氮饲料产品有 20 多种,并在生产中得到广泛应用。我国也研制出了尿素及其衍生物产品,如缩二脲羟甲基尿素、磷酸脲、异丁叉二脲、尿素舔块和糊化尿素。

第一节　反刍动物氮营养特点

反刍动物瘤胃内含有大量的微生物,能同时利用饲料中蛋白质和非蛋白氮。饲料中蛋白质进入瘤胃后有 30%～50%未被分解通过瘤胃进入后段消化道被消化为氨基酸而吸收，约有50%～70%的蛋白质在瘤胃内被微生物降解为氨基酸，部分氨基酸在微生物脱氨基酶的作用下，很快脱氨基产生氨、二氧化碳和有机酸；饲料中的NPN也被微生物分解产生氨，同时饲料中的碳水化合物被微生物降解为挥发性脂肪酸和酮酸，一部分氨和酮酸被微生物利用合成微生物蛋白质，瘤胃中的氨基酸也被微生物利用合成微生物蛋白质。这些微生物蛋白质随食糜进入后段消化道后被消化为氨基酸而吸收。瘤胃内的氨除了被微生物利用合成蛋白质外，其余部分被吸收经血液循环运至肝，在肝内经鸟氨酸循环转变为尿素，这种内源尿素，一部分经血液分泌于唾液重新进入瘤胃；另一部分通过瘤胃上皮扩散到瘤胃内，其余随尿排出体外。进入瘤胃的尿素又被微生物利用。在低蛋白质日粮的情况下，反刍动物依靠尿素再循环节约氮的消耗，保证瘤胃内适宜氨的浓度，以利于微生物合成蛋白质。饲料中含有一定量的NPN，可降低饲料蛋白质在瘤胃内的降解，有利于优质蛋白质通过瘤胃直接进入真胃。因此饲料中加入NPN，可提高饲料中蛋白质的利用率。

非蛋白氮是指元素氮或化合状态的氮。这个术语主要用在反刍动物饲料的化学添加剂中。反刍动物可以从非蛋白氮合成蛋白质，而单胃动物如人类、禽类、狗、猪等则不能有效地利用非蛋白氮而获得蛋白质。反刍动物如牛、羊、骆驼都具有多胃，又称瘤胃，在有充足的碳水化合物的条件下，除了最年幼的反刍动物外，瘤胃中的微生物都能够利用非蛋白氮合成自己所需氨基酸与蛋白质，也就是反刍动物能够消化微生物并积极释放出氨基酸用于蛋白质的合成。可表示为：

$$\text{尿素}\xrightarrow{\text{微生物脲酶}}\text{氨}+\text{二氧化碳}$$

$$\text{碳水化合物}\xrightarrow{\text{微生物酶}}\text{挥发性脂肪酸}+\text{酮酸}$$

$$氨+酮酸\xrightarrow{微生物酶}氨基酸$$

$$氨基酸\xrightarrow{微生物酶}微生物蛋白$$

$$微生物蛋白\xrightarrow{酶}游离氨基酸$$

游离氨基酸被牛的身体吸收也就是说非蛋白氮与碳水化合物结合是蛋白质间接提供者。主要饲用非蛋白氮品种的含氮量及粗蛋白当量见表 5-1。

表 5-1　饲用非蛋白氮品种　%

非蛋白氮	含氮量	粗蛋白当量
尿素	45～46	281～288
液氨	82	512
氨水	20	125
醋酸铵	18	112
碳酸氢铵	18	112
氨基甲酸铵	36	225
木质素磺酸铵	2	12
硫酸铵	20	125
液态多磷酸铵	10	62
固态磷酸铵磷酸二铵	18	112
磷酸一铵	11	69
缩二脲	36	225

注：(1)粗蛋白当量等于含氮量乘以 6.25。

(2)目前大部分饲料级尿素含 46%氮，根据生产原料不同，木质素磺酸铵的含氮量差别大，2%是取的平均值，是以液态计(含固体 50%)。

此外，有时安全性也会影响到它的利用，饲喂非蛋白氮的毒性发生在瘤胃中微生物不能利用所供给动物的非蛋白氮时，此时，过量的氨被吸收进入动物的血液流中，如其过量超过肝的转化能力，则停留在动物的血液流中，有可能造成动物死亡。为了安全使用，即避免饲喂非蛋白氮时产生毒性，经过反复研究试验，一般有三条原则:一是尿素用量最高不得超过总日粮中含氮量的1/3,但高产奶牛除外;二是尿素用量最高不得超过日粮中总干物质的1%;三是尿素用量不得超过浓缩饲料的3%。上述原则是以尿素含氮量46%计算的。如使用尿素以外的其他非蛋白氮的品种按其含氮量进行折算。使用磷酸铵时还需考虑其磷含量,上述原则是在一般情况下执行的。

第二节　饲用非蛋白氮的品种及其使用

一、国外非蛋白氮的使用情况

美国、西欧和日本饲用非蛋白氮的消费量比较起来,美国远远领先,其次是西欧,而日本则很少。饲用非蛋白氮,美国将其列入营养性饲料添加剂中的一类,德国曾经将其列入营养性饲料添加剂中,后来又将其列入饲料蛋白质原料中的一类,它的作用都是补充饲料中蛋白质的不足,其消费量的推动力量:一是需求:主要取决于牛的饲养数。二是替代:取决于与天然蛋白质资源在价格上的竞争性。三是供应:即提供的可能性。以产品计美国饲用非蛋白氮年消费量保持在82万t左右,以含氮量计,则保持在31～31.5万t之间,其中尿素占92%左右,液态多磷酸铵占3.3%左右,硫酸铵占3%左右。美国非蛋白氮消费量见表5-2。表5-2说明,美国非蛋白氮近30%用于奶牛,其余70%主要是用于肉牛。各类非蛋白氮使用方式即饲喂方法如下:混入固体浓缩料;混入液态蛋白质补充物;直接饲喂;处理青贮料或粗饲料处理;浓缩料;直接混入青贮料或粗饲料。主要的方式:一是混入固体浓缩饲料中,二是混入液态蛋白质补充物中,三是混入青贮饲料或粗饲料中。

表 5-2　美国 1993 年饲用非蛋白氮消费量　万 t

非蛋白氮	奶牛	肉牛	合计
尿素	19.46	43.74	63.20
液氨	0.04	0.15	0.19
氨水	0.19	0.51	0.70
木质素磺酸铵	0.17	0.62	0.79
硫酸铵	1.40	3.03	4.43
液态多磷酸铵	1.05	9.19	10.24
固态磷酸铵	1.24	0.35	1.59
合计	23.55	57.57	81.14

二、常用的非蛋白氮

(一)尿素

尿素是氮和二氧化碳在高温高压下化合而成的，其分子式为 NH_2CONH_2。目前尿素比起其他所有天然植物蛋白要便宜得多，也就是说用尿素代替豆粉及棉籽饼粉在经济上是合算的。一般用 3.175 kg 44%的豆粉等于 0.454 kg 尿素加 2.72 kg 玉米。上述混合物均可提供 1.406 kg 蛋白质当量。对于反刍动物可消化营养物质能量水平来说是 2.50 kg 豆粉与 2.18 kg 玉米—尿素混合物。从价格上看，玉米—尿素混合物显示出极大的优势，但是，在降低价格的同时，最佳配方必需考虑到生物限量。日粮中超过 1/7 的尿素是致死的。美国饲用尿素分固体与液体两种，固体饲料级尿素粒径小于 1 mm，常以甲醛作调节剂，少数也有使用黏土的。大多数固体饲用尿素主要是在饲喂时呈干燥状态直接使用，相对少量的固体饲用尿素是由液体饲料生产者采购配制后使用。液体饲用尿素一般是以 70%尿素溶液出售、运输和贮存，使用时配制为 50%～55%尿素溶液。液体饲用尿素的生产与供应半径大约在200 km以内，液体饲用尿素除了运输价格较高外，还需较高温度贮存与定期搅拌以防止结晶析出，而它的优点是不像固体饲用尿素有粉尘及包装丢弃问题，不会因吸湿而结块，总的饲用尿素数量变化不大，而液体饲用尿素所占比重也不大，但有增长的趋势，主要是由于液态蛋白质补充物的增长需要而造成的。饲料中添加尿素时要注意尿素中毒。尿素本身是无毒的，但尿素进入瘤胃后其分解释放氨的速度快于微生物合成蛋白质的速度，分解释放的氨进入血液达到一定浓度后就会引起中毒。因此使用尿素时不能单独饲喂或溶于水中投喂，应把尿素混入谷物精料或蛋白质精料中饲喂反刍动物，也可将含有尿素的精料混入粗饲料中饲喂。尿素添加量一般为10%～20%，可实验证明，将尿素150 g分成3份，分别于早、午、晚均匀拌在饲草中饲喂泌乳牛，产奶量可提高14.76%，制成尿素糖蜜舔块供牛羊舔食也是一种很好的饲喂方法，这种舔块能控制尿素的进食量，奶牛舔食后可提高产奶量11.4%。放牧母羊舔食后其体重、羔羊出生重及产毛量均有较好的增长效果。青贮饲料中添加尿素，可改善青贮饲料的品质，提高青贮饲料的粗蛋白质含量，起到补充蛋白质不足的效果，并可避免直接采食过量的尿素而产生中毒现象，同时可降低青贮饲料的酸性。有试验证明，在玉米青贮料中添加0.35%尿素，0.11%硫酸铵可提高玉米青贮品质，饲喂奶牛后，乳脂率提高0.43%，标准奶量提高12.49%。用尿素处理秸秆可提高秸秆的粗蛋白质含量及消化率。为提高反刍动物尿素的利用率，应从瘤胃微生物对尿素的利用过程考虑，主要有以下几个方面：

(1)调剂日粮组成，应尽量将尿素和蛋白质较缺乏的低质牧草和秸秆类饲料同时使用，并为微生物提供充足的可利用碳水化合物，以满足能量和碳链的来源。

(2)制成缓释尿素,以便使尿素进入瘤胃后逐渐释放,降低水解为氨的速度,使之与微生物利用氨的速度和能力相适应。

(3)日粮中添加尿酶抑制剂,通过抑制尿酶的活性来降低尿素的水解速度。

(4)在用尿素饲喂家畜时,应避免动物采食尿酶含量较高的饲料(如大豆饼等),防止尿素进入瘤胃后马上分解。

(5)提高微生物活力,增加微生物利用氨的能力和数量。

(二)氨

包括液氨和氨水,饲用液氨和氨水主要是随着青贮饲料的增长而增长的。但是由于使用时有危险及难闻的气味,使用氨可提高低质量粗饲料的质量使其便于利用,可提高青贮饲料的蛋白质及其能量。实验证明,可消化营养物提高 8%～15%,粗蛋白提高 4%～6%,同时还可改善适口性及抑制霉变,每吨青贮饲料用氨(以液氨计)约为 3%,饲料包装必须注意保持密闭,直至所加入氨结合为止。反应时间与温度有关,24℃时约 10 天,7～8℃时约 30～40 天,饲用前还需 3～7 天曝气时间,这是因为要使牛闻不出未反应的氨味。

(三)木质素磺酸铵

木质素磺酸盐是纸浆工业的副产品,虽然有些木质素磺酸盐是来自硫酸盐纸浆。而饲用的则来自亚硫酸盐纸浆,这种副产品是木质素磺酸盐、可溶糖类、松香、无机化合物与糖添加剂的混合物,饲用木质素磺酸盐包含纸浆废液中的水溶性铵盐、钙盐、镁盐或钠盐,或者是这些木质素磺酸盐的混合物,表 5-3 是木质素磺酸盐的组成。

表 5-3　木质素磺酸盐的组成　　%

项　目	木质素磺酸铵	木质素磺酸钙	木质素磺酸钠
总固体	50～55	50～55	50～55
糖类和糖酸类(干基)	25～30	20～25	24～30
木质素磺酸盐(干基)	60～70	50～60	55～65
无机物(灰分)	1～3	8～13	7～12
氮	2～4	—	—
钙	—	2.5～5.0	—
硫	3～6	3～6	3～6

木质素磺酸盐有液体(一般含 50%固体)和喷雾干燥后的固体两种,饲用木质素磺酸盐有三种作用,一是用作畜禽饲料的制粒助剂,二是为减低黏度的表面活性剂,三是使用糖蜜时的能量添加剂,作为制粒助剂,在饲料中添加量要超过 4%,液体或固体均可。作为糖蜜添加剂,通常用液体木质素磺酸盐,其添加量要超过糖蜜量的 11%,作为代谢能量,则不得超过饲料量的 4%。木质素磺酸铵除了上述三种作用外,还有作为非蛋白氮的氨的来源,一般含量为其固体量的 1%～4%,是否有木质素磺酸铵的资源及其价格在使用上起决定性的作用。

(四)硫酸铵

硫酸铵又称硫铵,分子式为$(NH_4)_2SO_4$,硫酸铵含氮 20%～21%,含硫 25%～26%,因此,它既是氮源又是磷源。硫酸铵的质量要求是含氮≥21%,硫≥24%,砷≤75 mg/kg,铅≤30 mg/kg,美国目前饲用硫酸铵一是主产品,另一是生产己内酰胺时的副产品,焦化副产硫酸铵是不能作为饲用的。饲用硫酸铵一方面是作为非蛋白氮使用,同时另一方面也添加硫,对于一些低含硫草料饲喂牛及羊时补充硫也是需要的。饲用硫酸铵主要用于防止奶热病近年有增长,奶热病是当奶牛开始产奶时可能产生代谢紊乱而造成的。饲用硫酸铵有细颗粒或粗颗粒两种状态、每头母牛每天饲喂量为 18 g,每头羊则为 12 g,适口性较差可能是个问题,如果加入量大时羊会拒食,预计今后饲用硫酸铵将以每年 2%～3%速度增长。

(五)液态多磷酸铵

在液态蛋白质补充物中它既是氮源又是磷源,在液态蛋白质补充物中,多磷酸状态的硫较磷酸状态的硫更吸引人,这是因为它具有悬浮痕量矿物元素的能力和较大的缓冲能力,过去几年由于液态蛋白质补充物的增长以及从浆状向悬浮状液体饲料的转移已经导致液态多磷酸铵的消费量增加。液态多磷酸铵是中和过磷酸而取得的。饲用产品含氮量要求≥9%,含磷≥13%,含氟则要求每 100 份磷不大于 1。

(六)固态磷酸铵

饲用磷酸铵质量要求是每万份磷中含氟量不得大于 1 份,含砷≤75 mg/kg,重金属≤30 mg/kg(以铅计)。

(七)缩二脲

缩二脲由尿素控制而得,较尿素适口性好,溶解慢、毒性小。有粒状、块状及片状产品,缩二脲主要用在肉牛,不用于奶牛,由于缩二脲较尿素价格高,其用量不大。

缩二脲是将尿素缓缓加热后产生的,其分子式为 $NH_2CONHCONH_2$,饲料级缩二脲含缩二脲≥55%,含氮≥35%,相当于 218.7%粗蛋白。其特点是在瘤胃中降解缓慢,释放氨的速度与瘤胃微生物利用氨的速度相似。试验证明,缩二脲氨的释放规律与豆饼的相接近。用缩二脲代替日粮粗蛋白质的 15%～20%不影响肉牛的增重。

(八)磷酸脲

磷酸脲又称磷酸尿素或尿素磷酸盐，是一种由磷酸和尿素在一定条件下生成的一种磷酸复盐。磷酸脲现作为一种优良的饲料添加剂广泛使用。在前苏联、美国及欧洲共同体等都有较大发展。欧洲共同体将磷酸脲作为Ⅰ类饲料添加剂在所有成员国使用。

磷酸脲为无色透明晶体，它的分子式是 $CO(NH)_2H_3PO_4$，相对分子质量为 158.06，密度为 1.74 g/cm^3，溶点 117.3℃，易溶于水和乙醇，不溶于醚类、甲苯，水溶液呈酸性，1%的水溶液 pH 值为 1.89。

作为饲料磷酸脲，其质量标准为：P%≥19；N%≥17；F%≤0.18；As%≤0.003；Pb%≤0.002；水分%≤3；1%水溶液 pH=1.9。

磷酸脲还是一种优良的青贮添加剂。磷酸脲易溶与水，呈酸性，添加到青贮料中可较快的使 pH 值达到要求值，能提高青贮料的营养价值，有效的保存青贮料中的养分。它还具有一定的防腐杀菌作用，有助于延长青贮料的保存期。通过对肉牛试验的比较，饲喂添加磷酸脲的青贮饲料增重效果优于饲喂添加尿素的青贮饲料。使用磷酸脲比饲喂尿素更安全，可将其适量水溶后均匀地混合到饲料中喂饲，牛羊日喂量按每 100 kg 体重 20 g 计算，用于青贮可按 4‰量添加为宜。

磷酸脲由于其独特的性能，磷酸脲作为反刍动物饲料添加剂，不仅能给反刍动物补充磷，而且还因它含有氮元素，作为非蛋白氮为动物提供饲料蛋白源，由于磷酸脲分子中存在磷酸分子能中和动物血液和瘤胃中过剩氨并减缓氨在血液中传递速度，有效地克服了因单独使用尿素作添加剂氨分解过快而造成动物血液和瘤胃中因氨过剩造成中毒的缺点。磷酸脲在瘤胃中释放氨的速度缓慢，其释放规律同豆饼相近。磷酸脲不仅为反刍动物提供非蛋白氮，而且还提供无机磷，磷是反刍动物必需的无机元素。有资料证明，磷酸脲可强化动物机体对钙的吸收，饲喂奶牛可提高产奶量，饲喂黄牛可提高日增重。此外，因磷酸脲水溶液显一定酸性可调节动物肠胃的酸碱性。经对动物的生理代谢、毒性、安全性研究和应用表明，磷酸脲作为饲料添加剂易于被动物吸收利用，其毒性 LD_{50} =(3.9±0.67)g/kg，无致畸变效应和致突变作用，对反刍动物生理代谢有良好影响，安全性高于尿素，使用方便。因此，磷酸脲是一种安全、优良的非蛋白氮和营养元素磷的重要饲料添加剂，对反刍动物增奶、增重等方面都有很好效果。磷酸脲与精料混合饲喂，牲畜适口性良好，给泌乳期母牛饲喂磷酸脲，补充饲料不足的磷和部分蛋白氮，有助于产奶量的增加和降低饲料消耗，并对矿物质的代谢有良好的影响。

(九)异丁叉二脲

异丁叉二脲也是一种安全型非蛋白氮添加剂，其分子式为：

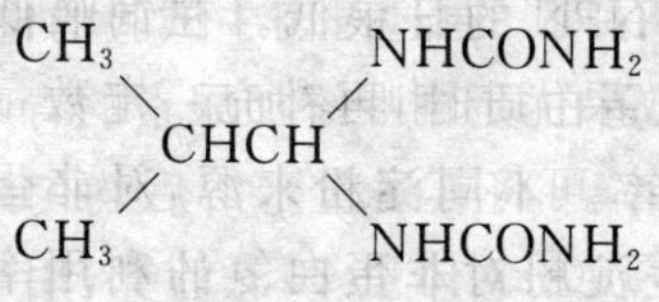

饲料级异丁叉二脲的含量为93%，尿素含量低于3%，重金属低于10 mg/kg，一般用于6月龄以上奶牛，配合饲料中添加量不超过1.5%。

(十)碳酸氢铵

碳酸氢铵外观为白色晶体；易溶于水，不稳定，易分解为氨、二氧化碳和水。含氮量为20%～21%，其蛋白当量为106%。

第三节　非蛋白氮在反刍家畜饲料中应用的影响因素

自从 Weiske 等(1879)建议用非蛋白氮(NPN)代替反刍动物的饲料蛋白以来，许多动物营养学家对 NPN 在反刍动物中的应用进行了大量研究工作，取得许多研究成果。结果表明多种因素影响反刍动物对 NPN 应用。

一、日粮能量浓度和能量来源对 NPN 利用的影响

微生物利用 NPN 合成微生物蛋白质时，需要一定数量的能量和碳架，这些养分主要是饲料中的碳水化合物在瘤胃内发酵产生的。当 NPN 在瘤胃内分解释放氨的速度与碳水化合物发酵产生的能量和碳架同步时，微生物合成蛋白质的量最大。选择不同的碳水化合物或对 NPN 进行加工处理，就可达到这种效果。碳水化合物的种类和数量直接影响非蛋白氮的利用，如果以单一优质干草加 NPN 饲喂反刍动物时尿素的利用率要比糊化淀粉或淀粉或糖蜜或单糖加 NPN 的日粮低。在饲喂低质粗饲料为主的条件下，用尿素补充蛋白质时，再补充一定数量的高淀粉精料可以提高尿素的利用率。不同淀粉来源，对非蛋白氮的利用率也不同，如玉米和小麦淀粉对非蛋白氮的利用率高于马铃薯淀粉。玉米淀粉的溶解度大，发酵快、短时间内产生的能量多，并能保证 98%的尿素得到利用。当饲料中分别单用糊化淀粉、淀粉、糖蜜、单糖、粗饲料时，利用 NPN 效率的顺序是糊化淀粉＞淀粉＞糖蜜＞单糖＞粗饲料，而淀粉或糖与粗饲料同时饲喂时 NPN 的利用率会大大提高。据研究，每 100g 尿素的利用，至少要有 1 kg 易发酵的糖。日粮中碳水化合物与 NPN 之间还存在互相协同的作用，在低质牧草或秸秆饲料中添加非蛋白

氮时，可提高瘤胃微生物对粗纤维的分解能力，提高粗饲料的消化率，粗饲料中纤维成分消化率的提高为微生物利用更多的NPN提供了能量。当日粮中补充NPN时，往往发生NPN与能量源不匹配，使瘤胃微生物蛋白质合成量降低。Pidgen研究结果指出：当牧草含有不少于50%消化能，饲料中含10%氮时，利用效率最高；而当氮含量达15%时，消化能需要量也随之提高；含氮20%时，日粮中就需要含有20%或更高比例的淀粉饲料。对于泌乳牛，能量的需要量将会更高。在玉米青贮中添加尿素使总氮从15%提高到20%以上，用此青贮料饲喂奶牛，饲料采食量增加，消化率和泌乳量提高。Campling等试验得出相似的结果，通过瘤胃瘘管灌注尿素时，乳牛对含氮仅为0.5%的燕麦秸秆的采食量和消化率均有不同程度提高。饲料采食量增加和消化率提高最终使动物能量食入量得到增加。Arias等试验表明，优质有效碳源或是最复杂的碳水化合物像纤维素，只要能被消化，均能增加尿素的利用。Pearson和Smith的试验表明，在含尿素日粮中当玉米淀粉增加至0.7%时，微生物蛋白合成量增加，淀粉源优于纤维素，同时木聚糖、果胶也能提高尿素使用量，但效果差于淀粉。当淀粉用量增加时，尿素应用比例也随之增加，培养液的NH_3-N浓度则下降，这指示微生物蛋白合成量增加。Johnson进一步报道，淀粉和蔗糖源较其他碳水化合物在增加尿素利用和促进微生物蛋白的合成方面更有效。不同淀粉源其消化率各有差异，因而对NPN利用效率的影响也不一致。Blomfield等指出，玉米淀粉能提供瘤胃微生物利用98%尿素时所需要的能量，而小麦、马铃薯和其他可溶性淀粉分别只能达到81%、63%和55%。烘烤后的马铃薯、玉米淀粉、体外试验证明，微生物蛋白合成量增加，尿素利用效率提高。综合上述结果，淀粉发酵能为瘤胃微生物利用NPN提供最大数量的能量源和碳源。

二、日粮氮源对 NPN 利用的影响

日粮中的粗蛋白质水平影响 NPN 的利用，保证瘤胃内最佳的氨的浓度是获得瘤胃微生物蛋白质的关键。瘤胃内氨的浓度取决于日粮粗蛋白质水平、内源尿素再循环、能量及其他养分的水平。当日粮中粗蛋白质满足需要时，微生物首先利用天然饲料中蛋白质，此时添加非蛋白氮仅可增加尿素的排出，而降低非蛋白氮的利用率，造成非蛋白氮饲料的浪费。当日粮中粗蛋白质水平不足时，非蛋白氮会顶替一部分粗蛋白质而被利用，日粮中粗蛋白质水平越低，饲用非蛋白氮的效果越好，但当日粮中的粗蛋白质水平达到一定水平（12%）时，非蛋白氮转化为蛋白质的速度就会下降。因而以非蛋白氮作为反刍动物日粮中的部分氮源时，最好与低蛋白的牧草或秸秆类一起使用。不同非蛋白氮化合物对其本身的利用率影响也很大，如果非蛋白氮含氮化合物进入瘤胃后迅速水解为氨，氨就会大量进入血液而降低利用率，而且会造成氨中毒；如果非蛋白氮进入瘤胃后缓慢释放出氨，其利用率就高，也比较安全。日粮中非蛋白氮用量过大，其利用率也下降，如果降低日粮中蛋白质在瘤胃中的降解度，增加过瘤胃蛋白质，可提高非蛋白氮的利用率。瘤胃微生物的氮主要来源是氨和饲料蛋白质降解后的肽、氨基酸和氨等。瘤胃液的氨浓度直接关系到微生物的蛋白质合成量。Satter 和 Slyter 指出，当瘤胃内氨浓度达到 2～5 mg/dL 时，微生物产量最高。而 Bull 等发现，氨浓度达到 20 mg/dL 时，微生物产量尚未达到最高值，Miller 指出，氨的最适浓度为 29 mg/dL。瘤胃内的氨浓度通常随日粮蛋白质水平提高而升高，并以添加 NPN 日粮更为显著。已经确认，反刍动物用尿素作为唯一氮源时，亦能存活，微生物蛋白合成也能发生，但其生长效率因日粮氨基酸的不足而受到限制。Baldwin 在纯化日粮中用混合氨基酸代替 25%的尿素氮，结果微生物产量提高 100%，细菌平均

繁殖时间从 6～7 h 降低到 3～4 h。在山羊试验表明，在低蛋白质高 NPN 日粮中，蛋氨酸和苯丙氨酸可能是微生物生产的限制因素之一。一些研究表明，日粮蛋白质将影响瘤胃微生物利用 NPN 合成菌体蛋白。体外试验表明，蛋白质水平直接影响尿素转化为微生物蛋白质的数量与比例，但当日粮酪蛋白增加时，尿素转化为菌体蛋白的数量反而减少。用尿素与不同的饲料蛋白按 1∶1 混合进行试验，结果尿素得到有效利用。试验表明，当日粮中含不溶性蛋白质时，来自蛋白质降解的 NH_3 数量减少，微生物能有效地利用尿素分解的 NH_3 来合成微生物蛋白，使尿素利用效率提高。氮平衡试验表明：当日粮总蛋白质大于 12％且有 16％的氮来自蛋白质时，生长牛对尿素氮利用效率较低。泌乳牛在分娩 14 周后，在日粮粗蛋白小于 12.5％日粮中，补加 NPN 即能保持泌乳性能。总结前人研究成果，日粮蛋白质、氨基酸水平将直接影响 NPN 的利用，一般情况下，日粮粗蛋白质水平较低时，NPN 利用效率增加，反之则降低；适量添加蛋氨酸等氨基酸有利于微生物利用尿素氮。

三、硫对 NPN 利用的影响

硫是另一个重要影响因素。在尿素日粮中添加无机或有机硫均是有益的。氮平衡试验表明，在尿素日粮中加入蛋氨酸，绵羊体内氨沉积量增加。Goodrich 也得出同样结论。Starks 等用纯化的含 98％尿素氮日粮进行试验，当添加不同水平的元素硫、硫酸钠和蛋氨酸时，绵羊体重和产毛量均显著增加。Hunt 体外试验表明，来自蛋氨酸和 Na_2SO_4 的硫比胱氨酸和元素硫效果更好。泌乳小母牛试验表明，在尿素日粮中补硫，其生长速度明显加快，对肉牛的增重效果更加明显。关于 N 与 S 比例的报道差异很大。Harrison 研究结果从 86∶1 到 308∶1 不等。NRC(1971)指出，牛日粮最适 N∶S 为 12～15∶1。ARC(1980)提出 N∶S 为

14∶1。这一比例与瘤胃微生物中N∶S的比例相似，因此已被多数人接受。

表 5-4 日粮硫水平对瘤胃挥发脂肪酸比例的影响 mol%

硫 源	硫水平(N∶S)	
	15∶1	5∶1
乙酸盐	46.0	42.5
丙酸盐	29.3	34.2
丁酸盐	16.8	14.6
其他酸	8.0	8.8
乙/丙	1.57	1.24
饲料/增重	7.34	6.84

表 5-5 不同硫源对反刍动物的生物学价值 %

硫源	相对生物学价值	硫源	相对生物学价值
蛋氨酸	100	硫酸钙	60～80
硫酸钠	68～80	硫酸钾	60～80
元素硫	30～40	硫酸铵	60～80

四、其他因素

反刍动物利用非蛋白氮合成的微生物蛋白质具有较高的生物价值，但其中缺乏含硫氨基酸日粮中补充硫酸盐效果比较好。像所有有生命的机体一样，瘤胃微生物也需要矿物质和微量元素，如钙、镁、铜、锌、钴、硒等元素可提高瘤胃微生物的活力而提高非蛋白氮的利用。低分子脂肪即是微生物合成氨基酸的基本碳架又是微生物的生长因子，日粮中补充脂肪有利于非蛋白氮的利用。

五、NPN利用存在的问题

尿素是最廉价、应用最广的NPN产品，但是，如果使用不当，则会引起不良后果，对动物产生一系列生理损伤，甚至死亡。

(一)对采食量影响

饲喂尿素后对采食量影响报道并不一致。Huber 和 Vanhorn 等分别报道当奶牛日粮中含 1.5%到 2%的尿素时，尽管奶牛生理上能耐受高比例的尿素，但最终导致采食量下降。Wilson 等报道，奶牛每日口服或从瘤胃瘘管投服高剂量(425～450 g 占饲料的 2%～3%)尿素时，干物质采食量显著下降。而 Campling 等(1962)指出，向采食秸秆的奶牛瘤胃内灌注尿素，可使有机物消化率从 39.4%提高到 47.3%，采食量提高 40%。另有报道，在 NaOH 处理的大麦秸秆中添加尿素，其消化率提高 48%，采食量提高 60%，可消化有机物采食量提高 138%。有试验表明，添加尿素，羔羊对全株玉米的采食量提高 27%，消化率提高 8%，饲料利用率提高 60%。普遍认为，高剂量尿素降低动物采食量主要是由于尿素的适口性引起的。但在偏粗型或低蛋白质日粮中添加尿素，对家畜的采食量和生产性能均有良好的作用。

(二)尿素中毒

动物如果在短时间内食入过量尿素等 NPN 产品或食入能量物质不足的尿素日粮，或在饥饿禁食情况下突然狂食尿素日粮，则会发生急性或亚急性中毒，严重时可致动物死亡。Bartley 报道，没有经过适应期的牛在短时间内采食尿素量超过每 100 kg 体重 45～50 g 则引起动物死亡，而经过适应期的动物其耐受量为上述数值的 2～3 倍。同样据 Stiles 等报道，在 30 min 内，瘤胃液氨氮浓度达到 100 mg/dL 时，动物立即出现中毒症状，而在 120 min 内浓度提高到 216 mg/dL 时，并没有中毒现象发生。因此可以判定，动物饲食 NPN 时最初 30 min 内瘤胃液 NH_3-N 浓度高低是中毒发生的决定因素。关于动物中毒时的血液氨氮浓度报道基本一致。Dining 等认为，小公牛出现中毒症状时的血氨浓度为 20 mg/dL，当牛羊血氨浓度达 40 mg/dL 时出现死亡。Russell 认为，血氨浓度从 10～29 mg/dL 时，牛即出现死亡。Oltient 报道略低，为 10 mg/dL。

(三)NPN 对繁殖性能的影响

长期饲喂高比例尿素日粮，牛的繁殖性能将受影响，世代间隔有所延长。Erb 等报道，对生长和妊娠小母牛饲喂高尿素日粮则增加牛的流产率，而低尿素日粮无流产现象发生。有关 NPN 对繁殖性能的影响尚需进一步研究。

第六章　非营养性饲料添加剂

第一节　生长促进剂

生长促进剂的主要作用是刺激动物生长，增进动物健康，改善饲料利用率，提高动物生产能力，节省饲料费用的开支。生长促进剂包括抗生素、合成抗菌药物、酶制剂、益生素、酸化剂以及中草药饲料添加剂等。

一、抗生素类饲料添加剂

(一)概述

1.发展简介　抗生素的发展，以青霉素的正式生产和临床使用作为开始的标致，至今已有50多年的历史。与其他学科相比，它虽然比较年轻，但发展很快，所取得的成就十分巨大，在微生物学、有机化学、生物化学、分子生物学、遗传学、免疫学、营养学等基础科学发展的影响下，抗生素研究正向广度和深度迅速发展。相应地概念也不断被更新和完善。早在1942年，抗生素的先驱者WaRsman曾给抗生素下过定义："抗生素是微生物在新陈代谢过程中产生的，具有抑制它种微生物的生长和活动，甚至杀灭它种微生物性能的化学物质。"以后抗生素的定义几经修改和完善，特别是20世纪60年代后，随着抗生素学科本身的发展和抗生素应用领域的不断开拓，抗生素概念的内涵在逐渐被扩大、丰富和深化。抗生素饲料添加剂就是在抗生素新用途的基础上逐渐发展形成的抗生素研究的新内容。

Stockstad 等 1949 年发现金色链丝菌（strepfomyces）发酵过程中得到的代谢产物，可以促进家禽快速生长。Whitehill 于 1950 年证明此代谢产物中含有的金霉素具有促生长效果。Jukes 等（1950）通过试验证实，金霉素在低剂量时（20 mg/kg 或更低），可以改善畜禽的生产性能，即提高生长速度和饲料转化效率。Bowland 等（1950）、Carpenter 等（1950）相继报道，金霉素可提高生长猪的生产性能和饲料报酬。由此，开始了抗生素作为饲料添加剂的应用和研究。抗生素饲料添加剂的发展大致分为三个阶段：20 世纪 50 年代为起始阶段，使用的抗生素多为人畜共用抗生素；60 年代出现了专门用于畜禽饲料的抗生素；80 年代筛选研制出新的不易被肠道吸收、无残留、对人类更安全且效果更好的抗生素。

由于我国的抗生素工业起步较晚，抗生素作为饲料添加剂的应用也较晚。但我国对这一资源的利用随着抗生素工业的出现和发展而迅速开展。实际上几乎是与抗生素工业的发展同步进行。自 20 世纪 50 年代起，国内即把抗生素生产发酵过程中的菌渣用作食用动物饲料。这主要是由于我国的经济水平较低，在畜禽饲料业寻找一切可利用的廉价饲料。因此菌渣是作为饲料，而不是饲料添加剂在使用。但在 70 年代中期，有目的地用低剂量抗生素饲养食用动物开始日趋流行。特别在"八五"、"九五"期间，国家投入大量资金加强抗生素饲料添加剂的研究，我国饲用抗生素的品种和数量已逐渐发展起来。目前，我国已能生产 18 个品种、年产量约 6 000 t 的抗生素用作饲料添加剂。

2. 抗生素的作用及其效果 抗生素作为饲料添加剂应用已有半个多世纪的历史。大量的试验和生产实践证明，抗生素在防病治病的同时，具有促进动物生长，提高饲料转化率的功效，特别是在卫生条件差的情况下作用效果更明显。除此之外，还有提高动物产品的品质，减少动物的粪臭，从而改善饲养环境等功效。

总体来说，抗生素作为饲料添加剂大致有如下作用：

(1)对动物某些疾病的治疗作用,这是抗生素的正常药理作用。

(2)对某些动物疾病的预防作用,尤其是对那些传染性疾病的预防,保证畜禽的健康生长,如盐霉素的应用可预防球虫病的发生。

(3)促生长作用,使畜禽生长速度加快,也即催肥作用。可使某些饲养动物缩短喂养周期,提前出栏。

(4)提高饲料转化率,也即提高饲料的利用率,使之在相同饲料条件下,达到不同的饲喂效果,或利用较少的饲料达到相同的饲喂效果,从而节省饲料,提高效益。

(5)提高动物产品的产量,即使产蛋动物多产蛋,产奶动物多产奶,甚至产毛动物多产毛等。

(6)提高动物产品的质量,这其中主要指某些添加剂的使用可提高肉蛋奶的产品质量。也包括使产仔动物提高幼仔的存活率等。

(7)改善动物饲养环境,包括使环境中各种致病菌减少,动物粪便排泄量及粪便性质的变化等。

(8)改善动物机体的机能状态,即提高动物机体的抵抗力,从而增强动物应付外界不良环境的能力,以及减少动物因各种应激反应所造成的损失。

3.抗生素促生长作用机制 大量的试验研究结果使人们对抗生素的促生长作用已是确信无疑,然而半个多世纪以来,对抗生素的促生长机制一直没有得出明确的科学定论。以前,不断有人对促生长机制进行总结,并提出种种假说,迄今为止,对于抗生素促生长机制主要有如下几种解释:

(1)抑制病原微生物的增殖,从而控制疾病的发生与传播。

(2)减少肠道微生物产生的毒素或抗代谢物质。

(3)阻止微生物对动物必需营养物质的破坏,节约营养成分消耗。

(4)抗生素可使动物肠壁变薄,促进营养物质的吸收。

(5)降低机体免疫反应水平,使机体的营养代谢向有利于生长的方面发展。

(6)促进机体与生长有关的内分泌活动,提高与生长有关的内源激素(如生长激素、胰岛素、甲状腺激素 T_3 等)水平。

(7)抗应激作用。

(二)饲用抗生素介绍

1.目前世界上主要国家所规定的饲用抗生素品种 目前世界上有 200 多个品种的抗生素应用于医药、农业和动物饲养业,其中被用作食用动物饲料添加剂的抗生素有 60 余种。这些品种在各国的管理程度也不同,相对来说欧盟国家的限制比较严格,而日本则比较宽松,是世界上允许作为饲料添加剂使用的抗生素品种最多的国家。下面列出世界主要国家所规定的饲料添加用抗生素的品种情况。

(1)美国。美国在 1999 年的《饲料添加剂要览》中公布了批准使用的 50 种动物用药,其中饲用抗生素占 24 种:

安普霉素 Ampramycin
亚甲基双水杨酸杆菌肽 Bacitracin Methylene Disalicylate
杆菌肽锌 Bacitracin Zinc
斑伯霉素 Bambermycin
金霉素 Chlortetracycline
红霉素 Erythromycin
潮霉素 B Hygromycin B
伊维菌素 Ivermectin
莱特洛霉素 Laidlomycin
拉沙洛西 Lasalocid
林可霉素 Lincomycin
马杜拉霉素铵盐 Maduramycin Ammonium
莫能霉素 Monensin
甲基盐霉素 Narasin
新生霉素 Novobiocin
制霉菌素 Nystatin

土霉素 Oxytetracycline	泰考霉素 Tilmicosin
青霉素 Penicillin	泰牧霉素 Tiamulin
盐霉素 Salinomycin	泰乐菌素 Tylosin
塞得瑞霉素 Semduramycin	维吉尼亚霉素 Virginiamycin

(2)欧共体。欧共体对抗生素饲料添加剂的限制最为严格，反对将作为医疗应用的抗生素品种用于动物，以防止耐药菌在人畜之间的传播。欧共体于 1999 年 7 月 1 日颁布了禁止抗生素促生长剂使用的决定，仅保留了以下 4 种抗生素：

卑霉素 Avilamycin	莫能霉素 Monensin
黄霉素 Flavophospholipol	盐霉素 Salinomycin

(3)日本。日本对兽用抗生素的限制较宽，兽用抗生素工业比较发达，在其《饲料安全法》中规定兽用抗生素有 20 余种：

杆菌肽锌 Bacitracin Zinc	维吉尼亚霉素 Virginiamycin
杆菌肽锰 Bacitracin Manganese	竹桃霉素 Oleandomycin
土霉素氨基三甲季铵盐	卡那霉素 Kanamycin
土霉素钙 Chlorotetracycline Ca	莫能霉素钠 Monensin Sodium
金霉素 Chlortetracycline	泰乐霉素 Tylosin
大碳霉素 Macarbomycin	硫酸弗氏霉素
螺旋霉素 Spiramycin	硫肽菌素 Thiopeptin
北里霉素 Kitasamycin	潮霉素 B Hygromycin B
魁北霉素 Quebemycin	黄霉素 Flavomycin
恩拉霉素 Enramycin	盐霉素钠 Salinomycin Sodium
硫酸黏菌素 Colistin Sul	越霉素 A Destomycin A
诺西肽 Nosiheptide	拉沙洛西钠 Lasalocid Sodium
比考扎霉素 Bicozamycin	

(4)中国。中国于1989年1月由农业部首次正式颁布《饲料药物添加剂品种及使用规定》，于1997年9月又重新发布《允许作饲料药物添加剂的兽药品种及使用规定》，其中属于抗生素的品种有19种：

拉沙洛西钠、马杜拉霉素铵、莫能霉素钠、盐霉素钠、甲基盐霉素、甲基盐霉素钠＋尼卡巴嗪、海南霉素钠、越霉素-A、潮霉素-B、杆菌肽锌、硫酸黏杆菌素、杆菌肽锌＋硫酸黏杆菌素、黄霉素、北里霉素、恩拉霉素、金霉素、土霉素、磷酸泰乐菌素、维吉尼亚霉素。

2.理化特性、作用及用法

(1)抗球虫剂。球虫病是养禽业中造成损失最大的疾病。目前，公认的防治球虫病的有效方法是感染初期对早期动物用抗球虫剂进行防治。一般抗生素都具有一定的抗球虫活性，然而药效最高的是聚醚类抗生素，它们对金属离子有特殊的选择性，可与钠、钾离子结合形成络合物，它攻击子孢子和第一代裂殖体，使其钠离子量急剧增加，妨碍了离子的正常平衡，子孢子中过剩的钠离子不能从细胞中排出，膨胀而死。因而也称离子载体型抗球虫药，属于生物物理学杀虫作用。而化学合成的抗球虫药是生物化学的作用机理。两类药之间没有交叉耐药性的问题，在使用中可以相互轮换，但聚醚类抗生素之间的交叉耐药应予以注意，主要品种介绍如下：

①莫能霉素钠(Monensin Sodium)：又名瘤胃素，莫能菌酸(Monensicacid)，孟宁素，Rumensin，Coban，Romensin，摩能霉素钠。分子式：$C_{36}H_{61}O_{11}Na$；相对分子质量692.8。

【性状】莫能霉素是由肉桂地链霉菌(*Streptomyces cinramoensis*)发酵产生的，分离提取后以弱酸形式存在，常制成钠盐使用。钠盐为淡黄色粉末。莫能霉素及其钠盐均微溶于水，易溶于氯仿、甲醇、乙醇。在酸性介质中稳定。一般制成20%预混剂供用，我国尚未批量生产。

【作用与用途】本品具有广谱抗球虫作用，作用高峰期在球虫感染第2天及滋养体阶段（子孢子进入宿主细胞后聚集期），对第一代裂殖体也有作用。莫能霉素的抗球虫机理，一般认为在发育虫体内，莫能菌素能与钠、钾离子结合成络合物，影响钾离子向球虫线粒体内转运。使球虫某些线粒体功能，包括底物的氧化作用和ATP的水解作用都受到抑制所致。除对鸡毒害、柔嫩、堆型、布氏、巨型、变位等多种艾美尔球虫有高效抗球虫作用外，在提高饲料报酬、促进增重等方面的效果也非常明显。主要用于防治畜禽球虫病，也可用于防治绵羊的弓形虫病、猪密螺旋体病和促进肉牛生长等方面。

【用法与用量】本品是世界上最早使用且销售量最大的聚醚类抗球虫药。我国进口的制剂为预混剂，系以脱脂米糠、玉米粉、稻壳粉、碳酸钙为基质配制而成，规格：100 g(5 g)、100 g(10 g)、100 g(20 g)。有效期2年。混饲（每1 t饲料计）禽90～110 g（特效），羔羊、犊牛20～30 g（特效）。治疗绵羊弓形虫病：每只动物每天15 g。

【毒副作用及注意事项】莫能菌素和其他聚醚类抗生素一样，高剂量（120 mg/kg）对宿主的免疫力有明显的抑制效应，但停药后，即能迅速恢复免疫机能；鸡口服 LD_{50} 为284 mg/kg；本产品的毒性对不同动物具有明显差异，对马属动物毒性大，LD_{50} 为2～3 mg/kg，中毒时厌食，运动失调，间歇性多汗，以致死亡，应严格避免马属动物食入；珍珠鸡亦不应喂用；本品不能与其他抗球虫药并用，禁止与泰牧霉素或竹桃霉素并用（一般指在用过这两种抗生素之前或之后7天内不得使用本品），否则引起严重生长抑制，甚至中毒死亡；蛋鸡产蛋期禁用，肉鸡上市前应停药3～5天；吸入对人体能引起不良反应，因而拌料时应注意防护。

②盐霉素钠（Salinomycin Sodium）：又名沙利霉素钠盐，萨里诺马辛，Coxitac。分子式：$C_{42}H_{69}NaO_{11}$；相对分子质量：772.99。

【性状】盐霉素是由 *Streptomyces albus* 白色链霉菌发酵产生的,分离提取后以弱酸形式存在,常制成钠盐使用。钠盐为白色或淡黄色结晶性粉末,微有特异臭味。盐霉素钠的熔点 140～142℃,易溶于丙酮、三氯甲烷、苯、乙酸乙酯、乙醚和甲醇,但几乎不溶于水。它对大多数革兰氏阳性菌有抑菌活性,对梭菌等革兰氏阳性厌氧菌也有较高抑制作用,性质稳定。多制成 6%或 10%预混剂供用。我国已大量生产。

【作用与用途】本品为聚醚类抗生素抗球虫药,具有广谱抗球虫作用,其抗球虫效应与莫能菌素钠相等。亦作猪生长促进剂,但因安全范围较窄,使应用受到限制。

盐霉素对鸡堆型、波氏、巨型、变位、毒害、柔嫩艾美尔球虫均有明显效果。60 mg/kg 饲料浓度对病变程度、死亡率及增重率、饲料报酬等,大致与莫能菌素(100 mg/kg)、常山酮(3 mg/kg)相等。盐霉素的抗球虫机理与莫能菌素相似。它对细胞中的阳离子,尤甚是 K^+、Na^+ 和 Rb^+ 的亲和性特别高。用鼠肝线粒体试验表明,线粒体内部的钾、钠和铷离子有选择地流出膜外,以致使线粒体出现收缩现象。盐霉素对兔球虫的作用优于磺胺喹噁啉,对猪具有明显生长促进效应。

盐霉素不易引起球虫耐药性。用柔嫩艾美尔球虫实验,连续使用盐霉素 50 mg/kg,直到第 30 代卵囊,药效不变,未产生抗药性。另选用对其他抗球虫剂进行实验仍然有效,表明盐霉素与氨丙啉、氯苯胍、氯羟吡啶及莫能霉素等抗球虫剂之间不存在交叉耐药性。

【用法与用量】我国进口供临床使用的制剂为预混剂,系以大豆粕、大豆粉、米糠油渣、无水硅酸或硅藻土为基质配制而成。规格:100 g(5 g)、100 g(6 g)、100 g(10 g)、100 g(45 g)、100 g(50 g),每 1 g 相当于 100 万效价单位。有效期为 2 年。混饲(按 1 t 饲料计)鸡 50～60 g,猪 25～75 g,牛 10～30 g。

【毒副作用及注意事项】盐霉素经口服后，在消化道中吸收较少，大部分在胃、肠和盲肠的内容物中，12 h 后几乎排出，盐霉素在肝脏中迅速被代谢并由胆汁排出，因而盐霉素的残留量较少，以 100 mg/kg 的剂量添加 35 天，停药 1 天后，只在腹部脂肪中检出，3 天后全部消失。对产蛋鸡用药后，在蛋黄中可检出盐霉素，停药后 5 天才可消失。但在蛋白中未检出盐霉素。

盐霉素经口投药时，大鼠的 LD_{50} 为 70～100 mg/kg，小鼠为 50 mg/kg，鸡为 150 mg/kg。本品安全范围较窄，应严格掌握剂量，含量超过 80 mg/kg 可致鸡采食量减少，影响增重，并产生免疫抑制作用。马属动物极为敏感，忌用。对火鸡、飞禽及雏鸭毒性较大，应慎用。禁止与泰牧霉素和竹桃霉素并用(一般指在用过这两种抗生素之前或之后 7 天内不得使用本品)，否则发生脚麻痹症的中毒现象。蛋鸡产蛋期禁用，肉鸡上市前应停药 5 天。

③拉沙洛西钠(Lasalocid Sodium)：又名拉沙里菌素钠，Avatec。分子式：$C_{34}H_{53}O_8Na$；相对分子质量：612.78。

【性状】拉沙洛霉素是由 *Streptomyces lasaliensis* 发酵而产生的，本品为多组分抗生素，由五种组分组成，分别为 Lasalocid A、B、C、D、E，以组分 A 活性最高。为白色结晶，不溶于水，溶于有机溶剂，以弱酸形式存在。常制成钠盐使用，为白色或类白色粉末，有特臭。我国尚未生产。

【作用与用途】本品为新型聚醚类抗生素抗球虫药，具有广谱抗球虫作用，抗球虫机理与莫能霉素相同。除对堆型艾美尔球虫作用稍差外，对毒害、柔嫩、巨型、变位等多种艾美尔球虫的抗球虫效应超过莫能菌素，对火鸡、羔羊、犊牛球虫亦有明显效果，改善饲料报酬、促进增重等作用非常明显，可与多种促生长剂并用。主要用于畜禽球虫病，也可用于促生长。

【用法与用量】进口供临床使用的制剂为预混剂，系以淀粉、麸皮为基质配制而成，规格：100 g(0.45 g，每 1 g 相当于 100 万效价单位)。有效期为 2 年。混饲(按每 1 000 kg 饲料计)鸡 75～125 g,羔羊 100 g,火鸡 90～125 g,犊牛 35 g。

【毒副作用及注意事项】小鼠的口服 LD_{50} 为 146 mg/kg,鸡口服的 LD_{50} 为 75～112 mg/kg,对鸡添加拉沙洛西钠每吨 75 g,从 0～8 周,停药后屠宰测定其残留量,残留量最高的部位是皮和脂肪,其次是肾脏和肝脏,但停药 2 天以后,各组织中残留量均小于 0.05 mg/kg。

75 mg/kg 药料浓度使动物对球虫的免疫力有严重的抑制作用。马属动物敏感,忌用。禁止与泰牧霉素、竹桃霉素并用(一般指在用过这两种抗生素之前或之后 7 天内不得使用本品)。蛋鸡产蛋期禁用,肉鸡上市前应停药 5 天。

④甲基盐霉素钠(Narasin Sodium):又名:Monteban,Narasin A。分子式:$C_{43}H_{72}O_{11}Na$,相对分子质量:778.05。

【性状】甲基盐霉素钠由金色链霉菌(*Streptomyces aureofaciens*)发酵产生。为白色结晶粉末,不溶于水,但可溶于大部分有机溶剂。溶点为 195～200℃。常制成钠盐使用。

【作用与用途】本品为聚醚类抗生素抗球虫药,具有广谱抗球虫作用,对常见的 6 种艾美尔球虫均有抑制作用,另外对大部分革兰氏阳性菌和部分革兰氏阴性菌有抑菌作用。其抗球虫机理与莫能菌素相似。它与一价阳离子特别是钠离子相结合,使子孢子膨胀而抑制球虫的发育。它的活性日期为球虫生命周期的最初几天,可抑制子孢子和裂殖子的发育。

【作法与用量】单独混饲使用时(按每 1 000 kg 饲料计),鸡 60～70 g。本品常与尼卡巴嗪以 1∶1 比例合并使用,鸡使用量为 (40＋40)～(50＋50)g。

【毒副作用及注意事项】马属动物敏感,忌用。禁止与泰牧霉素、竹桃霉素并用。蛋鸡产蛋期禁用。单独使用时,肉鸡上市前应停药 5 天,与尼卡巴嗪合并使用时,其停药期为 7 天,由于尼卡巴嗪在高温高湿条件下会发生热应激，故高温季节慎用。

⑤马杜拉霉素铵（Maduramicin ammonium）：又名 Prinicin ammonium。分子式：$C_{47}H_{79}O_{17}(NH_4)$，相对分子质量：934.14。

【性状】马杜拉霉素是由 *Actinomadurayumaensis* 发酵产生，分离提取后以游离酸形式存在，为淡黄色粉末，微溶于水，易溶于氯仿、甲醇、乙醇。在酸性介质中稳定。常制成氨盐使用，马杜拉霉素铵为白色结晶粉末，熔点为 165～167℃，不溶于水，溶于大多数有机溶剂。

【作用与用途】本品为聚醚类抗生素抗球虫药，具广谱抗球虫作用，它影响离子平衡，导致寄生虫代谢过程瓦解，最后死亡，但并不影响宿主细胞。马杜拉霉素的活性期是在球虫生命周期的最初1～3 天，可杀死子孢子和裂殖子。由于分子结构中单糖苷集团的存在，加强了抗球虫活性，它是球虫杀灭剂，杀死宿主体内的寄生虫。它对鸡毒害、巨型、柔嫩、堆型、布氏、变位等多种艾美尔球虫有高效，主要用于家禽球虫病。

马杜拉霉素对许多革兰氏阳性菌有效。与其他抗生素之间不产生交叉耐药性。

【用法与用量】马杜拉霉素仅用于肉鸡饲料，在饲料中添加量为 4.5～5.58 g/t。

【毒副作用及注意事项】根据 ^{14}C 标记物的放射性测定，5 mg/kg 的剂量饲喂鸡 7 天，停药后 1 天，在鸡的各种组织中未测出残留量。马杜拉霉素铵不具有致突变作用，对马属动物无毒。当饲料中含量超过 5 mg/kg 时，鸡开始出现啄羽的副反应。蛋鸡产蛋期禁用，肉鸡上市前应停药 5～7 天。不得与其他抗球虫药并用，禁止在使用泰牧菌素、竹桃霉素之前或之后 7 天内使用本品。本品会引起人毛发脱落，搅拌时应加防护，忌与皮肤、眼睛接触。

⑥海南霉素钠（Hainanmycin Sodium）

【性状】海南霉素系由我国海南岛土壤中分离的稠李链霉菌

东方变株发酵液分离提取而得，为白色针状结晶或微黄色结晶粉末，无味。不溶于水，易溶于甲醇、乙醇、丙酮、氯仿、苯和乙酸乙酯，极微溶于石油醚、正己烷。在酸性和碱性介质中稳定，常制成钠盐使用。海南霉素钠为白色或类白色粉末，无臭。不溶于水，极易溶于甲醇、乙醇、氯仿中，易溶于丙酮、苯和乙酸乙酯，极微溶于石油醚。

【作用与用途】本品为我国自行研制的聚醚类抗生素抗球虫，具有广谱抗球虫作用，对鸡毒害、柔嫩、堆型、布氏、巨型、变位等多种艾美尔球虫有高效，主要用于防治家禽球虫病。

【用法与用量】每吨饲料加入海南霉素 5～7.5 g。

【毒副作用及注意事项】蛋鸡产蛋期禁用，肉鸡上市前停药 7 天。不得与其他抗球虫药并用，禁止在泰牧菌素、竹桃霉素用过之前或之后 7 天内使用本品。忌与皮肤、眼睛接触。

(2)驱虫剂。在高密度集约化饲养中，畜禽的寄生虫病危害很大，一旦发病，传染快，减产以致死亡，造成的经济损失严重。因而预防寄生虫病的发生很重要。驱虫剂的种类很多，但一般毒性较大，只能在发病时作治疗药短期使用，不能长期加在饲料中作添加剂使用。目前有人把呋喃类、磺胺类及有机砷类驱虫药当饲料添加剂使用是不妥的。这些驱虫药都有一定的副作用，按兽医的处方，可以混入饲料的方式给药，但是要有一定的疗程。若长期使用反而会影响动物生长。尤其是这些药物若残留在畜产食品中，对人类的健康也是有害的。

目前世界各国批准作饲料添加剂使用的驱虫剂有两个品种(越霉素 A、潮霉素 B)，另外伊维菌素亦逐渐在生产中使用。

①越霉素 A(Destomycin A)：又名：德畜霉素 A。分子式：$C_{20}H_{37}N_3O_{13}$，相对分子质量：527.54。

【性状】越霉素 A 为氨基糖甙类抗生素，它是由放线菌 *Streptomyces rimofaciens* nov. sp 产生的，为白色粉末，易溶于水，不溶或难溶于多数有机溶剂，有吸湿性。

【作用与用途】抗生素类驱虫药。临床主要用于猪蛔虫病、猪鞭虫病和鸡蛔虫病，具有抑制寄生虫排卵的作用。此外，对某些革兰氏阳性菌、阴性菌和霉菌亦有抑制作用，还有一定的促生长作用。

越霉素 A 驱虫的作用机理是使寄生虫的体壁、生殖器管壁、消化管壁变簿变脆弱，以削弱虫体运动活性而被排出体外，另外它还能阻碍雌虫卵膜的形成，由于这一作用虫卵变成异常卵而不能成熟，截断了寄生虫的生命循环周期。被排出的虫体或异常卵往往还留在圈舍内，若被猪鸡吃进后不会再感染。

【用法与用量】越霉素 A 预混剂，规格：100 g(2 g，200 万 IU)、100 g(5 g，500 万 IU)、100 g(50 g，5 000 万 IU)，有效期 2 年。混饲(按每吨饲料加入越霉素 A 计)猪、鸡 5～10 g，可连续应用 8～10 周。

【毒副作用及注意事项】越霉素 A 在体内不被动物吸收，在肉中的残留积蓄几乎为零，因而属于安全性高的抗生素。产蛋期禁用。猪、鸡屠宰上市前应停药 3 天。在加工或运输时应注意，不可使之粘在眼睛和皮肤上，以免刺激。

②潮霉素 B(Hygromycin B)：又名：湿霉素乙。分子式：$C_{20}H_{37}N_3O_{13}$，相对分子质量：527.54。

【性状】潮霉素 B 为氨基糖甙类抗生素，由土壤中分离的吸水链霉菌(*Strptomyces hygroscopicus*)产生的。本品为微黄色结晶性粉末，易溶于水、甲醇、乙醇中，不溶于极性溶剂，具弱碱性。干燥品和水溶液性质均稳定。

【作用与用途】抗生素类驱虫药。临床主要同于猪禽胃肠道线虫，对猪蛔虫、猪食道口线虫和鸡蛔虫、鸡异刺线虫具有较好的抑制作用。此外，具有一定的抑菌作用。

潮霉素 B 的作用机理也是阻止成虫排卵，破坏寄生虫的生活周期；阻止幼虫生长，使之不能成熟。

【用法与用量】潮霉素 B 预混剂，混饲（按每吨饲料计）猪 10～13 g，鸡 8～12 g，可连续应用 6～8 周。

【毒副作用及注意事项】动物对潮霉素的吸收很差，猪口服剂量为 25～100 mg/kg 体重时，24 h 内在尿中回收的潮霉素 B 不到 8%，很快由粪便排出。对小白鼠的半数致死量 LD_{50} 为（74.51±6.89）mg/kg 体重。在猪饲料中添加 100 mg/kg 以上，连喂 56 天出现中毒现象。产蛋期鸡禁用。猪、鸡屠宰上市前停药期为：猪 15 天，鸡 3 天。

③伊维菌素（Ivermectin）：又名害获灭（Ivomec），Egvalan，Hyvermectin。分子式：B_{1a} $C_{48}H_{74}O_{15}$，B_{1b} $C_{47}H_{72}O_{15}$；相对分子质量：B_{1a} 891.10，B_{1b} 877.08。

【性状】由链霉菌（*Streptomyces avermitilis*）发酵产生的一个组分，该菌产生的其他组分也具有驱虫作用，复合物称为阿维菌素（avermectin）。本品为白色结晶性粉末，微溶于水，易溶于甲醇、乙醇、丙酮、氯仿、正己烷、环己烷和丙二醇中。

【作用与用途】伊维菌素具有广谱、高效的特点，对线虫有驱虫作用，但无抗球虫、吸虫的作用。

马：注射或内服对马副蛔虫、马尖尾线虫、马圆形线虫、无齿圆形线虫、普通圆形线虫、三齿丝虫、食道齿线虫、韦氏尖圆线虫、小型圆线虫、大口德拉线虫、蝇柔线虫、小口柔线虫、安氏网尾线虫的成虫及幼虫均有高效。此外对盘尾丝虫微丝蚴、胃蝇的各期幼虫亦有良好驱虫效果。

牛、羊：伊维菌素对奥斯特他线虫、血矛线虫、古柏线虫、毛圆线虫、细颈线虫、马歇尔线虫、食道口线虫、牛仰口线虫、羊仰口线虫、夏伯特线虫、网尾线虫、牛弓首蛔虫、毛首线虫均有良好驱虫作用。对牛羊外寄生虫，如牛皮蝇、羊鼻蝇各期幼虫、疥螨、痒螨、毛虱、血虱、腭虱等亦有良效。

猪:对猪后圆线虫、猪蝇虫、有齿冠尾线虫、食道口线虫、猪浆膜丝虫、兰氏类圆线虫、红色舌圆线虫成虫以及后圆线虫幼虫均有高效。此外,对猪疥螨、猪血虱等外寄生虫亦有极好杀灭作用。

犬、猫:伊维菌素对钩口线虫成虫及幼虫、犬恶丝虫微丝蚴、狐狸鞭虫、犬弓首蛔虫成虫和肠期幼虫、狮线蛔虫、猫弓首蛔虫以及犬猫耳痒螨、疥螨均有良效。

其他:伊维菌素对兔疥螨、痒螨、家禽羽虱都有高效。此外,对传播疾病的节肢动物如蜱、蚊、库蠓等均有杀灭效果并干扰产卵或蜕化。

【用法与用量】进口预混剂,浓度为 6 g/kg,混饲(按每吨饲料计)猪 5 kg。国外使用的口服制剂还有口服膏剂、口服溶液以及瘤胃大丸剂。此外,还有牛用 0.5%浇泼剂,剂量(按每千克体重计)0.5 g。

【毒副作用及注意事项】伊维菌素安全范围较大,很少出现不良反应,若过量中毒可用印防己毒解救。本品注射给药时有局部反应,尤以马反应严重,出现暂时性水肿和瘙痒,用时慎重。本品的驱虫作用较缓慢。对某些虫种,甚至需数天到数周才能彻底杀灭。通常用药一次即可,必要时每隔 7～9 天,可用药 2～3 次。产奶期牛及 1 个月内临产母牛禁用,不得将瘤胃大丸剂用于产奶期牛和临产 6 个月以内的母牛。12 周龄以下的犊牛禁用。牛羊口服给药后 14 天内不得屠宰供人食用,14 天内的奶不得供人食用。猪混饲给药后 5 天内不得屠宰供人食用。牛给予瘤胃大丸剂后 180 天以内不得屠宰供人食用。牛羊皮下注射后 21 天内不得屠宰供人食用,猪皮下注射给药后 28 天内不得屠宰供人食用。牛使用浇泼剂后 28 天内不得屠宰供人食用。

(3)抑菌促生长剂。抑菌促生长剂作为饲料添加剂应用,时间长范围广,争论也最多,这类添加剂的主要作用是:抑制与宿主争夺营养成分的微生物;或者促进消化道的吸收能力,提高畜禽对饲料的利用率;或者影响畜禽体内代谢过程的速度;或者抑制病原微生物的繁殖增进禽畜的健康,从而提高畜禽的生产性能。

这类添加剂品种很多,有抗生素类,有化学合成的抗菌药,还有垂体激素中生长激素(Somatotropin)。在抗生素类中,主要是选用安全性高,且不与人医临床共用的动物园专用抗生素。我国医药界所用抗生素品种与国外不同,因而我国人医临床用抗生素,例,青霉素、链霉素、林可霉素、新霉素等,只能作为有病动物的治疗药,而不准作饲料添加剂长期使用。

①杆菌肽锌(Bacitracin Zine):又名:Arfivin Zine,Fortracin Zine,Penitracin Zine,Topitracin Zine,BacifermBacifuent Zine,Zutracin Zine。杆菌肽锌的分子式:$C_{66}H_{103}N_{17}O_{16}S$。

【性状】杆菌肽锌是从患者被污染的创伤中分离出的枯草杆菌(*Bacillus subtilis*)分泌的抗生素。目前生产中是由地衣型芽孢杆菌(*Bacillus licheniformis*)发酵而制得。它是不稳定的多肽,含有 A、B、C、D、E、F_1、F_2、F_3、G 等多种组分,以 A 为主。它是白色或淡黄色粉末,易溶于水,在 pH 5～7 的水溶液中约稳定 4 周。制成亚甲基二水杨酸杆菌肽(Bacitracin Methylene Disalicylate)较稳定。干燥粉性状稳定,水溶液在 pH＜3 易析出结晶,在 pH＞9 或遇热可迅速失效。临床多用其锌盐,为灰色粉末,不溶于水,且性质稳定。

【作用与用途】本品通过抑制细菌细胞壁的合成而产生杀菌作用。对大多数革兰氏阳性例如金黄色葡萄球菌、链球菌、肺炎球菌、产气荚膜杆菌等有较强抗菌活性,对耐青霉素的金黄色葡萄球菌也有效。在革兰氏阴性中,仅对脑膜炎双球杆菌、流感杆菌、螺旋体及放线菌等有效。临床主要用于防治肠道感染及耐药金黄色葡萄球菌所致的败血症、肺炎等严重感染,还用于皮肤、黏膜、乳腺等局部感染,近几年来,本品多用作饲料添加剂 ,促进畜禽生长。

【用法与用量】由于杆菌肽锌具有高效、低毒和吸收残留少的优点,各国均批准使用,美国和欧洲还允许用于产蛋鸡。

杆菌肽锌:混饲(按每吨饲料计)犊牛、羔羊、猪到16周龄5~50 g,16~24周龄5~50 g;肉鸡、火鸡到4周龄5~50 g、5~20 g;兔、水貂5~20 g。

杆菌肽锌预混剂,规格:每克含杆菌肽锌100 mg(4 000 IU)或者说50 mg(6 000 IU)。混饲(按每吨饲料计)犊牛3月龄以下100~1 000 g(40万~160万IU);3~6月龄40~400 g(16万~160万IU);猪4月龄以下40~400 g(16万~160万IU)鸡16周龄以下40~200 g(16万~80万IU)。

【毒副作用及注意事项】本品口服难吸收,主要作用于胃肠道用^{14}C标记的化合物试验证明,经口投药后,90%的杆菌肽锌由粪便排出。少量由尿排出。用饲料级产品试验,在肉鸡饲料中添加每吨168万、1 680万、4 200万IU,连续8周后,测定肝、肾、肉、血清和脂肪中的残留量同仅在4 200万IU/t组中,在脂肪中存在0.025~0.063 IU/g的残留外,其他组织中的残留量均低于检出限量0.025 IU/g。停药3日后,脂肪中的残留也消失了。在猪饮料添加1 000~2 000 mg/kg的杆菌肽锌,连续喂饲33个月,停药当天各种组织中的残留量均低于检出限量0.03 IU/g。

在鸡粪便中的杆菌肽锌,在室温下可稳定3~4天,在猪粪中可稳定5~6天。但是在堆肥中迅速分解。农作物不吸收杆菌肽锌。杆菌肽锌毒性小,用精制的产品试验,对小鼠LD_{50}>12.5 g/kg,对大鼠为10 g/kg。用饲料级产品试验,对小鼠LD_{50}>6.0 g/kg。用饲料级产品试验,对大鼠饲料中添加100~8 000 mg/kg,连续3个月,至2 000 mg/kg剂量才出现生长受阻的中毒现象,致突变和致畸胎实验也都证明饲料级杆菌肽锌是安全的,经口投服,对大鼠2 g/kg、对小鼠0.4 g/kg均对胚胎无作用。本品经肾排泄时,可引起肾脏严重损害,一般用于内服及局部感染,不做全身应用。肾功能不良动物慎用。

②硫酸黏杆菌素(Colistin Sulfate):又名 Multimycine,硫酸抗敌素,硫酸黏菌素 ,硫酸多黏菌素,Colimycin,Polymyxin E。分子式:黏杆菌素 A:$C_{53}H_{100}N_{16}O_{13}$;黏杆菌素 B:$C_{52}H_{98}N_{16}O_{13}$。

【性状】黏杆菌素是由多黏芽孢杆菌变种中发现的。通常制成硫酸盐使用。硫酸黏杆菌素为白色或深黄色粉末。性质稳定。易溶于水,水溶液在酸性条件下稳定,在碱性条件下容易失效。

【作用与用途】本品为窄谱杀菌剂。其抗菌机理是与细菌胞浆膜结合,引起膜损伤,增加胞浆膜的通透性,使菌体内的氨基酸、核酸等重要成分外漏,导致细菌死亡。本品对大多数革兰氏阴性杆菌的作用特别强,其中以绿脓杆菌最为敏感,是目前杀灭绿脓杆菌最有效的抗生素。对大肠杆菌、巴氏杆菌、沙门氏志贺氏菌、弧菌、痢疾杆菌等也有较强的抗菌活性,但对革兰氏阳性菌、革兰氏阴性球菌、变形杆菌和厌氧杆菌属不敏感。在动物体内不会产生耐用药菌株,与其他抗生素不产生交叉耐药。但和本类抗生素之间还有交叉耐药性。本品临床主要用于对其他抗生素耐用药的绿脓杆菌感染,也可作为首选药用于大肠杆菌等敏感菌所引起的呼吸道、消化道、泌尿道及创伤感染、败血病,牛乳腺炎、子宫内膜炎等;还可用作饲料添加剂,促进畜禽生长。

【用法与用量】由于硫酸黏杆菌素是高效、安全且残留少的抗生素,不仅日本批准作饲料添加剂,美国和欧洲共同体均批准作兽药,用于治疗肠道疾病。我国已于 1986 年批准日本旭化成工业株式会社的产品进口,可以作饲料添加剂使用,且在 1998 年又批准日本明治制果株式会社的产品进口。混饲(按每吨饲料加入硫酸黏杆菌素计)时,10 周龄以内的鸡 5～20 g,哺乳期仔猪 2～40 g,仔猪 2～20 g,哺乳期犊牛 2～20 g。产蛋期鸡禁用,所有动物的停药期均为屠宰前 7 天。

硫酸黏杆菌素在抗菌活性上的高度选择性是其优点,对革兰氏阴性菌的活性比阳性菌高 10～100 倍,但也有局限性,有易产生肾中毒的缺点，因此希望降低用量。它与杆菌肽锌有较好的协同作用，以固定的比例配伍作用，可以弥补其缺点，且使优点更为明显。对增重和提高饲料效率都比使用单一品种更优越。日本旭化成工业区株式会社生产的“万能肥素”就是这样的复合制剂。组成为硫酸黏杆菌素与杆菌肽锌的比例为1∶5。其协同作用不仅抗菌素谱加宽了，且提高了抗菌活性，降低了黏杆菌素在饲料中的浓度，毒性也就低了，且效果还有提高。我国已于1987年批准进口。规定用量为10周龄以内的鸡，每吨饲料添加2～20 g(两种抗生素的效价)；产蛋鸡禁用；2月龄以内的猪，每吨饲料添加2～40 g(效价)；4月龄以内的猪，每吨饲料添加2～20 g(效价)，各种动物的停药期均为屠宰前7天。

【毒副作用及注意事项】本品口服后60%～80%从粪便中排出，其他从尿中排出，脏器中分布极少，以100～500 mg/kg的剂量添加到鸡饲料，连续喂食8周，停药当天屠宰，各组织中硫酸黏杆菌素的残留量均低于0.28 mg/kg。在猪饲料中添加400 mg/kg，连续喂饲4周，屠宰后脂肪和肾中有微量残留。若以200 mg/kg添加，残留量也减少，且停药3天后，一部分组织中残留量均小于0.025 mg/kg。它对小鼠的口服LD_{50}均大于12 g/kg。

硫酸黏杆菌素在鸡粪中较为稳定，室温下6天后分解100%，在日本茶田地壤中混入400 mg/kg酸黏杆菌素，30天后有99%已分解。由此地壤中生长的茶叶中未发现硫酸黏杆菌素，证明它对环境无污染。本品毒性较大，主要损害肾脏和神经系统，应避免大剂量长期用药。当它与其他神经肌肉阻断作用时，偶尔会见到肌肉软弱、轻瘫或导致呼吸停顿和死亡的全瘫痪。禁用于肝、肾功能不全动物。用作饲料添加剂时，产蛋期鸡禁用，禽属在屠宰前应停药7天。

③恩拉霉素(Enramycin)：又名安来霉素，恩霉素，Enduracidin，持久霉素。分子式：A：$C_{107}H_{138}N_{26}O_{31}Cl_2$；B：$C_{108}H_{140}N_{26}O_{31}Cl_2$。

【性状】恩拉霉素是由放线菌 *Streptomyces fungicidicus* 经发酵而产生的。主要成分是恩拉霉素 A 和恩拉霉素 B。是由不饱和脂肪酸和十几种氨基酸结合而成的多肽(Polypeptide)类抗生素。恩拉霉素是盐酸盐形式,为白色或微黄白色粉末,熔点为226℃,234～238℃分解。呈碱性。易溶于稀盐酸,可溶于水、甲醇、稀酒精,难溶于乙醇 、丙酮,在接近中性和缓冲液中亦难溶。在干燥状态下稳定,水溶液在 pH3.5～7.5 时稳定,当 pH$<$3 时为稳定,pH$>$9 时极不稳定。

【作用与用途】恩拉霉素为多肽类抗生素,主要对革兰氏阳性菌有较强的抗菌活性,对肠道内有害的梭状芽孢杆菌作用最强。长期使用不易产生抗药性。本品还能促进猪、鸡生长 ,主要用作饲料添加剂。

【用法与用量】每 1 000 kg 饲料中的用量,4 月龄内的仔猪 2.5～20 g,10 周龄内的鸡为 1～20 g。

【毒副作用及注意事项】恩拉霉素对于大、小鼠口服的 LD_{50} 均为 10 g/kg,对于 4 周龄的肉鸡为 522.9 mg/kg。但是饲料添加用的粗品恩拉霉素经口服的 LD_{50} 对于大鼠和小鼠为 11 g/kg,对于肉鸡为 8 g/kg。致畸胎和致突变试验为阴性。口服后恩拉霉素只留在消化道中发挥作用,不易被吸收。对肉鸡投药后 6～12 h后,粪便中排出的恩拉霉素为 87.0%～100%。对于仔猪,投药后 6 h 有 55%从粪中排出,在尿中排量 6 h 内为 0.28%,24 h 内为 0.08%。因而残留量也很小。对肉鸡添加 10～100 mg/kg 恩拉霉素,饲喂 8 周后停药的当天除肝脏外,其他组织中的残留量均小于 25 mg/kg。添加 20 mg/kg 以上的鸡,肝脏中残留在 24 h 后也检不出。对于仔猪添加 20～100 mg/kg 的恩拉霉素,连用 1 周,停药后当日在各组织中残留量均小于 25 mg/kg。

恩拉霉素经鸡、猪粪便排出后,对农作物、鱼类和环境无毒害作用,因而它是安全有效的动物专用抗生素。本品禁止与四环素类、北里霉素、杆菌肽锌、维吉尼霉素等配伍应用。产蛋期禁用，肉鸡上市前应停药 7 天。

④维吉尼霉素(Virginiamycin)：又名：维吉尼亚霉素，维及霉素，威里霉素，Virgimycin，Staphylomycin，抗金葡霉素，肥大霉素。分子式：维吉尼霉素 M_1，$C_{28}H_{35}N_3O_7$；维吉尼霉素 S_1，$C_{43}H_{49}N_7O_{10}$。

【性状】由链丝菌属的维吉尼霉菌(*Streoptomyces virginiace*)发酵产生。主要含 70%～80%的 M_1 体，和 20%～30%的 S_1 体。M_1 为大环内酯。S_1 为环状多肽。维吉尼霉素为淡黄色粉末，溶于水、甲醇、乙醇 、氯仿等。干燥制品较稳定，在中性水溶液中亦稳定。遇酸、遇碱则效价降低，在碱性溶液中极不稳定。

【作用与用途】为畜禽专用抗生素。主要对革兰氏阳性菌(包括耐用、其他抗生素的耐用药菌)有较强的抗菌作用，其作用机理是抑制细菌的核糖体对蛋白质的合成而达到杀菌效果。本品与其他化疗药之间不产生交叉耐药性，根据剂量不同，可产生不同的效果，本品小剂量添加于饲料可提高饲料转化率，促进畜禽增重，提高产蛋率和增加蛋黄色度；中剂量用于预防梭状芽孢杆菌所致的肠炎和猪痢疾 ；大剂量则用于治疗猪痢疾。

【用法与用量】美国、日本、欧洲共同体和我国均已批准使用。维吉尼霉素预混剂(速大肥)，规格：20 kg、50 kg。维吉尼霉素预混剂-20、-40、-100、-500，表示每 1 kg 预混剂中含维吉尼霉素的量为 20、40、100 及 500 g。混剂(按每吨饲料添加维吉尼霉素计)促生长 ：肉用仔鸡或 16 周以内的后备青年母鸡 2～5 g，连续饲喂：猪 10～20 g。预防疾病：肉用仔鸡或 16 周龄以内的后备青年母鸡 20 g，猪(体重 55 kg 以上)25 g；治疗疾病：猪(体重 55 kg 以上)100 g，用于治疗和预防痢疾，先用 100 g 饲喂 2 周，后改用 50 g 连续饲喂。

【毒副作用及注意事项】它的残留量很小，以 ^{14}C 标记的维吉尼霉素进行饲喂，添加 20 mg/kg，连续 5 天后测定鸡组织中的残留量分别为肝 0.14 mg/kg ，肌肉 0.10 mg/kg ，皮下脂肪 0.01 mg/kg，血 0.03 mg/kg ，均低于 FDA 规定的允许残留量，它的毒性小。对大鼠的口服 LD_{50} 为 7 500 mg/kg，一次性口服，对小白鼠的剂量达到 1 550 mg/kg 时未发现有害反应，对猪的最大安全量超过 800 mg/kg，以 500 mg/kg 的剂量连续喂 3 个月猪无不良反应。产蛋期鸡禁用，畜禽屠宰前停药 1 天。

⑤泰乐菌素（Tylosin）：又名；泰霉素、太匀菌素、Tylasual。分子式：$C_{46}H_{77}O_{17}N$，相对分子质量：916.14。

【性状】泰乐菌素弗氏链霉菌（*Streptomyces fradiae*）产生的，为白色结晶，呈弱碱性。微溶于水，但很易溶于甲醇、乙醇、丙酮、氯仿和乙醚等，熔点 128～132℃。泰乐菌素的水溶液 pH 值范围大于 5.5～7.5 时，是很稳定的，在 25℃下可以稳定 3 个月. 但是当 pH 值低于 4 或高于 9 时会降解. 本品遇铁、铜、铝等金属可形成络合物而失效。临床上常用磷酸泰乐菌素作饲料添加剂，酒石酸泰乐菌素作饮水剂。

【作用与用途】本品为畜禽专用的抗生素。对革兰氏阳性菌、某些革兰氏阴性菌、霉形体、螺旋体均有抑制作用，对金黄色葡萄球菌、化脓性链球菌、肺炎双球菌、化脓棒状杆菌等有效，对霉形体有特效。临床主要用于防治鸡霉形体病和传染性窦炎，还用于敏感菌所引起的肠炎、肺炎、乳腺炎、子宫炎和螺旋体病，对猪霉形体肺炎仅作预防不能治疗。

【作法与用量】磷酸泰乐菌素，混饲时（按每吨饲料计），2 月龄内的仔猪 20～100 g，4 月龄内的仔猪 10～50 g，鸡 4～50 g。屠宰前 5 天停药，产蛋期鸡禁用。

【毒副作用及注意事项】磷酸泰乐菌素在肠道内不易被吸收，毒性小，对于鸡经口 LD_{50} 为 3 750 mg/kg 体重，血药浓度最高峰在 25 min，24 h 降为零，但一次口服 50 mg/kg 酒石酸泰乐菌素时，血药浓度最高峰为 1 h，24 h 降至几乎为零，经尿道和胆汁管排泄。泰乐菌素在动物组织中的残留量为 0.2 mg/kg。

对鸡的亚急性毒性实验表明，肌肉注射泰乐菌素连续 30 天，剂量为 5 mg/(只·天)时有增重作用，45 mg/(只·天)时增重与对照组无差异，200 mg/(只·天)时才有死亡现象，或者有轻度肝肾损伤。用白 Rock 鸡进行混饲给药，从 1 日龄至 4.5 个月连续添加，添加量为 200～3 000 g/t。对增重、饲料报酬无不良影响，对血色素、红细胞比容、白细胞、血小板等检查无异常，肉眼及显微镜观察所有组织均正常。对猪连续给药后会有些轻微反应：直肠黏液性水肿，肛门部分突出，红斑及瘙痒。但几天后便消失，一般不用中断用药，会随后自然康复。给泌乳牛静脉注射或肌内注射，在奶中迅速排出，其浓度高于血清浓度对治疗敏感菌所致的乳腺炎有利，但影响奶的利用。

⑥北里霉素（Kitasamtcin）：又名：柱晶白霉素，Kitamycin，Leucomycin，Ayermicina，Sineptine，Stereomycine，Syneptine. 分子式：$C_{37-42}H_{61-69}NO_{14-15}$。

【性状】北里霉素是由北里放射形菌（*Streptomyces kitasatoensis* Hata）的发酵液中提取的大环内酯类抗生素。它是多种组分的混合物，北里霉素为淡黄色粉末，难溶于水，其酒石酸盐易溶于水。

【作用与用途】抗菌谱与红霉素相似。对革兰氏阳性菌有较强抗菌作用，但不及红霉素；对耐药金黄色葡萄球菌的作用优于红霉素，对某些革兰氏阴性菌、霉形体、立克次氏体也有抗菌作用。葡萄球菌对本品产生耐药性的速度比红霉素慢，对红霉素耐药的菌株大部分对北里霉素仍敏感。主要用于治疗革兰氏阳性菌（包括耐药金葡菌）的感染，猪、鸡的霉形体病和弧菌性痢疾，还用作猪和鸡的饲料添加剂，以防治疾病、促进生长和提高饲料转化率。

【用法与用量】鸡:慢性呼吸道疾病 预防 110～330 g,治疗 330～500 g,连用 5～7 天;促进生长,10 周龄以内的鸡 5.5～11 g,连续给药,屠宰前停药 2 天,产蛋期鸡禁用。猪:传染性肺炎预防 88～110 g,连续给药,治疗 110～330 g,连用 5～7 天;细菌性痢疾,预防 44～88 g,连续给药,治疗,88～110 g,连用 5～7 天;促进生长,2 月龄以下 5.0～35 g。连续给药,屠宰前停药 3 天。

【毒副作用及注意事项】北里霉素在投药后迅速被吸收,广泛分布于各器官中,尤其在血液中和肺组织中可持续地保持高浓度。对于鸡投药后 2 h 左右肺部和血液中可达高峰,虽速度比泰乐菌素略慢,但持续时间长。对猪投药后 1 h 左右可达高峰,在血和肺组织中的浓度高于泰乐菌素,然后经尿液排出。

北里霉素对小鼠经口的 LD_{50} 为(3.8±0.3) g/kg,对于大鼠经口 LD_{50} 为＞8 g/kg。无致畸和致突变性,亚急性和慢性毒性实验证明北里霉素安全。对于肉鸡添加量高至 1 500 mg/kg,共用药 10 周,对于后备鸡添加量高至 1 000 mg/kg 共用药 150 天,鸡的增重、饲料转化效率和育成率都高于对照组,肉眼观察剖检也无异常。对于 10 日龄小猪的添加量高达 500 mg/kg 共用药 6 个月,血液学检查无异常改善生产性能。

添加 500 mg/kg 北里霉素,投药 14 天后。停药的当天可在鸡肝脏和肾脏中检到,第 2 天各组织的残留量均在 0.03 mg/kg 以下。添加 330 mg/kg 投药 14 天后。停药第 2 天可在猪肝脏中检测到残留的北里霉素,第 3 天在 0.03 mg/kg 以下。在各种大环内酯类抗生素中残留顺序为竹桃霉素＞螺旋霉素＞红霉素＞泰乐菌素＞北里霉素。

⑦黄霉素(Flavomycin):又名:斑伯霉素(Bambermycin)、默诺霉素 A(Moenomycin)、黄磷酯素(Flavophospholipol)、黄磷酯醇。分子式:$C_{70}H_{121}N_5PO_{40}$,相对分子质量:1 704.04。

【性状】黄霉素是由 *Streptomyces bambergiensis* 菌发酵而产

生的抗生素。它至少有4个组分，有A、B_1、Ba和C，以默诺霉素A为主。它是无定形粉末。溶于水、甲醇、二甲基甲酰胺，不溶于苯、氯仿。无明确熔点，200℃开始分解。粉末及水溶液均稳定。

【作用与用途】本品为畜禽专用抗生素。主要对革兰氏阳性菌有强大的抗菌作用，对部分革兰氏阴性菌的作用微弱，对真菌、病毒无效。用作饲料添加剂，能提高饲料报酬和畜禽增重率，与氨丙啉、莫能菌素、盐霉素等抗球虫药配伍制成预混剂，能抗菌、抗球虫、促生长。本品主要用作猪、鸡和牛的饲料添加剂。

【用法与用量】美国、欧洲共同体和日本均批准使用，我国于1997年开始批准使用。肉用仔鸡、火鸡1～5 g/t，2月龄以内的仔猪10～25 g/t，4月龄内的猪5 g/t，肉牛30 mg/(头·天)。无停药期规定。

【毒副作用及注意事项】由于它的相对分子质量大，经口投药后几乎不被消化道吸收，24 h后几乎全部由粪便排出。肉鸡以推荐剂量的350倍量，产蛋鸡以25倍推荐剂量，猪和肉牛以16倍剂量喂饲，屠宰后在血、肌肉、肝、肾、皮失、脂肪和蛋中均未测到黄磷酯素的残留。黄磷酯素毒性小，对生育力也无不良影响。以0.2%的剂量饲喂产蛋鸡数月，对蛋的品质也无影响。

⑧土霉素(Oxytetracycline)：又名：地霉素，地灵霉素，氧四环素，Terramycin，terrafungine，Terraject，Terramicin，Terramitsin，Glomycin，Riomycin，Riomitsin，Vendarcin。分子式：$C_{22}H_{24}N_2O_9$，相对分子质量：460.44。

【性状】土霉素是由龟裂链霉菌(*Streptomyces rimosus*)发酵产生的。为淡黄色至暗黄色结晶或无定形粉末，无臭，在日光下颜色变暗。在水中溶解极微，易溶于稀酸或稀碱。在酸性水溶液中较稳定；碱性中易遭破坏而失效。有土霉素钙盐、土霉素胺盐和土霉素盐酸盐等多种制剂形式。

【作用与用途】抑制细菌生长。对革兰氏阳性和革兰氏阴性都有抗菌作用，对霉形体、衣原体、立克次氏体、螺旋体等也有一定作用，可用于防治巴氏杆菌、布氏杆菌、炭疽、大肠杆菌和沙门氏菌感染及马鼻疽、马腺炎、猪霉形体肺炎等，亦可用于治疗子宫炎、坏死杆菌病等局部疾病。近年常被用作饲料药物添加剂，用以防治疾病、促进生长和提高饲料转化率。

【用法与用量】欧洲共同体已全部淘汰这种抗生素作饲料添加剂，日本淘汰了盐酸土霉素，只用土霉素季铵盐，美国还在使用土霉素(季铵盐、盐酸盐)。我国早已批准土霉素用作饲料添加剂，混饲(按每吨饲料加入土霉素计)促进生长：鸡 5～50 g，2 月龄以内仔猪 15～50 g，4 月龄内猪 10～20 g；预防疾病：鸡 100～200 g，猪 50～100 g；控制疾病：鸡 200 g，猪 500 g。

【毒副作用及注意事项】内服易被吸收，但不完全。吸收后在组织中广泛分布，除血脑屏障外易渗入胸、腹腔、胎畜循环及乳汁中。在脑脊液中的浓度为血液浓度的 10%～20%，脑膜发炎时可略高。主要以原形从尿中排出。一部分在肝的胆汁中浓缩，排入肠内，部分再被吸收，形成“肠肝循环”。肾功能衰竭时可在体内蓄积。本品对成年反刍动物、马属动物和家兔不宜内服，因易引起消化系统紊乱，表现食欲减退、膨胀、下痢及维生素 B、维生素 K 缺乏等症状，甚至引起死亡。马有时在注射后亦可发生胃肠炎，亦应慎用。本品与金霉素及四环素之间有交叉耐药性。本品应避光密闭，在干燥的凉暗处保存。忌日光照射。忌与含氯多的自来水和碱性溶液混合。最好不用金属容器盛药。内服时避免与乳类制品和含钙、镁、铝、铁、铋等药物及含钙量较高的饲料配伍用。产蛋期鸡禁用，在低钙(0.4%～0.55%)饲料中连用不得超过 5 天。

⑨金霉素(Chlortetracycline)：又名：氯四环素，CTC，Aureocina，Aureomycine，Aureomycin，Biomycin，Chrysimykine。分子式：$C_{22}H_{23}ClN_2O_8$，相对分子质量：478.88。

【性状】金霉素是 *Streptitmycesaureofaciens* 菌株发酵而产生的。为黄褐色至黄色结晶粉末。在 110℃以上分解,味苦。其盐酸盐在空气中稳定,遇光慢慢分解。在 pH7 以上的碱性溶液中或在室温下不稳定,消化道中的吸收率低于土霉素,但它有强烈的组织刺激性,不可作肌肉注射,适于作饲料添加剂。

【作用与用途】抗菌作用与土霉素相似。本品对葡萄球菌等革兰氏阳性菌(包括耐药金黄色葡萄球菌)的作用较土霉素强。因本品对局部有较强的刺激性,在畜牧兽医中,多用作饲料添加剂。低剂量能提高饲料报酬,缩短育成期,提高育成率,促进畜禽生长;中剂量则预防鸡慢性呼吸道疾病,火鸡传染性窦炎、猪细菌性肠炎;高剂量可治疗上述疾病。本品局部应用可治疗牛子宫内膜炎和乳腺炎。

【用法与用量】美国、日本均批准用于鸡、猪和牛。我国已批准使用。肉鸡(10 周龄以内)20～50 g/t,猪(4 周龄以内)25～75 g/t;预防疾病:鸡、猪 50～100 g/t;治疗疾病:鸡猪 100～200 g/t。

【毒副作用及注意事项】金霉素毒性小,对肾、肝功能无不良影响,对动物可抑制细菌发酵而引起厌食和偶尔腹泻。金霉素易引起机体免疫抑制,例如,给仔猪每天口服 1 g 金霉素,引起血清抗体水平下降;15 mg/kg 剂量的金霉素抑制了猪对丹毒的免疫力,因此,在丹毒疫苗接种前 2 天和接种后 10 天期限间,不可应用四环素类抗生素。本品高剂量使用于鸡时在低钙(0.4%～0.55%)饲料中连用不得超过 5 天。

⑩新霉素(Neomycin):又名弗氏霉素、Neolate、Neobiotic。分子式:$C_{23}H_{46}N_6O_{13}$,相对分子质量:614.65。

【性状】新霉素是由弗氏链霉菌(*Streptomyces fradiae*)发酵产生的,主要成分是新霉素 B,含微量新霉素 C。白色或微黄色粉末,无臭,有吸湿性,对热稳定,易溶于水,极微溶于醇 ,不溶于有机溶剂。常用其硫酸盐,硫酸新霉素为白色吸湿性粉末,溶于水

(1∶1),不溶乙醇、氯仿和乙醚。

【作用与用途】抗菌谱与卡那霉素相似,对多数革兰氏阴性菌和部分革兰氏阳性菌有效,对结核杆菌的作用较链霉素强。由于本品对肾脏和耳的毒性大,也易致神经肌肉阻滞,临床一般不作全身用药。本品口服吸收差,在肠道中药物浓度高,常作内服或添加于饲料、饮水中,用于防治敏感菌引起的肠道感染。局部应用治疗子宫内膜炎、眼、耳及皮肤感染。

【用法与用量】内服:一日量(按每千克体重计)马、牛 8～15 mg,驹、犊 20～30 mg,猪 15～25 mg,羊 25～35 mg,犬 10～25 mg,分 2～4 次服用。鸡混饮(按每升水计)35～70 mg;混饲(按每吨饲料计)70～140 g。

【毒副作用及注意事项】口服后很少被吸收,完整的肠黏膜只能吸收约 3%,但有溃疡或表皮剥落的或有炎症的黏膜可吸收相当量,大部分不经变化随粪便排出。

本品对耳、肾及神经系统毒性大,注射给药可能引起不可逆耳聋、肾及神经肌肉麻痹。为避免蓄积中毒和引起二重感染,内服时间不宜过长,一般不超过 3 天。对肾功能不良的动物应慎用。

⑪安普霉素(Apramycin):又名阿布拉霉素,暗霉素 NO_2,阿泊拉霉素,阿普拉霉素,Apralan,Apramycin,Sulfate,分子式:$C_{21}H_{41}N_5O_{11} \cdot 5/2H_2SO_4$,相对分子质量:784.8。

【性状】安普霉素是由 *Streptomycestenebrarius* 菌株发酵而产生的,属于氨基糖甙类。为棕褐色结晶粉末,熔点 245～247℃。易溶于乙醇。饲料中常用其硫酸盐形式。

【作用与用途】安普霉素对革兰氏阳性菌和部分革兰氏阴性菌均有效。对一部分霉浆菌也有效。最为敏感的是大肠杆菌、沙门氏菌、金黄色葡萄球菌、支原体等。并且它对大肠杆菌和沙门氏杆菌的杀菌能力比抑菌效果还要好,杀菌浓度最多不超过最小浓度 2 倍。这些菌株对安普霉素没有抗药性,且与氨基糖甙类抗生素之间没有交叉耐药性。

【用法与用量】美国 FDA 已批准使用，欧洲共同体、日本和我国均未批准。美国只用于猪，添加量 150 mg/kg。只用 14 天，屠宰前 28 天停药。

【毒副作用及注意事项】口服不易吸收，主要以高浓度在肠道内发挥作用，大部分从粪中排出。肌肉注射或静脉注射，血清蛋白结合率较低，生物利用率较高，代谢快，大部分以原形从肾脏排出。除内耳组织、肾外，在其他组织中残留量低。氨基糖甙类抗生素使用不当，会对动物的肾脏及听觉产生毒副作用。安普霉素毒性小。对小鼠口服 $LD_{50}>5\ 200$ mg/kg，对猪口服 $LD_{50}>1\ 250$ mg/kg。无明显毒副作用。

⑫卑霉素（Avilamycin）：分子式：$C_{61}H_{88}Cl_2O_{32}$ 卑霉素 A；$C_{59}H_{84}Cl_2O_{32}$ 卑霉素 B。相对分子质量：A＝1 403；B＝1 375。

【性状】卑霉素是由 *Streptomyces viridochromogenes* 发酵产生的。是低聚糖抗生素 Orthosomycin 类的总称，约有 A、A`、B、C、D、D_2、E、F、G、H、I、J、K 等 10 多个组分。

【作用与用途】卑霉素主要对革兰氏阳性菌有效，而对革兰氏阴性菌效果较弱。而其中以卑霉素 A 的活性最高，特别是对梭菌、链球菌和杆菌有效；而卑霉素 B 对葡萄球菌的活性最高。可用于预防和治疗上述细菌性感染，亦可用作饲料添加剂以促进畜禽生长。

【用法与用量】4 月龄以内的仔猪。饲料中的添加量为每吨饲料 20～40 g，6 月龄的猪为每吨饲料添加 10～20 g。我国尚未批准使用。

⑬那西肽(Nosiheptide)：又名：诺肽菌素。分子式：$C_{51}H_{43}N_{13}S_6O_{12}$，相对分子质量：1 222.37。

【性状】那西肽是由放线菌 *Streptomyces actuosus* 菌株发酵而产生的。那西肽是淡黄灰至黄褐色结晶性粉末。熔点 310～

320℃。几乎不溶于水，溶于氯仿，易溶于乙烷。

【作用与用途】那西肽对革兰氏阳性菌，特别是葡萄球菌有较高的活性，不易产生耐药性，与其他抗生素也无交叉耐药性。它还有抗寄生虫的活性。常用作饲料添加剂，促进动物生长。

【用法与用量】鸡饲料中的添加量为每吨饲料 2.5～10 g，猪为 20～25 g。均为屠宰前 5 天停药。我国尚未批准使用。

二、合成抗菌药物饲料添加剂

(一)概述

除抗生素外，人工合成的许多药物有类似抗生素的作用，添加到饲料中具有很好的抑菌、杀虫效果，且一般较抗生素作用强。化学合成的抗菌剂为单一化合物，大多数抗菌驱虫作用强，而且促生长效果差，且毒性较强，长期使用有不良作用，有些存在残留与耐药性问题，有的甚至有致癌、致畸、致突变作用。因此，化学合成药物在饲料中用于防治疾病、驱虫等保健剂，多是短期添加，仅少数毒性低、副作用小、促生长效果好的抗菌剂用于动物生长促进剂以低剂量、较长时间应用于饲料中。如喹乙醇、硝呋烯腙、对氨基苯砷酸及其钠盐、羟硝苯砷酸等。我国仅批准喹乙醇用作猪、鸡抑菌中生长剂，其他抗菌剂在兽医指导下短期应用于饲料以防治疾病和驱虫。

化学合成抗病原微生物类促生长物质虽属重点开发目标，但在过去的几十年中。用于医疗的新老品种不下数百种，然而经过筛选，研制出既有抗病原微生物的性能，又有促生长作用的物质并不多。到现在为止，被应用的新老品种也超不过 20～30 个，而且这些品种在慢性毒性方面都存在许多缺点。目前，世界各国批准使用的仅剩几个品种：日本批准的仅有喹 乙醇，欧共体只剩下喹乙、卡巴氧(Carbadox)和硝呋烯腙。美国在每年公布一次的《饲料添加剂要览》中仅有卡巴氧和有机砷类制剂，其余的均为驱虫药物。和抗生素一样，对合成抗菌物质的使用，各国选择标准不同，故国际上没有共同的约束。

(二)合成抗菌药物介绍

1.抗球虫剂 球虫病是由寄生于畜禽胆管和肠上皮细胞内的一种原虫病，对雏鸡和幼兔危害特别大，可引起下痢、血便、贫血、消瘦，严重暴发时可造成动物大批死亡，慢性流行则妨碍动物生长发育和生产，使成年鸡、兔肥育受阻，鸡产蛋率下降，造成巨大的经济损失。球虫病目前主要以预防为主，通常是将抗球虫药混入饲料中定期饲喂动物。在使用时，除选择高效低毒的药物，还应轮换使用不同作用峰期的药物，以避免球虫产生抗药性。对生命周期短的肉仔鸡，可持续应用预防性抗球虫药。对生命周期长的蛋鸡，为了经济和安全的原因，应致力于建立免疫力，可持续应用一段(14 周左右)预防性抗球虫药，或在病鸡出现时进行药物治疗，这不仅使鸡群得救，同时可建立免疫。

(1)氨丙啉。又名：氨苯嘧吡啶，盐酸氨丙啉，安宝宁，安保乐(Amprolium Hydrochloride, Amprocidum)。分子式 $C_{14}H_{19}ClN_4 \cdot HCl$，相对分子质量 315.24。

【性状】白色或类白色粉末。无臭。易溶于水，在乙醇中微溶，在乙醚中极微溶，在氯仿中不溶。在 248～249℃分解。性质较稳定，适合与抗生素、维生素、矿物质等其他成分配合，添加于畜禽日粮中。

【作用与用途】盐酸氨丙啉为传统使用的抗球虫药。本品结构与硫胺相似，能竞争性抑制球虫的硫胺代谢而发挥抗球虫作用。对球虫作用的高峰期在第一代裂殖体(即第 3 天)，而且对配子发生期和子孢子期也有一定抑制作用。对柔嫩艾美尔球虫作用最强，但对毒害、巨型、布氏、马氏艾美尔球虫效果较差，故多与乙氧酰胺苯甲酯、磺胺喹噁啉等并用,可以扩大抗球虫范围,而且安全有效,可制成预混剂使用。主要用于家禽、兔球虫病,也可用于羔羊雅氏艾美尔球虫、邱氏艾美尔球虫和犊牛邱氏艾美尔球虫病。

【用法与用量】内服 一次量(按每千克体重计) 犊牛 10 mg,羔羊 5 mg。混饲(按每 1 000 kg 饲料计)禽 100～125 g。

氨丙啉预混剂:由盐酸氨丙啉 250 g 与乙氧酰胺苯甲酯 16 g,以淀粉、麸皮或磷酸氢钙作载体配制而成,混饲(按每 1 000 kg 饲料计)禽 500 g。由盐酸氨丙啉 200 g 于乙氧酰胺苯甲酯 10 g,磺胺喹噁啉 120 g,以淀粉、麸皮或磷酸氢钙为基质配制而成的预混剂,混饲(按每 1 000 kg 饲料计)禽 500 g。进口安保乐可溶性粉,为盐酸氨丙啉与乳糖配制而成,规格:30 g(含氨丙啉 6 g),混饮(按每升水计)禽 1.2 g,连用 5～7 天。

【毒副作用与注意事项】盐酸氨丙啉对鸡比较安全,急性 LD_{50},鸡内服为 8 g/kg,很少引起中毒,但超高浓度长期喂饮,仍可引起以雏鸡硫胺缺乏症为主的中毒症状。增加饲料中硫胺虽可以减轻毒性反应,但饲料中硫胺含量超过 10 mg/kg 时,抗球虫作用开始减弱。球虫对本品不易产生耐药性。产蛋鸡禁用,肉鸡上市前的休药期为 7 天。

(2)二甲硫胺。硝酸二甲硫胺(Dimethialium Nitrate)。分子式:$C_{11}H_{15}N_4S \cdot NO_3$,相对分子质量:297.34。

【性状】白色或微黄色结晶粉末,有微臭。略溶于水,不溶于乙醇和氯仿。性质稳定。熔点 172～176℃。

【作用与用途】本品为球虫硫胺代谢拮抗性抗球虫药,作用机理是取代维生素 B_1,阻止球虫裂殖体的分化。对自然或人工感染的鸡艾美尔球虫有良好的防治效果。本品对鸡的增重率优于氨丙啉和氯苯胍。

【用法与用量】混饲(按每 1 000 kg 饲料计)禽 62 g。

(3)氯羟吡啶:3,5-二氯-2,6-二甲基-4 羟基吡啶,氯甲吡啶酚，甲氯吡酚，氯吡醇，氯吡啶，克球粉，可爱丹(Clopidolum Metichlorpindol，Coyden)。分子式：$C_7H_7Cl_2NO$，相对分子质量：192.04。

【性状】为白色或类白色粉末。无臭，无味。在甲醇或乙醇中极微溶，在水、乙醚、丙酮、苯中不溶，在氢氧化钠中溶解，性质稳定，与各种饲料混合、加工和贮藏均无不良反应。

【作用与用途】氯羟吡啶对9种鸡艾美尔球虫均有良效，特别对柔嫩艾美尔球虫作用最强。本品可使球虫的子孢子在上皮细胞内或宿主巨噬细胞内保持不发育的状态长达60天，大大超过正常的周期完成时间。如果在此静止期间停药，则球虫子孢子又会发育，潜伏的球虫病又发作，因而它是抑制球虫而不是杀灭球虫，其活性最高的时间是球虫生命周期的第1天即子孢子阶段，因此，必须在感染前或感染时用药，才能充分发挥抗球虫的作用。氯羟吡啶对机体的球虫免疫力有明显抑制作用，停药过早往往导致球虫病暴发。本品适合于作预防药，添加于饲料中连续应用，可明显增加体重，提高饲料效益。主要用于禽、兔球虫病。

【用法与用量】氯羟吡啶预混剂，规格：10 g(2.5 g)，100 g(25 g)，500 g(125 g)。混饲(按每1 000 kg饲料计)禽500 g，兔800 g。

我国进口的复方氯羟吡啶由氯羟吡啶890 g，苄氧喹甲酯73 g，加碳酸钙粉配制而成。相应的预混剂系由复方氯羟吡啶加大豆粕粉制成的浅灰色粉末，每100 g含氯羟吡啶20.5 g，苄氧喹甲酯1.68 g。混饲(按每1 000 kg饲料计)禽550 g。

【毒副作用及注意事项】氯羟吡啶对大鼠口服LD_{50}大于16 g/kg(雌雄相同)，对鸡口服LD_{50}为3.2 g/kg。无致突变作用。对鸡的慢性毒性实验表明，添加量为400 mg/kg，共用80天，对1年龄的鸡无任何不良作用。

当饲料添加量为600～1 000 mg/kg时，对鸡的生长有抑制，增重降低 2%～7%，但血液检查、器官和组织的肉眼观察，均无不良反应。当添加量高达 15 600 mg/kg，增重、饲料转化率均明显降低，另还有神经运动失调的表现。只有添加量达 31 250 mg/kg 时，使用到第 6～11 天才有死亡现象出现。

肉鸡与火鸡在屠宰前 5 日应停止投药。鸭对本品较敏感，以 2 g/kg 体重给药可致死。蛋鸡禁用。

（4）尼卡巴嗪：N，N′-双（4-硝基苯）脲-4，6-二甲基-2（1H）-嘧啶酮复合物（1∶1），双硝苯脲二甲嘧啶醇，硝脲嘧啶、力更生（Nicarbazin）。分子式：$C_{13}H_{10}N_4O_5 \cdot C_6H_8N_2O$，相对分子质量：426.38。

【性状】为黄色或淡黄色粉末，无臭或稍有异味。不溶于水、乙醇、乙醚和氯仿，在二甲基酰胺中微溶，性质稳定，在稀酸溶液中很快分解，熔点 260～265℃。

【作用与用途】本品为新型抗球虫药，对鸡盲肠球虫（柔嫩艾美尔球虫）和脆弱、毒害、巨型、堆型、布氏艾美尔球虫均有良好的预防效果。尼卡巴嗪抗球虫的活性峰期在第二代裂殖体（即周期第 4 天），感染后 48 h 用药，能完全抑制球虫发育，若在 72 h 后给药，则效果降低。主要用于家禽、兔球虫病。球虫对本品不易产生耐药性，故可用于穿梭更换给药方案。此外，对其他抗球虫药耐药的球虫，使用本品仍然有效。

【用法与用量】尼卡巴嗪预混剂，混饲（按每 1 000 kg 饲料计）禽 125 g。我国进口的球净是由尼卡巴嗪 25 g，乙氧酰胺苯甲酯 1.6 g，加乳糖配制而成。混饲（按每 1 000 kg 饲料计）禽 500 g。我国进口的猛安是由尼卡巴嗪 8 g，甲基盐霉素 8 g，加载体配制成预混剂，混饲，每 1 000 kg 饲料，禽 500～625 g。

【毒副作用及注意事项】尼卡巴嗪所含的两种成分 DNC 和 HDP 在鸡的消化道被分解成单体，分别被肠道吸收。吸收较快，并广泛分布于机体组织及体液中，排泄较慢。以推荐浓度给鸡喂药 11 天，停药 2 天后，血液及可食用组织仍残留药物。

尼卡巴嗪的缺点是，用量大时会使鸡厌食，高温高湿条件下，鸡对热的耐受性降低，出现“热应激反应”。尼卡巴嗪对实验动物的毒性较低，10 g/kg 剂量对大鼠、小鼠、豚鼠、兔、猫、犬均无中毒现象。对鸡的毒性亦较低，内服 LD_{50} 约为 2 400 mg/kg。对鸡 14 天的饲喂试验证明，200 mg/kg 饲料添加量即可明显影响增重率。蛋鸡 36 周喂养试验证明：100 mg/kg 即可使蛋壳变色，并明显降低孵化率。此外，酷暑（气温 40℃）期间饲喂尼卡巴嗪则明显增加雏鸡死亡率。产蛋鸡、种鸡禁用。肉仔鸡休药期为 9 天。

（5）二硝托胺：二硝甲苯酰胺，硝苯酰胺，又名球痢灵，柔林（Dinitolmide，Zoalere，Zoamix）。分子式：$C_8H_7N_3O_5$，相对分子质量：225.16。

【性状】本品为淡黄褐色粉末，无臭，无味，性质稳定，不溶于水，难溶于乙醇、甲醇和氯仿，易溶于二甲基甲酰胺。熔点为 177～181℃。

【作用与用途】二硝托胺对鸡的多种艾美尔球虫，如柔嫩、毒害、布氏、堆形、巨形等艾美尔球虫和火鸡的球虫等都有效。特别是对柔嫩艾美尔球虫和毒害艾美尔球虫效果好，主要是抑制无性周期的裂殖芽孢。其作用的峰期在感染后第 3 天，对卵囊的孢子形成也有作用。二硝托胺主要用于鸡、火鸡的球虫病，不仅可以用于预防，而且可用于治疗。应用治疗量对鸡的生长、发育、产蛋及蛋的孵化率均无不良影响。

【用法与用量】内服一次量（按每千克体重计）家兔 50 mg，每天 1 次，连用 3～5 天。混饲（按每 1 000 kg 饲料计）禽预防 125 g，治疗 250 g，连喂 3～5 天，可治疗暴发性球虫病。二硝托胺预混剂为二硝托胺与淀粉基质配制而成，规格：100 g(25 g)，500 g(125 g)。混饲（按每 1 000 kg 饲料计）鸡 500 g。

【毒副作用及注意事项】二硝托胺的毒性小，对雏鸡的口服

LD_{50}为275 mg/kg。对大鼠口服LD_{50}为600 mg/kg。球虫对本品一般不产生耐药性，或产生的速度很慢，与硝基呋喃类药物有交叉耐药性。常规剂量使动物机体对球虫的免疫力无明显的抑制作用。配制的药料应在2个月内用完。动物在屠宰前应停药7天，开产后备鸡禁用。

(6)氯苯胍：盐酸氯苯胍，又名罗苯尼丁，双氯苄氯胍，罗苯嘧啶（Robenziden，Cycostat，Khimokside，Robenz）。分子式：$C_{15}H_{13}Cl_2N_5 \cdot HCl$，相对分子质量：370.69。

【性状】常用盐酸氯苯胍，为白色或淡黄色结晶性粉末，无臭、味苦。几乎不溶于水和乙醚，极微溶于氯仿，略溶于乙醇，在冰醋酸中略溶。遇光后颜色逐渐加深。熔点289～290℃。

【作用与用途】本品为较早使用的抗球虫药。临床疗效试验结果表明，本品具有广谱、高效、低毒、适口性好等优点。对畜、禽的多种球虫和弓形虫有效，主要是抑制球虫第一代裂殖体的生长繁殖，对第二代裂殖体也有作用，而且还能抑制卵囊的发育，使卵囊的排出数减少。其作用峰期在感染后第3天。作用机理是干扰虫体胞浆中的内质网，影响虫体蛋白质代谢，使内质网和高尔基体肿胀，氧化磷酸化反应和三磷酸腺苷(ATP)酶被抑制。对鸡的多种球虫病均有良好的防治效果，对柔嫩、堆型、巨型艾美尔球虫的作用优于氯羟吡啶和磺胺药，对毒害、变位艾美尔球虫效果与氯羟吡啶相似。对兔多数艾美尔球虫均有良效，但对肠艾美尔球虫作用较差，主要用于家禽、兔球虫病。

【用法与用量】氯苯胍片和预混剂。片剂规格：0.01 g/片。内服一次量(按每千克体重计)禽、兔10～15 mg。预混剂以淀粉或麸皮、磷酸氢钙为基质配制而成，规格：100 g(10 g)和500 g (50 g)，混饲(按每1 000 kg饲料计)禽300～600 g，兔500～1 000 g。

【毒副作用及注意事项】本品毒性小，氯苯胍对小鼠口服LD_{50}为140 mg/kg，大鼠为3.31 mg/kg；对鸡的口服LD_{50}为450 mg/kg。

鸡内服吸收后，在体内被代谢成对氯甲苯等 9 种代谢产物。一次口服后，24 h 内可排出内服量的 82%，6 天后可排出 99%。

实验表明，从雏鸡出壳起到 56 日龄止（疗程为 8 周），连续饲用 6 倍治疗量（即 180 mg/kg），对鸡的增重、饲料消耗量、存活率等均无影响。但是剂量增至 300 mg/kg 时（即 10 倍治疗量），可出现生长迟缓，饲料转化率低等，但未出现病理变化。氯苯胍最大的缺点是氯化物特有的异臭。以 66 mg/kg 氯苯胍连续使用 1 周以上，鸡肉中就出现这种讨厌的味道，即使用 33 mg/kg 的剂量用于产蛋鸡，1 周后，蛋黄中也会出现此臭味。球虫对本品产生耐药性的速度较慢，但长期连续应用仍可产生耐药性。动物在屠宰前应停药 5 天，开产后备母鸡和产蛋鸡禁用。

(7)常山酮：氢溴酸常山酮，卤喹酮，海乐福精，速丹（Halofuginone Hydrobromide，Stenorol）。分子式：$C_{16}H_{17}BrClN_3O_3 \cdot HBr$，相对分子质量：495.6。

【性状】本品为白色或浅灰色结晶性粉末，性质稳定，可长期保存。多配成预混剂，为类白色粉末，无臭，无味。

【作用与用途】本品为新型抗球虫药，具有抗虫谱广，用量小和无交叉耐药性等优点。常山酮对球虫子孢子，第一代裂殖体和第二代裂殖体均有明显抑杀作用，能使早期病理过程不继续发展，使肠道保持正常吸收机能，从而保证了良好的增重效应。

常山酮对多种球虫均有抑杀效应，尤其是柔嫩、毒害和巨型艾美尔球虫特别敏感，低至 1～2 mg/kg 饲料浓度即产生良好效应；对堆型、波氏、马氏艾美尔球虫以及火鸡小艾美尔球虫、火鸡腺状艾美尔球虫以 3 mg/kg 推荐浓度即可终止球虫卵囊排出，防止对环境的污染，从而减少再感染的可能性。本品与其他抗球虫药无交叉抗药性。

【用法与用量】我国进口供临床使用的制剂为预混剂，是由碳酸钙为载体配制而成，规格：1 000 g（含常山酮 6.05 g）。混饲（按每 1 000 kg 饲料计)禽 500 g。

【毒副作用及注意事项】常山酮可被肠道吸收,并在体内迅速为组织代谢并经粪便排出体外。用^{14}C标记的常山酮 3 mg/kg 饲料浓度喂鸡,停药当天,除肝脏中残留接近 1 mg/kg 外,肌肉浓度为 0.04～0.07 mg/kg,3 天后肝脏浓度亦低于 0.1 mg/kg。

常山酮具有毒性,对大鼠口服 LD_{50} 为 25 mg/kg,对怀孕大鼠口服 33 mg/kg,连续 30 天,对胚胎无不良影响。适口性较差,以 12 mg/kg 的剂量添加时,由于进食量减少,生长受阻。增加至 24 mg/kg 时,因大部分鸡拒食,对生长的影响很明显。

常山酮的安全范围较窄,推荐浓度 3 mg/kg 对鸡、火鸡、兔、猪、牛、马均属安全,但能抑制小禽(如鹅、鸭)生长率。珍珠鸡最敏感,易中毒死亡。产蛋鸡禁用。动物屠宰前应停药 4 天。

(8)磺胺喹噁啉:2-磺胺基喹噁啉(Sulfaquinoxaline,SQ)。分子式:$C_{14}H_{12}N_4O_2S$,相对分子质量:300.334。

【性状】本品为黄色粉末,无臭,不溶于水,微溶于乙醇,几乎不溶于乙醚,溶于稀酸和碱溶液,常用其钠盐。

【作用与用途】本品为磺胺类药物中专供抗球虫的药物之一。其抗球虫作用机理与抗菌作用相类似,主要作用于球虫的无性繁殖期,抑制第二次裂殖体的发育,对第一次裂殖体也有一定作用。磺胺类药物作用峰期在感染后第 4 天。当第一次发现畜、禽排泄物中带血时,应用磺胺类药物最适宜。本品对鸡巨型、布氏、堆型艾美尔球虫作用较强,但对柔嫩、毒害艾美尔球虫作用较弱。本品能有效地对抗肠球虫,减少卵囊的产生,并增强畜、禽的免疫力,减轻感染的严重性,减少死亡率。主要用于鸡、火鸡球虫病,对兔、羔羊、犊牛球虫病也有效。

【用法与用量】磺胺喹噁啉:混饲(按每 1 000 kg 饲料计)鸡、火鸡、兔、犊牛、羔羊 125 g。

磺胺喹噁啉、二甲氧苄氨嘧啶预混剂是以淀粉或碳酸钙为基质配制而成，含磺胺喹噁啉 20%，二甲氧苄氨嘧啶 4%，规格：10 g、100 g、500 g。混饲(按每 1 000 kg 饲料计)禽 500 g，连续饲喂不超过 10 天。磺胺喹噁啉钠，三甲氧苄氨嘧啶可溶性粉系以乳糖为基质配制而成，含前者 53.65%，后者 16.5%。混饮(按每升水计)禽 280 mg，连饮 5～7 天，全部用药期不得超过 14 天。

【毒副作用及注意事项】磺胺喹噁啉对小鼠口服致死量 15 g/kg。由于磺胺喹噁啉对哺乳动物的安全范围较窄，以不用为宜。雏鸡高浓度、长时间应用，能引起毒性反应，重者使维生素 K 缺乏导致出血和组织坏死，轻者引起红细胞和淋巴细胞减少，连续喂用不超过 10 天。本品使蛋壳变薄，产蛋率下降，故产蛋期禁用。球虫对本品易产生耐药性。本品与其他磺胺药之间有交叉耐药性，与其他抗球虫药或抗菌增效剂合用，可增强抗球虫的效果，还可延缓耐药性的发生。本品吸收后排泄缓慢。肉鸡屠宰前休药 7 天。

(9)乙氧酰胺苯甲酯：4-乙酰氨基-乙氧基苯甲酸甲酯，又名依索巴（Ethopabatum）。分子式：$C_{12}H_{15}NO_4$，相对分子质量：237.25。

【性状】本品为白色或类白色粉末，无味或几乎无味，极微溶于水，微溶于乙醚，能溶于乙醇、甲醇、氯仿等。

【作用与用途】乙氧酰胺苯甲酯多与氨丙啉等配成复方制剂使用。本品对鸡巨型、波氏艾美尔球虫以及其他小肠球虫具有较强的作用，从而弥补了氨丙啉的抗球虫缺陷，而本品对柔嫩艾美尔球虫缺乏活性的缺点亦可为氨丙啉的活性作用所补偿，这是本品不能单独应用而多与氨丙啉并用的主要原因。乙氧酰胺苯甲酯的作用方式与磺胺药和抗菌增效剂相似，能阻断球虫四氢叶酸的合成，对球虫的作用峰期是周期的第 4 天。主要用作抗球虫药的增效剂而用于家禽球虫病。

【用法与用量】混饲(按每 1 000 kg 饲料计)禽 8 g。盐酸氨丙啉与乙氧酰胺苯甲酯预混剂，100 g 含氨丙啉 25 g，乙氧酰胺苯甲酯 1.6 g,混饲,每 1 000 kg 饲料,禽 500 g。

尼卡巴嗪与乙氧酰胺苯甲酯预混剂,100 g 含尼卡巴嗪 25 g,乙氧酰胺苯甲酯 1.6 g,混饲,每 1 000 kg 饲料,禽 500 g。

【毒副作用及注意事项】乙氧酰胺苯甲酯对小鼠口服 LD_{50} 为 14.1 g/kg,大鼠为 20 g/kg。不宜单独使用,与盐酸氨丙啉的预混剂:混于饲料后仍能逐渐灭活,因此配制的含药饲料宜于 2 个月内用完,产蛋鸡禁用,肉鸡上市前停药 7 天。与尼卡巴嗪的预混剂:能使产蛋率、受精率降低,蛋壳色泽变浅,故产蛋鸡和种鸡应禁用此预混剂。高温季节慎用。乙氧酰胺苯甲酯在可食用组织中消除缓慢,肉鸡上市前应停喂药料 9 天。我国规定在鸡体组织中的最高残留限量:肌肉 0.5 mg/kg,肝和肾 1.5 mg/kg。

2.驱虫药

(1)氟苯咪唑。5-(4-氟苯甲酰苤)苯并咪唑-2-氨基甲酸甲酯,氟苯哒唑,氟化甲苯哒唑(Flubendazole,Fluvermal,Fluoromebendazole)。分子式:$C_{16}H_{12}FN_3O_3$,相对分子质量:313.29。

【性状】为白色或类白色粉末,无臭,在水、甲醇或氯仿中不溶,在稀盐酸中略溶。

【作用与用途】本品属于抗蠕虫病药物,为苯并咪唑类驱虫药。不仅对动物胃肠道线虫有效,而且对某些绦虫亦有一定效果,具有疗效高,抗虫谱广等特点。

氟苯咪唑的抗虫机理,在于能直接抑制线虫对葡萄糖的摄取,从而使虫体贮存的糖原耗尽以及使 ATP 形成减少,但对动物体葡萄糖浓度没有影响。此外有人还发现药物对猪蛔虫肠管细胞有非常明显的变性作用,但对用药猪的肠管细胞没有影响。

本品主要用于驱除猪胃肠道寄生圆线虫和肺线虫,家禽及玩鸟胃肠道寄生圆线虫,肺线虫和绦虫。

【用法与用量】氟苯咪唑预混剂规格 100 g(含氟苯咪唑 5 g) 100 g(含氟苯咪唑 50 g)。混饲,每 1 000 kg 饲料,猪 30 g(以氟苯咪唑含量计)，连用 5～10 天；禽 30 g(以氟苯咪唑含量计)，连用 4～7 天。

【毒副作用及注意事项】氟苯咪唑口服几乎不被宿主的胃肠道黏膜吸收，3 天内可有原药的 80％由粪便排出。对小鼠、大鼠、豚鼠内服的 LD_{50}，均大于 2 560 mg/kg。

氟苯咪唑对动物毒性极小，治疗剂量对猪通常不发生副作用。2 倍用药浓度(60 mg/kg)喂鸡 7 天，除暂时出现轻微拉稀外，对产蛋率、孵化率均无不良影响。畜禽屠宰前 2 周应停喂药料。

(2)三氯苯咪唑。又名肝蛭净(Triclabendazole，Rasinex)。

【性状】为白色或类白色粉末。不溶于水，能溶于甲醇。

【作用与用途】本品为新型苯并咪唑类驱虫剂，是唯一的对各期肝片吸虫均有杀灭作用的药物，是目前较为理想的驱肝片吸虫药，但对线虫无效。主要用于驱除马、牛、羊等动物各期肝片吸虫、大片吸虫和前后盘吸虫。

【用法与用量】内服，一次量(按每千克体重计)马、牛 12 mg，鹿 10 mg。国外供临床使用的制剂还有丸剂和混悬液。丸剂规格：每丸 200 mg，900 mg。混悬液规格：5％或者 10％。

【毒副作用及注意事项】三氯苯咪唑安全范围较大，毒性较小，小白鼠口服 LD_{50} 为 8 000 mg/kg 体重。治疗量对动物均无不良反应。牛、羊屠宰前 28 天应停药。不得用于产奶牛、羊。1 周内将要产犊的奶牛禁用。

3. 抑菌药物

(1)磺胺类药物。磺胺药物是一类最早用于防治细菌感染性疾病的化疗药物。这类药物具有广谱性，疗效确定，性质稳定，使用方便，易于生产等优点。

磺胺药是化学合成药，多为白色或淡黄色结晶性粉末。遇光颜色渐变深，且易变质。绝大多数磺胺药难溶于水，易溶于稀碱，其钠盐易溶于水，水溶物呈强碱性(pH8.5～10.5)。磺胺药为广谱慢效抑菌剂。其抗菌谱较广，对大多数革兰氏阳性菌和革兰氏阴性菌都有抑制作用，如链球菌、肺炎球菌、沙门氏菌、化脓棒状杆菌、大肠杆菌等对本类药物高度敏感；葡萄球菌、变形杆菌、巴氏杆菌、产气荚膜杆菌、肺炎杆菌、炭疽杆菌、鼻疽杆菌、李氏杆菌等也敏感。磺胺药对放线菌、真菌、衣原体及某些原虫亦有效，而对螺旋体、结核杆菌和立克次氏体无效。

磺胺药通过干扰细菌的叶酸代谢而起抑菌作用。细菌合成叶酸需要对氨基苯甲酸，磺胺药的化学结构与对氨基苯甲酸极为相似，可与后者竞争二氢叶酸合成酶，从而阻碍细菌合成二氢叶酸，或者代替后者形成伪叶酸，从而使细菌生长繁殖受阻。

各种磺胺药间有交叉致敏性，少数动物对磺胺药有过敏反应，其症状多为发热，皮疹等。磺胺药的毒性反应一般较轻，当剂量过大或用药时间过长时，可引起毒性反应。

①磺胺嘧啶：[2-对氨基苯磺酰胺基-嘧啶]磺胺哒嗪，地亚净，大安净，消发地亚净（Sulfadiazinum Sufapyrimidine，SD）。分子式：$C_{10}H_{10}N_4O_2S$，相对分子质量：250.27。

【性状】本品为白色或近白色结晶性粉末，无臭、无味，见光颜色渐变深。在水中几乎不溶，其钠盐易溶于水。应避光、密封保存。

【作用与用途】有抑制细菌生长繁殖的作用，抗菌谱较广，主要用于溶血性链球菌、肺炎双球菌、脑膜炎双球菌、沙门氏菌、大肠杆菌等所致的各种感染，还用于弓形体病。细菌对磺胺嘧啶可产生耐药性。与TMP（磺胺增效剂）制成的复方制剂抗菌效力更强，是临床最为常用的磺胺药。

【用法与用量】磺胺嘧啶片，规格：0.5 g，内服一次量（按每千克体重计）家畜首次量0.14～0.2 g，维持量0.07～0.1 g。育成鸡一次量（按每羽计）0.2～0.3 g，每天2次。混饲家禽0.4%～0.5%，连用3天。混饮0.1%～0.2%，连用3天。

磺胺嘧啶钠注射液，规格：2 mL(0.4 g)，5 mL(1 g)，10 mL(1 g)，50 mL(5 g)。静脉注射或肌肉注射，一次量（按每千克体重计）家畜 0.07～0.1 g，每天 2 次。

【毒副作用及注意事项】磺胺嘧啶口服易从胃肠道吸收，吸收较快，给药后 3～4 h 血药浓度达高峰，为 61～123 mg/L，有效血药浓度维持时间长，在血中与蛋白结合率较低，约有 15%的磺胺嘧啶在血中以乙酰化形式出现。本品吸收后广泛分布于肝、肾、消化道、脑等组织，易穿透血脑屏障而渗入脑脊髓液，是治疗脑部敏感菌感染的首选药。本品排泄较慢。磺胺嘧啶的消除半衰期在人体为 10～13 h，在马、鸡、鸭分别为 5.41 h、5.3 h、5.26 h，在黄牛、水牛、猪、奶山羊则分别为 2.56 h、2.35 h、2.38 h、1.82 h。

磺胺嘧啶的乙酰化物的溶解度较低，易在泌尿道析出结晶，应加服等量的碳酸氢钠。其注射液为钠盐，呈碱性，不宜与酸性药物配伍，也不宜用 5%的葡萄糖注射液稀释。

②磺胺二甲嘧啶：2-磺胺-4，6-二甲基嘧啶，（Sulfadimidine，Sulfamethazine，SM_2）。分子式：$C_{12}H_{14}N_4O_2S$，相对分子质量：278.32。

【性状】本品为白色或微黄色结晶或粉末，无臭，味微苦，遇光色渐变深。在水中几乎不溶，其钠盐溶于水。溶于乙醇，能溶于沸水，易溶于稀盐酸。应避光，密封保存。

【作用与用途】本品抗菌效力比磺胺嘧啶稍弱，抗菌谱较广，对大多数革兰氏阳性菌及革兰氏阴性菌，特别是对沙门氏菌、大肠杆菌等均有高度抗菌性，主要用于呼吸道，消化道，泌尿道感染及巴氏杆菌病，子宫炎，乳腺炎，禽霍乱，伤寒，副伤寒，传染性鼻炎等。国内外广泛用作饲料添加剂以控制疾病，促进生长。

【用法与用量】磺胺二甲嘧啶片，规格：0.5 g。内服 一次量（按每千克体重计），家畜，首次量 0.14～0.2 g，维持量 0.07～0.1 g，每天 1～2 次。混饲，家禽 0.4%～0.5%。

碘胺二甲嘧啶钠注射液，规格：5 mL(0.5 g)、10 mL(1 g)、20 mL(2 g)。静脉注射或肌肉注射，一次量(按每千克体重计)家畜 0.05 g，每天 2 次。混饮，家禽 0.1%～0.2%。

可与磷酸泰乐菌素制成复方抗菌药，主要用于猪痢疾的防治，连续应用不超过 1 周为宜，否则有可能引起慢性中毒。

【毒副作用及注意事项】磺胺二甲嘧啶内服吸收迅速而完全，蛋白结合率高，血药峰浓度低，在家畜体内有效浓度维持时间较长。畜禽静脉注射后，可维持抑菌浓度(5 mg/mL)达 24 h 之久。且尿中浓度高，排泄较快。乙酰化率低，乙酰化物的溶解度高，不易造成肾脏损害。在人体内的半衰期为 5～7 h，与血浆蛋白结合率为 80%，血中乙酰化率为 15%～40%。

本品不良反应较少，不易引起泌尿道损害。猪屠体上市前休药期为 15 天。

③磺胺间甲氧嘧啶：4-磺胺-6-甲氧嘧啶，长效磺胺 C，制菌磺，磺胺莫托辛(Sulfamonomethoxine, SMM, DS-36)。分子式：$C_{11}H_{12}N_4O_3S$，相对分子质量：280.31。

【性状】本品为白色或类白色结晶性粉末，无臭、几乎无味，略溶于丙酮，微溶于乙醇，易溶于稀盐酸和氢氧化钠，不溶于水。其钠盐溶于水。应遮光，密封保存。

【作用与用途】本品为新型磺胺类药，对大多数革兰氏阳性菌及革兰氏阴性菌都有抑制作用，是体内外抗菌作用最强的药物之一，对链球菌、肺炎球菌、沙门氏菌、化脓棒状杆菌、大肠杆菌作用最强，对葡萄球菌、变形杆菌、巴氏杆菌、肺炎杆菌等亦有抗菌效应，因此可广泛用于家畜呼吸道、胃肠道、泌尿道感染。

【用法与用量】磺胺间甲氧嘧啶片：规格：0.5 g。内服一次量(按每千克体重计)家畜首次量 0.05～0.1 g，维持量 0.025～0.1 g，每天 1～2 次。成年鸡(按每羽计)首次量 0.05～0.2 g，维持量 0.025～0.1 g，每天 1 次。混饲，家禽 治疗 0.05%～0.2%，预防 0.05%～0.1%，连用 3～7 天。磺胺间甲氨嘧啶钠注射液，规格：10 mL（1 g），20 mL（2 g）。静脉注射或肌肉注射，一次量（按每千克体重计）家畜 0.05 g，家禽（按每羽计）0.025～0.1 g，每天 1～2 次。混饮 鸡 0.025%～0.2%，连用 3～14 天。

【毒副作用及注意事项】磺胺间甲氧嘧啶内服后在小肠前段即迅速吸收，在血液中以游离型、蛋白结合型以及乙酰化型磺胺三种形式出现。游离型广泛分布于机体组织和体液。本品在多数动物体内维持有效抗菌浓度时间均为 12～24 h。乙酰化率低，且乙酰化物在尿中溶解度大，不易引起结晶尿和血尿。本品主要经肾脏排泄。磺胺间甲氧嘧啶的急性毒性 LD_{50}，内服，小鼠＞10 g/kg。本品对动物毒性较低。内服很少发生急性中毒，但高剂量连续应用超过 1 周以上，可能会引起家畜食欲不振、便秘、呕吐、腹痛等消化道症状。对家禽的主要不良反应为体重减轻、产卵抑制、蛋壳变薄以及合成维生素 B_1 和维生素 K 的细菌受抑制而引起多发性神经炎和全身出血性病变，但停药后 2 周内均可自行康复。

为防止磺胺间甲氧嘧啶在尿中析出对肾脏造成危害，用药期间应充分饮水，必要时还应给予碳酸氢钠使尿呈碱性，以增加药物溶解度。

连续应用以不超过 10 天为宜。动物屠宰前应停药 7 天。

④二甲氧苄氨嘧啶：二氨黎芦嘧啶，敌菌净（Diaveridine，DVD）。

【性状】为白色或微黄色结晶性粉末，几乎无臭。不溶于水、乙醇和乙醚，极微溶于氯仿，在盐酸中溶解，在稀盐酸中微溶。

【作用与用途】本品为新型抗菌增效剂，与磺胺类药、抗生素合用可增强疗效，扩大作用范围。二甲氧苄氨嘧啶的抗菌作用机理是阻断细菌叶酸代谢，对革兰氏阳性菌和革兰氏阴性菌有抑制作用，还对兔、禽球虫病亦有抑制作用。临床上多配成复方制剂用于家禽、兔球虫病和肠道细菌性感染。本品的增效作用剂量比例一般为1∶(4～10),我国常按1∶5比例配成复方制剂,如磺胺喹啉、二甲氧苄氨嘧啶预混剂、磺胺对甲氧嘧啶、二甲氧苄氨嘧啶预混剂等。

【用法与用量】二甲氧苄氨嘧啶粉,内服 一次量(按每千克体重计)兔、禽10 mg,每天2次。混饲(按每1 000 kg饲料计)兔、禽200 g。

复方磺胺二甲嘧啶粉,规格:内含二甲氧苄氨嘧啶1份和磺胺二甲嘧啶5份。

复方磺胺对甲氧嘧啶粉,规格:内含二甲氧苄氨嘧啶1份和磺胺对甲氧嘧啶5份。

上述复方粉剂,内服一次量(按每千克体重计)兔、禽20～25 mg(二药总量),每天2次;猪50 mg(用于治疗黄痢、白痢和弓形体病);雏鸡 一日量1～5日龄10 mg,6～10日龄15 mg,10～17日龄20 mg。混饲(按每1 000 kg饲料计)150～200 g。

磺胺对甲氧嘧啶、二甲氧苄氨嘧啶预混剂,规格:10 g,100 g和500 g。混饲(按每1 000 kg饲料计)猪、禽1 000 g。

【毒副作用及注意事项】二甲氧苄氨嘧啶内服后在肠道吸收较少,最高血药浓度仅为三甲氧苄氨嘧啶的1/5,但肠内浓度高,适用于肠道感染。

连用不超过10天。产蛋鸡禁用。肉鸡屠宰前休药10天。

⑤三甲氧苄氨嘧啶:化学名称为2,4-二氨基-(3,4,5-三甲氧基苄基)嘧啶,甲氧苄氨嘧啶,磺胺增效剂(Trimethoprime,TMP)。分子式:$C_{14}HN_4O_3$,相对分子质量:273。

【性状】本品为白色或近白色结晶性粉末,无臭,味苦,不溶于水,在氯仿中略溶,在乙醇或丙酮中微溶,易溶于酸性溶液中。

【作用与用途】三甲氧苄氨嘧啶的抗菌谱与磺胺药基本类似。主要抑制细菌的二氢叶酸还原酶,使二氢叶酸不能还原为四氢叶酸,从而阻碍细菌核酸的合成。

三甲氧苄氨嘧啶对大多数革兰氏阳性菌和革兰氏阴性菌均有抑制作用。大肠杆菌、沙门氏菌属、梭菌属、巴氏杆菌属、链球菌属、流感嗜血杆菌、炭疽杆菌等对本品高度敏感，布氏杆菌属，葡萄球菌，肠道球菌、放线菌、脑膜炎球菌、变形杆菌、棒状杆菌属等对本品敏感，绿脓杆菌、猪丹毒杆菌、结核杆菌和钩端螺旋体等对本品耐药。因此，适用于预防或治疗敏感菌所致的细菌感染。因细菌对本品易产生耐药性，很少单独使用，主要与磺胺药配合应用，也可与多种抗生素联合应用。

【用法与用量】磺胺喹噁啉钠，三甲氧苄氨嘧啶与乳糖等配制而成的复合制剂为淡黄色粉末，100 g 含磺胺喹噁啉钠 53.65 g，三甲氧苄氨嘧啶 16.5 g，饮水，每 10 L 水，禽 2.8 g，连用 5～7 天。

【毒副作用及注意事项】三甲氧苄氨嘧啶内服或注射均易吸收，用药后 4 h 内可达有效血药浓度。能与血浆蛋白结合，山羊可达 30%～64%的结合率。能迅速地分布和浓集在组织及体液中，肝、肾、肺、皮肤中浓度较高，以在酸性组织中分布较多。炎症时易通过血脑屏障，脑脊液中的浓度可达血浓度的 50%～100%。本品 80%～90%以原形通过肾脏排出，尿中药物浓度高，从胆汁排泄，其浓度比血浓度略高，亦可经乳汁排出，其浓度高于血浓度 1.3～3.5 倍。三甲氧苄氨嘧啶给马、水牛、黄牛、奶山羊和猪静脉注射的生物半衰期分别为 4.20 h、3.41 h、1.37 h、0.94 h 和 1.43 h。

大剂量长期应用，可引起贫血、血小板减少和粒性细胞减少等症状。严重肝、肾功能不良的患畜禁用，妊娠早期的孕畜和初生畜禁用。复方注射剂刺激性较强，宜深部肌肉内注射，静脉注射时宜用生理盐水或糖盐水稀释后缓慢注入，与其他注射液混合应避免配伍禁忌。

(2)喹诺酮类。喹诺酮类(Fluoroqinolones)是一类较新合成的抗菌药，都具有 4-喹诺酮环母核结构，其抗菌特点是作用于细菌的脱氧核糖核酸(DNA)，抑制细菌 DNA 回旋酶，从而干扰细菌

DNA 合成。与其他抗菌药物之间无交叉耐药性。而且不受质粒传导耐药性影响，并对多重耐药菌株仍具有较强的抗菌活性。喹诺酮类杀菌力强，体内吸收快，分布广泛，不良反应较少。近十几年来，本类药物的研究进展较为迅速，合成第三代喹诺酮类，即氟喹诺酮类，主要有诺氟沙星，依诺沙星，培氟沙星，环丙沙星，恩诺沙星，氧氟沙星，诺美沙星，单诺沙星等对革兰氏阴性杆菌有良好的抗菌作用。对革兰氏阳性球菌也具有一定抗菌活性，尤其对耐药革兰氏阴性杆菌仍具有良好的抗菌作用。除了用于尿路感染外，可用于全身严重的细菌感染。

①诺氟沙星：1-乙基-6-氟-1，4-二氢-4-氧-7-(1-哌嗪)-3-喹啉羟酸，又名氟哌酸（Norfloxacinum）。分子式：$C_{16}H_{18}FN_3O_3$，相对分子质量：319.335。

【性状】为淡黄色或类白色粉末，无臭，味苦。干燥品在空气中迅速吸收 4%的水分。诺氟沙星在冰醋酸或氢氧化钠试液中易溶，在二甲基酰胺中略溶，在氯仿中微溶，在水、甲醇、乙醇或乙醚中几乎不溶。

【作用与用途】诺氟沙星为第三代广谱抗菌药，是细菌促旋酶阻滞剂。本品很低浓度即有杀菌作用，具有抗菌谱广，抗菌作用强、毒性低等特点。本品对绝大多数革兰氏阴性菌，特别是大肠杆菌、沙门氏菌、绿脓杆菌、奇异变形杆菌等有较强的抗菌作用，对金黄色葡萄球菌其作用也较强，主要用于治疗敏感菌所致的消化道、呼吸道和泌尿道感染，如肾盂肾炎、膀胱炎、肠炎、菌痢，还用于霉形体病等。本品对鸡白痢、仔猪黄痢和白痢的疗效显著，而且促进增重的效果也好。

【用法与用量】诺氟沙星片剂（或胶囊），内服，一次量（按每千克体重计）仔猪 4 mg，鸡 10 mg，犬 10～20 mg，家畜 10 mg，每天 2 次。混饲（按每 1 000 kg 饲料计）鸡 50 g。诺氟沙星预混剂，规格：5%。混饲（防治雏鸡白痢，按每 1 000 kg 饲料计）鸡 1 000 g。

雏鸡出壳后连用 5 天，停药 5 天，再用 5 天。诺氟沙星可溶性粉，规格：含诺氟沙星 2.5%。混饮（防治鸡白痢）每升饮水加 2 g。雏鸡出壳后连用 5 天，停药 5 天后，再用 5 天。

诺氟沙星注射液，规格：5 mL(100 mg)，10 mL(200 mg)。肌肉注射一次量（按每千克体重计）仔猪、禽 4～8 mg，每天 1～2 次。

【毒副作用及注意事项】诺氟沙星经口服后迅速吸收，口服本品 200 mg 和 400 mg 后血药浓度峰值于 1～2 h 达到，分别为 0.8～1.5 mg/L。1/3 口服剂量随尿排泄，其中 80%为原药，15%为活性较低的代谢物，不到 5%为无活性代谢物。尿药浓度于口服后 2 h 达到峰值，杀菌浓度为 12 h。蛋白结合率低，为 10%～15%。血清半衰期为 3～5 h。除脑和骨组织外，其他全身各组织中浓度均高于血浓度，特别是尿中浓度最高。LD_{50}（小鼠）口服>4 000 mg/kg，皮下(1 048±91) mg/kg。对鸡(10 mg/kg)的药代动力学表明，本品吸收迅速，维持有效血浓度近 9 h，半衰期短，无蓄积性。本品耐受性良好，不良反应发生率较低(4.4%)，可出现胃肠道反应，如恶心，腹痛。其次为过敏反应。

②环丙沙星：1-环丙基-6-氟-1，4-二氢-4-氧代-7-(1-哌嗪基)-3-喹啉羧酸，又名环丙氟哌酸，丙氟哌酸(Ciprofloxacin)。分子式：$C_{17}H_{18}FN_3O_3$，相对分子质量：331.346。

【性状】本品为白色或类白色结晶性粉末，味苦。不溶于水，易溶于碱溶液中，逐渐分解，易溶于酸溶液中。

【作用与用途】本品为第三代喹诺酮衍生物，抗菌谱广，对各种革兰氏阳性菌和革兰氏阴性菌均有强大的抑菌作用，对一些耐普通抗生素的病原菌更为有效，最低抑菌浓度为 0.01～2 μg/mL。对军团菌属、分枝杆菌属、厌氧菌、绿脓杆菌、霉形体等也有较强的抗菌作用。细菌对本品不易产生耐药性。临床主要用于敏感菌所引起的全身性感染，消化道、呼吸道、泌尿道，皮肤软组织感染及霉形体病等。

【用法与用量】盐酸环丙沙星可溶性粉，混饮，家禽（按每 100 L 水计）5 g，连用 3～5 天。

乳酸环丙沙星注射液，肌肉注射 一次量（按每千克体重计）家畜 2.5 mg，家禽 5 mg，每天 2 次。静脉注射 一次量（按每千克体重计）家畜 2 mg，每天 2 次。

盐酸环丙沙星注射液，静脉、肌肉注射，一次量（按每千克体重计）家畜 2.5～5 mg，家禽 5～10 mg，每天 2 次，连用 10 天。

【毒副作用及注意事项】环丙沙星口服吸收迅速而完全，口服 500 mg，1.5 h 后达峰值浓度为(2.06±0.75) μg/mL。本品口服后，分布广，能很快渗透到各组织，包括肺、心内膜组织，脂肪组织，骨组织等组织中浓度高。24 h，从尿中排出 45%～50%，多为原形药。LD_{50}：小鼠口服>5 000 mg/kg，大鼠>2 000 mg/kg。

环丙沙星的毒副作用发生率较低，主要是消化道症状，如呕吐、食欲不振、腹泻等，其次为过敏反应与中枢神经系统症状，表现为眩晕，嗜睡、精神不安等。

③恩诺沙星：1-环丙基-7-(4-乙基-1-哌嗪基)-6-氟-1,4-二氢-4-氧代-3-喹啉酸，又名乙基环丙沙星（Enrofloxacin，baytril）。分子式：$C_{19}H_{22}FN_3O_3$，相对分子质量：359.400。

【性状】恩诺沙星为淡黄色或淡粉红色结晶性粉末，无臭，味微苦。在二甲基甲酰胺、氯仿中略溶，在水中极微溶解，在氢氧化钠溶液中易溶。

【作用与用途】恩诺沙星为动物专用的第二代喹诺酮类广谱抗菌药，除了对革兰氏阴性菌和革兰氏阳性菌有效外，对支原体也有效，且效力较泰乐菌素和硫黏菌素强，对泰乐菌素、硫黏菌素耐药的支原体对本品仍敏感。本品是治疗全身感染和深部组织感染的有效药物。临床用于治疗畜禽的大肠杆菌、沙门氏菌、巴氏杆菌、嗜血杆菌、猪丹毒杆菌、链球菌、葡萄球菌和霉形体所引起的呼吸道、消化道、泌尿生殖道和创面感染。对沙门氏菌、大肠杆菌、克勒伯氏杆菌和巴氏杆菌的最小抑菌浓度（MIC）为 0.031～0.063 μg/mL。对多种鸡支原体的 MIC 为 0.031～0.25 μg/mL，对链球菌和葡萄球菌作用稍弱，其 MIC 为 0.125～1 μg/mL。

【用法与用量】恩诺沙星口服液，内服 一次量（按每千克体重计）牛、马、猪、羊 2.5 mg，犬、猪、兔 5～10 mg，每天 2 次。混饮（按每 100 L 饮水计）家禽 2.5～7.5 g；混饲（按每 1 000 kg 饲料计）家禽 100 g，连用 3～5 天。

恩诺沙星注射液，肌肉注射 一次量（按每千克体重计）牛、马、猪、羊 2.5 mg；犬、猫、兔 5 mg，鸡 2.5 mg/kg 每天 2 次，连用 3 天，必要时停药 2 天后再连用 3 天。

【毒副作用及注意事项】恩诺沙星给家畜内服给药时，80％以上被吸收，鸡、火鸡、牛、犬和马内服后血药峰值时间分别为 2.5 h、1.4 h、5.4 h、0.9 h 和 0.5 h，吸收后药物能广泛分布于机体各组织，在鼠、鸡体内的主要代谢产物为环丙沙星，亦具明显抗菌活性，其他代谢产物不超过 1％～8％。本品主要经肾排泄，其次是肝脏。对上述动物的清除半衰期分别为 7.3 h、1.4 h、1.2 h、2.1 h 和 3.3 h。以 5 mg/kg 量给犬一次内服，1 h 后以肝脏浓度为最高（5.8 μg/g），其次为肾、脾、心、肺（2.5～3.5 μg/g）。本品给肉鸡内服，其生物利用率约为 64％，在组织中分布良好，而且其代谢产物环丙沙星，在组织中的浓度更高。停药 12 天后，组织中虽无恩诺沙星残留，但其代谢物环丙沙星在肾、肝、肺、肌肉中残留量仍在 0.008～0.1 μg/g 间。10 mg/kg 量连用 4 天，停药时间需 12 天以上，此时上述两种物质在组织中的浓度才会低于 30×10^{-9}（30 μg/kg）的容许残留水平。

恩诺沙星的毒性极低，其 LD_{50}，内服：大鼠≥5 000 mg/kg，小鼠＜4 336～5 000 mg/kg，家兔＜500～800 mg/kg；静注：小鼠＞200 mg/kg。大鼠大剂量(165 mg/kg)长期喂用，除少数出现关节损害外，均无其他毒性反应。犬内服大剂量常呕吐；猪大剂量高于60 mg/kg，牛剂量高于30 mg/kg(连用7～14天)，均出现站立不稳和关节病变。

治疗浓度饲喂畜禽，通常不出现毒副作用。

(3)其他合成抗菌药物

①呋喃唑酮：3-(5-硝基亚糠氨基)-2-噁唑烷酮，又名痢特灵(Furazolidone，Topaone)。分子式：$C_8H_7N_3O_5$，相对分子质量：225.160。

【性状】本品为黄色粉末或结晶性粉末，无臭，味微苦。几乎不溶于水或乙醇，不溶于乙醚，微溶于氯仿。遇碱分解，在强光下色变深。

【作用与用途】呋喃唑酮为硝基呋喃类广谱抗菌药，对大多数革兰氏阴性菌和革兰氏阳性菌，某些真菌和原虫均有作用。其抗菌作用机理是干扰细菌体内的氧化还原酶系统，使细菌代谢紊乱。细菌对本品不易产生耐药性，且与其他抗菌药之间无交叉耐药性。呋喃唑酮对大肠杆菌，沙门氏菌所致的消化道感染疗效显著。主要用于细菌性肠炎、痢疾，如鸡白痢、鸡伤寒、禽副伤寒、鸡球虫病、鸡卡氏白细胞虫病、火鸡黑头病、传染性鼻炎、大肠杆菌性败血症、幼畜大肠杆菌性腹泻和沙门氏菌病的防治。

【用法与用量】呋喃唑酮片(痢特灵片)，规格：0.1 g。内服一次量(按每千克体重计)马驹、犊牛、猪、兔、犬、禽10～12 mg，每天2次，连用5～7天。混饲(按每1 000 kg饲料计)犊400 g，猪400～600 g，鸡、火鸡200～400 g，鸭、兔100 g。混饮(按每100 L饮水)猪20 g，鸡、火鸡15～25 g。呋喃唑酮预混剂，规格：10 g、100 g、500 g，均含呋喃唑酮20%。混饲(按每1 000 kg饲料计)

猪 2 000～3 000 g，禽 1 000～2 000 g。

【毒副作用及注意事项】呋喃唑酮内服后难吸收，肠道内药物浓度高，血药浓度低且迅速被破坏，难以维持有效浓度，故不宜用于全身感染性疾病。口服给药时，小部分被吸收随尿排出，大部分留在肠内由粪便排出。

呋喃唑酮毒性较低，但如剂量过大，或连续用药超过 2 周时，都可能引起中毒。中毒症状为呆滞，羽毛蓬松，厌食，严重者还会出现兴奋、惊厥症状。本品高浓度、长时间内服，能明显影响畜禽增重率。连续应用时，猪不超过 7 天，禽不超过 10 天。犊牛及猪屠宰前休药 7 天。

②喹乙醇：又名倍育诺，快育灵，奥拉金，喹酰胺醇（Olaquindox，Bayonox）。分子式：$C_{12}H_{13}N_3O_4$，相对分子质量：263.25。

【性状】本品为浅黄色结晶性粉末，无臭，味苦。在热水中溶解，在冷水中微溶，在甲醇、乙醇和氯仿中几乎不溶。

【作用与用途】喹乙醇属喹噁啉类人工合成抗菌药，具有广谱抗菌和促进生长作用。抗菌效力好，对革兰氏阴性菌如大肠杆菌、巴氏杆菌、沙门氏杆菌、志贺氏菌及变形杆菌特别敏感；对革兰氏阳性菌如葡萄球菌、链球菌的最小抑菌浓度为 50～100 μg/mL。本品对致病性溶血性大肠杆菌有选择性抑制作用，不影响其他常见的大肠杆菌，也不影响有益的革兰氏阳性菌。对密螺旋体也有抑制作用。能促进蛋白质同化，增加瘦肉率，促进畜禽增重，提高饲料报酬。主要用于防治肠道感染、禽霍乱和仔猪腹泻及促进畜禽增长。

【用法与用量】喹乙醇粉，内服 一次量（按每千克体重计）禽 5 mg（抗菌治疗），每天 2 次。混饲（按每 1 000 kg 饲料计）幼禽 25～30 g。

喹乙醇预混剂，规格：100 g（含喹乙醇 5 g），500 g（含喹乙醇

25 g)。混饲(按每 1 000 kg 饲料计)猪 1 000～2 000 g(含喹乙醇 50～100 g),禽 500～700 g(含喹乙醇 25～30 g)。

【毒副作用及注意事项】喹乙醇在动物体内吸收及排泄均迅速,饲喂后 24 h 内有 90%以上从尿液排出,粪中排出约 5%。毒性小,但仔猪和鸡超量亦易中毒。对小鼠 LD_{50} 口服为 3.316 mg/kg,对大鼠 LD_{50} 口服为 1 700 mg/kg。

本品安全范围小,超量易致中毒,鸡、鸭较敏感,猪喹乙醇中毒症状为粪便干燥,呈球样,食欲减退,增重减慢,机体脱水。接着出现弃食癖,咬尾,咬耳,喝尿。尔后猪只肌肉颤抖,后肢瘫痪,侧卧,心电图异常。血液学变化为低血钠症和高血钾症。剖检肾上腺萎缩,实质器官充血,胃和小肠内空虚,有时有溃疡性病变。

产蛋鸡禁用,畜禽在屠宰前 4 周停药,不能与任何抗生素混合使用或同时使用。混合时,粉尘中的最高限量是 0.1 μg 喹乙醇。产品中喹乙醇的纯度应在 98%以上,生产日期不得超过 24 个月。

③二甲硝咪唑:又名达美素,迪美唑(Dimetridazole)。

【性状】为类白色或微黄色粉末,遇光渐变黑。无臭或几乎无臭。溶于乙醇和氯仿,微溶于水和乙醚。

【作用与用途】二甲硝咪唑属硝基咪唑类人工合成的抗菌药,具有广谱抗菌和抗原虫活性,对多数革兰氏阴性菌、某些革兰氏阳性菌有杀菌作用,对需氧菌几乎无效。本品对大肠弧菌、多型性杆菌、链球菌、葡萄球菌及密螺旋体有杀灭作用,对组织滴虫作用极强,对纤毛虫、阿米巴原虫亦有高效。可用于防治猪痢疾密螺旋体引起的猪血痢,火鸡黑头病及其他禽类的组织滴虫病和鞭毛虫病。二甲硝咪唑添加在饲料中,有促进畜禽生长的作用。

【用法与用量】二甲硝咪唑片或粉,内服 一次量(按每千克体重计)猪 5～100 mg(最大量为 300 mg),每天 1 次。禽 治疗 40～50 mg,连用 3～5 天,或 25～0 mg,连用 15 天;预防 15 mg,可连用至宰前5天。混饲(按每1 000 kg饲料计)猪治疗450～500 g，预防125～150 g。仔火鸡预防125～150 g，治疗500 g。雏鸡预防75 g，治疗500 g。混饮(按100 L饮水计)猪治疗26.7 g，预防13.3 g。二甲硝咪唑预混剂，规格：100 g(含二甲硝咪唑20 g)，500 g(含二甲硝咪唑100 g)。混饲(按每1 000 kg饲料计)猪1 000～2 500 g，禽400～2 500 g。

本品与磺胺对甲氧嘧啶、三甲氧苄氨嘧啶等制成复方二甲硝咪唑可溶性粉剂(施得福)，饮水，每1 000 L水中禽2 500 g；混饲，每1 000 kg饲料，禽5 000 g，连用5～7天。

【毒副作用及注意事项】禽对二甲硝咪唑甚为敏感，较大剂量可引起平衡失调。家禽连用不得超过10天，产蛋鸡禁用。肉鸡上市前休药3天。

④喹噁酸：5-乙基-5,8-二氢化-8-氧代-1,3-二氧戊环[4,5-g]-喹啉-7-羧酸，又名奥啉酸(Oxolinic Acid)。分子式：$C_{13}H_{11}NO_5$，相对分子质量：261.234。

【性状】本品为白色或类白色结晶或结晶性粉末，无味，在二甲基甲酰胺或氯仿中微溶，在水、甲醇或乙醇中几乎不溶，在甲酸或氢氧化钠试液中易溶。

【作用与用途】喹噁酸可抑制革兰氏阴性菌包括大肠杆菌、沙门氏菌、多杀性巴氏杆菌等，对部分革兰氏阳性菌有较强的抗菌效果，喹噁酸的抗菌作用可能是抑制细菌DNA的合成。临床上应用于新生犊牛的急性腹泻、肺炎、肠炎、败血症等。主要应用于鱼、虾养殖业，可防治鱼虾的类结节病，弧菌病，肠炎病，赤鳍病等。对下列细菌的MIC最小抑菌浓度(μg/mL)分别为：鳗弧菌0.07～0.31 μg/mL，缓慢爱德华氏菌0.09 μg/mL，灭鲑气单胞菌及嗜水气单胞菌均为0.01 μg/mL，柱形屈挠杆菌0.39 μg/mL，嗜血巴氏杆菌0.05 μg/mL。喹噁酸对真菌和结核杆菌无抗菌作用。本品与常用抗生素之间无交叉耐药性。

【用法与用量】内服量:犊牛 25～50 mg/(kg 体重·次),每日 2 次;或 12.5～20 mg/(kg 体重·次),每 8 h 1 次。肌肉注射:犊牛 20 mg/(kg 体重·次),每隔 4 h 1 次。

鱼用为喹噁酸散剂,混入饵料,每 1 000 kg 饵料 600 g。

【毒副作用及注意事项】喹噁酸可从胃肠道吸收,对实验动物的急性毒性 LD_{50},小鼠内服、皮下注射＞4 000 mg/kg,腹腔注射 1 400～4 000 mg/kg;大鼠内服 4 000 mg/kg,皮下注射＞4 000 mg/kg,腹腔注射 763～1 960 mg/kg。

本品对鱼类比较安全,其 LD_{50}(mg/kg)强制内服,鲥鱼＞1 000 mg/kg,鲤鱼＞4 000 mg/kg,香鱼＞200 mg/kg,鳗鱼＞1 000 mg/kg,锦鳗＞1 000 mg/kg;药浴,鲥鱼＞70 μg/mL,肌肉注射,锦鲤＞1 000 mg/kg。给鳟鱼每天内服 10 mg/kg,连用 5 天后,喹噁酸浓度明显高于用药第 3 天的组织浓度,说明本品能在鱼体内蓄积。由于喹噁酸在鱼体内代谢较慢,且因鱼种不同而药物残留时间不一,如鳗鱼残留时间甚至达到 18～21 天,因而应根据不同鱼种而规定休药期:如鲥鱼 16 天,鲤鱼、虱目鱼 21 天,鳗鱼 20 天,鳟鱼、鲈鱼、石斑鱼 21 天,香鱼 14 天。

本品有一定副作用,包括恶心,呕吐,视力障碍,不安定,对中枢神经系统有一定兴奋作用。

三、饲用酶制剂

(一)概述

尽管人们在不知不觉地利用酶的历史已很久,但人们有意识(在食品中)应用酶,也不过 100 多年的历史,而作为饲料添加剂利用于动物饲料乃是近期 50 年的事,直到 1975 年才出现商品用酶制剂。

我国饲用酶的研究始于20世纪70年代,曾进行过酶曲的生产,并应用于饲料—发酵饲料,但由于技术路线欠佳,使用方法不当,菌种混杂,最后变为自然菌种发酵,使有机养分损失。此后,酶制剂的研究、开发和利用一度停滞不前。到了20世纪80年代后期,随着改革开放和我国饲料工业的发展,国外饲用酶制剂先后进入中国市场,如"八宝威"(美国)、"爱维生"(芬兰)、"保安生"(芬兰),现在的植酸酶(丹麦、德国),刺激了我国酶制剂的研究,国家"八五"攻关和部分省市也相继立项研究,并陆续生产出了酶制剂产品。

进入20世纪90年代,国产饲料酶制剂开始发展,例如,1991年8月珠海经济特区溢多利有限公司宣告成立,现在溢多利有限公司已生产包括猪、禽、反刍动物、水产等6个系列产品,其产品的特点既符合中国的畜禽品种、饲料类型和饲养习惯,而价格又低于进口同类产品的1/3,再加上管理完善,产前售后服务周到,在全国各地有12个分支机构,1996年销售量达到2 100多吨,市场占有率达50%多。为了更进一步满足市场要求,最近,又推出了新一代复合酶制剂和植酸酶,为我国养殖业和饲料工业全面应用国产酶,节约外汇和降低成本创造了成熟的条件。

(二)饲用酶制剂引起养殖业和饲料工业界广泛关注的原因

饲用酶制剂作为饲料添加剂的一个品种,得到饲料工业和养殖行业的普遍重视和广泛应用。其主要原因有以下几点:

1.饲料资源短缺 解决饲料资源短缺的办法不外乎是开源节流两种办法。开源即开发各种资源,尤其是非常规饲料资源,节流即提高现有常规饲料资源的利用率,饲料酶制剂在两个领域均大有用武之地。

2.提高饲料利用率 人们逐渐认识到饲用酶制剂是消除饲

料中抗营养因子的最好武器，同时它能全面促进日粮养分的分解和吸收利用，提高畜禽的生长速度、饲料转化率和增进畜禽健康，这些效果已由国内外众多的饲养试验和消化试验所充分证实。

3.减少环境污染 应用酶制剂可大大减少畜禽排泄物中的有机物、氮、磷等营养物质的排出量，从而大幅度减少它们对土壤和水体的污染。环保意识和一些国家法律上的限制，从客观上促进了饲料和养殖企业广泛应用酶制剂。

4.饲用酶制剂是使用最安全的一种饲料添加剂 酶作为蛋白质的一种，是微生物发酵的天然产物，迄今不能人工合成，因而不存在化学添加剂的各种弊端，无任何毒副作用，被称为“天然”或“绿色”添加剂。

5.经济效益提高 这是当前饲用酶制剂引起企业界普遍关注的根本原因。由于基因重组等高新技术相关工业的迅速发展，酶制剂的价位已能为当前饲料工业和养殖业所接受。

(三)饲用酶制剂作用机理

酶加入饲料后，与饲料中的营养成分结合，形成复合体，当营养成分被分解成小分子单位后，酶本身没有变化，相反，它们周而复始地参与反应过程。酶促反应速度很快，且具有特异性。一般来说，由仔猪和家禽分泌的内源酶的种类数量远远不能满足消化代谢的需要，从而使得某些营养物质的消化吸收率降低，畜禽消化系统的负担加大，生产效率下降，因此，往往在仔猪和家禽的饲料中添加酶制剂，以提高其生产效率。酶制剂的作用原理主要表现在以下几方面。

1.破坏植物细胞壁，提高淀粉和蛋白质等营养物质的可利用性 植物细胞中淀粉和蛋白质等营养物质被细胞壁包裹，是由纤维素、半纤维素、果胶等组成的一种复杂化合物,单胃动物不能很好消化这一类物质。饲料中适当地添加能够分解这类物质的酶,可以破坏其植物细胞壁,使营养物质释放出来,提高饲料的营养价值。

2.降低消化道食糜黏度,减少疾病的发生 构成植物细胞壁的非淀粉多糖物质,能够结合大量的水,增加消化道食糜的黏度,使营养物质和内源酶难以扩散,降低了蛋白质、淀粉等营养物质的吸收,也使畜禽产生粘粪现象。饲料中添加酶制剂,可以破坏食糜周围的水化膜,增大食糜和小肠的接触面,提高营养物质的吸收率;同时,通过降低肠道食糜的黏性,提高畜禽的抗病力。

3.消除抗营养因子 饲料中存在众多的抗营养因子,以不同方式和程度影响养分的消化、吸收和畜禽健康,如植酸、植物凝集素、蛋白酶抑制因子等。酶制剂可以部分或全部消除这些抗营养因子的不良影响。

4.补充内源酶的不足,激活内源酶的分泌 成年动物能够产生足够的消化酶以满足自身的需要,而幼年动物或处于病态等应激状态的动物分泌酶的能力较弱,饲料中适当地添加蛋白酶、淀粉酶和脂肪酶,可以补充内源酶的不足,提高饲料消化率。另外,饲料中添加酶,还可促进内源酶的分泌。

(四)饲用酶及其制剂的种类、来源和特点

1.饲用酶的种类、来源和特性 应用于饲料中的酶,依其作用底物有淀粉酶、脂解酶、纤维素分解酶、半纤维素分解酶、果胶分解酶、植酸酶和棉籽糖分解酶等。主要来源于微生物(包括细菌、真菌、酵母)发酵物,部分来源于植物组织和动物组织(或消化液)。饲用酶的主要种类和来源见表 6-1 所示。

表 6-1 饲用酶的主要种类和来源

种类	名称	主要来源
淀粉酶	α-淀粉酶	枯草杆菌、地衣杆菌、米曲霉、黑曲霉、根霉、麦芽等
	β-淀粉酶	麦芽、麸皮、大豆、芽孢杆菌、链霉菌、黑曲霉
	异淀粉酶(脱枝酶)	嗜酸杆菌、芽孢杆菌、单胞杆菌
	麦芽糖酶	酵母
	糖化酶	曲霉、根霉、酵母
蛋白酶	胃蛋白酶	胃黏膜、胃液
	胰蛋白酶	胰腺、胰液、小肠液
	木瓜蛋白酶	木瓜
	菠萝蛋白酶	菠萝
	微生物蛋白酶 碱性	枯草杆菌、地衣芽孢杆菌、米曲霉、嗜碱性芽孢杆菌
	微生物蛋白酶 中性	芽孢杆菌、栖土曲霉、灰色链霉、微白色链霉
	微生物蛋白酶 酸性	黑曲霉、根霉、臭曲霉、泡盛曲霉
脂解酶	酯酶	动物胰液、肠液
	磷脂酶	枯草杆菌、黑曲霉、根霉、酵母
	乳脂酶	泡盛曲霉、幼畜胃肠液
纤维素分角酶	内-β-1,4-D-葡聚糖酶、外-β-1,4-D-葡聚糖酶、β-葡萄糖苷酶	绿色木霉、里氏木霉、根霉、黑曲霉、青霉、瘤胃或牛粪中分离的嗜纤维菌、产黄纤维单胞菌、侧孢菌等
半纤维素酶	β-1,3(或 1,6 或 1,4)-葡聚糖酶	泡盛曲霉、黑曲霉、臭曲霉等以及瘤胃中分离的某些菌
	α-1,3-葡聚糖酶苷露聚糖酶	
	α-阿拉伯糖苷酶 β-木聚糖酶	
	半乳聚糖酶	
果胶酶	果胶水解酶(果胶甲基酯酶)	木质壳霉、黑曲霉、泡感曲霉、臭曲霉、梭状芽孢杆菌
	聚半乳糖醛酸酶	
	果胶裂解酶	
植酸酶		黑曲霉、麦麸、麦芽
棉籽糖分解酶	α-半乳糖苷酶	

酶的作用具有高度特异性，一种单一酶只作用于某种特定化学键，有的酶只有作用于底物的某一特殊部位(如 β-淀粉酶只作用

于淀粉分子末端），某些酶甚至对所作用键两端的基团，分子的立体构象也有严格选择（如磷酸单酯酶对二磷酸酯无作用）。一种复杂的物质，必须在一系列相关酶的共同作用下才能完全降解。酶活性受 pH 值、温度、底物浓度等因素影响，不同种类、不同来源的酶对底物的作用能力和适宜的作用条件（pH、℃、K_m——酶表现 50％最高活性所需要的底物浓度）各不相同，稳定性（对酸碱、压力、温度、消化酶等的耐受性）也不同。表 6-2 为不同来源蛋白酶最适 pH 值和可耐受最高温度。总的说来，微生物酶活性较动植物酶活性范围广、稳定性好，而真菌（主要是霉菌）酶较细菌酶活性范围广、稳定性好。

表 6-2　蛋白酶来源和特性

类别	名称	来源	最适 pH 值	可耐受最高温度(℃)
植物酶	木瓜蛋白酶 菠萝蛋白酶	木瓜 菠萝	5～7 5～7	70 50
真菌酶	酸性蛋白酶 中性蛋白酶 碱性蛋白酶	*A. sanoi* 米曲霉菌 米曲霉菌	2～3 4～7 8～9	45 45 45
细菌酶	中性蛋白酶 碱性蛋白酶	枯草杆菌 地衣芽孢杆菌	5～8 8～9	50 55
动物酶	胃蛋白酶 凝乳酶 胰蛋白酶	牛、猪胃 犊牛胃 牛、猪胰和小肠	2～3 4～6 6～9	60 45 45

2. 饲用酶制剂的种类及要求

（1）饲用酶制剂的种类

①单一酶制剂：如淀粉酶、脂肪酶、蛋白酶、纤维素酶和植酸酶等。

②复合酶制剂：复合酶制剂是由一种或几种单一酶制剂为主体，加上其他单一酶制剂混合而成，或者由一种或几种微生物发酵

获得。复合酶制剂可以同时降解饲粮中多种需要降解的底物(多种抗营养因子和多种养分),可最大限度地提高饲料的营养价值。国内外饲料酶制剂产品主要是复合酶制剂。

目前,世界上生产的饲用复合酶制剂主要有以下几类:

①以蛋白酶、淀粉酶为主的饲用复合酶。此类酶制剂主要用于补充动物内源酶的不足。

②以 β-葡聚糖酶为主的饲用复合酶。此类酶制剂主要用于以大麦、燕麦为主原料的饲料,在北美、欧洲应用广泛。

③以纤维素酶、果胶酶为主的饲用复合酶。主要由木酶、曲酶或青霉直接发酵而成,主要作用为破坏植物细胞壁,使细胞中的营养物质释放出来,易于被消化酶作用,促进消化吸收,并能消除饲料中的抗营养因子,降低胃肠道内容物的黏稠度,促进动物的消化吸收。

④以纤维素酶、蛋白酶、淀粉酶、糖化酶、葡聚糖酶、果胶酶为主的饲用复合酶,此类酶综合以上各酶的共同作用,具有更强的助消化作用。

(2)饲用酶制剂的要求。与酶在其他领域应用不同,饲用酶需要经过一定的饲料加工序,与复杂的日粮组分共存一段时期后才能进入人们难以控制的消化道复杂内环境条件下,起作用。因此,饲用酶制剂有其特殊的要求与处理。

①饲用酶制剂中一般需要加稳定剂或进行包被等稳定性处理,以增强酶对饲料加工和贮存过程中不利条件的耐受性。

②由于酶的作用条件各异,不同酶在消化道中起作用的部位不同,对消化道内的酸碱度,蛋白酶的耐受性也各不相同。不同的酶应选择不同的包被材料处理,使酶达到适合其作用条件的消化道部位再释放出来,这一方面可避免酸碱和蛋白酶对酶的破坏,另一方面能使酶发挥最大的催化作用。特别是适宜在肠道(中、碱性条件下)起作用的酶,应能安全通过酸性强,对各种蛋白质有强降

解能力的胃。在多酶系复合制剂的生产上，必须避免其中的蛋白酶以其他酶的降解作用。

③水产饵料需要投入水中饲喂，要求在水中有一定悬浮时间，其加工工艺比较复杂。应用于饵料中的酶制剂 必须用不溶于水的材料包被处理，否则不仅酶易失活，而且会造成养分流失。未包被处理的消化酶，特别是淀粉酶，会降低饵料的黏弹性，降低饵料的适口性和在水中的悬浮时间。

(五)饲用酶制剂的使用原理及应用效果

1.合理使用酶制剂应注意的问题

(1)酶制剂

①酶活力：目前，饲用酶制剂的品质都用酶的活性指标来衡量。酶活力单位是在一定条件下测得的相对值，受温度、pH 值、底物浓度、抑制剂和饲喂方式等诸多因素的影响，不同酶制剂公司所使用的酶活单位可能也不一致，所以酶的标识单位大并不一定表示其酶活力就强，只有在相同的条件下测定酶活并将其与动物的消化生理和饲喂的方式等结合起来才有意义。另外，也并不是酶活力愈高愈好，大量试验证明，酶活力过高不仅会造成产品的浪费，而且引起饲养效果的下降，这可能与酶作用产物的反馈抑制有关。所以在实践中选择酶制剂不应被其标识单位所迷惑，而应根据其实践效果来决定。

②酶种：即单一酶制剂或复合酶制剂，一般来说，复合酶制剂比单一酶制剂效果好，但这并不意味着复合酶中酶种愈多愈好，饲料成分复杂多样，但总有主次之分，动物消化这些成分对酶的需求也是千差万别，但总有第一、第二需求和其他需求之别，所以，好的酶制剂产品，酶种应以符合动物及饲料针对性的主要方面，同时兼顾其他方面为好。

③稳定性：酶制剂发挥作用的前提是必须有一定活力的酶能

够达到其在消化道中的作用部位，因此，需求酶制剂在配合饲料加工过程中和一定的贮存时间内不失活，在胃中强酸性条件下保持活力且不被胃蛋白酶所破坏。用户在使用时不仅要知道其标识的酶活，而且应在实际应用前检验其酶活。

④拮抗性：应用酶制剂应要求其不破坏其他饲料添加剂成分和饲料本身的营养成分。许多矿物元素离子与酮具有拮抗作用，所以在配合饲料过程中特别注意，避免矿物元素预混料和酶制剂的直接混合。

(2)饲料类型。饲料中存在不易被动物消化吸收的物质和抗营养因子，是应用酶制剂的基本前提。为了使饲料中添加酶制剂取得最大利益，必须根据饲料的具体组成成分选择相应的酶制剂。如以大麦为基础的日粮中添加 β-葡聚糖酶可以获得很好的效果；木聚糖酶、纤维素酶等酶制剂可提高家禽大麦、小麦及黑麦日粮的干物质及粗蛋白消化率，但对玉米为基础的日粮却没作用；豆类籽实为基础的日粮中使用果胶酶效果较好。

复合酶制剂的种类和比例应与饲料中的相应底物的种类和比例相适应。在以玉米、小麦和豆粕混合中应添加如果胶酶、α-半乳糖酶和戊聚糖酶；而在含豆粕的日粮中添加 α-半乳糖酶、β-葡聚糖酶和蛋白酶复合酶制剂的效果比只添加 α-半乳糖酶效果好。

(3)动物。使用酶制剂的效果受动物、品种、年龄及生理阶段等诸多因素的影响。一般来说，消化功能愈简单的动物，酶制剂的应用效果愈明显，经济效益的潜力也就愈大。家禽的消化道较短，肠道后段的微生物也少，饲料中添加酶制剂的效果就好。在肉鸡日粮中主要添加淀粉酶、β-葡聚糖酶、木聚糖酶和果胶酶。猪在不同的生长、生理阶段应选用不同的酶制剂，早期断奶仔猪的消化系统尚未发育成熟，日粮中需要添加淀粉酶、蛋白酶和脂肪酶；而生长猪和肥育猪日粮中主要添加 β-葡聚糖酶、木聚糖酶和果胶酶。成年反刍动物由于其瘤胃微生物作用，添加酶制剂效果不明显，但在幼年反刍动物和以青贮料为主的日粮中添加纤维素酶和少量淀粉酶可获得满意的效果。

(4)环境。适宜的环境条件对于保存贮存期间酶的活性尤为重要。在贮存过程中要防止潮湿和高温曝晒。一般来说，水分对酶的危害比高温更严重，饲料发霉会使酶受到很大威胁，因此，使用时应尽量缩短贮存时间，放在通风、干燥、阴凉和避光处。使用有效期内的产品，应保存在适当的温度下，一旦开启包装，一次用过后应将未用完的重新包装，封严并尽早使用完。

2.使用饲用酶制剂的生物学依据

(1)动物对酶的需要。研究证实，幼龄畜禽消化道和酶系统的发育很不完善，消化酶和消化液分泌不足，远不能适应其分解大分子营养物质的需要。断奶、健康状况不佳或应激状态时，畜禽消化道内酶的分泌量降低，消化器官发育不完善等为外源性消化酶发挥作用创造了条件。例如，仔猪出生后第一周，主要以乳中的脂肪为能量来源，消化道内的脂肪酶较多，2～3 周内乳糖酶分泌最多，随后急剧下降。蛋白酶和淀粉酶随着乳糖酶分泌的减少而增加。断奶时由于日粮的变化和应激反应，除蛋白酶外其他消化酶的分泌量大为减少，需经 2 周左右才能恢复，消化酶活性在数周内仍保持较低水平。据报道，直至体重 60～70 kg，消化酶活性都是逐渐提高的。所有这些都表明有必要给猪补充外源酶。幼龄禽类同样存在消化酶发育的问题。对于成年家禽则应消除饲料黏性抗营养因子，提高垫料卫生条件，以及解决脏蛋问题为重点，在饲料中添加相应的酶，加酶不仅补充了内源酶的不足，还提供了机体不能产生的酶类。

(2)对饲料酶的需要。植物籽实类是动物能量和蛋白质以及其他营养物质的主要来源，而它们含有复杂的三结构构成的细胞壁，它是营养成分的维护层，从而影响了动物的消化吸收。这些植物性原料的细胞壁都是由抗营养因子非淀粉多糖组成，包括阿拉伯木聚糖、β-葡聚糖、戊聚糖、纤维素和果胶质等。单胃动物不分泌非淀粉多糖酶，用外源性的非淀粉多糖酶摧毁细胞壁，有利于细胞内容物淀粉、蛋白质、脂肪等养分从细胞中释放，同时缓解可溶性非淀粉多糖导致的食糜黏度过大，使之充分发挥消化道内的酶的作用，提高这些养分的消化率。

(3)饲用酶的稳定性和安全性。饲用酶的稳定性是其活性的基础，经过饲料加工制粒过程和常温下贮存一定时间后，酶必须仍保持高活力。由于酶是具有一定结构的活性蛋白质，易受外界因素如高温、高湿、pH 值、理化因素等的影响，干酶制剂比液状酶具有较高的稳定性，其在干燥过程中添加特定载体可进一步提高其稳定性。酶的活性部分(催化点)将与基质黏住，因而能保护催化点免受外部环境的影响。

酶作为一种蛋白质，对动物是安全的，迄今为止，还没有发现有关酶制剂有毒害的报道。但在发酵过程中有可能产生有害物质，引起动物的不良反应。

研究表明，外源酶不会抑制内源酶的分泌，因为外源酶是微生物产生的酶，结构组成与动物分泌的酶不同，因而不会产生负反馈调节，况且酶的分泌主要是由食物中的成分刺激消化道引起的。

四、益生素

(一)概述

1. 益生素的定义 益生素(Probiotics)也称促生素、生菌剂、微生态制剂、活菌制剂等。对其中文名称至今尚无统一规定。对其定义的解释也不尽一致。美国的 Parker 教授对 Probiotic 作过如下定义：益生素是维持消化道微生物生态平衡的活的或死的微生物及其发酵产物。丹麦的学者认为(骆云中，1990)：益生素是饲喂畜禽的活的或死的微生物及培养物，目的是加强畜禽肠道微生物群落的屏障功能，或非特异性地加强免疫系统功能。前苏联的АНТИПОВ(1991)认为：益生素是生物制剂，是共生微生物的稳定培养物或其发酵产生的物质，这种发酵产物能促进共生微生物的生长。

但也有些学者认为，益生素只是指那些少的微生物。Fuller(1989)把益生素定义为：益生素是一种可通过改善肠道菌群平衡而对动物施加有利影响的活微生物饲料添加剂。目前应用的益生素中，大部分都是些活的微生物或其休眠体。美国食品药品管理局(FDA)也特别要求制造商用"直接饲喂微生物"(DFM)一词来代替"益生素"。由此看来，似乎将这类产品称为"活菌制剂"更为恰当。但从这类产品的作用方式和作用目的来看，它们都是通过促进微生物的生态平衡来实现的，称作"微生态制剂"似乎更为理性。但从 Probiotic 的英文字面意义看，译成益生素应更为准确。

关于益生素的定义，笔者认为不应当仅仅指"活菌制剂"。理由之一，从其英文的字面意义看，并不能体现出对活菌的范围限制。其二，能够发挥"益生"或"促生"，以及"微生态"平衡作用的物质，并不仅限于活的微生物。理由之三，美国食品药品管理局用"直接饲喂微生物"(DFM)一词来代替 Probiotic，也正说明后者所包含的范围较"直接饲喂微生物"更为广泛。在此，将"直接饲喂微生物"(DFM)称为活菌制剂应更为恰当。

关于益生素的作用范围，虽然它们主要是在肠道发挥作用，但随着研究的深入和应用的拓展，其作用部位将不仅仅限于消化道。已经有人应用微生物制剂进行乳房炎等的治疗。甚至有人应用微生物制剂进行皮肤感染的治疗。从应用对象看，益生素不仅仅用于人或动物，也可用于植物，即"菌肥"。

综上所述，益生素的定义应当为：益生素是能够用来促进生物体微生态平衡的那些有益微生物或其发酵产物。

2.益生素与抗生素区别 益生素(Probiotic)与抗生素(Antibiotic)在英文中只是一字之差,作用目的也有些类似,用以抑制或杀灭对生物体有害的微生物。但两者的作用正像其英文词头所示,互为矛盾,一个为"益"(Pro-)生,一个为"抗"(Anti-)生。抗生素是直接杀灭或抑制有害菌的生长,而益生素则是在有益菌与有害菌的拮抗作用中,通过对有益菌的促生而使其在数量上占上风,从而间接对有害菌产生抑制。

上述这种作用方式的区别,无疑会造成作用效果上的不同。抗生素对微生物的作用有一定的选择性,但这种选择性差异对某些微生物来说并不很大,而且这种差异也并不是以有益菌或有害菌来区别的。因此,使用抗生素时,在有害菌被杀灭的同时,有益菌往往被同时抑制。从下面的例子中,我们可以清楚地看出这种区别。

在治疗感染性腹泻或肠炎时,使用抗生素往往可以迅速有效地排除致病菌,达到治疗目的。但由于肠道内有益菌的增殖同时受至抑制,容易引起菌群紊乱而使治疗变得无效,甚至发生二重感染。如果使用益生素(如乳酸菌或酪酸菌),经过有益菌与有害菌的竞争性抑制,虽然作用比较缓慢,也不如抗生素的作用那么明显,但它也能将致病菌排除,并可使肠道趋于活跃的正常化,达到治疗目的。抗生素的作用更速效,益生素的作用更缓慢、稳固,不像抗生素那样激烈,能在不破坏肠道菌群的情况下使之正常化。因此,当出现肠道菌群异常时,使用益生素既能发挥整肠效果,又不会产生抗生素那样的耐药性以及各种毒副作用等问题。

在用于促生长目的时,有人对投给益生素和抗生素的作用结果进行过比较,结果是在以促进家畜生长为目的使用益生素时,其效果与使用低浓度的抗生素相同。

3.益生素的发展概况 活菌的食用最早可追溯到 20 世纪初

欧洲人喝发酵乳的习惯。后来这种习惯在美洲以及全世界开始流行。早在1908年，Metchnikoff发现了一种与罗马尼亚农民长寿有关的杆菌，称作"保加利亚杆菌"。用这种嗜乳酸杆菌发酵的牛奶，可抑制导致动脉硬化及衰老的毒素的产生。除此之外，世界各地都有各自的直接食用微生物发酵食品的习惯。如中国的西北地区就有喝"浆水"的习惯。它是一种乳酸菌在含有淀粉类物质和蔬菜的液体中的发酵物。它可以达到提高食欲、促进消化等作用。

利用发酵饲料饲养畜禽也已有很长历史。前面提到的Metchnikoff就曾利用酸牛奶来调整幼畜腹泻出现的菌群失调。

将活菌真正作为商品应用于畜禽饲养业的可能是日本。日本先是将人用的益生素用于治疗家畜泻痢和肠炎的防治，后来因见到这种物质可改善动物的发育和生长，从而扩大应用，发展到专门进行兽用益生素的开发。当时的饲料厂商也为了生产仔猪的人造乳和犊牛的代用乳而使用了活菌制剂。

但益生素概念的提出以及真正的发展还是在欧美。其开发的始动力是为了寻找抗生素的代用品。自从抗生素作为饲料添加剂应用于畜禽饲养业后，发挥了巨大的作用。但随着应用的扩大，也暴露出了一些不足，并引起一些争论。其中最大的一个问题就是细菌的耐药性问题。很多人，尤其是医药界人士认为，在抗生素的治疗领域不断增加的病原菌对本来敏感的抗生素产生耐药性的问题，在很大程度上与抗生素在畜禽饲养业的大量应用有直接关系。并因此对医疗领域用药的有效性造成很大威胁。另外一个就是抗生素的残留问题，包括抗生素在动物体内的残留对消费者健康的影响。抗生素经动物代谢后在环境中的残留对生态造成的影响，以及这种残留对加速耐药菌产生的影响等。尽管目前尚无直接的证据表明抗生素在畜牧业的应用与细菌耐药性产生的必然联系，但影响确实存在，也应引起人们的足够重视。因此，世界各国对兽用抗生素，尤其是饲料抗生素添加剂使用的限制越来越严格。在另外一个方面，饲料药物添加剂的使用确实存在某些毒副作用和不足。抗生素在消灭致病菌的同时，也对某些动物机体有益的生理性细菌产生了抑制，破坏了肠道微生物的生态平衡，使之出现菌群失调现象，导致幼畜对病原微生物的易感性。正是由于上述原因，为了寻找抗生素的代用品或是补充品，益生素这类物质引起了饲料工业的重视。

我国的兽用益生素是在医用产品基础上发展起来的。促菌生(一种无毒蜡样芽孢杆菌活菌制剂)作为一种益生素产品，首先在人医上应用，然后被饲养业移植。到目前，已经有一些其他产品被研制，但应用并不十分广泛。国外产品也已开始进入我国。尽管目前非抗生素生长促进剂(包括益生素、酶等)产品还不能完全取代日粮中的抗生素，但它们自应用以来，其应用范围不断扩大，可靠性在逐步提高。逐步减少用于促生长作用的抗生素，转而利用其他对家畜生长和健康有益的制剂，将成为将来发展的方向之一。当然，更应考虑到益生素、酶和抗生素之间的相互作用，将它们配合使用，其效果会更好。

(二)益生素的作用机理

1.益生菌对病原菌的拮抗作用 由于在最初的研究和使用中，益生素菌株均来源于人或动物体内或者是其肠道的固有菌，人们通常认为益生素的作用是向动物体内投入益生素后人为地加大了肠内有益菌的比例，从而抑制了有害菌的生长，促使体内形成新的微生态平衡。但随着益生素研究的深入，以及所使用菌株的不断扩展，这种理论已不完全。现在制造益生素所使用的菌株中有许多并不是体内的固有微生物。总的来说，目前对益生素的作用原理大致有以下方面解释：

(1)通过改变肠道环境抑制有害菌生长。

(2)通过产生某种抗菌物质抑制有害菌生长。

(3)在肠道内与有害菌竞争营养素。

(4)通过占据肠道位置阻止病原菌附着。

2.营养素的提供　益生菌可为动物机体提供多种对其生长发育有益的物质,如维生素(尤其是B族维生素)、氨基酸、淀粉酶和蛋白酶等消化酶类,以及其他促生长物质。幼畜消化道的各种消化酶类通常是比较缺乏的,益生素为其所提供的各种消化酶可起到帮助消化、促进生长的作用;这些酶可将碳水化合物和脂肪分解为糖和氨基酸等可利用的成分,促进能量的供应;益生素所提供的纤维素酶等还可帮助将饲料中纤维素等不易消化的成分分解,以利于消化和吸收;酶还可降低食糜的黏稠度,有利于动物对淀粉和蛋白质的吸收;益生菌中的细菌聚磷酸盐还参与糖向细胞内的转运,执行已糖激酶的功能。

益生素除可直接为机体提供多种营养素以外,还可以通过多种途径提高机体对养分的利用率。

3.刺激机体的免疫功能　对初生的猪、鸡来说,都存在着自身免疫力下降,主动免疫逐渐建立的日期,益生素类产品可刺激动物主动免疫系统的较早建立,增加其防病抗病能力。因为动物体内正常的微生物菌系对机体的免疫系统具有重要的刺激作用,含有活微生物的益生素的使用可刺激动物肠管免疫系统细胞,提高局部免疫机能和抗病能力。作为饲料添加剂使用的益生素,其低剂量的持续刺激可使动物机体的一般非特异免疫功能得到调动和提高,因而提高了其整体的抗病能力。

4.净化肠道内环境　益生素的使用可减少氨及其他腐败物质的生成,阻碍肠内细菌产生氨中和大肠杆菌内毒素等毒性物质。例如,从保加利亚 delbreukii 乳酸杆菌制备的无细胞成分,可中和大肠杆菌肠毒素。饲喂这种有效成分的仔猪，腹泻发病率极低，生长不受影响。另外，动物肠道的大肠杆菌和其他病原菌对氨基酸具有脱羧作用，产生有毒的胺。而饲喂益生素的动物，可防止这样的毒性物质在体内的合成。益生素还参与某些过多消化酶的灭活，及某些其他内、外源物质的解毒。

5.减轻机体的应激反应 饲料条件的改变、恶劣的环境、微生物的入侵以及药物治疗等，都可导致动物的应激反应，使肠内微生物的次要菌系，特别是大肠杆菌的数量增加。这些微生物的代谢产物会给动物机体带来危害，而且这些菌体数量的增加本身也破坏了肠内微生物的菌系平衡。在正常情况下，动物肠道中的正常菌系处于一个平衡状态。其中主菌系占 90%，基本上是可产生挥发性脂肪酸的乳酸杆菌和其他细菌，而次要菌系不超过 1%，主要是肠球菌和大肠杆菌。剩下的菌系由梭状芽孢杆菌、葡萄球菌和变形杆菌等组成。当肠道微生物，尤其是十二指肠内的微生物菌系由主菌系向其他菌系转化时，就会使动物应激反应增强。应激越持久，大肠杆菌的数量就越多，造成的危害就越大。动物生长减慢，饲料转化率降低，最终表现为生产性能下降。严重时则会导致动物腹泻和死亡率的增加。由于益生素的使用将人为地迅速增加微生物主要菌系的数量，减少次要菌系的数量，使菌系重新恢复到平衡状态，从而使应激反应得以避免或减轻。

(三)益生素的分类与特征

由于益生素是近 20 年才发展起来的一类产品，对其应用理论和基础方面的研究还很少，也未见有任何较为统一或完整的分类方法。根据益生素目前的研究和应用状况，以及文献报道中有关部门分类的内容，大致可以有如下分类方法：

1.按使用目的分类 这种分类方法实际上是参照兽药的管理模式得出的（即治疗性药物和饲料药物添加剂）。可将益生素分为两大类。

（1）饲料益生素添加剂。这类益生素主要用来提高动物的生产性能，提高饲料的利用率以及维护动物机体的正常健康。通常添加在哺乳期的仔猪料、母猪料及哺乳期的犊牛料中。在雏鸡和种鸡的配合料中也普遍添加。这类添加剂的特点是动物的年龄越小，添加效果越好；饲养条件越差，效果越明显。

（2）药用益生素。这类益生素主要用于治疗目的。目前应用的范围主要是腹泻、肠炎、消化不良等消化道疾病。也有用于治疗其他部位的细菌感染，如乳房炎等。也可用于抗应激反应。这类益生素的给药形式既可以添加于饲料中，也可以直接饲喂。在治疗消化道细菌感染性疾病时，益生素的抗菌效果不如抗生素明显和迅速，但其对症状的改善可能更有效，作用更持久。通常与抗生素联合应用会取得更理想的治疗效果。可以先使用抗生素，随后使用益生素，也可以两者同时使用，但前提是抗生素不会对益生菌产生抑制作用，或作用较小。

在上述两类益生素中，饲料益生素添加剂的使用和产品的种类要比药用益生素广泛，这是益生素当前发展的主流。但两类益生素有时不能准确地区分，不过是某种益生素不同使用目的和使用方式。

2.按益生菌的微生物类别分类 由于益生素是由微生物制成的，根据所使用的微生物可分为如下几类。

（1）由细菌制成的益生素。这是制造益生素所采用的主要微生物类别，又可分为：

①由杆菌制成的益生素：如地衣芽孢杆菌、枯草芽孢杆菌、双歧杆菌、乳杆菌等。

②由球菌制成的益生素：如粪链球菌、乳链球菌、乳酸片球菌等。

(2)由真菌制成的益生素。包括下面两类：

①由酵母制成的益生素：如啤酒酵母。

②由霉菌制成的益生素：如黑曲霉、米曲霉等。

按微生物类别的方法有助于了解益生素的作用特性，并根据微生物特性在不同的情况下使用。比如，一般来说细菌较适合于单胃动物，而真菌更适合于复胃动物。但在实际应用中，益生素并不总是由单一菌体制成，越来越多的益生素是由混合微生物制成。这更容易使不同微生物的作用特性进行互补，也更容易达到微生物区系的平衡。

3.按益生菌的状态分类 按这种方法可将益生素分为三类。

(1)由微生物营养体制成的益生素。这类益生素一般是由不产孢子的微生物种类制成，如双歧杆菌、酵母等。由于微生物处于营养体状态，即正常的繁殖状态，这类益生素抵抗外界不良环境影响的能力相对较弱，如温度、湿度及pH值的变化等。有些种类在通过胃酸时可能造成活性的损失。其产品的保存期也相对较短。但这类益生素的作用相对迅速，因为处于营养体状态的微生物更容易在肠壁附着，从而对有害菌发挥抑制作用。

(2)由微生物休眠体制成的益生素。这是一类由产孢子细菌的孢子制成的益生素，如枯草杆菌、乳酸杆菌、蜡样芽孢杆菌等。孢子是细菌的一种休眠状态，由于孢子的外层是一层厚厚的孢子壁，对高温、pH值变化等外界不良环境有很强的抵抗力，并可顺利通过胃酸而不受损失。这类产品的保存期远较由营养体制成的产品长。在选择制造益生素的微生物时，通常都尽力挑选具有产孢子能力的细菌。此类产品在保存时，应尽量避免潮湿，因为孢子一旦有适宜的湿度和温度，将会萌芽而发育成营养体。这类孢子状态的益生素作用相对较慢。因为细菌的孢子必须进入肠道,发芽成为营养体后,才能成为营养体而发挥作用。

(3)由失活微生物制成的益生素。是指无生命活性的微生物菌体细胞或其发酵物制成的一类益生素。正如在益生素的定义中所提到的。国内外对益生素是否应包括失活的微生物或其发酵物尚有不同看法。在本书的定义中,益生素是包括这些物质的。需要指出的是。这里仅指那些在机体内通过促进微生物区系平衡原理而发挥作用的物质,而不应包括那些仅作为单一营养物质的提供,或者仅发挥某些其他特定生理活性和作用的物质。也就是说,这类物质虽不能直接参与机体微生物区系的组成,但能够通过对有益微生物的促生和对有害微生物的抑制来维护或达到这种微生物区系的平衡。如国外的益生素商品 Biofac 就是由失活的链球菌、啤酒酵母及其发酵残渣制成。Cudac 是由失活的嗜酸乳杆菌制成。Baciferm 是由失活的乳酸杆菌发酵物制成。

4. 按益生菌的种类数分类 按这种方法可将益生素分为两类。

(1)单一菌制剂。指只由一种微生物制成的益生素。

(2)复合菌制剂。指由两种及两种以上的微生物混合制成。在这种由混合菌制成的益生素中,不同微生物之间一般应有良好的共生关系,以免相互发生抑制。同时复合菌的组成应具有协同作用,以便增强益生素效能,或者可以扩大益生素有效性的条件范围和动物种类。例如,蜡样芽孢杆菌和乳酸菌协同作用时,蜡样芽孢杆菌是高度的耗氧菌,它所造成的厌氧环境可对病原菌的生长形成抑制。乳酸菌作为厌氧菌,可以大量繁殖,其产生的脂肪酸又可增加环境的酸度,对病原菌形成了双重抑制。

(四)益生素的应用技术

1.益生素菌种的要求 生产益生素的首要问题是选择适当的微生物菌种，而菌种选择的原则，除安全性以外，就是益生菌的作用必须能够使共生菌大量繁殖，同时抑制病原菌的生长。根据这个原则，对益生素菌种的选择有以下要求。

(1)对机体无害。许多细菌可以产生各种毒素或类毒素等对机体有害的物质，将会对机体的健康造成不利影响。有些微生物种类还可产生某些大分子蛋白代谢物，可能会引起机体的过敏反应或应激反应等。还有些微生物虽然不会对动物机体造成直接影响，但可以对动物肠道的共生菌或有益菌造成影响，会对微生物区系应有的平衡造成的破坏，同样对动物的健康不利。这些微生物都不能作为益生素使用。安全性永远都应是制造饲料添加剂所应考虑的首要条件。

(2)对消化道抑制因素有较强的抵抗力。大部分益生素需要口服，经胃到达肠道发挥作用。因此益生素菌种首先必须具有较强的耐酸能力，否则在到达肠道之前就可能被胃酸杀死，无法发挥作用。据美国 Alltech 生物技术中心规定，用作饲料添加剂的细菌对胆酸应有 70%以上的抵抗力，也即微生物在经过胃酸后必须有 70%以上的存活率。

另外，益生素菌体还必须具有能力抵抗动物机体本身的排斥力，以及微生物区系中其他细菌所产生的拮抗物质，如有机酸、过氧化氢、溶菌酶、细胞外毒素，甚至某些抗生素物质。

益生素还必须具有耐热性，以承受其制造加工过程。

(3)具有优良的吸附于上皮细胞的特性。益生素微生物在进入肠道后，还必须具有贮存于肠道的能力，才能在内增殖并发挥作用，这就要求其必须具有较强的吸附于上皮细胞的能力。而且这种能力应大于病原菌本身，因此它们在吸附过程中具有竞争性排斥作用。

(4)生长繁殖速度快。益生素菌株发挥调整消化道内微生物区系紊乱作用，仅仅能停留在消化道，以及定植在消化道还不够，它必须具有较高的繁殖能力，使其能在短时期内数量明显增多，在微生物区系内占主导地位，抑制病原微生物，改变原来微生物区系的紊乱状态。这种较强的繁殖能力，也是在微生物区系紊乱状态被调整后长期体质平衡所必需。

(5)能产生抑菌性物质。产生抗菌性物质是益生素菌株与病原菌竞争性抑制所必需。这些物质主要包括有机酸以及其他的可抑制菌物质。

(6)易于生产并能保持较强活力。益生素作为商品应用于饲养业，其主要目的是提高生产效益，这个特点要求益生素的生产成本必须符合经济效益的要求。对菌种的要求则体现为能在较贫瘠的培养基中生产，以保证价廉；能经受益生素饲料添加剂的各种加工过程，并保持较强活力；能在产品的保存过程中保持较强活力等等。耐热性能通常是根据其在 80℃、10 min 内的稳定性来确定，而在饲料中的保存期则至少应在 2～3 个月以上。

2.益生素的菌种选择　根据上述益生素菌株所应具有的特点，在实际应用中，人们往往从以下方面着手来进行菌种的选择。但这些条件并不是作为益生素菌株所必备的条件。

(1)所选菌种最好具有产孢子能力。细菌的孢子具有很强的抵御外界不良环境的能力，利用其制造益生素具有易于加工，保存期长，存活率高等特点。

(2)菌种最好是本动物消化道的固有菌。由于环境的驯化，微生物菌系之间的平衡关系，以及微生物与其宿主之间的供受体关系，许多细菌具有宿主的特异性，即动物机体将会对外界入侵的非共生微生物产生特异的排斥反应。因此，一种动物用益生素菌种最好从本动物的消化道分离，以利于益生素菌株在宿主体内定植。

(3)菌种最好具备产酸能力。在益生素的作用中,我们已谈到益生素菌株产酸的重要性,产酸细菌所造成的酸性环境既可抑制病原菌生长,同时又有利于动物机体对消化道营养物的消化吸收,提高饲料利用率。

3.可用于制造益生素的菌种　美国食品及药品管理局1989年公布的可用作饲料添加剂、对人畜均无副作用的微生物有:黑曲霉、米曲霉、凝固芽孢杆菌、粘连芽孢杆菌、地衣芽孢杆菌、短小芽孢杆菌、枯草芽孢杆菌(仅限不产抗生素者)、厌氧性拟杆菌、发酵乳杆菌、纤维二糖乳杆菌、弯曲乳杆菌、戴尔布鲁氏乳杆菌、乳酸乳杆菌、胚芽乳杆菌、罗特氏乳杆菌、肠系膜明串珠菌、乳酸片球菌、毛状拟杆菌、瘤胃拟杆菌、猪拟杆菌、青春双歧杆菌、动物双歧杆菌、婴儿双歧杆菌、长双歧杆菌、嗜热性双歧杆菌、嗜酸乳杆菌、短乳杆菌、保加利亚乳杆菌、干酪乳杆菌、啤酒片球菌、戊糖片球菌、费氏丙酸菌、谢曼氏丙酸杆菌、酿酒酵母、乳酸链球菌、二乙酸乳酸链球菌、粪链球菌、中链球菌、乳链球菌、嗜热链球菌和酪酸菌。

4.益生素的合理使用　益生素作为一种微生物制剂,与其他添加剂或药物相比具有许多特殊性,因而在应用过程中需要注意的问题也有区别。

(1)使用量　由于益生素的菌株在体内是依靠数量优势抑制病原菌,也是依靠数量来维持微生物的区系平衡,因此用量相对较大。用作饲料添加剂以促生长为目的的益生素用量一般在0.02%～0.2%之间,用作药物治疗的益生素的用量则要大大高于这个用量。当然,如果用量过大,则反而会破坏微生物的区系平衡。另外,应注意使用的连续性,尤其是作为治疗用的益生素,由于其作用较其他药物慢,应维持足够的给药时间,以允许益生素菌株在机体的微生物区系内创造平衡,并维持这种平衡。

(2)使用时间　对作为治疗用的益生素来说,使用时间越早越好。使用时间越早,病原菌的数量越少,越容易被益生素菌株所抑制。预防的效果要好于治疗的效果。

对用于抵抗应激反应的益生素，应在可引起应激反应的环境变化之间给药。比如天气变化、移舍、运输以及防疫注射等等，都可提前饲喂益生素，以减少因动物应激反应所造成的损失。

对幼畜禽使用益生素时应根据其不同的生长关键时期针对性地喂益生素，如出生后、断奶前，以及饲料更换前。

在饲养条件差时饲喂益生素的效果要明显好于饲养条件较好时，在饲养条件较好时使用益生素有时并不显示好的结果。

(3)使用对象　单胃动物与复胃动物之间、不同种动物之间，动物的不同年龄阶段、甚至同一动物在饲喂不同饲料期间，其消化道的微生物区系组成是不尽相同的，因此对益生素的要求也不同。

对新生反刍动物，使用益生素的目的是刺激瘤胃微生物的生长，促进肠道建立有益于健康的微生物区系，避免腹泻，提早断奶，促使幼龄反刍动物早日采食纤维性日粮。常用的微生物是乳酸菌，有时也可用真菌和酵母。而反刍动物的瘤胃微生物区系一旦建立起来，使用益生素的目的就应转变为提高动物采食量以及阻止酸中毒的发生。因此，成年反刍动物使用的益生素应不同于幼龄的，主要是啤酒酵母、丝状真菌和米曲霉。

(4)益生素与抗生素的联合应用　益生素是一种微生物制剂，抗生素则是一种抗微生物制剂，两者是一对矛盾，但在抑制动物体内的病原菌这方面，两者是相同的，因此只要将两者合理地配合作用，可以取得更为理想的治疗结果。

据报道抗生素与益生素联合应用还可以避免细菌耐药菌株的形成。

(5)益生素的作用增效物　益生素的增效作用体现在两个方面，一方面是通过对益生素本身的保护而使其活性免受或少受损失。益生素在其生产、加工、保存、运输及应用等各个环节都有对益生菌或其培养物的活性造成破坏的因素，从而导致其功效降低。

如何能更有效地保证其活性是目前益生素研究的难题之一。目前普遍采用的解决办法是尽量采用细菌的孢子形式来制造益生素。而对无芽孢的微生物则可加工成具有保护膜的形式，也即益生素的保护剂。

益生素增效的另一方面在饲喂益生素的同时，加入某种物质，或者起到保护益生素不被胃酸破坏的作用，或者能够帮助益生素发挥作用，如帮助孢子形式的益生菌尽快发芽；帮助益生菌在肠壁的附着；或提供营养帮助益生菌尽快繁殖；或者帮助益生菌与病原菌的拮抗作用等等。下面介绍一些这方面的进展情况。

美国的 Alltech 生物技术公司利用水溶性的 β-葡聚糖包裹细菌，使之微胶囊化，从而极大地提高了细菌的生存能力。

近年来，多种具有促进双歧乳杆菌增殖效果的寡糖也已被开发，如果寡糖、乳寡糖、异麦芽寡糖、大豆寡糖、木寡糖等，并进行了将寡糖与益生素合并添加使用的研究。

由特异性酵母菌株的细胞壁提取而得的甘露低聚糖也是这样一种物质。病原菌的细胞表面或绒毛上具有能识别细胞上"特异性糖类"受体的类丁质的结构。由于甘露低聚糖与肠壁上这类受体结构相似，因此可竞争性地与病原菌结合，使病原菌不能附着在动物肠壁上，同时，这种甘露低聚糖又可作为双歧杆菌及乳酸杆菌等有益菌的营养物，促进这些益生菌大量繁殖。

(五)益生素的主要产品介绍

1.Toyoi 芽孢杆菌(*Bacillus toyoi*) 该菌可形成芽孢，并能在厌氧环境下繁殖。由日本东京 Jozo 公司制造的商品益生素 Toyocerin(太生素、东洋畜灵)，即是由从土壤中分离出来的 Toyoi 芽孢杆菌的芽孢制造的。该芽孢在高温和 pH 值变化等不良条件下稳定。此菌在肠道内、粪便和门静脉中有使氨产生量减少的作用，还能增加瘤胃液中丙酸等挥发性脂肪酸、维护胃液正常 pH 值和瘤胃正常机能的作用。该菌还能产生淀粉酶和蛋白酶。可用于猪、牛、鸡等动物。

2. 枯草芽孢杆菌(*Bacillus subtilis*) 该菌属芽孢杆菌属。这是最适于作为益生素使用的菌种之一。该类细菌可生产70多种抗菌物质,如杀分枝杆菌素、枯草杆菌素、杆菌溶素、杆菌素、抗霉菌枯草杆菌素等。国外的研究人员利用枯草芽孢杆菌培养物进行了体外抑菌实验,结果表明,在37种被检查的葡萄球菌中,有34种可被枯草芽孢杆菌培养所抑制;在12种被检查的链球菌中,有11种的生长可被抑制;8种绿脓杆菌中的7种可被抑制;而12种肠道杆菌、7种沙门氏菌、6种变形杆菌则全部可被枯草芽孢杆菌培养物所抑制。0.1 mL的枯草芽孢杆菌96h培养滤液,对葡萄球菌、肠道杆菌、克雷伯氏杆菌以及酵母菌的抑菌圈直径分别达到24～27 mm、18～22 mm、18～21 mm和22～24 mm。

枯草芽孢杆菌培养物不但有直接的抑菌作用,重要的是它还能提高机体的非特异性免疫力,有些菌株还能使内源干扰素产生感应。在以小鼠进行的10天实验中,每天给其腹膜注射一次芽孢菌苗,或每天口服一次2亿个活菌,就能使小鼠因葡萄球菌、沙门氏菌、大肠杆菌和绿脓杆菌感染引起的发病率和死亡率从89%～100%减少到16.7%～30.0%。

此外,这种芽孢杆菌在肠道中还可产生酶、维生素和氨基酸。在猪所需要的全部或者部分必需氨基酸中,芽孢杆菌含有其中的49.1%。在每天给2～3月龄的仔猪进行的饲喂试验中,日粮干物质的消化率平均可提高4.3%～6.8%;灰分的消化率可提高16.9%～43.5%;有机物质的消化率可提高3.8%～7.6%;蛋白质的消化率可提高7.7%～9.5%;脂肪的消化率提高22.3%～30.9%;纤维素的消化率提高37.7%～62.9%。

3. 蜡茁壮成长芽孢杆菌(*Bacillus cereus*) 该菌属芽孢杆菌属,产品有促菌生、DM423等。

康白(1984)用无毒蜡样芽孢杆菌制成促菌生,除治疗人的腹泻外,还用于治疗仔猪下痢、羔羊痢疾和雏鸡白痢,取得很好的效果。

4.酪酸梭菌(*Clostridium butyricum*) 该菌是一种来源于人肠道的酪酸生成菌,是产孢子的厌气菌。猪、牛、鸡均可使用,即可用于饲料添加,也可作为医药品使用。该菌对淀粉有糖化作用,并能合成B族维生素。日本生产的该菌的益生素产品有Miyairi菌剂和CBM588。

5.乳酸杆菌(*Lactobacillus*) 这是一类可利用糖类发酵产生乳酸的细菌,为厌氧或兼性厌氧菌。乳酸菌在人或动物消化道内大量存在。乳酸杆菌是人们在日常生活中应用最早、最广泛的一类菌,也是在饲料工业中应用最早的一类细菌,如乳酸菌素、乳酸杆菌粉以及乳酸发酵饲料等。乳酸杆菌能增加血液中蛋白态氮,改善蛋白质代谢。还可增加血液中钙和镁的含量,减少血中的钾。其益生素商品有Probios(多种乳酸杆菌的混合活菌制剂)、Culdac(嗜酸乳杆菌的失活液体)、Feedmate68(嗜酸乳杆菌、植物乳酸杆菌以及链球菌的混合活菌制剂)、Biomax(乳酸杆菌活菌制剂)、Strain40(嗜酸杆菌活菌制剂)、Baciferm(乳酸杆菌的失活发酵物)、PrimaLac(嗜酸杆菌、干酪乳杆菌、两歧双杆菌以及球拟酵母、米曲霉的混合菌制剂)。

6.双歧杆菌(*Bifidobacterium*) 该菌属于乳酸菌类的双歧杆菌属,是一类不产生芽孢的厌氧菌,由于其厌氧,培养条件要求严格,且产品稳定性差。此菌能够防止肠内细菌产生氨,是医用和饲料添加剂用的最重要的保健微生物之一。

7.链球菌属 链球菌属一般来自人或动物的消化道以及乳制品,主要有粪链球菌(*S. faecalis*)、嗜热链球菌(*S. thermophilus*)、乳链球菌(*S. lactis*)等。好氧或兼性厌氧,产酸作用强。其产品有Lactiferm(粪链球菌M74活菌制剂)、Biofac(链球菌以及啤酒酵母的混合发酵物)、Fermacto500(链球菌有其发酵物)Feedmate68(粪链球菌以及嗜酸乳杆菌、植物乳杆菌的混合活菌制剂)。由瑞典生产的由粪链球菌 W-74 培养物制成的益生素,可以用来防治胃肠炎和大肠杆菌肠毒素血症,对抗生素治疗的辅助治疗以及促进生长。

上述乳酸杆菌、双歧杆菌、乳酸球菌等均属于乳酸菌群,是作为益生素使用的重要菌群。试验结果表明,给幼龄动物饲喂乳酸菌能有效减少下痢的发生,使粪中乳酸菌数目增加,大肠杆菌数目减少。因为乳酸菌可起到抑制大肠杆菌生长繁殖的作用。乳酸菌能分解简单的碳水化合物,产生大量的乳酸,并能耐受较高的酸度,而 pH 值的降低对其他细菌则是致命因素,如埃希氏大肠杆菌类的病原微生物的生长所需 pH 值通常为 6～7。乳酸菌的代谢产物过氧化氢也有助于乳酸菌对其他细菌的抑制。酸菌素(acidolin)就是由嗜酸性乳酸菌产生的一种抑菌物质,也对肠道病原微生物具有抑制作用。

8.酵母(*Yeast*)及霉菌(*Mould*) 酵母和霉菌属于真菌类,不是人和动物肠道的固有菌,但它们可产生多种消化酶类,可以在消化道内参与代谢。常用的有啤酒酵母、米曲酶、黑曲酶等。

酵母是应用最早和最广泛的食品和饲用微生物之一,由于酵母细胞含有丰富的蛋白质、氨基酸以及多种维生素,尤其是 B 族维生素以及各种消化酶类,酵母一直作为医药的助消化药物,在饲料工业中,酵母主要作为蛋白饲料使用。作为饲料蛋白使用的酵母均是活的酵母细胞,因为通常认为活的酵母细胞会消耗体内的营养,但作为益生素使用的酵母则是以活细胞的形式,通常称为酵母培养物(Yeast Culture,YC)。酵母培养物在饲料工业中的应用,有许多优点,因为它既不会干扰抗生素的作用,又可以增加饲料的稳定性,作为助消化剂还有助于提高营养物质的利用。

不同酵母菌株促进瘤胃中微生物的能力也不同。另外，不同酵母菌株对加工时温度的耐受也不同。有些酵母菌株可以耐受120℃以上的挤压高温。

酵母培养物还可用于提高家禽的生产性能。饲喂试验表明，添加酵母提高肉用种母鸡的高峰期产蛋量和产蛋前期的蛋壳质量。添加酵母可使种公鸡的精液增加。

酵母培养物可能通过提高粗纤维的消化率和物质的利用而对非反刍家畜的消化过程产生显著影响。

9.其他复合菌益生素产品

(1)有效微生物 EM(Effective Microorganisms)。该产品是日本琉球大学比嘉照夫教授发明的一种复合微生物制剂。它是由光合细菌、乳酸菌、酵母菌和放线菌等 10 个属的 80 多种微生物复合培养而成的活性微生物制剂。该产品为棕色半透明液体，pH 值为 3.5～5.0。这种混合菌液体每毫升不少于 10 亿个活菌。其中光合菌群可合成维生素和养分等物质；乳酸菌可产乳酸，能防止有机物的腐烂；酵母菌可产生维生素和其他生理活性物质，增加有效菌的活性；放线菌则可产生某些抗生物质，从而抑制有害菌的生长。该产品已在世界几十个国家推广应用，并于 20 世纪 90 年代初引入我国。

(2)NM6 益生素添加剂。是由双歧杆菌、乳酸杆菌、酵母菌及肠链球菌等 6 种菌株制成的复合菌益生素添加剂。李巧贤等(1997)报道，以 2 亿个活菌的剂量用于蛋鸡添加，饲用 2 周后，产蛋率可提高 5%，蛋重增加，蛋体增大、变圆。鸡粪便变稠，臭味减轻。饲料转化率提高 0.26。以每只 1 亿个活菌的剂量用于雏鸡饲养时，可提高增重 26.21%，成活率提高 18 个百分点，下痢发病率明显降低。以每只 5 亿个活菌的剂量用于治疗成年鸡的腹泻时，治愈率可达 92.86%。

(3)Spectra-DFM。是一种含有9种冻干活菌的益生素产品，包括嗜乳酸杆菌(*Lactobacillus acidophilus*)，保加利亚乳杆菌(*Lactobacillus bulgaricus*)，纤维二糖乳杆菌(*Lactobacillus celobiosus*)，干酪乳杆菌(*Lactobacillus casei*)，植物乳杆菌(*Lactobacillus plantarum*)，两歧双歧杆菌(*Bifidobacterium bifidus*)，粪链球菌(*Streptococcus faecium*)，球拟酵母菌(*Torulopasis*)，米曲霉(*Aspergillus oryzae*)。Mujeeb(1997)报道，以0.02%Spectra-DFM的饲料添加量饲喂肉鸡，从10日龄饲喂至49日龄的饲喂结果显示，试验组的成活率比对照组高11.87%，分别为2.13%和14%；试验组的鸡只平均每只比对照组鸡只多增重90 g；饲料效率也有所改善，试验组和对照组分别为2.07和2.28；氮滞留率由42.2%提高到48.6%；粪中大肠杆菌数降低近一半。

五、酸化剂

(一)概述

pH值是动物体内消化环境中的因素之一。动物胃中pH值为2.0～3.5、小肠内pH值为5～7的酸性环境是饲料组分在体内被充分地消化吸收，有益菌群合理生长，病原微生物受到有效抑制的必要条件，从而达到提高动物生长性能和饲料利用率、增加机体抗病能力的饲养目的。

然而，幼龄动物消化系统发育尚未完善，消化酶和胃酸分泌不足，常使胃肠道pH值高于酶活性和有益菌群生长的适宜范围，必须依赖外源饲料帮助来改善消化道中酸碱度环境。酸化剂作为一种可降低饲料在消化道中的pH值而为动物提供最适消化道环境，以满足营养及防病需要的新型生长促进剂而在饲养中得到应用。

通常,把能提高饲料酸度(pH值降低)的一类物质称作饲料酸化剂。早在1963年,英国就有乳酸能减少粪便中的大肠埃希氏菌计数并提高了仔猪生长率的报道。Cole(1968)也发现了乳酸酸化饮水对仔猪生长及细菌群落的影响。所以20世纪60年代中后期和70年代主要启用有机酸作为缓解仔猪断奶后下痢的方法。20世纪80年代由于大肠杆菌感染和结肠炎成为英国、德国和其他西方国家仔猪饲养中的主要问题,同时为减少乳制品的用量和适应早期断奶的需要,饲粮酸化被得到关注。研究方向由防止腹泻转到促进生长、提高饲料利用率上来。许多人研究了延胡索酸和柠檬酸的功效。

20世纪90年代以来,有更多的有机酸被世人应用,酸化剂也引起了我国营养学家和饲料配方师的关注,各国学者在进一步验证有机酸的效果和作用机理的同时,开始着手研究了酸性强、成本低的无机酸及把一些酸各自特定优点结合起来的复合酸化剂,并已取得了很大进展。如今,酸化剂被广泛地应用于仔猪料、青贮料及其他饲料中,已成为当代畜牧业的研究热点之一。

(二)酸化剂的作用机理

1.直接参与机体代谢 一些有机酸直接参与机体能量、结构和酶促反应,如柠檬酸、延胡索酸就是三羧酸循环中不可缺少的组分,是乙酰辅酶A与草酰乙酸缩合成的中间产物,是易于利用的能源,乳酸也参与体内代谢。酸化剂本身具有能量价值,能量利用率高,如延胡索酸的总能值为11.5 MJ/kg,并且可完全代谢(Kirchgesner,1982)。

2.降低胃液pH值,提高酶的活性 有机酸可降低胃内pH值,从而激活胃蛋白酶原为胃蛋白酶,促进蛋白质分解,而分解物又刺激十二指肠分泌较多的胰蛋白酶,使蛋白质完全被分解吸收。

胃内 pH 值降低可增进胃内其他消化酶的活性，在高蛋白质饲粮中添加延胡索酸，可提高天门冬氨酸转移酶、丙氨酸转移酶和琥珀酸脱氢酶的活性(Tschiershwits 等，1982)。添加柠檬酸和磷酸可以提高小肠内胰蛋白酶和淀粉酶活性，磷酸明显影响胃蛋白酶活力，但对胃肠道 pH 值无明显影响，因此酸化剂可通过消化液的分泌而影响消化酶的活力(侯永清，1996)。

酸性增加还可减慢胃排空速度，延长日粮在胃内的消化时间，减轻小肠负担，降低腹泻发病率。

3.促进营养物质的消化吸收 日粮中添加有机酸可增进仔猪对矿物质、蛋白质和能量的消化吸收，提高氮在体内的存留。

4.改变胃肠道内微生物区系 胃肠道内微生物平衡失调是仔猪腹泻的重要原因之一，大肠杆菌的大量繁殖与乳酸菌受抑制导致了腹泻。有机酸可通过降低胃肠道的 pH 值改变胃肠道的微生物区系，抑制有害微生物繁殖，减少营养物质的损耗和抗生长毒素的产生，同时促进有益菌的增殖。如大肠杆菌、葡萄球菌和梭状芽孢杆菌在猪肠道内生长的最适 pH 值分别为 6～8、6.8～7.5 和 6.0～7.5，pH 值＜4 则大量失活。因此，添加有机酸降低胃肠道 pH 值，可抑制病原菌的繁殖。而乳酸菌在 pH 值为 3.5 时仍生长良好，乳酸菌的大量繁殖又进一步降低胃肠道的 pH 值，抑制有害微生物的生长，促进有益菌增殖，从而改善仔猪的健康状态，促进生长。

有机酸本身也有较强的杀菌作用，如 0.2%～0.4%的延胡索酸可杀灭葡萄球菌、链球菌，0.4%可杀死大肠杆菌，而对乳酸杆菌无抑制作用；用 2%延胡索酸加到 30℃下保存的湿饲料中，能防止有害微生物的生长，饲料在 4 日内不变质。蚁酸和丙酸抑制沙门氏菌、霉菌和梭状芽孢杆菌的作用较强；乳酸对一些病毒、革兰氏阴性菌有较强杀灭作用。

5.改善日粮的适口性 低剂量的有机酸(如柠檬酸、延胡索酸、乳酸和蚁酸钙)能改善日粮的适口性,仔猪采食量增加5.2%~19.8%,从而促进仔猪生长。因有机酸的价格较高,从应用和经济角度看,仔猪日粮中有机酸的添加量以1%~2%的低水平为宜。

(三)常用酸化剂的种类及特性

目前,国内外应用的酸化剂总的来说可分为单一酸化剂(包括有机酸化剂和无机酸化剂)和复合酸化剂两大类。

1.有机酸化剂 在以往的生产实践中,人们往往偏好有机酸,这主要源于有机酸具有良好的风味,并可直接进入体内三羧酸循环。有机酸化剂主要有柠檬酸、延胡索酸、乳酸、丙酸、苹果酸、戊酮酸、山梨酸、甲酸(蚁酸)、乙酸(醋酸)。不同的有机酸各有其特点,但使用最广泛的而且效果较好的是柠檬酸、延胡索酸。

柠檬酸最初是从柠檬中制取的,故此取名。现在工业上所用的柠檬酸都是黑曲霉以发酵法生产的。柠檬酸为一种无色结晶,易溶于水及乙醇,难溶于乙醚。熔点100℃,大于100℃则为无水物,有强酸味。具有良好的热稳定性和金属离子的配位性。

延胡索酸又称富马酸,分子式为$C_4H_4O_4$,为白色结晶粉末,对氧化和温度变化稳定,可与饲料混匀。实际上无毒,雏鸡一次口服半致死量为每千克体重10 g,是三羧循环有氧过程的必需组分,分子含能量与葡萄糖相符。由于延胡索酸生能途径比葡萄糖短,在应激作用和危急状态下可用于ATP的紧急生成而在畜牧生产中,作为抗应激剂。延胡索酸还具有广谱杀菌和抑菌的活性,如0.2%~0.4%浓度的延胡索酸可杀死葡萄球菌和链球菌;0.4%的浓度可杀死大肠杆菌;0.6%~2%的浓度可杀死酵母菌,2%以上的浓度又对产毒真菌具有抑制和杀灭作用。常用的有机酸化剂的物理特性如表6-3所示。

表 6-3　几种有机酸化剂的物理特征

种类	相对分子质量	K_a	水溶性	1%水溶液 pH 值	外观
乙酸	60.05	1.8×10^{-5}	易	2.76	无色液体
乳酸	90.80	1.4×10^{-4}	易	2.41	无色或微黄色液体
丙酸	74.08	1.4×10^{-5}	易	2.86	无色液体
碳酸	98.00	7.5×10^{-5}	易	1.56	无色液体
柠檬酸	192.12	7.5×10^{-5}	易	2.20	白色结晶粉末
延胡索酸	116.07	3.6×10^{-5}	稍可溶	2.75	白色结晶粉末

注:酸的相对强度由 K_a 和水溶性表示;K_a 为离解常数。

由于有机酸可能腐蚀饲料厂或猪场设备,而且价格昂贵,过高比例还会影响适口性或导致维生素的损失,近几年来各地又在开展研究中性有机酸盐的利用,主要为甲酸钙和丙酸钙,其中甲酸钙[$Ca(CHO)_2$]为一种白色粉末,易溶于水,其有效组分为 31%的钙和 69%的甲酸,具有中性 pH 值,含水量极低,混合到添加剂预混料中不会造成维生素的损失,进入胃后在盐酸作用下分离出游离的甲酸,热稳定性和金属配位性良好。

2. 无机酸化剂　无机酸包括强酸,如盐酸、硫酸,也包括弱酸,如磷酸。其中磷酸具有双重作用:作日粮酸剂;作为磷来源。磷酸的一级离解常数 K_a 为 7.52×10^{-3}。无机酸和有机酸相比,具有较强的酸性及较低的添加成本,一些实验表明,开发无机酸化剂也是一条值得探索的解决饲料资源短缺和提高经济效益的途径。

3. 复合酸化剂　复合酸化剂是利用几种特定的有机酸和无机酸复合而成,能迅速降低 pH 值,保持良好的缓冲值和生物性能及最佳添加成本。最优化的复合体系将是饲料酸化剂发展的一种趋势。其中异位酸(Isoacids)是较早应用在泌乳牛中的一种有机酸复合物。它是异戊酸、α-甲基丁酸、戊酸、异丁酸的混合物。

近两年来,国外一些复合酸化剂已获准进入我国市场,如美国安肥 1 000、美国健宝、西班牙肥得乐、西班牙得卡肥等。我国珠海溢多利公司推出“溢酸宝”，浙江东立实业总公司亦推出了“溢香酸”复合饲料酸化剂。这些酸化剂与普通单一酸化剂如柠檬酸、延胡索酸相比，具有用量少、成本低、酸度强、酸化效果快、作用范围广泛等优点。

（四）酸化剂在畜牧业上的应用

目前，酸化剂已被世界畜牧业发展发达国家普遍推广使用。国内外对各种酸化剂的喂养效果试验也进行得很多。虽然数据的变异性较大，但总的说来，在饲料中加入酸化剂可提高动物日增重，降低料肉比，减少疾病（特别是仔猪腹泻），减缓应激，并且酸化剂还可作为饲料的稳定剂和保藏剂。

（五）影响酸化剂使用效果的因素

截至目前，有关猪禽日粮中添加酸化剂的研究报道相当多，对不同研究结果的分析表明，酸化剂使用效果很不稳定。尽管大多数研究表明，酸化剂具有营养促进功能（提高日增重，改进饲料转化率），但也有相当的研究表明，酸化剂对于日增重、饲料转化率没有影响，甚至有副作用，所涉及的酸几乎包括所有的酸，而且在正面的报道中，改进的幅度变化甚大，分析其中原因，笔者认为有以下几方面的因素。

1. 日粮组分

（1）基础日粮预混料的组成成分不一致。大多数研究是在生产条件下进行的，试验者不能控制预混料的组成，而预混料中与酸化剂作用相加或相抵消的成分，如抗生素和抗菌药物、酶制剂、微量元素的量及其存在的形式，对酸化剂应用效果有显著影响，从而导致试验结果差异较大。

（2）蛋白质类型及水平。李德发等（1993）则认为酸化剂应用效果受蛋白类型影响，可能是和日粮酸结合力有关。不同类型蛋白质在胃肠道消化所需的酸度不同，例如，奶产品需要的适宜 pH 值为 4，大豆蛋白和鱼粉则需要 pH 值为 2.5 的酸度（刘学剑，1997）。表 6-4 中的数据表明，日粮中添加乳清粉与酸化剂有协同作用。

表 6-4 日粮蛋白质类型对酸化剂促仔猪增重效果的影响 %

酸化剂	玉米-豆粕型	玉米-豆粕-乳清粉	资料来源
2%延胡索酸	7.0	9.2	Ester(1996)
1%柠檬酸	4.3	9.3	Bumell(1988)
2%延胡索酸	9.8	10.7*	Giesting(1991)

注：* 为玉米-豆粕-脱脂奶粉型日粮。

日粮中蛋白水平也是影响酸化剂效果的重要因素，蛋白质是胃中 pH 值变化的强抑制剂，过量的蛋白质使得酸化剂效果下降。

(3)基础日粮的 pH 值和系酸力。基础日粮 pH 值低，添加酸制剂的效果不大(陈斌，1995)。

2.酸制剂的添加量 目前酸制剂的添加量一般在 0.5%～3%，美国的研究认为 2%～3%的效果最优，欧洲则认为 1.5%～2%的效果最好，酸制剂的添加量受不同地区典型日粮的 pH 值和系酸力影响。伊利诺艾斯大学的一项研究表明，添加使日粮酸化度相当于添加 3%延胡索酸的磷酸时，不具有改善仔猪生产性能的作用，后来德国 Premiere 农业研究中心的试验证实，日粮中添加 3%的延胡索酸超过了改善仔猪性能的需要，日粮中添加过量的酸会对仔猪生产性能产生副作用。Giesting(1985)报道，将丙酸按 20 g/kg 饲粮的水平添加，不但不会促进仔猪生产性能、提高饲粮效率，反而会降低采食量。酸化剂添加剂是否适宜，可能是一些试验结果变异较大的原因。

3.仔猪的生理基础 众多的研究表明，仔猪日粮中添加酸化剂的促生长效果主要表现在断奶初期，断奶后的前两周效果好于随后 2 周，以后的效果更不明显(Eckel，1997)。

4.饲养环境 圈舍的卫生条件、饲养密度、温湿度和光照、各种应激因子也是影响酸化剂作用的重要因素。饲养条件差的地方,酸化剂的效果好于饲养条件好的地方,这可能是我国,尤其是大陆的养殖业中酸化剂应用效果较美欧一些国家更为明显的原因之一。

(六)目前酸化剂存在的问题

目前国内酸化剂产品种类单一,且大多数属于单一的酸制剂(第一代酸化剂产品);少数的复合酸制剂产品,配方设计很少考虑动物生理特点和饲养环境(第二代产品),使用效果不稳定,存在这样那样的问题:

(1)添加剂量大,一般为1%~3%,成本高,制成预混料不方便。

(2)添加的酸常常被饲料中的碱性物质中和,失去酸化效果。

(3)添加酸破坏饲粮中的维生素活性和矿物质元素的吸收。

(4)在胃中吸收速度过快,抑制胃酸分泌和胃功能的正常发育。

(5)添加的酸无法到达小肠,不能有效降低小肠中的pH值,抑制有害菌的生长,促进有益菌的生长。

(6)发生吸湿结块,或造成饲料受潮。

(7)腐蚀加工机械、仓储及运输设备。

因此开发第三代酸化剂产品势在必行。第三代酸化剂的显著特点是酸化剂颗粒脂类包被,既可以使饲料中其他活性成分和饲料厂设备免遭破坏、腐蚀,又使得酸化剂缓慢地释放,酸化作用延伸到小肠,增强了酸化效果,从而降低了酸化剂在日粮上的配比,也降低了饲料成本。

再则,酸化剂与抗生素、抗菌药物、高铜(250 mg/kg)相互作用的研究很有限。

(七)新一代酸化剂的设计原则

20世纪80年代及90年代初期,饲粮制造商都选用延胡索酸或柠檬酸来酸化饲粮,近几年,饲料界开始注意多种酸配合使用。酸化剂不仅要降低饲料的pH值,还要使饲料能较好地保持在低的pH值范围内,所以现在对酸化剂产品的质量评价,不仅要看其酸化饲料的效能,还要看它的缓冲能力,因此常常根据酸及其盐的特性,组成低pH值的缓冲来配制新型酸化剂。如甲酸钙,酸性较弱,但缓冲能力很强,常用作酸化剂的组分。另外,各种酸具有不同特性,以磷酸为例,磷酸既是一种酸化剂,也是一种磷源,相对有机酸,价格低廉。德国Premiere农业研究中心报道,饲粮中添加以磷酸为基础的酸化剂(含有一些别的有机酸,如柠檬酸、乳酸)饲喂断奶0～13天仔猪,促生长效果好于延胡索酸,而且添加剂量也少于单一的延胡索酸,降低了日粮酸化成本。王学玲(1995)报道,仔猪日粮中分别添加1%柠檬酸、1%乳酸和1%乳酸＋柠檬酸混合液,从日增重和腹泻率降低的情况来看,添加混合酸最好。侯永清(1996)报道,仔猪日粮中分别添加1%柠檬酸、0.3%复合酸A(乳酸＋柠檬酸＋磷酸)和0.5%复合酸B(磷酸＋乳酸＋柠檬酸＋苹果酸),均能提高仔猪日增重9%～17%($P>0.05$),柠檬酸和复合酸则均可显著提高饲料转化率11%～15%($P<0.05$),且柠檬酸组与复合酸组无差异,所以复合酸因添加剂量小,成本低更适合实际生产中的应用。该试验中几种酸只是简单配合,如果进一步优选配合比例并完善加工工艺,则复合酸的应用效果更佳。因此针对不同酸各自的特点,研究几种酸的复合作用,对于强化酸化剂效果、降低酸化剂在日粮中所占的比例和成本,无疑具有十分重要的意义。

其次,复合酸化剂的生产工艺需深入研究。甲酸、丙酸、乳酸和磷酸是液体,具有腐蚀性,在设计酸化剂配方时,如何减少酸化剂对运输、贮存和加工设备的腐蚀，必须给予高度重视。另外，胃酸分泌是一种反射性神经活动，有机酸有吸收很快，如果有机酸在胃中浓度太高，必然会反馈性抑制胃底腺细胞分泌胃酸，时间长了就会阻碍胃分泌机能的发育。另一方面，酸化剂在胃中吸收殆尽，其酸度将无法到达小肠，无法在小肠部位继续发挥作用，这也是添加酸化剂后还是会发生下痢的一个重要原因。

当前国际上推出的新型酸化剂开始采用微胶囊型制剂或脂质保护外膜来解决这些问题。经保护处理的酸化剂在消化道中逐渐溶解、释放出来，可以使酸化范围有效地扩展到小肠部位，所以只要很低剂量就可以具有较大剂量未经处理的酸化剂相同的效果(许福，1996)。Schulenberg 和 Pabeling(1996)报道了几种酸化剂产品，由复合有机酸与特殊载体配制而成，具有将酸以气态形式挥发出来的特点，比液态酸化剂的作用强得多，单体丙酸的该类产品 0.5 kg/t 就具有液态双体丙酸(98%)2 kg/t 的抗霉菌效力。其他几种同类产品通过降低仔猪消化道内 pH 值，增强乳酸菌的生长来消除消化道内沙门氏菌和其他革兰氏阴性菌的效力都低于传统产品。饲喂被沙门氏菌感染的产蛋鸡，48 h 后鸡蛋中门氏菌计数已降为零。

(八)酸化剂的应用前景

当前酸化剂已成为继抗生素之后，与益生素、酶制剂、香味剂等并列的重要添加剂，使用抗生素及抗菌药物带来的问题，使人们越来越看好无残留、无抗药性、无毒害作用的环保型添加剂。短期内取消抗生素及抗菌药物在配合饲料中的使用尚不可能，但以酸化剂替代部分药物类添加剂是大有可为的。酸化剂作为饲料添加剂，不仅对断奶仔猪有良好的促生长效果，据报道在生长肥育猪、妊娠母猪(Salyanik 等，1995)、家禽(鸡、火鸡)、牛(犊牛、奶牛)(Mayne-CS，1993)、羊(Callayway 等，1996)、马(Saastamoinen-

MT,1994)都有一定的作用,在饲料保藏,作为防霉剂有良好的效果。极少量的酸化剂对消除危害畜禽的沙门氏菌、大肠杆菌等病原菌也很有效。在未来环保型的养殖业中,酸化剂具有举足轻重的作用和广阔的前景。

六、中草药饲料添加剂

(一)概述

中草药饲料添加剂的问世不是偶然的,有其深远的历史根源。我国自古就有中草药拌入饲料以促进动物生长、增重和预防疾病的文字记载,在我国将中草药作为畜禽饲料添加剂已有2000年的历史了,但直到近20年来,人们才开始重视起来。人们逐渐发现化学合成药物、抗生素等饲料添加剂长期添加会造成畜禽肉、蛋、奶药物残留,影响或恶化畜产品质量,进而危害人体健康。为此,世界许多国家对化学合成药物类添加剂的应用做出了限制和逐渐淘汰或禁用的规定,并大力提倡研究应用天然物即中草药添加剂。

20世纪80年代初,国内开始了中药饲料添加剂应用方面的广泛研究和深入探讨。到目前为止,披露数字表明,被用来作为饲料添加剂或混饲剂的中草药已逾200种。1990年8月,首次全国中草药饲料添加剂学术讨论会在河北承德召开。大会总结和交流了中草药饲料添加剂的研究和应用情况。1991年"中草药饲料添加剂及天然饲料添加剂应用技术研究"纳入"八五"国家科技攻关计划。使中药饲料添加剂的发展进入了一个新的阶段。近些年来,科研院校设有专门从事开发研究和推广应用中草药饲料添加剂的研究课题和项目。农业院校兽医专业的《中兽医学》课中增加了中草药饲料添加剂章节。此外,中兽医学研究生的课程设置、中兽医专业的课程设置均增加了《中草药饲料添加剂学》。

(二)中草药饲料添加剂的特性

中草药饲料添加剂(简称中草药添加剂),是指以我国对天然中草药的物性(阴、阳、寒、冻、温、热)、物味(酸、苦、甘、辣、咸)和物间关系的传统理论为主导,并以饲养和饲料工业等学科理论及技术为依托,所研制的单一或复合型中草药添加剂或混饲剂。其独有的特性如下。

1.天然性 中草药本身为天然有机物和无机矿物,并保持了各种成分结构的自然状态和生物活性。同时,这些物质经过长时间的实践和筛选,保留下来的是对人和动物有益无害的和最易被接受的外源精华物质,具有纯净的天然性。

2.多能性 中草药添加剂的多能性产生于其本身的许多成分和合理组配。中草药多为复杂的有机物,其成分均在数十种以上,甚至上百种。如一个小的山楂,现已测知的成分有70余种。加之将中草药按传统性理论合理组配后,使物质作用相谐调,并产生全方位的作用。这是化学合成物所不可比拟的。中草药的多能性主要有以下几方面:

(1)营养作用。中草药一般均含有蛋白质、糖、脂肪、淀粉、维生素、矿物质微量元素等营养成分。虽然含量较低,甚至是微量的,但还是可起到一定的营养作用。近年来,借助于现代设备对中草药添加剂成分进行了分析测试,对其作用机理进行了探讨,为中草药的应用提供了科学依据。据分析,松针的氨基酸含量为6.33%,维生素C为522 mg,维生素B_1为3.8 mg/kg,维生素B_2为17.2 mg/kg,胡萝卜素为121.8 mg/kg等。通过对中草药成分的分析,可以认为,中草药添加剂是通过补充饲料中某些营养成分不足而发挥作用的。

(2)增强免疫作用。已发现中草药中的多糖类、有机酸类、生物碱类、甙类和挥发油类有促进淋巴细胞转化,增强单核一巨噬细胞系统的功能，能明显促进机体抗体的生成，有增强免疫的作用，从而促使中草药免疫增强剂的研制。

(3)激素样作用。中草药本身不是激素，但可起到与激素相似的作用，并能减轻或防止、消除外激素的毒副作用，而被认为是胜似激素的激素样作用物。

(4)维生素样作用。指本身不含某一种维生素成分，而却能起到某一种维生素的功能作用。

(5)抗应激作用。目前对防治畜禽应激综合征的研究中，发现一些中草药(如刺五加、人参、黄芪、党参、柴胡、黄芩、延胡索等)有提高机体防御抵抗力和调节缓和应激的作用。

(6)抗微生物作用。许多中草药具有抗细菌和病毒等作用。

3. 毒副作用小，不易产生抗药性　中草药所含绝大多数成分对畜禽有益无害，即使是用于防治疾病的一些有毒中草药，亦经自然炮制或精制提取和科学配方(相杀、相恶等和君臣佐使的原则)而使毒性减弱或消除。同时中草药以其独特的抗微生物和寄生虫的作用机理，不致使产生抗药性和耐药性，并可长期添加使用。如与抗生素使用，还可降低或消除后者毒副作用。

(三)中草药饲料添加剂的分类及化学成分

随着我国近年来畜牧业产业结构的变化，中草药作为饲料添加剂或混饲剂，因具有毒副作用小，不易在肉、蛋、奶等食用畜产品中产生有害残留等优点，日益受到国内外畜牧兽医工作者的青睐。到目前为止，我国使用的5 000多种中草药中已有3 700余种搞清了有效成分。已有200余种用于中草药饲料添加剂。

1. 用于饲料添加剂的中草药分类

(1)按药物功能分类。如解毒药、清热药、理气药、活血化淤药等。

(2)按药用部分分类。如根类、叶类、花类、皮类、种子类、根茎类、全草等。

(3)按有效成分分类。如含生物碱类的中草药、含黄酮类的中草药、含挥发油的中草药、含苷类的中草药等。

(4)按自然属性和亲缘关系分类。先把中草药分为植物药、动物药和矿物药,动、植物药材再根据其原植物、动物的亲缘关系,依门、纲、目、科分类排列,如毛茛科、豆科、麻黄科、木兰科、大戟科、五加科等。

2.用于饲料添加剂的中草药化学成分 中草药所含化学成分很复杂,通常有糖类、氨基酸、蛋白质、油脂、酶、色素、维生素、有机酸、鞣质、生物碱、黄酮、苷类、无机盐等。每一种中草药都含有多种成分。在这些成分中,有一部分具有明显的生物活性并具医疗作用,常称为有效成分,如黄连、三棵针中的水檗碱(生物碱)对革兰氏阳性和阴性细菌、原虫以及流感病毒、真菌均有较强的抑制作用,用于细菌性痢疾和阿米巴痢疾、急性肠胃炎等。20 世纪 70 年代初,中国医科院药物研究所从中药青蒿中提取出了青蒿素,并经实验证明青蒿之所以用来治疗疟疾,是由于其中含有的青蒿素具有抗虐作用的缘故。但是,有效与无效不是绝对的,随着科学技术的发展和人们对事物认识的不断深入,一些原来认为是无效的成分因发现了它们具有生物活性而成为有效成分。例如,现在发现香菇、茯苓、人参所含的多糖有抑制肿瘤的作用,枸杞多糖具有一定的抗衰老作用,其能有效地对抗自由基过氧化,使受损膜电学功能发生逆转,是其抗衰老的原因之一。板蓝根多糖对体液或细胞免疫均有一定的促进作用。还有鞣质在中草药里也普遍存在,一般对治疗疾病不起主导作用,常为无效成分,但在五倍子、地榆中却因鞣质含量较高并有一定生物活性而为有效成分。如五倍子,鞣酸为主要活性成分,主要用作收敛剂,具有消肿、消毒、止血、防腐、镇痛等功用。关于中药鞣质成分的药理研究,人们进行了大量的研究工作,并将不断发现和拓宽它的用途。

中草药的化学成分不仅与中草药的医疗作用有着密切的关系，而且对于鉴定中草药的品质、质量以及加工炮制、贮藏、栽培引种、资源发掘都有重要意义。

3.**中草药饲料添加剂的分类** 国内外饲料添加剂的发展很快，分类也在不断变化，很多研究者提出不同形式的分类方法，其中有日本鼻田清雄的"使用目的分类法"，即将饲料添加剂分为营养类，促生长和防病类，防止饲料劣化类，提高饲料适口性和产品质量类，调整生理功能类及其他；还有日本森本宏氏的十大分类法，将饲料添加剂分为氨基酸类、维生素类、微量元素类、激素类、酶类、调味剂类、防腐剂类、香料类、着色剂类和酵母类；美国著名动物营养学家 M C 恩思明格把饲料添加剂分为两种性质（即补充饲料性质、添加剂与埋植剂性质）6 大类：补充营养类、促进采食类、提高商品价值类、促消化吸收类、改变代谢类、影响健康类。我国对饲料添加剂的研究、生产和应用起步都较晚，有关饲料添加剂的分类问题也是各执其词，目前还没有统一的分类。谢仲权、牛树琦主编的《天然物中草药饲料添加剂大全》中将中草药饲料添加剂分为：免疫增强剂、激素样作用剂、抗应激剂、抗微生物剂、驱虫剂、增食剂、促生殖增蛋剂、催肥剂、催乳剂、防治疾病剂、饲料保藏剂共计 11 个大类，每一大类又分为若干小类。

中草药或中草药复方作为饲料添加剂或混饲剂，参照上述的分类方法是比较困难的。这是因为中草药及其复方的成分和作用比较复杂，缺乏特异性并难于定位的缘故，如果将中草药饲料添加剂或混饲剂按其作用不同分为营养性和非营养性两大类，还可进一步细分为若干小类。而绝大多数中草药饲料添加剂和混饲剂，同时兼有营养性和非营养性两方面的作用，很难加以区别分类。从目前生产应用的目的而言，主要可以分为：增加畜产品产量、改进畜产品质量，防治疾病保障动物健康两个方面。按来源分为植物、矿物和动物类；按作用可分为营养性和非营养性两大类，而且可进一步分为若干小类。

因此，根据目前应用的情况来看，主要可以分为中草药补充营养促进生长类饲料添加剂和中草药防治疾病类饲料添加剂。

(四)中草药饲料添加剂的应用效果

随着现代养殖业的发展，中草药饲料添加剂的种类不断增多，其作用也日趋广泛，实践证明，中草药作为添加剂，具有促进食欲、催肥增重、提高饲料效率、缩短饲养周期、增强对疾病的抵抗力等功能。

中草药品种繁多，功用各异。各地的中草药添加剂配方也不胜枚举，各显其效。

1.鸡用中草药饲料添加剂的应用

(1)蒜辣粉。蒜辣粉是将大蒜和辣椒经晒干粉碎后，按照 1∶1 配制而成的一种饲料添加剂。它具有大蒜和辣椒的双重作用。蒜辣粉具有抗菌、促进免疫、驱虫、健胃、消食和刺激味觉感受器等功能。马玉胜等用蒜辣粉以 1%添加饲喂 28 天肉仔鸡增重率 8.79%，提高饲料利用率 8.6%。

(2)蜂花粉。蜂花粉系蜜蜂采自植物花朵雄蕊的花粉，具有植物发育所需的全部营养物质。大量研究结果表明，蜂花粉除富含蛋白质、21 种氨基酸、碳水化合物、11 种维生素、脂类等营养成分外，还含有酶和辅酶、激素、黄酮类、多肽及常量元素和微量元素等 100 多种生物活性物质。具有补充营养，提高增重之功用。吉林省饲料公司科研所姜懋武(1986)报道，在基础日粮中添加 1%和 0.1%的花粉，饲喂肉鸡 45 天，试验组比对照组平均增重分别提高 23.6%($P<0.01$)和 13.1%($P<0.05$)；肉料比分别提高 18.37%和 17.01%；浙江省龙游县畜牧兽医站张桉等(1989)在日粮中添加 0.2%～0.4%花粉饲喂肉鸡可提高增重 107.6～127.3 g，在蛋鸡日粮中添加 0.5%的花粉，产蛋率显著提高。

(3)粉状松针生物活性物。本品呈粉末状,颜色为浅黄绿色,粉末颗粒具有油光泽。含有脂溶性维生素(维生素 E、胡萝卜素等),水溶性维生素(维生素 C、维生素 B 等)植物激素和植物杀菌素等活性物质,并含有多种微量元素(硒、铜、锰、锌、钴、钼等)和 18 种必需氨基酸。该活性物质饲料添加量 0.4%,经西安机械化养鸡场在生产上使用 224 天,试验组(268 884 只)比对照组(2 678 只)提前开产 2 周,产蛋率提高 5.2%($P<0.01$),并能提高蛋黄色泽,节省饲料 23%,每只鸡在试验期可增加毛利约 1.10 元。北京市俸伯鸡场经添加试用 122 天,试验组(14 825 只)比对照组(14 923只)鸡抗病力强,减少死亡 5.9%($P<0.05$)。

(4)止痢散。黄连、黄芩、苦参、金银花、白头翁、秦皮各等份。诸药共研细末,拌匀。按每只雏鸡每日 0.3 g 拌料。主治雏鸡白痢。刘深延报道(1992)取"止痢散"水煎液(1 g/ mL 进行体外抑菌试验),结果表明,鸡白痢沙门氏杆菌高度敏感,24 h 抑菌圈直径 33.5 mm,其人工感治雏鸡治愈率为 95.18%(79/83),药物对照敌菌净组为 81.82%(72/88),痢特灵组为 66.11%(55/90)。其次,进行预防试验,止痢散组保护率为 100%,敌菌净组为 85%,痢特灵组为 50%。

(5)驱球散。处方组成:常山 2 500 g,柴胡 900 g,苦参 1 850 g,青蒿 1 000 g,地榆炭 900 g,白茅根 900 g。按以上组成煎煮 3 次,合并滤液,浓缩到 25%,或按处方组成粉碎成粗粉,过筛,混匀备用。

治疗:将煎煮的 25% 药液在 15 kg 饲料中加 4 000 mL(即 267 mL/kg饲料)拌匀,连续饲喂 8 天。

预防:在饲料中添加 0.5% 驱球散粉末,任鸡自由采食,连续用药 5 天。

据廖世鹏(1992)等报道,用"驱球散"煎剂拌料饲喂球虫病鸡 1 200 只,治愈 1 127 只,治愈率 93.52%,疗效均高于克球粉和磺胺二甲基嘧啶组。并用驱球散粉剂进行预防试验，其发病率、死亡率均为0，而空白对照组的发病率、死亡率分别为68%、44%，克球粉组8.4%、6.8%。

(6)增重散。茯神、五味子、钩藤、黄芪、白术、香附、白芍、神曲、昆布等组成，粉碎、混匀即可。

据新疆石河子农学院周自动、石河子商业局禽蛋公司种鸡场王晓华等(1997)报道，将“增重散”按日粮的1%添加饲喂艾维因肉仔鸡，自开食后投药至第7周末停止添加，第8周末称重，试验组与对照组相比，仔鸡死亡率降低6.5%，平均只增重240 g，肉料比降低0.13。

(7)腹水灵。由苍术、陈皮、山楂、桑白皮、猪苓、茯苓、泽泻、木通、二丑、扁蓄、车前草、甘草等组成，按比例粉碎过筛、混匀。

据向瑞平(1998)报道，“腹水灵”对肉鸡腹水综合征的有效率为93%，治愈率73%。其用法用量：按1 g/(天·只)，7天为一疗程。将腹水灵粉剂拌入饲料混匀饲喂，完全不食者灌服。

(8)禽瘟王(原名为禽瘟散)。由蟾蜍、黄连、金银花等组成。“禽瘟王”是中国农科院中兽医研究所研制的防治禽多杀性巴氏杆菌的纯中药制剂。经大量临床推广应用，其预防和治疗效果分别达95%和98%以上。

为证实本制剂的抗菌效力并扩大其应用范围，为临床提供理论依据，甘肃农业大学动物医学系魏彦明等(1997)选用大肠埃希氏菌44674(078:K80)、鸡白痢沙门氏菌C79-13、禽霍乱巴氏杆菌(P1059，C48-1)，猪丹毒杆菌、猪肺疫巴氏杆菌、金黄色葡萄球菌、绿脓杆菌8种细菌，进行“禽瘟王”体外抑菌试验。

试验结果表明，“禽瘟王”对以上8种细菌均有不同程度的抑菌作用，粉剂对大肠埃希氏菌、鸡白痢沙门氏杆菌、禽霍乱巴氏杆菌、猪肺疫巴氏杆菌的最低抑菌浓度在1∶640以上，对金黄色葡萄球菌、绿脓杆菌、猪丹毒杆菌的最低抑菌浓度达1∶160。

(9)增色散。由辣椒、红花、黄芪、女贞子等味中草药组成,干燥后粉碎过 60 目筛,混匀,分装备用。

陕西省畜牧兽医研究所袁福汉等(1995)用"增色散"作蛋鸡饲料添加剂,对提高蛋鸡生产性能和改善鸡蛋品质进行了研究报道。试验鸡选自自选孵化的 168 日龄已开产和罗斯商品代鸡,经常规免疫、临床诊断观察,确定健康鸡 136 只,随机分为试验组和对照组。试验前两组产蛋率、体重均无显著差异。试验组和对照组条件一致,试验组日粮中添加 1.2%的增色散,对照组仅喂基础日粮,两组均按只定量,日喂 3 次,自由饮水,试验期 105 天。观察临床变化,进行血常规检查、产蛋率、蛋料比和破损率、蛋质测定。试验表明试验组比对照组产蛋率提高 9.64%($P<0.01$),饲料报酬提高 9.57%,蛋黄色泽提高 2.13 级,鸡蛋破损率降低 12.9%。

(10)激蛋散。由虎杖、地榆、丹参、川芎、山楂、大云、罗勒、丁香等组成,粉碎、混匀备用。该方具有抗腺病毒,提高产蛋率的作用。

山西省稷山康益生物技术研究所宁炳渭等人课题组(1996)报道了"激蛋散"防治鸡减蛋综合征的试验结果。"激蛋散"一般按 1%拌入饲料饲喂治疗 5 天,每间隔 10 天按 0.5%拌入饲料饲喂预防 3 天(2 次)为 1 月疗程,每只鸡月用药量为 1.25 g×5 天 + 0.63 g×3 天×2 次=10 g,在开产前,初产和产中按 3 个月防治约需"激蛋散"30 g,可减少减蛋综合征的发生。

2.猪用中草药饲料添加剂的应用

(1)红辣椒。红辣椒可促进猪的生长。据胡太文等(1994)报道,在断奶仔猪基础日粮中添加 0.16%的干辣椒粉,试验 134 天,结果降低饲料消耗 12.65%,平均每头可多增加收入 12.29%。

(2)橘皮粉。孟昭聚(1994)报道,在仔猪日粮中添加 5%橘皮粉,日增重可提高 12%,饲料报酬提高 10.5%,胴体重提高 11%,净肉重提高 11.6%。

(3)艾叶。陈金文等(1991)报道,在肥育猪配合饲料中添加2%艾叶粉,日增重可提高9.6%,饲料利用率提高12.1%,采食量减少3.8%,并降低了猪的胃肠炎发病率。

(4)泡桐叶。韩始忠等(1990)用15%泡桐叶代替育肥猪日粮中的等量麸皮,结果日增重略有提高,每千克增重成本降低7.98%,屠宰结果表明加入泡桐叶可以降低背膘厚和改善胴体品质。

(5)猪人参。同钩吻、断肠草、胡蔓草、大茶叶、大炮叶组成,其遍布浙江、福建、广东、广西、云南、贵州,有试验报道,在基础日粮中加入适量的"猪人参"饲喂60天,仔猪增重率16.22%。

(6)松针粉。松针粉是一种低能量、高蛋白、富含畜禽生长发育必需的氨基酸、维生素和多种微量元素的营养物质,由马尾松、黄山松、黑松、赤松、落叶松、油松、樟子松、云杉和冷松的树叶加工制成。因此,添加松针粉喂猪可以克服一般农家饲料市售饲料中蛋白质含量偏低,消化能偏高的缺点。有效促进消化吸收和新陈代谢,提高饲料利用率,加快猪的生长。在育肥猪日粮中添加3%~5%的松针粉,平均日增重提高15%,瘦肉率增加,猪肉品质改善。试验证实,添加5%松针粉,饲料成本下降15%,增重提高2.4%。在种猪饲料中添加4%松针粉,可促进精液的产生,采精量提高8%~10%。同时,添加了松针粉的猪,毛色光亮,皮肤红润,体质强壮,被毛光滑。

(7)母服仔猪白痢散。由牵牛子、白头翁、皂矾、红糖等组成。本品为粉剂,粒径在0.8 mm以下。具有健脾湿、清热解毒、通便泄水、敛肠止痢、活血补血之功效。主治仔猪白痢(母服),对一般腹泻症亦有良效,并有预防肠道寄生虫病和促进生长的作用。

浙江省安吉兽药厂舒启松等(1995)报道了仔猪白痢散的临床药效试验。3天共防治白痢仔猪4 000余窝计20 000余头,其中跟踪调查224窝计1 849头病仔猪,治愈207窝计1 759头仔猪,无效17窝计123头病仔猪,以窝计算,总有效率92.41%,以病仔猪计算，总有效率 92.86%。

(8)助长散。由肉桂、黄芪、白芍等组成。粉碎、混匀备用。

新疆石河子农学院谷新利、新疆石河子总场二分场猪场乔文新等将“助长散”在基础日粮中按 0.75%添加饲喂肥猪 45 天，结果试验组比对照组平均日增重提高 29.22%($P<0.01$)，饲料转化率提高 29.49%。

(9)中草药制剂 BMSL。由巴豆、麻根、首乌等配伍。制成汤剂备用。拌料饲喂。

广东佛山科学技术学院王晔(1998)报道了 BMSL 对 40～50 日龄杜长大三元杂种猪生长肥育效果的试验。于佛山某猪场选 5 窝 40～50 日龄杜长大三元杂种猪，以体重为标准，考虑家系分布，从中选出 45 头分成 3 组，每组 15 头，其中设一对照组，其他两组分别为试验组(不同的用药剂量)。45 头猪经 125 天试验观察，试验组分别比对照组日增重提高 12.02%和 10.26%，日增重差异均达极显著水平($P<0.01$)；试验组分别比对照组节约饲料 7.41%和 7.69%，每增重 1 kg 可降低饲养成本 0.54 元和 0.53 元。

(10)止痢散。由白头翁、苦参、瞿麦、连翘、丹皮、诃子、王不留行、马齿苋、茯苓等组成。粉碎、混匀备用。

新疆石河子农学院动物科学系谷新利等(1996)应用止痢散、土霉素、痢特灵进行防治仔猪黄白痢效果对比试验。其采用土霉素、痢特灵、止痢散给母猪饲喂，通过泌乳来预防和治疗仔猪黄白痢，从试验结果来看，止痢散预防仔猪发病率最低，治愈率最高为 98.48%。

3.鱼用中草药饲料添加剂

(1)大蒜和大蒜素。大蒜是常见的食用植物，为百合科植物蒜(*Allium sativum* L.)的鳞茎，全国各地均广泛栽植。地下鳞茎具特异的辛辣味和蒜臭，其有效成分为大蒜素，又称蒜辣素。其主要功能为杀虫、解毒、消积止痢。大蒜素纯品为一种油状液体，可用大蒜在酶作用下提到，亦可人工合成，常用于防治草鱼、青鱼的烂鳃病和肠炎病。

①大蒜使用方法：每 100 kg 鱼用大蒜 0.5～1 kg 拌入饵料中上食台投喂，6 天为一疗程；如加入等量食盐，可提高其作用。

②大蒜素使用方法：每 100 kg 鱼每天 4～7 g，连续投喂 3～5 天，用以防治细菌性肠炎病、烂鳃病、阿米巴原虫病、鳃真菌病和鳗鱼的一些细菌性病。

(2)鱼宝

组成：枳实、当归、丹参(或党参)各 30～40 g，辣蓼、艾叶、茵陈、苍术、石菖蒲各 40～50 g，麦芽 200 g，谷芽 100 g，蒲公英、神曲、贯众各 120 g，附子、石斛各 30～40 g，地龙、蛇各 50～100 g，蜈蚣(或全蝎)7～10 g，雄黄、朱砂、滑石、硼砂各 5～10 g，炉甘石，蜂房灰各 50 g，代赭石 40～50 g。

(3)鱼类促长剂

组成：沸石、沙棘果渣等量。

制法：将沸石粉与沙棘果渣拌匀。

用法与用量：以 10%添加于饵料中。

功能：消食化滞，促长添膘。

用途：鱼饲料添加剂，促进生长。

应用与研究：北京农业科学院童岩报道(1990)，用该方按 10%加入饵料中，667 m^2(每亩)放养 14 000 尾建鲤，试验期 117 天。结果试验组平均体重比对照组高 16.1%，667 m^2 产量增加 10.6%，且鱼肉游离氨基酸提高 20%～30%。

(4)中药肥鱼散

组成：党参、黄芪等六味中药。

制法：按组方加工成散剂，混匀，分装。

用法用量：按 1%添加于饲料中，用药 60 天。

应用研究：据报道，应用肥鱼散提高总产量 30%，平均尾重提高36%，日增重提高1.68 g，饵料系数降低42.17%，并明显改善了鱼的肉质质量，提高了营养价值。

（五）中草药饲料添加剂的配制和应用

1. **处方配制目标明确** 中草药添加剂的处方配制要目标明确，药效集中，针对性强，防止药味多而造成药效抵消或浪费药材，达不到目的。

2. **配伍禁忌** 传统中草药配伍禁忌有十八反、十九畏。配制中忌用某些具有对抗作用的中草药，如矿物质类中药勿与维生素添加剂或富含维生素的中药配合使用。尽量使用挥发性小、异味少的中草药，以免影响适口性或残留在肉、奶、蛋等畜产品中。

3. **中草药不同药用部位的开发利用** 中草药的根、茎、叶、花、皮、籽等不同药用部位，药用价值各异。应进一步对它们的主要有效成分及含量作分析，注意不同药用部位的结合开发利用。尽量选用药源广泛、价格低廉的药物。

4. **中草药复方添加剂用量** 一般占日粮的0.5%～2%，单味药作添加剂用量宜大，如乳牛日粮中添加10%的松针粉仍属安全用量。某些有毒中草药，单味作为添加剂时，剂量宜轻，特别是钩吻、细辛之类剧毒药应进行安全试验。

5. **中草药添加剂使用间隔时间** 根据中草药的吸收慢、排泄慢、显效在后的特点，在使用中草药添加剂的间隔上，开始可每天喂一次，以后逐渐过渡到隔1日或3日一次，既不影响效果，又可以降低成本。

6. **中草药添加剂的日程添加法** 根据中草药添加剂的作用和生产需要，大体可分为长程添加法、中程添加法和短程添加法三种。长程添加法，持续时间一般在4个月以上，甚至终身；中程添加法持续时间一般为1～4个月；短程添加法，持续时间在2～30 d，有的甚至在1天内。每种日程内，又可采取间歇式添加法，如三二式添加法(添 3 天,停 2 天)、五三式添加法(添 5 天,停 3 天)和七四式添加法(添 7 天,停 4 天)等。至于添加方式,对反刍动物可采取饮水的方式给予,以防长期服用中草药添加剂后,瘤胃中大量的微生物活性被具有抗菌作用的中草药所抑制,影响正常的消化机能。

(六)中草药饲料添加剂的质量标准

中草药饲料添加剂由于药材来源的地域性、炮制工艺的不同,生产工艺的差别,技术水平及设备条件的差异,储运情况不一,使中草药饲料添加剂质量的影响因素很多,故建立统一的药品质量标准,方可保证药品质量的均衡性,以保证临床用药的安全有效,同时也是政府管理药品的依据。

1. 我国现有的兽药质量标准

(1)国家标准。《中华人民共和国兽药典》是我国兽药生产和管理的法定标准。

《中华人民共和国兽药规范》由中华人民共和国兽药典委员会制定、修订,农业部审批、发布。

(2)专业标准。《兽药暂行质量标准》由中国兽药监察所制定、修订,农业部审批、发布。

(3)地方标准。《兽药制剂标准》由省、自治区、直辖市兽药监察所制定,省、自治区、直辖市农业(畜牧)厅(局)审批、发布。

2. 质量标准的特性 中草药饲料添加剂作为畜禽饲料添加兽药应具有效性、安全性、稳定性及可控性。质量标准在保证药品上述性质的同时,又具有权威性、科学性、进展性。

所谓权威性,即药品必须符合国家药品标准或省、市、自治区药品标准,当遇到产品含量(质量)问题时,或需要仲裁时,只有各级法定标准,特别是国家兽药典具有权威性。所谓科学性,质量标准是对具体对象研究的结果,它有适用性的限制。如在不同的中草药饲料添加剂中测定某一相同药味的成分,用同一种方法不一定完全合适。其方法的确定与规格的制订均应有充分的科学依据。所谓进展性,质量标准是对客观事物认识的阶段小结,即使法定标准也难免有不够全面之处。其次,随着生产设备、工艺的改进,生产技术水平的提高,以及测试手段改进提高,原有的质量标准不足以控制药品质量时,可以修订、补充和增删某些项目,改进一些检验技术,修订某项指标。

3.质量标准制定的前提　中草药饲料添加剂质量标准的制定必须具备 3 个先决条件,即处方组成固定,原料(饮片)稳定,制备工艺稳定。只有在这样的前提下,制定质量标准才能真正反映该药品的质量。药品才能保证有效、安全、稳定及可控。

4.质量标准内容　比较完整的药品质量标准的内容应该反映以下几个方面的研究结果,即药品的理化性质的研究,包括有关常数的测定;药品的药理及毒理研究;药品临床疗效及副作用的研究;药品生产路线的研究及药品制剂的研究等。药品质量标准的具体内容主要有名称、处方、制法、性状、鉴别、检查和含量测定等方面。

(1)名称。中草药饲料添加剂首先要有一个确切的名称,既要具有科学性,又要通俗、简易、明确,不易混淆、误解,便于人们熟悉。如天麻散、止痢散、通肠散等。

(2)处方。中草药饲料添加剂既可以是单味中药或单味中药的提取物,也可以是 2 种或 2 种以上药物组成的复方。因此,处方形式有中药净药材或中药饮片处方。如大黄末即为大黄制成的散剂。半夏散其处方:半夏(制)30 g,升麻 45 g,防风 25 g,枯矾 45 g。

(3)制法。如仍以半夏散剂为例。以上四味,粉碎成粗粉,过筛、混匀即得。

(4)性状。药物的性状是药品质量的重要表征之一,包括药品的聚集状态、色泽、嗅、味、溶解行为、稳定性等。尤其是中药饲料添加剂，性状可因生产条件的不同而有差异，只要这些差异不影响质量和药效是允许的。因此在规定性状时，既要体现药品的性质和特点，又应考虑生产实际水平。

(5)鉴别。药物的结构性质表现出来的特殊的化学行为是鉴别药物真伪的重要依据，但不是唯一的依据，还须结合药品的其他项目全面考察，才能得到正确的结论。鉴别大致有以下几个方面：

①鉴别药味的选择：中草药饲料添加剂多为复方，处方药味从两三味、十余味至几十味，一般不要求逐个进行鉴别。根据中兽医药理论，依处方原则首选君药与臣药进行；贵重药量虽少，但有时起重要作用，加强质量监督也是很必要的；含毒、剧药也须鉴别，必须规定含量或限度。其次，选择鉴别药味也应结合药物本身的基础研究工作情况，如成分不清楚，或试验干扰成分难以排除，则可选择鉴别其他药味，并在起草说明中申明理由。如为单方制剂，成分无文献报道的，应进行植物化学研究，搞清大类成分及至少一个单体成分，以便建立鉴别等项目。

②鉴别方法：一般包括显微鉴别、理化鉴别及色谱鉴别等。理化鉴别有显色法、沉淀法、升华法、结晶法、荧光法。

显微鉴别主要是通过动植物细胞组织、后含物或其他特征，用显微镜加以识别。显微鉴别在中草药饲料添加剂中应用较普遍，一般需要根据处方，对各组成药材逐一分析比较，尽量排除某些类似的细胞组织及后含物等的干扰和影响，选取多药在该成药中具有专属性的显微特征作为鉴别依据，所描述的特征必须显明、易察看。

对于某些显微特征不明显，或原粉药材以浸膏粉替代，改变剂型以减小剂量的情况，均以化学方法进行鉴别。但必须是有文献报道的已知化学成分，而不能建立在化学预试的基础上，方法以专属性强、灵敏、简便、快速、重现性好为原则。一般有显色法、沉淀法等。

色谱鉴别一般指用薄层色谱、纸色谱、气相色谱和液相色谱对中药进行真伪鉴别，其中薄层鉴别已成为中药内在质量控制的重要内容。国内外各国药典收载品种逐版增加。因为薄层鉴别可在一块层析板上容纳多个样品，出现数个信息，它适合于天然药物，特别是中药复方组成成分复杂的情况，具有分离和鉴定的双重作用，只要特征斑点具有再现性，就可以作为确认依据。

(6)检查。按药典附录中不同剂型项下的要求进行检查，应符合各项规定。如中草药饲料添加剂一般进行装量差异、细度、均匀度、干燥失量等项目的检查。

(7)含量测定。中药材为天然产物，含有多种成分。中草药饲料添加剂又多为复方，所含成分更为复杂，但常共具临床疗效，有时甚至具有双向调节作用，很难确定某化学成分是兽医用药的唯一有效成分，有些尚不能与中兽医用药疗效完全吻合。因此 1990 年版兽药典二部，1992 年兽药规范二部所收中兽药制剂未收载含量测定。然而药物的疗效必定有其物质基础，根据中兽医药理论，结合现代科学研究，选择具生理活性的主要化学成分，作为有效成分或指标性成分之一，建立中兽药含量测定项目，评价药物的内在质量，将会随着人们对中药复方物质性研究的深入，而不断完善。

第二节　饲料品质改进剂

一、饲料风味添加剂

(一)概述

随着饲料工业的发展，配合饲料中加入化学物质添加剂(矿物质、微量元素、维生素、抗生素等)越来越多,以及农副产品、轻工业、食品行业的下脚料的应用,对原有饲料的天然风味产生了很大影响,产生的不良气味,大大影响了配合饲料的适口性,降低了饲料的采食量。因此,如何改善配合饲料的风味与适口性,增加采食量,保证旺盛的食欲已成现代饲料工业的另一个重要课题。

饲料风味剂(Feed flavors)的应用研究约有 50 年的历史,美国从 1940 年开始研究饲料风味剂,依阿华大学的 D. Y. Catron 博士和康乃尔大学的 M. R. Kare 博士率先进行了仔猪和鸡采食适口性的研究,在此基础上,1946 年美国成立了专门经营饲料风味剂的公司,引起了世界许多国家的重视。至 20 世纪 80 年代中期,欧美一些国家如美、法、英、意等国饲料风味剂的应用已相当普遍。欧共体批准的可在饲料中添加芳香型的风味剂已达数百种。目前饲料风味添加剂的研究应用已从北美、西欧发展到澳大利亚、东欧、独联体和东南亚各地。

我国饲料工业起步较晚,对饲料风味剂的研究应用仅有近 10 年的历史,但发展速度很快,已有专门的生产厂家,一些科研单位也正根据我国国情,研究自己的饲料风味剂,并取得了可喜的进展,如广州化十香味素系列,广东肇庆的“乳猪香”、“猪料香”、“猪味香”,浙江德清的“奶猪香”以及湖南晶天的大蒜素系列等。

(二)饲料风味剂的使用与效果

许多试验与生产实践证明,饲料风味剂不仅可以补充饲料加工中缺失的天然风味,中和、掩盖配合饲料中的矿物质、药物、尿素等给畜禽带来的不良味觉,克服因原料、配方变异所造成的风味变化,还可针对动物的生理特性,采食习惯及嗜好来实现:①引诱动物摄食,提高采食量,进一步发挥动物的生产潜力,特别是早期和某些不利情况下的生产潜力;②刺激唾液、胃液、胰液等消化液的分泌,促进消化吸收,有助于动物腺体的生长发育;③改善断乳仔畜的饲料风味并能吸引其尽早开食，并给之以“安慰感”，克服和消除断奶应激及生长迟缓综合征，促进早期离乳又可缩短母畜哺乳期，提高繁殖力；④有利于饲料资源特别是蛋白质资源的开发及代用品的利用。在水产养殖中，加香饵料可节省动物蛋白，开发廉价植物蛋白。⑤国内许多科学实验表明，饲料风味剂不但可改善饲料适口性，增加动物采食量，而且可促进动物消化吸收，提高饲料利用率。据 Hines 研究表明：2～8 周龄仔猪饲料中添加风味剂，可使饲料的采食量与日增重提高约 8%；俄罗斯的研究表明，使用饲料风味剂，可使仔猪平均日增重提高 10.6%，每千克增重消耗饲料量降低约 20%；中国农科院畜牧研究所在仔猪饲料中添加化十牌香味素，试验表明，仔猪采食量提高 11.6%，日增重提高 19.6%，饲料转化率提高 7.3%。荷兰 Wageningen 农业大学在适口性差的肉鸡饲料中添加风味剂，肉鸡采食量与日增重各提高 10%以上；一些实验表明，在家畜适口性差的饲料中添加风味剂可使采食量提高约 2%；增重提高约 4%。中国农科院畜牧研究所在蛋鸡日粮中添加化十牌香味素，使蛋鸡日采食量提高 5%，产蛋率提高 7%。英国专家试验表明，添加饲料风味剂可使高产奶牛早期采食量提高 20%以上，在鱼饲料中使用诱食剂、风味剂尤为重要。

(三)饲料风味剂的名称及分类

饲料风味剂属非营养性饲料添加剂，它是指用改善饲料适口性，增进动物食欲的饲料添加剂，是根据不同动物在不同生长阶段的生理特性和采食习性，为改善饲料诱食性、适口性及饲料转化率，全面提高饲料品质的一种饲料添加剂。

目前国内对饲料风味剂的叫法不尽相同，有叫调味剂、香味剂、诱食剂，叫调味剂者居多。美国食品药物管理局(FDA)1972 年 10 月公告中称不为饲料风味剂，纵观国内各种文章中叫饲料调味剂都以 flavors 翻译命名。但从中文之意饲料风味剂与调味剂内涵不同。常碧影等认为"饲料调味剂等均未确切表达 flavors 所涵有的既有'香气'又有'味料'的本质。香气产生嗅觉刺激,起引诱采食的作用,而味料部分则产生味觉刺激使之可口。无最初的刺激与引诱不行,但在最初刺激后,采食而使之觉得不可口,动物就会感到困惑不安,从而减少或拒绝进一步采食。因此,嗅觉、味觉刺激缺一不可,而香味剂似有只重气味,调味剂又有只重味道之嫌"。因此他们认为将 flavors 称之为风味剂更好。风味的实质,无非是气味与味道从嗅觉、味觉两方面作用的结果。

风味剂可分为多用型与专用型。多用型风味剂可用于各种动物饲料,主要以中和、掩盖某些组分或添加剂带来的异味。专用型则是为某种特定场合或针对某一特定对象而设计的。风味剂还可按形态分为固态和液态两种,每种形态均有其独特的应用范围。固态风味剂通常用于预混料,生产粉状或颗粒饲料。固态多为粉末状,又可分为吸附型和微胶囊型两种,目前国内外生产的大多是粉末状吸附型。液态风味剂也能在配制饲料或制粒时混入饲料中应用,也可在制粒后喷涂于饲料中。液态风味剂又分为脂溶性和水溶性,大都通过喷雾方式与饲料混合。目前最多见的是按动物种类而分类,可分为牛用、猪用、禽用、兔用、鱼用、宠物用。各种动物种类又可按不同生理阶段分为更多的品种,如猪用风味剂又可分为乳猪、仔猪、肥育猪、繁殖母猪;牛用的可分为犊牛、育成牛、产奶牛、肉牛等。

(四)饲料风味剂构成及原理

风味剂的构成一般由嗅觉刺激部分(香味剂 aroma)和味觉刺激部分(调味剂 tase)及辅助成分组成。品质优良的风味剂必须具有以下 3 种组分:①顶层组分,香料调整饲料气味,产生嗅觉刺激,有诱食作用;②中心组分,调味料产生味觉刺激,调整饲料口味;③基层组分,掩盖或缓解特殊条件下的不良气味。顶层和中心组分二者配合吸引动物，刺激食欲，促进神经反射调节，促进唾液、消化液的产生，使消化酶浓度提高，使胃肠蠕动次数强度增加，使物理、化学消化方式增强，从而增加采食量，改进消化作用。基底组分和长久不消失，维持中心组分的香味，遮蔽配合饲料中的不良味道。辅助成分有固定剂、抗氧化剂、表面活性物质、缓冲剂载体和抗结块剂等。载体有玉米粉、石粉、膨润土等。辅助成分对保持风味剂的挥发稳定平衡，保持风味剂的溶解性与分散性，以至整体功能发挥均有不可低估的作用。总之，现代的风味剂已不是简单的、单一的“调味品”，而是根据不同动物生理、心理、采食习性、嗜好，根据饲料类型、饲养方式、动物健康状况及所处的环境，并考虑了制剂的综合性能和使用的方便性而生产的复合制剂。

完整的风味剂构成应简单写成下式：

风味剂＝香气物质（头香、体香、尾香）＋味觉物质（酸甜苦咸）＋基底物质（强风味物质）＋辅助成分。

（五）饲料风味添加剂各成分介绍

1.饲用香料　饲用香料在我国饲料工业中近年来发展较快。在饲料中添加香味剂的目的是改善饲料的适口性，使饲料产生动物喜欢的气味，同时掩盖由于添加药物添加剂等产生的不良气味，刺激消化道腺体的分泌功能、促进食欲以促进动物的生长。饲料香味剂用量微小，对减轻动物在断奶、患病、运输、气候骤变的情况下的应激反应而降低食欲有一定的效果。

国外对饲用香料的使用已很普遍，不仅有适于饲养猪、牛、禽、鱼、虾的饲用香料，还有用于各种宠物、经济动物的饲用香料。比较流行的香型有奶香、巧克力、柑橘、苹果、香蕉、鱼腥、大蒜、茴香、辛香等。

饲用香料（Feed aromaties）是指能使畜禽通过嗅觉而感到的良好气味，以提高饲料适口性为使用目的的一类化学物质。饲用香料的香气不是由单一的物质所产生，而是由各种香气物质调配而成。饲用香料一般由头香、体香、尾香物质组成。保持香味剂的香味较长的时间是其使用效果的重要特征。因此在配制饲用香料时，要配好头香、体香、尾香的百分比；保持其合理的平衡。头香亦称顶香，是指挥发度高、扩散力强的香料，其存留时间短，一般在2 h以下，它能给以最初的优美；体香具有中等挥发程度，存留时间2～6 h，是香气中最重要的组成部分；尾香挥发性低，富有保留性的物质。

(1)饲用香料的香气与分子结构：目前国际上认定能安全食用的香料有1 700多种，这些香料的香气与它们的分子结构有密切关系，各自都有稳定的发香官能团。香料绝大多数是低分子有机化合物，它们主要是些酯类、酮类、醚类、脂肪酸类、脂肪族高级酸类、醛类、烃类、萜烯烃类、醚酚类、酚类、芳香族醇类、芳香族醛类、硫醇类以及内酯等具挥发性物质。经测定这些化合物含碳数在10～15香气最强。一些非挥发性物质，如某些核苷酸、*L*-氨基酸、甜菜碱等，其发香官能团主要有下列几种：羟基(—OH)、羧基(—COOH)、酯基(—COOR)、醛基(—CHO)、内酯、羰基、醚(R—O—R)、苯基、酰氨基($—CONH_2$)、氰基(—CN)、硫醇基(—SOH)、硝基($—NO_2$)。

烃类的低分子化合物是无气味的，随着分子结构中碳数增加，香气变得较强，C_8～C_{15}间香气最强。而当烃类成为高分子化合物时，香气会增强。

醇类的烃羟基是最强的发香基团。如果结构体系内有双键和叁键，香气则更强。如柑橘油中的正癸醇和芳樟醇，尽管都是碳数为10的一元醇，由于芳樟醇结构中含有2个双键，其香气强度就大大超过正癸醇。然而羟基增加却往往导致香气减弱，最后变成无气味。如常用的溶剂丙醇、丙二醇、丙三醇，其香气逆减就是该规律的反映。芳香族醇比脂肪醇香气强。酚在有一个羟基时香气最强。在羧酸中,低分子化合物具有强烈的香气。

酯类作为香料使用得最多,比构成其成分的酸、醇本身具有更强烈的芳香。低级脂肪酸与脂肪醇所形成的酯类,具有各种水果的香味。如苹果、香蕉、梨等水果香气中都有这类成分:乙酸丁酯、丁酸乙酯、乙酸乙酯。内酯虽然与酸的结构相似,香气也相近,但其作用极其微妙。内酯的含量一般很少,却能使香精的头香和体香衔接,使整体香气更加完善,如奶香中的δ-癸内酯、γ-十一内酯等就是如此。

醛和酮无论是直链或环状化合物都具有优美的香气,用途颇广。在各种饲料香味剂的香精配方中,都含有醛、酮类香料。

研究结果还表明,在同系化合物中低分子化合物的香气决定于所含的香气官能团,而分子量稍高的化合物香气则取决于分子结构形状和大小。分子的主体结构不同,如直链、支链的差别,烯键、炔键结合位置的差别,以及官能团所处位置的不同,都会使香气有很大差别。香料的香气与分子的电性也存在着一定关系,如苯环上引入吸电子基—CHO、—NO_2、—CN 等,一般产生相似的气味。如 R—,当 R 为—CHO,—NO_2,—CN 或 CH_3CO—时,有苦杏仁味。在 R—OCH_3 中,当 R 为—CHO、—NO_2、—CN 时,有大茴香香气。

此外,有一些杂环化合物香料也是香味剂中的重要成员。杂环香料是以含有一个或多个杂原子(O,S 或 N)的五元、六元环素或稠环系为主的一类化合物,最常见的有吡嗪类、呋喃类、吡咯类、噻唑类、吡啶类和噁唑类。杂环香料通常具有极高的香气强度和极低的察觉阈值,因此在饲料香味剂中它们可以作为特效化合物,如鱼腥香中的2-甲基吡啶、四氯吡咯等。

(2)饲用香料的类型。目前市场上采用的香料有油性和粉末状两大类。油性香料用喷雾方法喷洒在颗粒饲料上,香气可以很好地发挥出来。但这样添加的香料,香气不能持久。粉末状香料又可分为拌和型、吸附型和微胶囊型。拌和型粉末香味剂是将固体香料和粉末介质混合拌和而成，制造工艺比较简单，关键是使固体香料和粉末介质两者的颗粒度保持一致，否则在生产、运输过程中受到振动后产生分离，使香粉物质分布不均匀。吸附型香料是把液体香料吸附在阿拉伯树胶、糊精谷粉、纤维素上，然后制成粉末。微胶囊香料是将香料加入含有胶体物质的液体中通过喷雾干燥而成，这两种香料挥发性小，可长期保存，可用于伴有加热过程的颗粒料中。

(3)饲用香料物质介绍。适宜作为饲用香料的原料很多，凡国家批准作为食品添加剂而动物又喜爱的香料物质均可选用，以及一些植物中的辛香物质、动物体中的香气物质。如茴香油、甘草精、葱、蒜粉、姜、橙油、柑橘油、胡椒粉、柠檬酸、乙酸异丁酯、乳酸丁酯、乳酸乙酯，以及可可、巧克力、乳糖、葡萄糖、氨基酸、核苷酸等。

饲料香料的选择应根据动物的喜好和添加目的，不同的动物、不同的使用目的，选用不同的香型，以乳香型和水果香型为主。

①柠檬醛：分子式：$C_{10}H_6O$，相对分子质量：152.24。为无色或淡黄色液体，有强烈的柠檬油香气，无药理影响。用量不超过170 mg/kg。

②香兰素：分子式：$C_8H_8O_3$，相对分子质量：152.15。为白色至微黄色的结晶粉末，熔点 81～83℃，是香兰豆特有的香气，与其香味剂可配成香草型香精。

③丁酸乙酯：分子式：$C_6H_{12}O_2$，相对分子质量：116.16。为无色或微黄色液体，具有类似凤梨的香气。其乙醇溶液也称菠萝油，可配制奶油香型香精及香蕉、草莓等果香型香精。

④麦芽酚：分子式：$C_6H_6O_3$，相对分子质量：126.11。为白色，微黄色针状或结晶状粉末，具有焦甜香气，是缓和其他香料香气的性质，可配制成具有焙烤谷物、糖蜜和巧克力型的香料。

⑤桂醇:分子式:$C_9H_{10}O$,相对分子质量:134.18。为白色至微黄色液体,具有类似风信子的香气。可用于配制桃、樱桃等果香型香料。

⑥丁二酮:是甜奶香型的主要香气成分,存在于新鲜牛奶和黄油中,可用人工合成法制取,其相对分子质量:86.09,相对密度0.98,沸点88℃,熔点-2.4℃。微溶于水,易挥发,常稀释成80%以上浓度添加使用,是一种有奶油香气的黄色液体,犊牛喜爱牛奶味香料的人工乳。因此可用于犊牛的代乳品及开食料中,含有浓郁的奶香味。

另外,天然香料还有橘子油、茴香、柑橙油、槟榔子油、薄荷脑、柿叶油、大蒜及桂花浸膏等。合成香料中有苯甲醛、乙酸异戊酯、丙酸乙酯、苯甲酸、乳酸乙酸、乳酸丁酯、香草醛(3-甲氧基-4羟基苯丙醛)、丁香醛(丁香子醛)、茴香醛(对甲氧基苯甲醛)等。

2.饲用调味剂 哺乳动物及鸟类在口腔和咽腔黏膜内有味蕾,味蕾的作用是使动物挑选适口的食物,并避开有毒物质。调味剂是为了迎合动物味觉而添加到饲料中的能使畜禽产生良好味觉的物质,包括甜味剂、酸味剂、鲜味剂、咸味剂、辣味剂等。

使用调味剂的主要目的是改善饲料的适口性,促进动物采食,提高饲料利用率。一般无机化合物如电解质常具有咸性或酸味;甜味主要来源于有机化合物,如低碳糖、某些多碳糖、甘油、乙醇、乙醛、酮类等;某些碱溶液及无机化合物也可能有甜味。

(1)甜味剂。甜味剂(Sweeteners)有甘草和甘草酸二钠等天然甜味剂,也有糖精、糖山梨醇和甘素(甜度为蔗糖的250倍)、麦芽糖醇、木糖醇、甜叶菊、甘草、糖蜜等人工合成成品。使用得最多的是糖精钠。

糖精钠(Sodium Saccharin)又称可溶性糖精或水溶性糖精,一般市售的食用"糖精"即为糖精钠。糖精钠分子式:$C_7H_4O_3NSNa \cdot 2H_2O$,相对分子质量:241.21,化学名是邻苯甲酰磺亚胺。糖精不易消化，摄入后大部分由尿中排出，少量由粪中排出，故无营养价值，但有改善饲料适口性、增加采食量的功能。常用添加量 0.029%～0.05%。据报道在 15～105 日龄的仔猪饲粮中按每千克添加 0.05 g 糖精，可使采食量增加 6%，日增重提高 7%，饲料节省 4.8%，和添加蔗糖效果一样。糖精也适用于生长期和育肥猪，但育肥后期不宜用，因为会在脂肪中存留。哺乳母猪饲料添加量以 60 mg/kg 为宜。

糖精钠为无色至白色的结晶或结晶性粉末。略有芳香气，有强甜味，稍带苦味，甜度为蔗糖的 300～500 倍。糖精钠易溶于水，略溶于乙醇。我国已制订了食品添加剂糖精钠国家标准(GB 4578—84)，目前主要生产厂家有苏州助剂厂、天津糖精厂、浙江嘉兴市化工厂、安徽蚌埠江淮化工厂等。

糖精钠在动物体内不分解，食后 24 h 约 90%即随尿排出，不具有任何营养价值。糖精在乳猪饲料上用量为 250～500 g/t。鸡喜欢糖水，但对糖精钠反应不大。德国生产一种主要用于仔猪的甜味剂，其中含糖精和碳酸钙各半，使用量为每吨饲料添加 300 g。

甜味剂主要用于雏鸡、仔猪、犊牛饲料中，甜味物质是由一个带负电性原子(OH^-)发甜味团和助甜味团构成的。其作用物质不呈离子状态而呈分子状态的大都能引起甜味。动物饥饿时，对甜的敏感度增高。世界上最甜的物质 Thaumatin 是美国科学家从西非一种植物中提取的，甜度为甘蔗的 2 000 倍，并在体内分解而不残留。

近年来，随着科学技术的发展，一些新型的强化甜味剂被使用，见表 6-5 所示。因其甜度高，几种甜味剂混合能够产生协同的优点。在配合饲料中的添加量为百分之几。强化甜味剂通常分为短效强化甜味剂与长效强化甜味剂。理想的强化甜味剂组成应为长效与短效强化甜味剂的混合物，具有蔗糖甜味的甜味剂产生甜味快，并持久，无不良气味，无生理活性，无毒性和致癌作用，成本低。甜味剂的效用与饲料质量成反比，饲料原料越好，甜味剂的效果就越低。

表 6-5　甜味剂相对于蔗糖的甜度(蔗糖甜度=1)

英文名称	中文名称	甜度	英文名称	中文名称	甜度
短效强化甜味剂			Moneline		1 500～2 000
Aspartame	天冬酰苯丙氨酸甲酯	180	Alitame		2 000
			Steviosides	卡哈苡苷	300
Acesulfame-k		200	长效强化甜味剂		
Saccharin	邻磺酰苯甲酰亚氨	300	NHDC	新橘皮苷二	1 500～1 800
Cyclamate	环拉酸盐	30	Thaumatine	氢查耳酮	1 000～2 000
Glycyrrhizin	甘草甜素	50～100			

注：引自 Exquim SA(1998)的资料。

在世界上很多国家，许多常用的强化甜味剂未被批准在动物饲料中使用。欧盟法律规定使用的仅有糖精、Thaumatine 和 NHDC。NHDC 已在世界范围内广泛使用。Thaumatin 和 NHDC 等强化甜味剂产生的甜味比蔗糖慢，但更持久。

糖精钠成本低、甜度高(300 倍于蔗糖)，在动物饲料中使用最广泛。然而，动物尤其是仔猪对糖精的味道不喜欢，糖精能快速产生甜味，但不持久，后有不适的金属余味。据试验，与蔗糖相比，糖精显著降低了仔猪采食量。NHDC 或 Thaumatine 与糖精混合，可有效掩盖糖精所产生的金属余味。

(2)酸味剂。酸味剂不仅可提高饲料的适口性，促进采食，而且还具有防腐保健作用。有些有机酸可预防饲料被霉菌污染。酸味物质还可减少胃肠道中有害微生物的繁殖。具有微生物的作用，同时可降低饲料 pH 值，激活消化酶，有助于消化吸收某些营养物质，提高饲料转化率以及为动物提供能量等功能。近年来，酸味剂在饲料中的应用逐步扩大。

用作酸味剂的主要有柠檬酸、酒石酸、苹果酸、甲酸、乳酸、丙酸、富马酸、延胡索酸、琥珀酸、乙酸、已二酸、葡萄糖酸、草酸、抗坏血酸和酪酸等有机酸，无机酸有磷酸。饲料添加剂常用的是柠檬酸和乳酸。

①柠檬酸：柠檬酸（Citric acid）又名枸橼酸，学名3-羟基-3-羧酸戊二酸，分子式：$C_6H_8O \cdot H_2O$，相对分子质量：210.14。

柠檬酸为无色半透明结晶或白色结晶性粉末，味极酸。在干燥空气中可失去结晶水而风化，在潮湿空气中徐徐潮解。极容易溶解于水，也易溶于甲醇、乙醇、微溶于乙醚。我国多以山芋干为原料发酵生产。目前，杭州柠檬酸厂、安徽蚌埠柠檬酸厂、江苏连云港红旗化工厂、天津柠檬酸厂、山东淄博柠檬酸厂等均生产食品级柠檬酸。我国已制定了食品添加剂的柠檬酸国家标准（GB 1987—86）。

鸡饲料中使用柠檬酸，可提高饲料适口性，提供能量，促进雏鸡生长，减少脂肪肝，增加血磷含量，提高日产量数和蛋重。但柠檬酸添加量超过1.5%会提高鸡的饮水量，甚至导致尿酸沉淀和生长减慢。猪饲料中使用柠檬酸可提高仔猪成活率，增加仔猪对铁、钙、磷、锰、锌等矿物质的吸收率，加快发育。在仔猪日粮中添加1%柠檬酸能提高饲料干物质、粗蛋白质的消化率和氨利用率。在牛饲料中，柠檬酸可减少犊牛下痢次数，柠檬酸钠可改进乳的品质。柠檬酸可防止饲料被霉菌污染及饮水被细菌污染。

②乳酸：乳酸（Lactic acid）学名为2-羟基丙酸，分子式：$C_3H_6O_6$，相对分子质量：90.08。

乳酸为澄清无色或微黄色的糖浆状液体。味微酸，有吸湿性，可与水、乙醇、丙酮或乙醚任意混合，不溶于氯仿。我国多以甘薯干为原料发酵生产乳酸。目前，武汉东山乳酸厂、河南许昌市乳酸厂、秦皇岛市乳酸厂等生产食品级乳酸。我国已制定出食品添加剂乳酸国家标准（GB 2023—80）。

猪饲料中使用乳酸可提高饲料适口性，促进仔猪采食，还可降低仔猪胃肠道pH值，增加胃蛋白酶活性，减缓胃的排空速度和抑制有害菌的繁殖，从而提高饲料消化率；乳酸可减少犊牛下痢次数，促进其胃发育，提高饲料消化率，并为其提供能量。乳酸还有预防饲料被霉菌污染及饮水被细菌污染的作用。在饲料中的添加量一般推荐为0.5%。

③甲酸钙：甲酸钙除用作防霉剂外，也是一种较好的酸化剂。由于它具有中性pH值，所以将其加入配合饲料中不会造成维生素的损失。

(3)鲜味剂。氨基酸、核苷酸和肽等都是具有鲜味的物质，作为鲜味剂的有谷氨酸钠、5-鸟苷酸及5′-肌苷酸钠等。饲料中最常用的是谷氨酸钠，美国年使用量估计为900 t左右。

谷氨酸钠(Monosodium L-glutamate)俗称"味精"。谷氨酸钠分子式：$C_5H_8O_4NNa\cdot H_2O$，相对分子质量：187.18。

谷氨酸钠为无色至白色的结晶或结晶性粉末，其水溶液具独特鲜味，易溶于水，微溶于乙醇、不溶于乙醚。其水溶液在0.03%浓度时仍有鲜味，在与食盐共存时鲜味加强。谷氨酸钠的鲜味与其解离度有关。当pH值为3.2时，鲜味最低，pH值在6以上时，则几乎全部电离，鲜味最高，但pH值超过7时，则由于从一钠盐形成二钠盐，从而鲜味消失。所以谷氨酸钠无论在酸性或碱性条件下都会使鲜味降低。各国普遍以淀粉发酵法生产，我国河南周口味精厂、上海味精厂、沈阳味精厂等生产食用味精。我国已制订食品添加剂谷氨酸钠国家标准(GB 680—681—77)。

谷氨酸钠有很好的调味作用。对猪、鸡促进采食效果明显，对产蛋鸡和发育旺盛期的鸡作用尤明显。在人工乳中效果更佳。成为高产蛋鸡及生长家禽所必需，但饲料中很少以营养目的添加谷氨酸钠，一般作为饵料和仔猪饲料的风味剂使用，可提高动物食欲而促进生长，添加量一般在0.1%～0.2%。

(4)辣味剂。辣味剂刺激口腔及舌上的味蕾，增强动物食欲，提高胃肠消化能力，也有加速血液循环，改善机体代谢、促进生长的功能。辣味剂主要指大蒜、辣椒粉、胡椒粉、茴香油、干姜等。生产中最常用的是大蒜粉和辣椒粉。鸡饲料中添加辣椒粉可促进其脂肪代谢，增强抵抗力，并有刺激味觉，促进消化，促进食欲和血液循环的作用。研究证明，在泌乳母猪料中添加 0.05%辣椒粉，母猪采食增加，仔猪发病率降低，2 日龄窝重提高。

(5)咸味剂。咸味物质与溶液中的阴离子有关，钠、钾、镁的氯化物都可引起咸味。主要是阳离子与口腔中的蛋白质的羟基结合产生的感觉，以提高动物的采食量，主要有食盐和碳酸氢钠。猪饲料中添加食盐能改善适口性，增强食欲，并使猪肉香浓。鸡饲料中添加碳酸氢钠可以减少肌胃糜烂症。

另外，苦味调味剂使用也较多，常见有苦味肽、生物碱。苦有两种方式：一种是长时间的苦；另一种是瞬间苦。苦的作用能够刺激消化液的分泌，另外，还能使动物产生愉快感觉。

(六)对饲料风味剂的质量要求

1. 饲料风味剂的挥发性和稳定性 饲料风味剂要有一定的挥发性来引诱动物摄食，又要有一定的稳定性，在饲料加工、制糖及贮存中不致逸失风味，保持其功效。因此在饲用风味剂的产品开发及其应用中，其挥发性和稳定性是人们极为关注的问题。

2. 饲料风味剂的有效性 饲料风味剂符合动物的天然口味与喜好的特性，能改进饲料适口性，增进动物食欲，提高采食量和日增重量，在饲料本身配制合理时还可提高饲料转化率。

3. 物理化学标准 在物理化学上有一定的稳定性，既要散发“香气”(具有一定挥发性)，又要有一定的货架寿命(一般为一年)，还要求与饲料混后有一定的保存期(一般为一个月)。产品质量要稳定，每批产品内和不同批次间都均匀一致，特别是固体产品不能分层和结块、结球，这便要求载体粒度小且各组分均不吸湿。热稳定性好，能经受制粒、热压膨化等加工处理而不明显“走味”。化学稳定性好，要求和饲料中的其他组分既无化学反应，也不致过快地自身氧化分解而产生不好的气味和味道。

（七）影响饲料风味剂的因素

（1）颗粒大小。风味剂本身加工颗粒越小，与饲料颗粒的接触机会就愈多，愈能发挥风味剂的作用。加了风味剂的饲料颗粒越小，香味散发面积越大，香气相对就越浓。

（2）温度。随着温度的升高，香气散发加快，香味的持久性就差；随着温度降低，香气散发慢，香味的持久性就好些。在饲料制粒过程中，由于高压产生 80～90℃高温，随后采用抽气快速降温，这两道工序易造成调味剂的香气损失。

（3）湿度。湿度大，不利于香气散发，外在表现为香气不足。

（4）压力。如与饲料混合后制粒，香料在颗粒里面，制粒时压得越紧密、间隙越小，越不利于香气的散发。

（5）防霉剂。化学保存剂影响饲料的香味。

（6）药物、矿物质、胆碱和尿素等影响香味。

（7）有不良气味的原料、原料的氧化、霉变以及腐败等影响香味。

（八）使用风味剂应注意的问题

（1）大多数香料具有挥发性，应尽量避免因添加方法不当、贮存过久，与饲料中其他物质起反应等原因失去应有风味。酯类化合物及芳香族醛类化合物对碱很不稳定，要避免风味剂与碱性饲料及其他碱性物质混用。风味剂贮存时要注意避光，并注意环境湿度不太高，使用时避免不必要的挥发损失，与饲料混合后不宜入贮，最好在 3 个月内完成。

（2）饲料风味剂种类很多，有多用型、专用型、有液体的、固体的或粉状的。要根据不同畜禽类别、不同年龄及生长阶段选择用不同种类的风味剂。必须考虑到经济成本及添加有效性。各种动物以及在不同阶段的都嗜好各不相同，选用风味剂决不能以人的喜好为标准。人喜欢的动物不一定喜欢，如大多数幼龄哺乳动物均喜爱甜味料，但羊和猫则不喜欢；仔猪喜甜味，偏爱鱼溶浆味、有机酸味、不喜欢肉骨粉、苜蓿粉、化学药品及重金属味。但大猪就不同了，超过 20 kg 后再给奶香型风味就弄巧成拙。

(3)目前多数饲料厂自制饲料只考虑营养与价格，而把适口性完全寄希望于调味剂上，却忽视有些原料的“缺陷”是调味剂不能“弥补”的，一些含有较高有毒有害成分的原料，像含胰蛋白酶抑制因子的大豆饼(粕)、含抗硫胺素因子的生鱼粉等，常常伴有苦、涩、辣、麻等不良口味，如制定配方时不加选择、处理和限制，调味剂就会面临双重的影响，不能有效发挥其作用。

(4)饲料霉变、氧化均会严重败坏饲料原料风味。不要试图用风味剂掩盖腐败变质和污染霉变的饲料，引诱动物采食，这样会对动物健康和正常生长造成极严重的后果。霉变的原料加调味剂不仅不能起掩盖作用，还会因香气组分的挥发而增大不好的霉变气味，饲料中腐败油脂味在香味的使用下极易挥发增大。

(5)许多风味剂有多重功能，使用时应注意与其他饲料原料间的协同与拮抗作用。不要用与调味剂香味有拮抗作用的原料预混合。应避免香味剂与矿物质、药物等直接接触，以保护调味剂香气在饲料中发挥其作用。饲料贮藏时间长发生氧化，过氧化物硫代巴比妥酸(T7BA)含量上升，影响仔猪采食量。大多数饲用香料与防霉剂或抗氧化剂有重要协同作用，如酸味剂中的有机酸大多具有防腐作用，柠檬酸同时还与抗氧化剂有协同作用，可作为抗氧化剂的增效剂。把风味剂与抗氧化剂结合使用的方法变得日益普遍。这些原料有抗氧化作用，也有调味作用。甜味剂易与酸味相互抑消，酸味与咸味及一般苦味不易相互抵消。从经济角度考虑，首先的风味剂应是具有抗氧化作用的制品。

二、饲料用着色剂

(一)概述

随着人们生活水平的提高,人们不仅要求有足够的畜产品,而且对畜产品的质量要求也越来越高,除对肉类的香味外,许多消费者还对肉色、蛋黄色泽、肉鸡肤色等有特殊的偏爱。由于习惯和心理作用,多数人偏好金黄色或橙黄色的蛋黄,喜欢羽黄、皮肤黄的肉仔鸡,喜欢较好的肉色以及色泽鲜艳的水产品。因此,从养禽业的经济角度考虑,色泽鲜艳的禽蛋卵黄以及禽类肤色和肉质色泽深浅都直接影响它们的商品价值。随着科学技术的发展,通过使用饲料着色剂(Pigmenter)这种较为简易的方法,可使禽蛋卵黄、肉鸡外皮色泽、牛奶中黄油具有比天然产品更为鲜艳、美丽的色泽,从而提高产品的质量档次。着色剂的作用主要有二:一是通过饲料中添加色素,使其转移到畜产品中去,从而迎合用户心理,满足市场竞争需要;二是改善饲料色泽,以提高饲料的感观性状,刺激畜禽食欲并具有诱食作用,这在宠物饲料中常用。

尽管从营养角度看,使用着色剂并无实际意义,但从人们的消费心理出发,色、香、味仍是食物商品价值的重要指标,欧美国家使用着色剂已相当普遍,欧共体每年消费着色剂在 100 t 以上。目前,着色剂主要用于宠物饲料、肉鸡饲料、蛋禽(鸭、鸡)饲料及特种水产饲料。

(二)着色剂的分类及其着色效果

着色剂按来源可分为天然着色剂和化学合成着色剂两类。

动物的皮肤、羽毛、蛋黄及甲壳类的颜色主要由氧化类胡萝卜素(另有含氧功能基胡萝卜素的衍生物,这些功能基如羟基、酮酰基等)产生,其色泽的深浅决定于动物采食这类胡萝卜素的数量。

此类胡萝卜素主要存在于自然界各种蓝、红、绿、紫等深色植物与某些动物体和一些菌体。动物采食后可将某些色素转移到动物组织中或转化为动物体色素而表现出不同的色泽，这类化合物中无论是天然来源还是人工合成的色素都能使皮肤、蛋黄等着色。

至今发现的500多种类胡萝卜素中，只有少数几种含氧类胡萝卜素对卵、动物的皮肤、肉、羽毛、甲壳等有着色作用，见表6-6。这类胡萝卜素因其颜色的深浅和动物对它们的利用不同而着色效果不同。一些天然原料中类胡萝卜素的含量见表6-7所示。

表6-6 几种类胡萝卜素的颜色及着色效果

种类	英文名称	颜色	自然来源	着色效果	
				蛋黄、皮肤	虾
β-胡萝卜素	β-carotene	黄	深色植物，胡萝卜	±	+
番茄红素	Lycopene	红	番茄	——	—
叶黄素	Lutein(or xanthophyll)	黄	绿色植物、玉米	+++	—
玉米黄质	Zcaxanthin	金黄	玉米	±±	+
阿朴胡萝卜醛	Apocarotenal	橙黄	柑橘类	++	
阿朴胡萝卜	Apocarotenoic acid	橙黄	柑橘类	++	
柠檬黄质	Citrahaxanthin	红	柑橘类	+++	
橘黄色素	Canthaxanthin	红	红鹤、鲑、鳟、蕈	+++	+++
辣椒红素	Capsanthin	红	红椒	++	
虾红质	Astaxanthin	红	虾、蟹、鲑、鳟	±±	+++

注："+"表示有作用；"+"越多，作用越好；"—"表示无作用；"±"表示有较弱的作用。

对产品颜色的深浅，消费者是用感官判断的。不同的色素，其着色效果也不同，因而不宜单以色素的含量来决定着色效果。在色素含量相同时，随着红色与黄色着色添加剂比例的改变，反映到人眼的颜色不同。增添再多的黄色素（如叶黄素）也不会形成深色产品，而添加少量红色素（如橘黄色素）就能得到较深的色素，产品中会出现给人感觉不正常的红色，而不能产生人们喜欢的金黄、橙红色，如采食添加红色素饲料的产蛋鸡所产蛋黄有的就出现这种现象。若在有一定黄色素存在的条件下使用一定红色素，则产品颜色可见由黄至红的变化，获得理想的着色效果。由此可知，必须根据产品要求，选择适当颜色的着色剂，才可得到满意的产品。

表 6-7　一些天然原料中类胡萝卜素平均含量

原料	含氧类胡萝卜素(mg/kg)	原料	含氧类胡萝卜素(mg/kg)
万寿菊花瓣粉	6 000～10 000	脱水苜蓿叶粉	400～550
金盏菊花瓣粉	4 275	脱水苜蓿粉	100～350
小球藻(绿藻)粉	4 000	脱水三叶草粉	300～500
海绵球藻粉	2 200	胡椒粉	185～440
海草粉	60～900	酵母	340
银合欢树叶粉	1 600	玉米面筋粉	100～330
干银合欢粉(夏威夷)	660	干虾废弃物(头、壳、小虾)	157
辣椒粉	275～1 650	甲壳类动物	1～80
蜂花粉(台湾)	1 325	干胡萝卜	65
花粉	345～440	橙皮、橘皮	60
干刺荨麻	800	干甘薯	55
甘蓝叶粉	670	黄玉米	20～50

注：资料来源①World's Poultry Sci. Jour. 1984，40(1)：52～60；②1983. NRC 温水鱼类和甲壳类的营养需要。

与食品着色剂主要用于食品外观着色不同，饲料添加剂着色剂是对畜产品着色。即使是深色着色剂，若不能被动物吸收利用，并转移到产品中或转变为产品色素，对产品着色毫无作用，即使可为动物吸收利用，若转变为其他物质(如β-胡萝卜素转变为维生素A)也失去着色功能。故选作着色剂的胡萝卜素不应或很少具有维生素 A 效果为佳。

着色剂的安全问题是人们关心的主要问题，尤其是人工合成色素。由于着色剂是由饲料转移到畜产品中去的，最终仍被人们食用。故饲料用着色剂必须是对人类无害无毒的。凡是国家药物管理部门批准使用的所有食用色素、类胡萝卜素和叶黄素类都可用作饲料着色剂。欧美国家广泛使用的β-胡萝卜素、阿朴胡萝卜素、阿朴胡萝卜素盐酸盐及茜草色素等合成类胡萝卜素着色剂毒性较低，对人体相当安全，其中阿朴胡萝卜素主要用于蛋黄及肉鸡皮肤着色，其利用率较高，色素沉着也较好，为最有效的类胡萝卜素。

（三）着色剂的来源

1.天然着色剂 天然着色剂具有来源丰富、着色自然和使用安全的特点。因而成为着色剂研究开发的主要方向。目前生产中开发利用的主要有下列几种：

（1）金盏菊。每千克金盏菊花瓣粉中含叶黄素总量 8 000 mg、玉米黄素 6 400 mg，在肉鸡料中添加 0.2%，可使皮肤和蛋黄呈金黄色。

（2）万寿菊。每千克花瓣粉含类胡萝卜素 2.35 mg，一般用量为饲料的 0.3%，可作为家禽蛋黄、皮肤和脂肪的增色剂。美国建明公司产品“金闪闪”就是从中提取的黄色类胡萝卜素。

（3）苜蓿草粉。每千克含叶黄素 250（50～250）mg、黄体素 30（15～55）mg、玉米黄素 200（150～250）mg、类胡萝卜素 320 mg。日粮中用 5.0% 的苜蓿草粉可达到产品增色的效果。

（4）松针粉和侧柏叶粉。松针粉每千克含类胡萝卜素 238 mg，侧柏叶粉每千克含类胡萝卜素 225 mg，一般在饲料中添加松针粉或侧柏叶粉 3%～5%，可获得良好的增色效果。

（5）刺槐叶粉。富含类胡萝卜素、叶黄素。据文献记载，加 5% 的刺槐粉配合饲料，可使蛋黄颜色变深，且效果稳定持久。

（6）栀子。王庭林（1986）报道，将栀子研成细末，按 0.5%～1% 添加在蛋鸡日粮中，能提高产蛋率 5.86%～7.29%，并能加深蛋黄颜色。如能同时加入柠檬酸（栀子 98%、柠檬酸 2%），按 1% 加入蛋鸡日粮中，能使产蛋率提高 9.39%，蛋黄色泽进一步加深。

（7）孔雀草和聚合草。李育才等（1989）报道，用 0.3% 的孔雀草粉、5% 的聚合草粉，分别加在蛋鸡的日粮中，孔雀草组鸡蛋黄颜色可以从 1 级提高到 6.5 级，聚合草组蛋黄的颜色则从 1 级提高到 6 级。

(8)红花和朝天红。李敏试验结果表明，在蛋鸡的日粮中添加 1%的红花、朝天红等，可以在 3～6 天内有效地增加蛋黄色泽，蛋黄颜色介于琥珀黄和金叶黄之间，达到了较为理想的蛋黄颜色标准。

(9)银合欢。林茂等(1984)报道，在蛋鸡日粮中添加 10%～15%的银合欢叶粉可以提高产蛋率 15%～20%。银合欢叶中含有大量胡萝卜素，可使蛋黄变成深黄色。

(10)红辣椒粉。每千克含类胡萝卜素 275～1 650 mg，含玉米黄素丰富，饲料中添加 0.1%～0.5%，可提高食欲，助消化，促生长，提高产蛋率，有显著增色效果。美国建明公司生产的"红艳艳"(kem GLO)是提取的红色类胡萝卜素，将它与"金闪闪"配合成橙红色泽，可用于鲑、鳟鱼及虾的增色。

(11)黄玉米粉。即常用的黄玉米粉状饲料，每千克含类胡萝卜素 8.3 mg，如果家禽配合日粮中含有 50%～60%黄玉米粉，禽产品的色泽即能达到一般要求，如果不足 40%，则应考虑添加其他增色剂。

(12)藻粉。每千克含类胡萝卜素达 2 200～2 900 mg，其中红球藻属含丰富的红虾青素(是动物体内分布最广的叶黄素，它为许多鱼类提供纷杂的色彩，而且也广泛存在于鸟类的装饰色中)。螺旋藻粉每千克含类胡萝卜素 3 360 mg，是改善养殖鱼虾体色极佳的色素源。

(13)虾、蟹、牡蛎、昆虫。这些动物甲壳中含有虾黄素，一般作虾、蟹等水产品增色剂。其与蛋白质结合时为蓝色，煮熟后，结合键破坏而呈红色。

2. **人工合成着色剂** 作为饲料添加剂最常用的着色剂是类胡萝卜素(Carotenoid)的各种衍生物，目前可分离出 270 多种类胡萝卜素衍生物，其中许多可作为着色剂使用，如β-胡萝卜素、叶黄素、辣椒红、斑蝥黄素、柠檬黄质、虾青素和β-阿朴-8′-胡萝卜酸乙酯等。一般情况下，转变成维生素A效率愈高的类胡萝卜素，其作为着色剂的功效就愈差。联合国世界卫生组织认为β-胡萝卜素、阿卡胡萝卜素醛酯及斑蝥黄素等为合成类胡萝卜素中毒性最低的着色剂。β-胡萝卜素因转变成维生素A的效率高，增色效果较差。目前，各国作为饲料着色剂使用最多的化学合成物是β-阿朴-8′-胡萝卜酸乙酯、斑蝥黄素、柠檬黄质($C_{33}H_4O$)和青虾素($C_{40}HS_2O_4$)。

(1)阿朴胡萝卜素醛酯。阿朴胡萝卜素醛酯存在于柑橘类植物中，这种饲料着色剂可用化学法制得，制法与维生素A相似。

阿朴胡萝卜素醛酯为类胡萝卜素中最有效的增色剂，β-阿朴-8′-胡萝卜醛和β-阿朴-8′-胡萝卜酸乙酯等即属此类着色剂。其安全性、稳定性好，欧美许多国家已批准用作食品添加剂。我国已批准进口瑞士ROCHE公司含阿朴胡萝卜素醛酯10%的着色剂，商品名“加丽素黄”。它在饲料中主要用于蛋黄和肉鸡皮肤增色，利用率好，色素沉积率高。蛋黄及肉鸡皮肤、胫、喙色泽一般随饲料中添加阿朴胡萝卜素醛酯量的增加而加深。

(2)橘黄色素。又称斑蝥黄素、西班牙芜青色色素，为红色着色剂，已有40多个国家和地区使用。用化学合成法生产，分子式：$C_{40}H_{52}O_2$。我国已批准进口瑞士ROCHE公司的含斑蝥黄素10%的着色剂，商品名“加丽素红”。斑蝥黄素可用于蛋、肉鸡皮肤着色，金丝雀与红鹤的羽毛增色及鲑、虹鳟鱼的皮肤着色。每吨饲料添加0.5 g斑蝥黄素，蛋黄色泽以比色法测定可提高二价；每吨饲料添加50 g，可使饲养2个月后的虹鳟鱼肉色及肤色呈现红色；每吨饲料添加0.3～0.4 g，可使饲养的蛋鸭所产蛋的蛋黄变成亮红色。

(3)柠檬黄素。为强烈的红色色素，是世界上很好的蛋黄、皮肤着色剂，其着色效果与橘黄色色素相似。柠檬黄素的应用不如橘黄色素广泛，具有部分维生素 A 的生理功能。

(4)虾红质。亦称黄质、虾青素等。为红色色素，主要用于对虾饵料，增加对虾色泽。此外还可用于鲑鱼、虹鳟鱼、大马哈鱼等饵料，以改善其体色。对于甲壳类所需虾红素，也可用玉米黄素、β-胡萝卜素代替，这两种类胡萝卜素是虾红素的前体，在体内能转化为虾红素而起到增色作用。

(5)茜草色素。红色，为类胡萝卜素产品之一。性质稳定，应用范围广，对动物羽毛、皮肤和蛋黄有很好的着色作用。

(6)栀子黄色素。由栀子干果加工而成，有粉、固、液体 3 种。GB 7918—87 规定 3 种状态分别含水 7%、5%和 85%。

(7)叶黄素。由发酵法生产，为黄色至橙色。主要用于产蛋鸡和肉鸡饲料中，以增加蛋黄、皮肤、喙、胫的色泽。利用率及着色效果较人工合成物差。一般地，鸡饲料中添加 10～20 g/t。

(8)瑞士罗氏药厂生产的着色剂产品见表 6-8 所示。

表 6-8　瑞士罗氏药厂生产的着色剂

商品名	成分	含量/%	饲料中添加量(mg/kg)
加丽素黄	阿朴胡萝卜醛酯	10	25～80
加丽素橙	阿朴胡萝卜醛酯	5	
	斑蝥黄素	5	
加丽素红	斑蝥黄素	10	51～55
加丽素粉红	虾青素	5	

(9)露康定。德国 BASF 公司生产的产品，为含氧的阿朴胡萝卜素酯，用含有明胶和碳水化合物的物质做成包衣，以保护露康定的有效成分，其有效浓度为 10%。有良好的流动性，能在配合饲料中均匀混合。每粒露康定微粒小于 0.01 mm，易被家禽再吸收。有效成分含量不低于 10%，用于蛋黄着色的饲料添加剂。

(10)金露菲。美国富基企业公司生产，每千克含 40 g 叶黄素，每吨饲料添加 25～100 g。另外，合成色素还有辣椒红、苋菜红、胭脂红、日落黄、柠檬黄等。

(四)影响着色剂着色效果的因素

(1)理想的蛋黄、皮肤的色泽取决于日粮中叶黄素的质和量，黄色的叶黄素是色素沉积的基础。但有实验表明，随着日粮中叶黄素含量的增加，蛋鸡利用叶黄素的效率下降。若要得到理想的色泽，不能仅靠黄色色素的沉积，还须有适当的红色色素，但红色素过多与黄色色素不协调，会导致“斑块蛋黄”。

(2)色素本身的构型不同，着色效果各异。通常天然色素具有旋光性，其在动物体内沉积率可高达 100%。而人工合成的色素多无旋光性，其沉积率也相应较低。几何异构体中反式较顺式型稳定且能更有效地着色。

(3)日粮中含有天然维生素 E 或添加化学合成的抗氧化剂时，可加强着色素的沉积作用。导致这种沉积作用加强的原因，主要是由于天然维生素 E 和抗氧化剂对类胡萝卜素能起抗氧化降解的作用。

(4)类胡萝卜素为脂溶性物质，畜禽血液中的脂蛋白具有输送各种类胡萝卜素色素的功能，但钙及维生素 A 与血液脂蛋白的亲和力高于类胡萝卜素，因此当饲料中钙含量提高时，着色剂用量需相应提高。一般用于蛋黄增色素时，当蛋禽日粮中含钙量每增加 1%，着色剂用量约需增加 1.7 倍。使用着色剂时还应注意，饲料中的氧化脂肪会降低类胡萝卜素的沉积，米糠在饲料中的配比达到或超过 30%时，可使着色剂色素沉积的效果降低。以大麦为主要成分的饲粮所产生的色泽比以小麦为主要成分的饲粮稍浅；黄玉米中的色素可沉积在卵黄和禽体外皮层。饲料中霉菌可强烈抑制着色剂在畜产品中的沉积。

(5)着色剂的作用对象

①不同种类、品种、品系的动物沉积色素的能力存在遗传上的差异。

②性别不同,沉积色素能力不同,雌性不如雄性。

③畜禽体内不同部位沉积效率同,即色素沉积的靶组织具选择性。

④动物的生理状态对色素的沉积有一定的影响,凡影响消化吸收的疾病均影响色素沉积。

(6)禽类的健康状况,如各种影响饲料在消化道内的酶解因素,或消化道某些部位吸收功能发生障碍时,都会影响类胡萝卜素在禽体内的沉积。患有传染病症及寄生虫病症时,都可导致色素沉积作用的降低。

(7)日龄及日粮摄入量的影响。日粮摄入量的多少直接影响色素的沉积。产蛋鸡,随着日粮的增加,肠道吸收类胡萝卜素的功能逐渐减退,这种现象可以从老鸡生的蛋的卵黄色泽日益变浅得到证实。与这种现象相类似,肉禽亦可因日粮摄入量降低而减少禽体对类胡萝卜素的吸收,导致肉质和外皮色泽相应变浅。

三、饲料粘结剂

(一)概述

饲料粘结剂(Binding agent)又称为颗粒饲料制粒添加剂,主要用于畜禽及水产的颗粒饲料中。随着我国畜牧业和饲料工业的发展,由于颗粒料具有饲料报酬高、增加畜禽采食量和适口性、破坏生长抑制因子和毒素、减少粉尘、有利于保存和运输等优点,在饲养业中的应用越来越广泛,在一些发达国家,颗粒饲料所占比例很高。我国饲料工业起步较晚,但近几年来颗粒料所占比例逐渐提高,在幼畜及鸡饲料中使用较多,尤其是随着水产养殖业的不断发展，粘结剂在制作水产颗粒料时发挥了巨大的作用，保证了水产规模养殖的发展。另外，随着我国反刍动物（牛、羊等）饲养的不断提高，饲料舔砖的普及应用，许多粘结剂用于饲料舔砖的制作中，促进了草食动物养殖业的发展。

（二）饲料粘结剂的作用

（1）生产颗粒饲料时，在原料中添加少量粘结剂有助于颗粒的粘结，提高生产性能，延长压膜寿命，减少运输中的粉碎。日本常用的粘结剂为聚丙烯酸钠、酪蛋白酸钠；美国常用膨润土和木质素磺酸盐。近年来发现在猪饲料中添加聚丙烯酸钠作为粘结剂后，延长了饲料在胃内的滞留时间，因而提高了饲料消化率。

在配合饲料和预混料生产过程中，为了减少粉尘、消除微量组分的静电性和损失、增加载体的承载能力，常需添加少量的油脂类作为粘结剂。在制粒时，添加一定的油脂可增加粘结作用和润滑性。

对于畜禽颗粒料的生产，由于原料中所含有的淀粉、蛋白质、脂肪等物质经过一定处理（如温度、压力）能产生一定的黏度，满足颗粒成型与耐久性的要求，一般不需另加粘结剂。只有在原料中粗纤维含量较高，而淀粉、蛋白质、脂肪含量较低时，且饲料不易成形，方可添加适当的粘结剂，以增加粘结性。例如，家兔、羊等草食动物中粗料较多，故在做颗粒料时，常需添加粘结剂。

（2）有的粘结剂对配合料中某些活性成分有很好的稳定作用，可减少活性微量组分在加工贮存中的损失。

（3）粘结剂在水产饵料中发挥了重要作用。粘结剂的使用对保证养殖产量、节省养殖成本具有极为重要的意义。试验证明，使用适当的粘结剂大致可节省 1/3 以上的饵料。这是因为粘结剂将含有各种营养成分的全价配合饵料黏合在一起，制成颗粒饵料，增加了水产饵料在水中的稳定性，防止了饵料在水中的溃散，最大限度地减少了饵料中各种营养成分的散落和流失，提高了水产动物的采食量，提高了经济效益。

(4)防止了饵料在水中的遗落、流失而造成的水质污染，减少了养殖对象的疾病危害，特别是在高密度和连续大规模养殖时作用明显。

(5)使用饵料粘结剂，制成鱼、虾等需要的饵料，提高适口性。由于养殖对象不同，饵料性质不同，粘结剂也应不同。如：鳗鱼的饵料要求有适当的弹性；虹鳟鱼、鳝鱼的饵料需要在水中有较短时间的稳定性；虾类饵料要求在水中有 2～6 h 的稳定性，并具有一定的硬度。要达到生产不同水产动物的理想饵料的目的，单用一种粘结剂是不可能的，一般是采用复合粘结剂。理想饵料粘结剂应具备下述特点与品质。

①对饵料中各种营养组分具有理想的黏着度。

②容易制取，本身为动物营养成分之一，或至少不妨害饵料营养成分的消化与吸收。

③具有较高的化学稳定性和热稳定性，不与饵料中的其他成分发生不利的化学反应。

④与饵料中的诱食物质黏合度不能过强，即不能因过黏而减少饵料释放诱食性物质，或影响饵料的营养物质的消化与吸收。

⑤无毒、无不良异味，并且不影响饵料的 pH 值。

⑥用量少，易混合，成本低。

理想粘结剂除满足加工出的产品硬度、内聚力、弹性、亲水性外，其使用效果很大程度上还受到饵料成分的影响，这方面的研究还很少，例如饵料中较大的颗粒、虾粉、鱼粉、高粱粉以及油脂等，均不利于粘结剂的作用发挥。实践表明，在配制饵料的原料相对稳定的条件下，将各种原料的粉碎粒度控制在 100 目以下(虾头粉及某些谷物粉粒一定要小于 0.1 mm)，仔细的调整粘结剂与某些黏性物质如粉碎的鲜杂鱼、熟化淀粉等在饵料中的比例，取得一种比较理想的黏合效果还是可以办到的。例如，在使用海藻酸钠为粘结剂时，同时配合使用2%～3%的木薯α-淀粉以及5%左右的粉碎鲜杂鱼就可以获得比较理想的对虾饵料而需的粘结效果。

(三)粘结剂的分类

可作为粘结剂的物质很多，凡无毒、无不良气味、具有较强粘结作用、来源广、成本低的天然物质和化学合成或半合成物质都可用作粘结剂。化学合成物质必然符合国家对化学饵料添加剂的安全审定规定，按程序经有关部门严格审定批准后，方可用作饲料粘结剂。凡国家批准用作食品添加剂的所有粘结剂都可作为饲料粘结剂。粘结剂可分为天然来源的粘结剂和化学合成的粘结剂。

1.天然产物粘结剂

(1)含淀粉多的植物种子和块根、块茎加工物。这类物质主要是其淀粉起作用。如小麦面粉、面筋、玉米粉、马铃薯粉、蚕豆粉以及相应的α-淀粉和糊精等。其中粘结剂效果好、应用较多的为马铃薯α-淀粉和木薯α-淀粉。由于鱼粉对淀粉的利用率不高，若添加量过大，淀粉利用率下降，且对肝脏代谢不利，易引起肝肿大，发育不良等疾病，应用时必须加以注意。

(2)灌木及植物的分泌物质。如龙胶、金合欢胶、刺槐豆胶、愈创胶、黄原胶、阿拉伯胶、蚕豆胶、古柯胶、鹿胶、菜胶以及其他无毒的植物胶。

(3)动植物蛋白类。蛋清蛋白、小麦胚芽蛋白、谷胚、明胶以及各种面筋等。应用较多的为鱼浆、明胶、谷胚及活性面筋。

(4)海藻的黏性物质。如海藻酸钠、海带胶琼脂及其他藻胶等，这类物质应用较多。

(5)天然矿物质。如膨润土。

2.化学合成粘结剂　化学合成粘结剂如羧甲基纤维素(CMC)、羧甲基纤维素钠、尿素-甲醛缩合物、聚丙烯酸钠等，这是一类高分子化合物，在分子链上均带有羧甲基、羧基、羟基等基团，依靠氢键和离子电性作用与饲料原料产生较强的结合力。聚乙烯醇(PVA)、聚丙烯酸钠、磺化木质素、丙烯二醇、羟甲基淀粉，这类物质黏性强，在饲料中用量少，还常用作稳定剂或包被材料，但一般价格较贵。多数化学合成粘结剂对动物无营养作用，在日粮、饲料中添加量一般不超过2%。

(四)粘结剂的特性

(1)α-淀粉、预糊化淀粉。为一种物理变性淀粉，是将淀粉加热处理后迅速脱水而得。亲水性强，遇水膨胀，黏性好，以马铃薯的α-淀粉质量最好，木薯α-淀粉次之。是鱼虾配合饲料优质黏合剂。α-淀粉在饲料工业中主要用作鳗鱼饵料。日本每年用作鳗鱼饲料粘结剂的α-淀粉在10 000 t以上。α-淀粉的黏性因其生产工艺差异很大。日本的为纯白色，有较高的黏弹性，5%的水溶液黏度值大于2 Pa·s。α-淀粉存放时间延长会降低黏度。在一般鳗鱼饲料中α-淀粉占22%，对虾饵料中α-淀粉比例占8%～10%，过多会影响消化吸收与饲料营养价值。据谢骏(1997)试验，能代替进口α-淀粉。

(2)鱼浆。新鲜小杂鱼加0.1%～0.3%食盐后磨成鱼浆蛋白，可使鱼肉中所含的盐溶性蛋白和肌球蛋白溶解出来，生成黏稠的糊状物，再与饼粕粉等混合制粒，干燥后颗粒稳定性好。

(3)褐藻酸钠。亦称海藻酸钠、褐藻胶，主要为*D*-甘露糖醛酸和*L*-古罗糖醛酸的高分子线性糖醛酸。褐藻酸钠公认安全，与饲料各种成分配合性好，可作为鱼虾等多种水产饲料的粘结剂，它的作用实际上是凝胶化作用。褐藻酸钠溶胶能与许多多价阳离子反应(镁除外)形成交联键，当溶胶中多价阳离子的含量增加时，溶胶变稠而成凝胶。褐藻酸钠凝胶是由于多价阳离子交联使褐藻酸钠分子形成三维空间的立体网状结构，抑制了网状结构的内容物和自由流动，因而具有耐水性和弹性。常用的多价阳离子交联剂是可溶性钙盐，以褐藻酸钠为粘结剂的对虾颗粒料原料包括固定于立体网状结构内的凝胶体，这种凝胶体在水中只轻微吸水膨胀，而且能长时间保持不溃散，且具有适口的弹性，符合对虾饲料对适口性、耐水性的要求。有的颗粒饲料因没有将褐藻酸钠由溶胶转化为凝胶体而使颗粒入水后溶化成耐水性和适口性差的絮状、溶胶状态的饲料，有的则因凝胶弹性不够，入水后因颗粒吸水膨胀而龟裂。饲料中一般用量为1%左右。它是目前鱼虾饵料中应用较普遍的粘结剂，但价格较贵。国内生产厂家有青岛化工厂、烟台制碘厂、黄海海藻工业公司、江苏赣榆县七二化工厂、福建涵江县甫田化工厂、浙江宁海化工厂、大连水产化工厂和青岛海洋化工厂。

(4)聚丙烯酸钠。是具有亲水和疏水基团的遇水膨胀而成透明的高分子化合物。聚丙烯酸钠为白色粉末，无臭无味，吸湿性极强，遇水膨胀形成透明的凝胶体，黏度约为羧甲基纤维素钠与海藻酸钠的15～20倍。加热处理与中性盐类对其黏性影响均很小，碱性条件下黏性增大，但易受酸及金属离子的影响，导致黏度降低。聚丙烯酸钠可以用丙烯酸或丙烯酸酯为原料制得，是鱼虾饵料常用粘结剂。近年来，发现在猪饲料中添加聚丙烯酸钠作为粘结剂后，延长了饲料在胃内的滞留时间，因而提高了饲料消化率。日本常用作粘结剂，也用作促生长剂。一般添加量为0.3%。据日本专刊报道，聚丙烯酸钠与愈创胶配合使用时，具有协同效应，其粘结性比它们单独使用时为好。

(5)羧甲基纤维素钠(CMC-Na)。为白色或淡黄色纤维状粉末，几乎无味无臭，溶于冷水中，有吸湿性，易分散于水中形成胶体溶液。在酸性条件下易形成游离酸而沉淀，失去黏性，pH值为4～11时，黏度较好，pH值为7时黏度最高。遇二价金属离子因生成盐而沉淀，失去黏性。主要用于鱼的湿性颗粒料，使用后可使饵料在冷水至少保持4 h不分散。一般饵料中添加量不超过2%，用量过多对鱼类消化有不良影响,必须控制用量。

(6)PVA缩醛和PVA络合物。高分子合成树脂PVA含有多个羟基,具有较高的粘结性及较强的耐磨性,且无毒、无刺激性,然而羟基对水有亲和力,但耐水性欠佳。可通过PVA缩醛化或与某些物质生成络合物等方法,提高其耐水性。用PVA缩醛与PVA络合物两种黏合剂生产的饵料,适口性良好,且在水中保持形态时间分别达到6 h、12 h、24 h以上。在静水中浸泡8 h后,干重及蛋白质的溶失率分别为9.02%和9.65%,蛋白质表观消化率为83%。

(7)琼脂。也称洋菜胶,是从某些红藻提取而得的。其粉呈乳白色,无臭无味,化学合成分为线性多元半乳糖硫酯及其与钙、镁、钠、钾等生成的复合物。其黏度受温度、pH值和电解质的影响。不溶于冷水,可逐渐溶于热水,在25℃时形成胶溶液,通常在鱼、虾饵料中用量为0.5%~2%,多用于微粒饵料。

(8)角叉菜胶。又称鹿角胶、爱兰台胶,来自阳光晒后漂白的红藻。其粉呈黄色。制法类似海藻酸。但钾离子对其形成影响最大,通常为*D*-半乳糖复合物的硫酯的混合盐,相对分子质量平均为200 000。浓度为10%的胶液在pH值为6~7时,很稳定,但在碱性时则不稳定。当氯化钾增加时其黏度增加。

(9)阿拉伯胶。来自于*Acacia*属的一种树的分泌物,是一种被广泛使用、售价低廉的植物胶。其成分为阿拉伯酸、半乳糖及微量有机酸等,与钙、镁、钾盐形成复合物,相对分子质量约240 000。它在水中的溶解度极大,黏度高,在pH值6~7时黏度最高,但其黏度受温度、pH值和其他添加物的影响较大,随温度上升而黏度减少,电解质还影响其溶液的均匀度。

(10)高黏度交联淀粉。近年来变性淀粉工业化生产得到进一步发展,出现了交联淀粉、酯化淀粉、醚化淀粉、酸化淀粉、氧化淀粉等。它们的胶液黏度稳定性好,遇酸性介质、盐类或搅拌,处于冷冻条件下以及贮存时间增加时，黏度变化小。

(11)尿素-甲醛缩合物。由德国 BASF 公司生产，它是一种以聚羟甲基脲为主体的高分子合成树脂作水产饲料粘结剂。由于缩合反应的条件不同，这类粘结剂种类较多。该产品有添加量小、价格合理、保型时间长等优点。此类化合物中多聚脲甲醛是一种较好的饲用粘结剂，一般为白色均质细粉，易吸潮，稍加大在室温下即具有一定的粘结力，但其真正发挥其强大粘结作用是调质、制粒后，调质时蒸汽带入的水分使胶粉充分地浸润了饲料细粉之间，在调质制剂粒的高温下该聚合物发生化学反应，除其分子间本身发生交联外，还与饲料原料中不易消化吸收的纤维素、几丁质、木质素以醚键进行共价交联，冷却固化后形成高度枝化的点阵结构，从而得到高度耐水颗粒饲料。

(12)木质素磺酸盐。是一种不均匀的醚聚合物，含有一些芳香族化合物和大量含氧功能团。主要芳香族化合物含量是愈创木基 94%、对羟基苯基 5%和丁香基。在饲料工业初期用作颗粒料的粘结剂，现在多用作糖蜜饲料分散剂，其加入量可高达糖蜜用量的 11%。

(13)海带粉。海带含有丰富的营养成分，是重要的饲料资源，我国年产海带干品 20 万～30 万 t，占饲用潜力藻类的 40%。海带的主要饲用价值在于所含的碘化物、矿物质、维生素以及刺激动物生长的活性成分。海带对人体和动物既无毒性又无过敏反应，有较高的食用和药用价值，海带中所含的矿物质和绝大多数微量元素主要以有机态存在，且不发生氧化作用，动物吸收利用率高。海带还含有大量的非含氮有机化合物(褐藻酸、甘露醇、褐藻淀粉)。据日本、韩国等国家报道，在鱼虾等水性动物饵料中用胶化的海带粉作添加剂，具有凝结和防溃散作用，尤其是在矿物质和维生素贫乏的水质中使用效果会更为明显。我国已研制出以海带作原料制备的完全消解的粉末状饲料粘结剂，在饵料中加入 1%～1.5%可使饵料在海水中 2～4 h 不溃散，产品稳定性好，可存放 2 年以上。

(14)糖蜜。依制糖原汁不同，糖蜜可分甘蔗糖蜜、甜菜糖蜜，均为制糖业的副产物。均含少量蛋白质，蛋白质多属非蛋白氮，如氨、硝酸、硫胺等。氨基态氮仅为 38%～50%。糖蜜的主要成分为糖类、甘蔗糖蜜所含总糖不低于 46%，甜菜糖蜜含总糖量不低于 48%，所含糖几乎全属蔗糖。糖蜜所含矿物质甚高，主要为钠、氯、钾、镁等，尤其以钾量最高，含 3.6%～4.8%，此外尚有少量钙、磷。另外含有 3.0%～4.0%的可溶性胶体，主要成分为木糖、阿拉伯糖胶及果胶等。糖蜜因其具有一定的黏度，也用于畜禽颗粒饲料粘结剂，最常用的仍为反刍动物饲料舔块的粘结剂，常以尿素(非蛋白氮)型饲料舔砖应用较多，与尿素糖蜜、附料混匀压制成尿素糖蜜舔块，可以限制牛、羊对尿素的食入量，防止因食入过多尿素而发生氨中毒，同时糖蜜可提供能源，增加适口性。是反刍动物饲料舔块良好的粘结剂，一般饲料舔块中添加量为 5%～20%。

(15)膨润土。是一种以蒙脱石为主要成分的黏土。蒙脱石一般为白色，质地细腻，可塑性与粘结性能好。膨润土含有矿物质元素几十种，主要有铝、硅、镁、钙、磷、钾、钠、铬、锰、铁、铜、锶、钡、钼、钴、镍等。这些矿物质元素大都是动物生长发育所需的常量元素和微量元素。膨润土还具有较好的吸附性和离子交换性，较好的吸水性和流动性。

膨润土中蒙脱石成分是其黏性的主要来源，钠皂土含量高。吸水能力对增加黏性效果影响甚大。正常含钠皂土可吸收本身重 5 倍以上的水分，体积增加到原来的 12～15 倍。含钙皂土可吸收本身重的 1.5 倍水分，体积增加至原来的 2～3 倍，膨润土多用于畜禽颗粒饲料的粘结剂与制颗粒润滑剂以加强颗粒的耐久性，增加制粒产量，并延长制粒机压模寿命。一般用量不超过 2%。另外膨润土也是反刍动物饲料舔块的良好的粘结剂，与糖蜜联合使用效果更好，一般在饲料舔块中添加 20%～30%。在反刍动物微量元素矿物质盐型舔块中使用效果也好。

(16)海泡石。海泡石是一种纤维状天然黏土矿物,灰白色、有滑感,无毒、无臭,有特殊的层链状晶体结构。海泡石常用作饲料添加剂或添加剂稀释剂、颗粒饲料黏合剂等。

它具有很好的离子交换、吸附能力和流变性能,它可以吸收自身重量的200%~250%水分。海泡石作为畜禽颗粒饲料粘结剂因其有更好的流动性,在加工颗粒饲料时所产生的温度和压力较低,可防止饲料中的维生素、蛋白质发生变性。

(五)制作饵料使用粘结剂时需注意的问题

(1)正确选用粘结剂。各种鱼、虾等水产动物对饵料有不同的特性要求,对粘结剂的要求也各不相同。如鳗鱼的饵料不仅要求在水中不松散,还要求有一定的弹性,凯尔胶就不适合作鳗鱼饵料粘结剂,因为用它作粘结剂使饵料弹性和适口性不好;琼脂、羧甲基纤维素、海带胶等粘结剂对对虾的消化吸收有影响。粘结剂的粘结度和成本也是影响其能否广泛推广使用的主要因素,见表6-9所示。

表6-9 一些粘结剂对对虾饵料的水稳定性和成本影响

粘结剂名称	饵料损失率(%)	粘结剂成本(美元/t)
食品级黄原胶和树胶(A)	12.02	367.05
食品级黄原胶和树胶(B)	12.45	149.82
角叉菜胶混合物(A)	13.37	81.91
小麦面筋	14.08	112.50
合成聚合物	14.30	241.28
变性小麦面筋	14.50	165.60
活性营养矿物质(A)	14.51	49.93
活性营养矿物质(B)	14.66	27.77
标准木质素磺酸盐	14.69	8.42

续表 6-9

粘结剂名称	饵料损失率（%）	粘结剂成本（美元/t）
多甲基尿素	14.75	33.79
胶原蛋白	15.00	9.57
角叉菜胶混合物(B)	15.01	81.53
尿素甲醛树脂(A)	15.94	42.50
尿素甲醛树脂(B)	17.48	41.14
变性木质素磺酸盐	16.71	—
原生质蛋白	16.71	240.84
变性高粱	17.00	27.72

注：资料来源：Feed international，1991，12(3)：31。

(2)饵料的原料细度。饵料的原料细度越高，与粘结剂接触面越大，粘结剂的效果就好，在使用虾粉及质量不高的鱼粉为原料时，最好对原料进行微粉碎或二次粉碎，使其粒度达到 100 目以上。

(3)饵料的干燥与防霉处理。在加工颗粒中使用粘结剂，通常要加入一定比例的水分，如干燥不好，许多多糖类胶质粘结剂是病原微生物和霉菌的良好培养基，贮存时间稍长，饵料易被细菌污染，因此，在饵料中少量使用防霉防腐剂有利于饵料的贮存。

许多试验表明，产品的配方、粘结剂的比例、粘结剂与饵料的混合均匀度、原料的理化性质、制粒前原料的调质效果、熟化程度、制粒机的工作参数(压力、温度、时间等)、干燥方法等都是影响粘结剂使用效果的因素，在制作饵料时均应加以考虑。

四、饲料抗结块剂

抗结块剂的功能是使饲料和添加剂保持良好的流散性，防止结块。有的抗结块剂的润滑作用可阻止物料在制粒机上集结，并可改善预混料的均匀度。

抗结块剂要求吸水性差，流动性好，对各种动物无毒、无害，安全可靠。常见的抗结块剂有以下几种。

(1)亚铁氰化钾。又称黄血盐，外观为柠檬黄色单斜晶粉末或颗粒，无臭、易溶于水和丙酮。由于氰根和铁结合很牢固，故属低毒。本品在我国只限用于食盐抗结块剂，最大限量为 5 mg/kg。

(2)二氧化硅。价格低，最为常用。

(3)硅酸盐。包括硅酸钙、硅酸钠、硅酸镁、硅酸铝钠等。

(4)天然矿物。沸石、膨润土及其钠盐、硅藻土等。

(5)硬脂酸盐。硬脂酸钙、硬脂酸钾、硬脂酸钠等。

各种抗结块剂在配合饲料中用量一般不超过 2%。美国食品及药物管理局规定的使用范围及限制用量见表 6-10 所示。

表 6-10　天然抗结块剂的品种和应用说明

品种	应用说明
Attapulgite 黏土 (一种美国活性黏土)	成品饲料中 2%以下，也用作液态饲料补充物的悬浮助剂，用量为补充物的 5%以下
硅酸钙 硬脂酸钙	饲料重 2%以下
膨润土 膨润土钠	饲料重 2%以下
高龄土 球土	饲料重 2.5%以下
二氧化硅	与以下饲料组分共用：BHT 限量 2%以下；丙酸钠限量 1%以下；尿素限量 1%以下；维生素限量 3%以下；饲料重 2%以下
硅酸钠铝	饲料重 2%以下
硅藻土	总日粮的 2%以下
叶蜡石	饲料 2%以下

第三节　饲料保藏剂

饲料在贮藏期间，在一定温度、湿度条件下，空气中的氧易引起饲料组成成分，尤其是油脂的氧化酸败，使饲料变质。谷物及其他各种食物、饲料，由于含有丰富的营养物质，在收获、加工等过程中所侵入的各种微生物，特别是腐败菌、霉菌迅速繁殖，不但从中吸取营养，破坏有机代谢，产生多种分解力强的物质，严重地影响饲料的适口性和营养价值，有的还能分泌出对动物和人体有害的物质（如黄曲霉等）。特别是某些霉菌，能在较低温度及高渗透压条件下生长繁殖，对贮存的粮食及饲料造成极大的损失。

据联合国粮农组织（FAO）统计，全世界农产品每年由于霉菌侵染损失可达0.5%～10%。许多食品和饲料在被利用之前就已霉烂。世界卫生组织（WHO）指出在非洲损失达20%；亚洲、拉丁美洲也为20%，远东为15%。有些损失严重的地区高达总收获物的50%。由此可见粮食、饲料的安全贮存是一个极为重要的问题。

为了减少粮食和饲料在贮存期间的损失，保证其品质和人、畜的安全，人们研究了许多方法。可分为物理方法和化学方法两大类，物理方法如干燥、低温贮藏、真空贮藏、加热、辐射处理等。这些物理方法一般都需要较高级的仪器、设备，成本过高，不宜用于贮存大量饲料。

现代化饲料工业的蓬勃发展，要求饲料生产企业和代理商要有一套比较完善的保证饲料贮藏安全的措施。在控制温度、湿度、通风等一系列贮藏条件的同时，使用各种饲料保藏剂（Preservatives），如防霉剂、抗氧化剂、青贮饲料添加剂等来减少饲料的腐败变质和养分损失已十分普遍，且非常必要。

一、饲料防霉剂

(一)概述

饲料原料在运输、贮存以及饲料加工、运输、贮存中的任何一个环节都可能引起霉变。霉变是由霉菌在适宜的环境条件下引起的。霉菌在饲料中的产生,可以改变饲料的营养组成,降低饲料粗蛋白消化率,减少代谢能,从而改变动物对营养物质的利用,降低饲料适口性,减少采食量,导致动物生长发育不良。更为重要的是霉菌在饲料中还会产生有毒的代谢物及霉菌病,严重危害动物机体健康,甚至导致死亡。

由于饲料在被动物食入之前所受的损失多为霉菌引起,而且饲料中一旦长了霉菌,就会首先消耗饲料中最容易被动物利用的营养物质,造成饲料变色、发热、发霉、生化变化、重量减轻以及毒素生成。为了避免霉菌在饲料中的繁衍,抑制霉菌的代谢与生长,从而防止饲料在贮藏期间因霉变而造成损失,各国饲料界人士一直积极致力于高效、低毒、广谱抗菌防霉产品的研制与开发。从以前的除霉净、克霉灵(饲防1号)、克霉净、霉敌101、大蒜等露保细盐、万路保、霉净、不含丙酸盐类的饲保(SB)、双乙酸钠、增效双乙酸钠、天然芳香型防霉剂,从拌料防霉到喷雾防霉,从防霉产品到日本人发明的防霉包装袋等,防霉产品日新月异。

防霉剂(Mold inhibitor)可以渗入霉菌细胞内,干扰或破坏细胞内各种酶系,减少毒素产生和降低其繁殖能力。防霉剂小剂量使用仅破坏微生物细胞,不会对畜禽产生危害。作为防霉剂应该具备以下几个特点:①有较强的广谱抑菌效果;②细度足够小,便于混合均匀;③低pH值;④在低水分的饲料中能释放出来;⑤使用安全、经济;⑥可由几种起协同作用的化合物组成。

为了既提高饲料的防霉效果,又降低成本,有人对露保细盐、万路保、霉克星1号、三唯克霉素、霉天敌、克霉新星、富马酸二甲酯以及空白所做的对比试验表明，在梅雨季节且温度不太高时，如每年的3～6月份，以选择富马酸二甲酯类饲料防霉剂较为理想；在非梅雨季节或温度较高时，如每年的2～3月份和7～9月份，则采用有机酸（丙酸、双乙酸）及其盐类饲料防霉剂为好；其他月份，两大类都可选用。

值得注意的是，防霉剂的连续使用，往往使某些菌体易得抗药性，因而防霉剂的使用应采用轮换式互作式。另外，饲料中的pH值对防霉剂有影响，pH值低，抗霉活力高。

（二）防霉剂作用机理

霉菌对饲料产品的腐蚀破坏，不但会给饲料企业造成经济损失，同时也损害了企业产品在市场上的信誉。事实上即使添加了防霉剂的饲料如果不加强经营管理，一旦产生有利霉菌生长的条件，饲料同样会发霉变质。所以防霉工作是一个饲料企业生存不能忽视的重要环节。

防霉剂是可以杀死或抑制霉菌生长、防止饲料霉变的化学药剂。作为饲料添加剂的防霉剂必须既有抑制霉菌作用，又对动物无毒，还要能够挥发。它的作用机理主要有以下几方面：

（1）防霉剂通过破坏霉菌细胞壁与细胞膜来抑制或杀灭霉菌。例如对羟基苯甲酸酯类在抑制霉菌细胞的呼吸酶系与电子传递酶系活性的同时，破坏霉菌的细胞膜结构，进而破坏霉菌细胞内构造，影响有丝分裂，抑制染色体分裂；又如丙酸、乙酸等在未分解前能渗入霉菌细胞内，然后在细胞内分解，使细胞内液酸化，破坏各细胞器的正常功能与代谢，杀灭霉菌。

（2）通过破坏霉菌细胞内酶系统，阻止其代谢。如山梨酸可与霉菌酶系统中的巯基结合，从而破坏霉菌许多重要酶系；又如苯甲酸则可非选择性的抑制广泛的微生物细胞的呼吸酶系的活性，特别是具有很强的阻碍乙酰辅酶 A 缩合反应的作用，从而抑制霉菌增殖。

(3)影响霉菌孢子萌芽与生长，防止霉菌繁衍。

(三)饲料防霉剂分类

饲料防霉剂主要有以下三类：①有机酸，如丙酸、山梨酸、苯甲酸、乙酸、脱氢乙酸和富马酸等；②有机酸盐或酯，如丙酸钙、山梨酸钠、苯甲酸钠、富马酸二甲酯等；③复合防霉剂，如 Monoprop、Mold-X、Agrosil 和 Adofeed 等。

(四)常用饲料防霉剂介绍

1. 丙酸及丙酸盐类 丙酸及丙酸盐类均属酸性防腐剂，也是抗真菌剂，毒性低，有较广的抑菌性。能抑制微生物繁殖，对酵母菌、细菌和霉菌均有效，尤其对腐败变质微生物抑制作用更好。包括丙酸、丙酸钠、丙酸钙、丙酸铵。

丙酸(Propionic acid)可抑制饲料中霉菌的生长，降低饲料中霉菌数量，防止微生物产生毒素，从而延长饲料贮藏期。丙酸主要通过其游离羧基(—COOH)破坏微生物细胞膜或细胞内酶，使酶蛋白失活而不能参与催化作用，阻碍微生物正常新陈代谢。丙酸本身含有一定能量，故使用丙酸及其盐类还可以补充部分能量。

丙酸是一种有弥漫特异气味的腐蚀性有机酸液体，无色、透明。易溶于水、乙醇、乙醚、三氯甲烷或酸性溶液。分子式为 CH_3CH_2COOH，相对分子质量为 74.08。

丙酸的毒性低，是动物正常代谢的中间产物，各种动物使用效果均较好，故而得到广泛应用。

丙酸是一种应用很广的防霉、防腐剂，在青贮饲料中使用也很普遍。它是一种具有腐蚀性的有机酸。作为饲料添加剂的丙酸常用附形剂吸附制成 50%或 60%的粉状产品。为了预防发霉，饲料中一般添加丙酸的剂量为 500～1 500 mg/kg，最多不超过 3 000 mg/kg，在 pH 值<5 时，效果更理想。我国批准进口的德国 BASF 公司产的“露保细盐”就是以丙酸为主原料的防霉剂，该产品在家禽饲料中的添加量为 2～3 mg/kg，在猪饲料中添加量为 1～2 mg/kg。

由于丙酸具有腐蚀性且有刺激性气味，加工时易损伤加工机械，烧伤操作人员的手，因此，有些防霉剂在加丙酸的同时，复配加入柠檬酸，可适当降低丙酸的腐蚀性。

我国抚顺市化工厂、上海试剂一厂生产丙酸。

丙酸钠(Sodium propionate)为白色结晶或颗粒状粉末，无味或略带丙酸气味。易溶于水，微溶于乙醇，具有吸湿性。根据我国饲料添加剂丙酸钠国家标准(GB 8247—87)，产品应含丙酸钠(以干基计)≥99.0%，重金属含量(以铅计)≤0.002%，砷≤0.000 2%，游离酸(以丙酸计)≤0.11%，游离碱(以碳酸钠计)≤0.16%，干燥失量<5.0%。分子式为 CH_3CH_2COONa，相对分子质量为 96.06。

丙酸钠对霉菌、好氧性芽孢杆菌及革兰氏阴性菌等均有抑制作用，防霉效果在丙酸与丙酸钙之间。

丙酸钠是以铁或镍为触媒，乙炔、一氧化碳及水蒸气于高温下反应合成丙酸后，再加入碳酸钠和氢氧化钠反应制得。我国广州化学试剂二厂、北京化工厂、石家庄地区精细化工厂等生产丙酸钠。

丙酸钙(Calcium propionate)又名初油酸钙，为白色晶体颗粒或粉末，无味或稍具丙酸气味。易溶于水，不溶于乙醇及乙醚。根据我国饲料添加剂丙酸钙国家标准(GB 8248—87)，产品应含丙酸钙(以干基计)≥98.0%，重金属含量(以铅计)≤0.002%，砷≤0.000 2%，水不溶物<0.15%，游离酸(以丙酸计)≤0.11%，游离碱(以氢氧化钠计)≤0.06%，干燥失量<9.5%。丙酸钙的分子式为 $(CH_3CH_2COO)_2Ca$，相对分子质量为 186.23。

丙酸钙防霉能力为丙酸的40%，它由丙酸与碳酸钙反应制得。饲料中添加量为0.2%～0.3%。新加坡KEMIN公司生产的“龙盾”防霉剂含水量丙酸钙99%，饲料中添加量为0.1%～0.45%。

丙酸铵是一种液体盐，具有氨的气味，用于反刍动物还可提供少量氮。

有报道建议，在没有确定富马酸二甲酯的安全性之前，人们应该使用安全可靠的丙酸及其丙酸盐类防霉剂，建议使用量见表6-11所示。

表6-11 丙酸及其丙酸盐类防霉剂建议使用量 %

饲料水分	≤12	12～14	≥14
相对湿度	<75	78～80	≥80
温度(℃)	≤10	10～20	≥20
添加丙酸钙的量	可不加	0.1～0.15	>0.15

2.富马酸及其酯类 富马酸(Fumaric acid)及其酯类也属于酸性防霉剂，具有降低pH值，抗菌谱广的特点。富马酸及其酯类的防霉效果好于山梨酸和丙酸类，但有关报道认为富马酸类有致癌、致残、致残留问题。包括富马酸(延胡索酸)、富马酸二甲酯、富马酸二乙酯、富马酸二丁酯和富马酸-甲酯。

富马酸化学名为反丁烯二酸，为白色结晶或粉状，有水果酸香味，可燃，在空气中稳定，无亲水性和腐蚀性。分子式为$C_4H_4O_4$，相对分子质量为116.67。

饲料工业中使用的富马酸产品是一种加有湿润剂的易溶的混合物。对畜禽没有生理上的损害，不残留，无毒害，添加在饲料中可改善味道，提高饲料利用效率。可被动物完全代谢利用，适用于各种畜禽饲料。富马酸在饲料中的添加剂量为500～800 mg/kg。

我国无锡溶剂厂、苏州合成化工厂生产富马酸。

富马酸酯类中防霉效果较好的是富马酸二甲酯(Dimethy fumarte,简称 DMF),化学名为反丁烯二酸烷基酯。富马酸二甲酯为白色结晶或粉末状,略溶于水,溶于乙酸乙酯、三氯甲烷、异丙醇等。分子式为 $C_6H_8O_4$。

富马酸二甲酯比富马酸抑菌谱广、毒性小、适用范围广。pH 值在 3～8 范围内对抑制黄曲霉素有明显作用。饲料含水分在 14%以下时的添加量为 250～500 mg/kg,饲料水分在 15%以上时的添加量为 500～800 mg/kg。据报道,富马酸二甲酯对不同微生物的抑菌效果试验表明,它对微生物均有抑制作用,600～800 mg/L 即可有显著抑制效果。另据报道,富马酸二甲酯与丙酸钙对饲料防霉效果的对比试验表明,0.1%富马酸二甲酯和 0.3%丙酸钙添加在水分含量为 14.23%的乳猪全价料中,在 45 天、60 天,富马酸二甲酯的抑菌率分别为 91.58%、77.44%;丙酸钙的抑菌率分别为 80.0%、53.49%。饲料开始霉变天数富马酸二甲酯为 75 天,丙酸钙为 60 天,对照组 45 天。

我国江苏淮安兽药厂和湖南省化工研究所生产富马酸二甲酯。

富马酸单甲酯(MMF)为白色粉末结晶,溶点 144～148℃,微溶于水,易溶于乙醇。它不仅具有富马酸二甲酯的优点,而且抑菌能力是目前已知防霉剂中最强的,刺激性比富马酸二甲酯小得多,很有希望成为食品和饲料的最佳防霉剂。富马酸单甲酯的抑菌最低浓度大致在 100～800 mg/kg 之间,而富马酸二甲酯一般为 600～1 000 mg/kg,有机酸及其盐类则达 2 600～26 000 mg/kg。富马酸单甲酯对黄曲霉菌有强烈的抑制作用。

3.苯甲酸和苯甲酸钠 苯甲酸(Benzoic acid)和苯甲酸钠(Sodium benzoate)能抑制微生物细胞呼吸酶的活性,阻碍三羧酸循环,使代谢受到障碍。但对动物的生长、繁殖无不良影响。

苯甲酸又名安息香酸,为白色叶状或针状晶体,无臭味或稍带安息香或苯甲醛的气味。在酸性条件下易随水蒸气挥发，是一种稳定的化合物，但有吸湿性。微溶于水，易溶于乙醇。苯甲酸对广范围的微生物有抑制效果，但对产酸菌作用较差。我国食品添加剂苯甲酸国家标准（GB 1901—80）规定，产品含苯甲酸≥99.5%，含氯化物（以氯计）≤0.02%，重金属（以铅计）≤0.01%，砷≤0.000 2%。熔点121～123℃，灼烧残渣≤0.1%，澄清度，易氧化物符合规定，易碳化物不深于17号比色液。苯甲酸的分子式为$C_7H_6O_2$，相对分子质量为122.12。

我国天津染化七厂、青岛红旗化工厂、武汉有机化工厂、无锡农药厂等生产含食品级苯甲酸。

饲料添加剂中主要使用苯甲酸钠，适用于猪、鸡、牛、羊和鱼类饲料中，但对肝功能衰弱的家畜不宜使用。苯甲酸钠为白色颗粒或无定形结晶性粉末，无臭味或微带安息香味，有收敛性。易溶于水和乙醇。在空气中稳定。苯甲酸钠对许多霉菌如黑曲霉、娄地青霉、啤酒酵母等具有抑制作用。我国食品添加剂苯甲酸钠国家标准（GB 1902－80）规定，产品含苯甲酸钠≥99.0%，氯化物（以氯计）≤0.1%，硫酸盐（以SO_4^{2-}计）≤0.02%，重金属（以铅计）≤0.001%，砷≤0.000 2%。干燥失重≤1.5%，酸碱度、澄清度符合规定。苯甲酸钠的分子式为$C_7H_5O_2Na$，相对分子质量为144.11。

苯甲酸和苯甲酸钠在饲料中的适宜添加量不能超过0.1%。

我国的武汉有机化工厂、青岛红旗化工厂、南京有机化工厂、浙江嘉兴化工厂等生产食品级苯甲酸钠。

4.山梨酸及其盐类 山梨酸（Sorbic acid）及其盐类可作为饲料、食品防霉剂，对动物和人在生理上完全无害。山梨酸可与微生物酶系统中的巯基结合，破坏许多酶系统，从而达到抑制微生物活动的目的。山梨酸对抑制酵母及霉菌生长有效果。山梨酸及其盐类不改变饲料气味和味道，由于价格原因，山梨酸及其盐类常用作代乳品防霉剂、食品或宠物饲料添加剂。

山梨酸又叫清凉茶酸、花楸酸。为无色或白色针状结晶或结晶性粉末，无臭或略具刺激性臭味，无腐蚀性，有较强的吸水性，微溶于水，易溶于有机溶剂。对光、热稳定，在空气中长期存放易氧化变色。我国食品添加剂山梨酸国家标准(GB 1905—80)规定，产品含山梨酸≥98.5%，硫酸盐(以 SO_4^{2-} 计)≤0.1%，重金属(以铅计)≤0.002%，砷≤0.000 2%。灼烧残渣≤0.1%，熔点 132～135℃。山梨酸的分子式为 $C_6H_8O_2$，相对分子质量为 112.13。

通常山梨酸的适宜添加剂量为配合饲料的 0.05%～0.15%，目前，通常的用法是将其溶解于低碳酸(如乙酸、丙酸、富马酸等)中，以喷洒或预混合形式处理饲料。我国南通乙酸化工厂、上海试剂一厂、广西南宁第二化工厂、杭州长征化工厂、无锡农药厂等生产食品级山梨酸。

山梨酸类包括山梨酸钠、山梨酸钾、山梨酸钙。山梨酸钾(Potossium sorbate)为无色或白色鳞片状结晶或结晶性粉末，无臭或稍具臭味。有吸湿性，极易溶于水，在空气中不稳定，能被氧化。熔点为 270℃(分解)。分子式为 $C_6H_7O_2K$，相对分子质量为 150.22。

山梨酸钾通常的添加剂量为 0.05%～0.3%。

山梨酸钠(Sodium sorbate)分子式为 $C_6H_7O_2Na$，相对分子质量为 134.12。

5.脱氢乙酸和脱氢乙酸钠　脱氢乙酸是一种低毒、高效、广谱抗菌药，对动物一般无不良影响，抑菌效果比苯甲酸钠好。为白色或淡黄色结晶粉末，无臭、无味，难溶于水，在碱性溶液中溶解度大，易溶于苯、乙醚、丙酮及热酒精中，对光、热稳定。分子式为 $C_8H_8O_4$，相对分子质量为 168.15。脱氢乙酸钠为白色结晶性粉末，无臭或微臭，其溶液为无色。分子式为 $C_8H_7O_4Na \cdot H_2O$，相对分子质量为 208.2。

6.对羟基苯甲酸酯类　对羟基苯甲酸酯类的抗菌作用比苯甲

酸和山梨酸都强，其毒性比苯甲酸低。包括对羟基苯甲酸乙酯、对羟基苯甲酸丙酯、对羟基苯甲酸丁酯等。

对羟基苯甲酸乙酯（Ethyl-*p*-Hydroxybenzoate）又称尼泊金乙酯，为无色小晶体或白色晶体性粉末，无臭味，易溶于水、乙醇及乙醚中。分子式为 $C_9H_{10}O_3$，相对分子质量为 166.18。

我国食品添加剂对羟基苯甲酸乙酯国家标准（GB 8850—88）规定，产品含对羟基苯甲酸乙酯≥99.0%，硫酸盐（以 SO_4^{2-} 计）≤0.024%，重金属（以铅计）≤0.001%，砷≤0.000 1%。灼烧残渣≤0.05%，干燥失量≤0.5%，熔点 115～118℃，酸度、对羟基苯甲酚和水杨酸合格。我国广州市东湖化工厂生产食品级对羟基苯甲酸乙酯。

对羟基苯甲酸丙酯（Propyl-*p*-Hydroxybenzoate）又称尼泊金丙酯，为无色或白色晶体性粉末，无臭味。分子式为 $C_{10}H_{12}O_3$，相对分子质量为 180.21。

我国食品添加剂对羟基苯甲酸丙酯国家标准（GB 8851—88）规定，产品含对羟基苯甲酸丙酯≥99.0%，硫酸盐（以 SO_4^{2-} 计）≤0.024%，重金属（以铅计）≤0.001%，砷≤0.000 1%。灼烧残渣≤0.05%，熔点 95～98℃，酸度、对羟基苯甲酚和水杨酸合格，我国广州市东湖化工厂生产食品级对羟基苯甲酸丙酯。

对羟基苯甲酸丁酯（Butyl-*p*-Hydroxybenzoate）又称尼泊金丁酯，为无色或白色晶体性粉末，无臭味，易溶于乙醇、乙醚、乙酸等。几乎不溶于水。分子式为 $C_{11}H_{14}O_3$，相对分子质量为 194.24。

7. 柠檬酸和柠檬酸钠 柠檬酸（Citric acid）又名枸橼酸，为半透明结晶或白色结晶性粉末，无臭，味酸，在潮湿空气中会潮解。极易溶于水，易溶于甲醇、乙醇，微溶于乙醚。分子式为 $C_6H_8O_7 \cdot H_2O$，相对分子质量为 210.14。

我国食品添加剂柠檬酸国家标准（GB 1987—86）规定，产品含量（以 $C_6H_8O_7$ 干基计）≥99.5%，硫酸盐（以 SO_4^{2-} 计）≤0.03%，重金属（以铅计）≤0.001%，砷≤0.000 1%，草酸盐≤0.03%，灼烧残渣≤0.1%，易炭化物不深于标准，钙盐、钡盐符合规定。我国石家庄化工一厂、天津柠檬酸厂、上海新型发酵厂、杭州柠檬酸厂等生产食品级柠檬酸。

柠檬酸可防腐，又是抗氧化剂的增效剂。它可使肠道内容物变酸，稳定肠道内微生物区系，提高生产性能及饲料利用率。一般按配合饲料的0.5%添加。柠檬酸作抗氧化剂增效剂时的使用剂量为0.005%以下。

柠檬酸钠（Sodium citrate）又名枸橼酸钠，为无色结晶或白色结晶性粉末，分子式为 $C_6H_5Na_3O_7 \cdot 2H_2O$，相对分子质量为294.1。

我国食品添加剂柠檬酸钠国家标准（GB 6782—86）规定，产品含量（以 $C_6H_5Na_3O_7$ 干基计）≥99.0%，硫酸盐（以 SO_4^{2-} 计）≤0.03%，重金属（以铅计）≤0.000 5%，砷≤0.000 1%，氯化物≤0.01%，铁盐≤0.01%，钙盐、钡盐、易炭化物要符合规定。

8.乳酸、乳酸钙和乳酸亚铁　乳酸（Latic acid）又名丙醇酸，为无色透明或带微黄色的糖浆状液体，无臭，味微酸，有吸湿性，或与水、乙醇、丙酮或乙醚以任意比混合。分子式为 $C_3H_6O_3$，相对分子质量为90.08。

我国食品添加剂乳酸国家标准（GB 2023—80）规定，产品乳酸含量≥80%，硫酸盐含量（以 SO_4^{2-} 计）≤0.01%，重金属（以铅计）≤0.001%，砷≤0.000 1%，氯化物≤0.002%，铁盐≤0.001%，灼烧残渣≤0.1%。我国上海试剂一厂、苏州第四制药厂、苏州吴县乳酸厂、无锡制药厂、浙江泰顺化工厂等生产食品级乳酸。

乳酸钙（Calcium lactate），$[CH_3CH(OH)COO]_2Ca \cdot xH_2O$，为白色至乳酪色结晶颗粒或粉末，无臭，在水中缓慢溶解，是透明或微浑浊的溶液。易溶于热水，几乎不溶于乙醚、乙醇和三氯甲烷。相对分子质量(无水)为218.22。

我国广州化学试剂二厂、西安化学试剂厂生产乳酸钙。

乳酸亚铁(Ferrous Lactate),$[CH_3CH(OH)COO]_2Fe\cdot 3H_2O$,相对分子质量为288.04。为微黄绿色结晶性粉末或结晶块,稍带特异臭,带有微甜的铁味。水溶液为带绿色的透明溶液,几乎不溶于乙醇,在空气中被氧化后颜色逐渐变暗。

9.**双乙酸钠** 双乙钠(Sodium diactate,简称SDA),$CH_3COONaCH_3COOH\cdot xH_2O$,相对分子质量(无水)为142.09。是一种新开发的食品饲料防腐剂,是乙酸钠和乙酸的分子复合物。为白色结晶粉末,含乙酸39.0%,有较强的乙酸味,易溶于水,具有高效、无毒、无害、不致癌、无残留、适口性好等优点。

双乙酸钠为联合国FAO/WHO组织推荐使用于食品和饲料的防霉保鲜剂,美国食品药物管理局已将其定为一般公认安全品,其防霉效果与广泛使用的丙酸盐和进口的"霉敌"相当,但性能价格比丙酸盐高。双乙酸钠在饲料中的添加剂量见表6-12所示。

表6-12 双乙酸钠添加剂量

谷物或饲料重量(kg)	饲料水分(%)	双乙酸钠用量(kg)
100	10~15	0.3
100	15~18	0.4
100	18~22	0.5
100	22~30	0.75

梁亮和崔卉(1998)在对22%含水量的谷粒用粉体、微粉体、液体3种形式的双乙酸钠进行处理后认为,谷粒含水量超过20%时,添加量宜选用0.8%以上,且添加方式以微粉体双乙酸钠更为有效;双乙酸钠与山梨酸以7∶3比例复配时,防霉能力比单独使用时提高6.3倍。

10.**复合防霉剂** 由一种或多种防霉剂与某种载体结合而成

的复合防霉剂保持甚至增加工厂单一防霉剂原有的抑真菌功效，但免除或降低了单一防霉剂的腐蚀性与刺激性。Monoprop 由 50%载体 Verxite 组成，大大增强了抑菌作用。Mold-X 由丙酸、乙酸、山梨酸、苯甲酸和载体硅酸钙组成，由于各种防霉剂的协同作用使该产品具有较好的抗真菌活性。Adofeed 由丙酸包含于油悬浊液中制成，抑菌活性明显优于相应的粉状防霉剂。北京营养源研究所研制的除霉净是一种新型复合有机酸饲料防霉剂，是我国唯一获得农业部批准在全国推广和销售的绿色饲料防霉剂。它以丙酸为主，经特殊载体吸附制成固体颗粒制粒，抑菌效果好，抑菌时效长，在抑制黄曲霉繁殖及产黄曲霉素方面效果尤为显著。四川大学和成都建材工业设计院研制开发的以富马酸二甲酯为主、配以丙酸钙和载体饲料级沸石粉的防霉产品，经使用验证防霉效果好，无刺激性。可用于粉料、颗粒料，常用量为 400～800 g/t 饲料。

湖南衡阳农业局李晓云将生石灰、干燥的苦楝子或水蓼、雷公草或蒿草、补骨脂、薄荷、陈皮混合后，经充分粉碎装袋密封制成防霉、防虫剂，用于粮食、饲料等干物质的干燥保存，具有强烈的吸湿功能和驱虫、杀虫作用，防霉、防虫效果极佳，可延长保存期 3～5 倍。对人体、家畜、家禽无毒害，无任何副作用。江西南昌的蔡玮和羿朦用双乙酸钠、富马酸二甲酯、苯甲酸、尼泊金酯及填充料等复配成一种用于各种饲料运输和贮存过程中防霉保鲜的化学制剂，具有高效广谱抑菌特性，适用温度及 pH 值范围宽，作用快且持久，安全稳定，不影响畜禽的适口性和生长发育。可以保持饲料贮存 2 个月以上不发霉变质。另外，还有将丁香酚、山苍子油、丙酸、蛭石粉或轻质碳酸钙、海泡石、沸石粉按一定比例配制的高效广谱抗菌的防霉剂。

值得注意的是，防霉剂的使用都有最高限量，一般都在 1 g/kg饲料以下。

二、饲料抗氧化剂

(一)概述

抗氧化剂(Antioxidants)指凡是能够阻止或延迟饲料氧化,提高饲料稳定性和延长贮存期的物质。

饲料在贮藏期间,由于一定的温度、湿度及空气的作用会产生氧化作用,使维生素受到破坏,脂肪物质氧化,产生对动物危害很大的毒性物质,严重影响饲料的适口性。使用了这类饲料会导致动物机体代谢紊乱,肝脏和肾脏中毒性营养障碍,妊娠母畜中毒等症状。

含油脂较多的单一饲料原料或全价配合饲料,如鱼粉、添加了油脂的饲料以及加入了维生素A、维生素D、维生素E等脂溶性维生素的饲料常常在贮存或运输过程中易与空气中的氧发生自动氧化。特别在高温高湿环境下,饲料中的铁、铜等离子更会促进氧化反应的进行。因此,应用抗氧化剂,尤其在饲料企业中使用抗氧化剂已成为饲料贮藏过程中的一个重要的、必然环节。

抗氧化剂从开始的单一型使用逐渐转向复合型,因为人们发现两种以上抗氧化剂联合使用往往有协同增效作用,抗氧化效果优于单一品种的使用。合成抗氧化剂由于在动物体内排出速度快、基本不在组织内积累而得到广泛使用,同时人们也在积极进行从植物中提取天然制剂的开发和研究。世界各国饲料工业贮藏中抗氧化剂已普遍使用。欧洲共同体各国每年使用抗氧化剂6 000 t左右,美国约3 500 t,日本也在3 000 t以上。

抗氧化剂必须在饲料养分氧化之前添加,尽早阻断氧化反应链,否则使用太迟,其抗氧化作用则难以发挥,甚至还会起反作用,因为有些抗氧化剂本身极易被氧化,而氧化了的抗氧化剂可能变成促进氧化的因素。为了增强抗氧化剂的抗氧化性,人们从实践中发现抗氧化剂与一些酸性物质并用，可以提高抗氧化效果，因为这些酸性物质可以和那些促进氧化的金属离子生成螯合物钝化其作用。也有认为这些酸性物质可使抗氧化剂重新获得抗氧化能力的说法。这些酸性物质因而被人们称之为抗氧化剂增效剂。

抗氧化剂的使用量一般是很小的，必须混合均匀，不同的产品按使用要求正确掌握添加量。添加抗氧化剂只是一个方面，另一方面还要重视饲料产品的日常抗氧化保护，比如在饲料加工后应密封包装，减少与空气的接触，贮存在阴凉处等，从而更为有效地防止饲料加速氧化变质。

(二)易氧化物质的氧化和抗氧化剂的作用机理

饲料在贮藏过程中如果措施不当会发生氧化变质或酸败，使饲料营养成分遭到破坏，产生毒素，适口性变差，从而导致动物采食量下降或拒食。给动物饲喂这种氧化酸败饲料后，不仅达不到预期的饲养效果，反而可能造成动物消化障碍，损害动物健康。饲料中含有或添加了维生素 A、维生素 D、维生素 E、胡萝卜素和高能量物质后容易发生氧化变质或酸败，譬如配合饲料中含有米糠、肉骨粉、蚕蛹粉、鱼粉或添加了油脂等。油脂酸败后会破坏维生素 A、维生素 D、维生素 E 及某些 B 族维生素，降低赖氨酸与蛋白质的利用率。

易氧化物质的自动氧化作用，主要是由于不饱和键受氧作用而引起。

抗氧化剂种类繁多，作用机理复杂多样：①利用还原反应，降低饲料内部及其周围的氧含量。如抗坏血酸、维生素 E 等抗氧化剂极易被氧化，它通过使空气及饲料中的氧首选与自身反应来保护饲料中的其他养分。②与饲料所产生的过氧化物结合，阻断油脂在自动氧化过程中的连锁反应，终止氧化过程的进行。如丁基羟基茴香醚、没食子酸酯类、二丁基羟基甲苯等就是通过这个途径发挥抗氧化性的。③放出氢离子，破坏油脂自动氧化过程中产生的过氧化物，防止形成醛类、酮类和醇类等，避免不良气味和影响适口性等多种有害物质的产生。④阻止或减弱氧化酶类活动。

（三）饲料抗氧化剂必须具备的条件

（1）低浓度即应有很强的抗氧化作用。

（2）毒性小，本身及其代谢产物对人和动物健康无害。

（3）不应使饲料产生特异气味或颜色，不应降低适口性。

（4）在饲料中易于测定，成本低。

（四）饲料抗氧化剂的分类

抗氧化剂按照存在方式可分为天然存在的抗氧化剂和人工合成的抗氧化剂两大类。

（1）天然存在的抗氧化剂主要有。①抗坏血酸类抗氧化剂，包括*L*-抗坏血酸、*L*-抗坏血酸钙、*L*-抗坏血酸钠、抗坏血酸钾、5，6-二乙酰基-*L*-抗坏血酸等；②生育酚类抗氧化剂，包括提取的天然生育酚、γ-生育酚和δ-生育酚；③没食子酸酯类抗氧化剂，包括没食子酸丙酯、没食子酸辛酯、没食子酸十二酯、没食子酸异戊酯等；④糖醇类，包括山梨醇、木糖醇、麦芽糖醇等；⑤氨基酸类，如蛋氨酸、色氨酸、苯丙氨酸以及脯氨酸等。另外，还有一些其他的抗氧化剂，如愈创树脂、卵磷脂、芝麻精、二氧化硫、芝麻酚、棉花素、胚芽油提取物、类黑精等。

（2）化学合成的抗氧化剂主要包括乙氧基喹啉、二丁基羟基甲苯、丁基羟基茴香醚、叔丁基对苯二酚、3，4，5-三羟基苯丁酮、磷酸氨基乙醇。此外，还有一些在配合饲料中很少使用的人工合成抗氧化剂。

另外，饲料中通常使用的是油溶性抗氧化剂，按其产品结构可分为酮胺类、酚类等几个品种。①酮胺类，系酮和胺经缩合而成，

由于其结构中含有 =N—H 结构，故具有很强的抗氧化性。被批准在食品和饲料中使用的迄今为止只有乙氧基喹酸。②酚类，主要包括二丁基羟基甲苯、丁基羟基茴香醚、叔丁基对苯二酚。这些产品的分子结构中都有酚羟基。③其他主要包括没食子酸丙酯、维生素 E、茶多酚，这类产品也可认为是含有 —OH 的酚类产品。

(五)常用抗氧化剂介绍

目前常用的饲料抗氧化剂有乙氧基喹啉、二丁基羟基甲苯、丁基羟基茴香醚、维生素 E、抗坏血酸及其酯类或盐类化合物、没食子酸十二酯与没食子酸丙酯等。

1.乙氧基喹啉 乙氧基喹啉(Ethoxyquin，简称 EMQ)属二氢喹啉类药物，又称乙氧喹、抗氧喹、衣索金、埃托克西金等。化学名称为 6-乙氧基-1,2-二氢-2,2,4-三甲基喹啉，分子式为 $C_{14}H_{19}NO$，相对分子质量为 217.30。

乙氧基喹啉是一种人工合成的抗氧化剂，是迄今为止国内外最好的饲料抗氧化防霉保鲜剂，它从生产运输贮存直到动物体内消化全过程进行抗氧化，它被公认为首选的饲料抗氧化剂，尤其对脂溶性维生素的保护，其他抗氧化剂是无法与之比拟的。据报道，美国每年使用的抗氧化剂中乙氧基喹啉约占 80%以上。它为黄褐色或褐色黏稠液体，具有特异气味，几乎不溶于水，易溶于丙酮、乙醚、异丙醇、三氯甲烷及正丁烷等有机溶剂，在自然光下易氧化，色泽变深，故应保存于避光密闭容器中，含量一般在 97.5%以上。常见的商品制剂有两种，一种以水做溶剂，另一种以甘油做溶剂。

乙氧基喹啉一般以喷雾法喷布于饲料后可有效防止饲料中油脂酸败和蛋白质氧化，且能防止维生素 A、维生素 E、胡萝卜素变质。它常用于饲料鱼粉、肉粉、脂肪保鲜，也可用于水果及食品保鲜。鱼粉、脂肪类饲料中的添加用量一般为 0.05%～0.1%；在维生素 A、维生素 D 等饲料添加剂中使用量为 0.1%～0.2%；全介配合料中添加量为 50～150 mg/kg；苜蓿干草粉中添加 200 g/t，可减少其胡萝卜素及叶黄素的损失。乙氧基喹啉对幼雏（经口服）的急性 LD_{50} 为 8～10 g/kg 体重。美国 FAD 规定配合饲料中乙氧基喹啉的最高浓度为 150 mg/kg。

乙氧基喹啉由对氨基苯乙醚和丙酮在催化剂存在下加热脱水缩合，再经减压蒸馏、萃取、减压蒸馏及酸性水处理回收精制而得。我国上海长征第二化工厂和湖北制药厂生产乙氧基喹啉。

乙氧基喹啉由于黏滞性高，低浓度用于饲料很难混匀，只有液体乙氧基喹啉与固体饲料才能混匀，所以常将其与载体吸附制成 10%～70%的干粉剂。一般粉剂的有效贮存期为半年。产品乙氧基喹啉的国家标准的各项性能指标见表 3-17 所示。

2.二丁基羟基甲苯 二丁基羟基甲苯（Butylated hydroxy toluene，简称 BHT）是一种人工合成的抗氧化剂，化学名称为 2，6-二叔丁基对甲酚，分子式为 $C_{15}H_{24}O$，相对分子质量为 220.36。

二丁基羟基甲苯为白色微黄、块状或粉末性晶体，无臭无味，熔点为 69.5～70.5℃（纯品为 69.7℃），不溶于水及甘油，易溶于甲醇、乙醇、丙酮、棉籽油及猪油等。对热稳定，与金属离子作用不会着色。一般对动物无害，为各国常用的一种饲料抗氧化剂。

二丁基羟基甲苯作用与乙氧基喹啉类似，对饲料中的脂肪、叶绿素、维生素、胡萝卜素等都有保护作用，对蛋黄和胴体的色素沉着、家禽体脂碘价提高和猪肉香味的保持具有促进作用。二丁基羟基甲苯被广泛应用于猪、鸡、反刍动物及鱼类饲料中，用量一般为 60～120 mg/kg，在鱼粉及油脂中的用量为 100～1 000 mg/kg。它与丁基羟基茴香醚或有机酸（常用柠檬酸）合并使用具有很好的协同作用。二丁基羟基甲苯经口投与，对小鼠的半致死量（LD_{50}）为 1 390 mg/kg。产品二丁基羟基甲苯的国家标准的各项性能指标见表 6-13 所示。

事实上，油脂中的抗氧化效果 TBHQ＞BHA＞BHT，但从价格角度，饲料中选用的酚类抗氧化剂还是 BHT，因为 BHA 和 TBHQ 价格昂贵，饲料中基本没有单独使用的实例。二丁基羟基甲苯是由异丁烯和对甲酚在催化剂存在下进行烷基化反应制得的。我国上海向阳化工厂、上海益民第四食品厂、辽宁滨河化工厂等生产食品级二丁基羟基甲苯。

3. 丁基羟基茴香醚 丁基羟基茴香醚(Butyl hydroxy anisol，简称 BHA)，也是一种人工合成的抗氧化剂，化学名称为叔丁基-4-羟基茴香醚，分子式为 $C_{11}H_{16}O_2$，相对分子质量为 180.25。

丁基羟基茴香醚为白色或微黄色块晶或结晶状粉末，有特异酚类臭味及刺激性气味，通常是上述Ⅰ、Ⅱ两种异构体的混合物。不溶于水，可溶于乙醇、丙酮及丙二酸中，熔点为 57～65℃，对热稳定。

丁基羟基茴香醚与乙氧基喹啉的作用相似，一般不在畜体内积存。多用作油脂抗氧化剂。在饲料中的通常用量为 60～120 mg/kg，在鱼粉及油脂中的用量为 100～1 000 mg/kg。丁基羟基茴香醚与柠檬酸、抗坏血酸等合用有较好的协同效应，它也可以和二丁基羟基甲苯联合用于动植物油脂饲料中。使用时，以适量乙醇和丙二醇作溶剂能提高丁基羟基茴香醚的抗氧化能力。

丁基羟基茴香醚是由叔丁醇和对苯二酚在催化剂存在下先合成为叔丁基对苯二酚，再将该产物半甲基化反应制得。我国上海益民第四食品厂生产食品级丁基羟基茴香醚。

除了抗氧化性外，丁基羟基茴香醚还具有较强的抗菌力，用 250 mg/kg 可完全抑制饲料食品中黄曲霉生长，用 200 mg/kg 可完全抑制黑曲霉、青霉的孢子生长。丁基羟基茴香醚对小鼠的 LD_{50} 为 2 900 mg/kg(经口)。产品丁基羟基茴香醚的国家标准的各项性能指标见表 6-13。

表 6-13　3 种氧化剂的各项性能指标(国家标准)

抗氧化剂	含量(%)≥	熔点(℃)	灼烧残渣(%)≤	砷(As)(%)≤	重金属(以铅计)(%)≤	硫酸盐(%)≤	水分(%)≤
乙氧基喹啉(饲料添加剂)	96.0	—	0.2	0.000 3	0.001	0.012	—
二丁基羟基甲苯(食品添加剂)	—	69～70	0.01	0.000 1	0.000 4	0.002	0.1
丁基羟基茴香醚(食品添加剂)	—	48～63	0.05	0.000 2	0.000 5	—	—

注:二丁基羟基甲苯还要求游离酚(以对甲酚计)≤0.002%。

4.二氢吡啶　二氢吡啶也是一种人工合成的抗氧化剂,具有天然抗氧化剂维生素 E 的某些作用,化学名为 2,6-二甲基-3,5-二乙酯基-1,4-二氢吡啶。

二氢吡啶为淡黄色粉末,无味,不溶于水,能溶于热乙醇中,见光易氧化,故应避光保存。无毒,无副作用。含量≥96%,溶点 176～183℃,干燥失量≤0.5%,灼烧残渣≤0.5%,重金属(以铅计)≤0.001%。

由北京营养源研究所研制生产的二氢吡啶,对饲料有抗氧化作用,可以提高饲料的有效利用率。另外,对牛、羊、禽及多种动物有促进繁殖和生长的作用,可以提高畜禽的情期受胎率、受精率和精液质量,增加奶牛产奶量和蛋鸡产蛋量。

据报道,将二氢吡啶拌入混合精料饲喂成年种公牛,可提高种公牛的精液品质,精子解冻后镜检活率比对照组提高 16.62%,顶体完整率提高 18.72%,精子畸形率降低 37.17%,冻精生产量提高 19.2%,废弃精液降低 59.9%;另据报道,种公羊饲喂了添加二氢吡啶的饲料后,射精量提高了 18.5%～29.5%。精液密度和活力都有显著提高,种公羊配种期间体重不下降,每只增重 2～13 kg。

使用二氢吡啶时,先与少量精料混匀,再逐渐扩大至与所有饲料混合,也可制成粉料或颗粒料。每吨牛、羊饲料中的添加量为

100 g,家禽每吨饲料添加 150 g,长毛兔每吨饲料中添加 200 g,水貂饲料中添加 0.1%。二氢吡啶对小鼠的口服半致死量(LD_{50})为 3 000 mg/kg 体重。

5. 维生素 E 维生素 E(Vitamine E)又称生育酚,目前已知的至少有 8 种相近似的化学结构形式,其中有 4 种(α、β、γ、δ)最为重要,而以 α-生育酚分布最广,效价最高,最具代表性。α-生育酚的分子式为 $C_{29}H_{50}O_2$,相对分子质量为 430.72。

α-生育酚为淡黄色黏稠油状液体,不溶于水,易溶于乙醇、丙酮、四氯化碳、乙醚等有机溶剂和植物油中。α-生育酚是目前唯一工业化生产的天然抗氧化剂。

维生素 E 既是一种抗氧化剂,在体内还是生物催化剂。维生素 E 极易被氧化,因此它可以保护其他易被氧化的物质不被破坏,维生素 E 既是饲料的抗氧化剂又是消化器官的细胞抗氧化剂,故能阻止细胞内的过氧化。另外,维生素 E 还具有补偿作用,据报道,将维生素 E 添加到已氧化的脂肪中可以减轻甚至完全补偿腐败脂肪所造成的对生长和饲料转化比的副作用。

维生素 E 添加于饲料中可使蛋鸡的产蛋率、蛋的受精率和孵化率都有相应的提高。

维生素 E 的主要商品形式有 *D*-α-生育酚,*DL*-α-生育酚,*D*-α-生育酚乙酸酯和 *DL*-α-生育酚乙酸酯。

维生素 E 为各国广泛用作食品和饲料的抗氧化添加剂,主要用于脂肪和含油食品中。即使饲料中添加了丁羟基茴香醚或丁羟甲苯等抗氧化剂,也不能降低维生素 E 的添加量。

6. 抗坏血酸类 抗坏血酸(Ascorbic acid)又称维生素 C,自然界有生物活性的是 *L*-抗坏血酸,其分子式为 $C_6H_8O_6$,相对分子质量为 176.13。

抗坏血酸为白色结晶粉末,有酸味,易溶于水,稍溶于乙醇,微溶于甘油,不溶于乙醚和三氯甲烷。熔点为 190℃。

维生素C是一种活性很强的还原剂，在体内它既能以氧化剂又能以还原剂形式存在。所以，维生素C既可作为供氢体，又可作为受氢体，它参与细胞氧化过程，参与氧化还原体系中氢的传递，在生物氧化过程中作氢的载体。维生素C还具有解毒功能，可减轻砷和重金属对肝脏的损害，抵抗细菌和病毒的感染。也可改善心肌功能，减轻维生素A、维生素E、维生素B_1、维生素B_{12}及泛酸等不足引起的缺乏症。还具有利尿、降压等作用。

维生素C的商品形式为抗坏血酸、抗坏血酸钠、抗坏血酸钙及包被抗坏血酸。生产实践中常用抗坏血酸钠。其分子式为$C_6H_7O_6Na \cdot H_2O$，相对分子质量为216.13，为白色结晶粉末，略有酸味，极易溶于水，基本不溶于乙醇、乙醚、三氯甲烷。

抗坏血酸人体每天可接受5 mg，饲料中的添加量不限。但也有抗坏血酸经口投与38 mg/kg使小鼠血液凝固异常的报道。

L-抗坏血酸还可作为α-生育酚等抗氧化剂的增效剂。作为增效剂，*L*-抗坏血酸在含天然抗氧化剂或添加抗氧化剂的脂肪中的添加量为200 g/t以下。

7. 没食子酸丙酯 没食子酸丙酯(Propyl gallate，简称PG)又名棓酸丙酯。分子式为$C_{10}H_{12}O_5$，相对分子质量为212.21。

没食子酸丙酯为白色至淡褐色结晶性粉末，或白色针状结晶，无臭，稍带苦味。对热稳定，有吸湿性，见光可促进其分解。在油和水中的溶解度均很小，易溶于乙醇、丙酮、乙醚。加工时注意不能和含Fe^{3+}的器具或水加在一起。没食子酸丙酯的添加限量为饲料中所含油脂的0.02%以下。

我国食品添加剂没食子酸丙酯的国家标准(GB 3263—82)规定，产品应含没食子酸92%～102%，熔点146～150℃，砷≤0.000 3%，重金属(以铅计)≤0.001%，干燥失量≤0.5%，灼烧残渣≤0.1%。

没食子酸丙酯由没食子酸和正丙醇经一系列工序反应制得。

我国成都双流县食品二厂、西安化学试剂厂、上海益民第四食品厂生产食品级没食子酸丙酯。但是没食子酸丙酯由于在油脂中溶解度小和价格昂贵，饲料中不可能单独使用。

8. 叔丁基对苯二酚 叔丁基对苯二酚(Tertiary butylhydroquinone，简称 TBHQ)为白色或浅色结晶，可溶于多种有机溶剂和油脂，为国内较新的酚类抗氧化剂。添加于任何油脂或含油脂高的食品及饲料中不产生异臭味，可单独使用亦可与丁羟基茴香醚或丁羟甲苯混合使用，添加量约为油脂或含油食品中脂肪含量的0.02%，其效果比后两者都好。

9. 3,5-二叔丁基-4-羟基茴香醚 3,5-二叔丁基-4-羟基茴香醚为新研制的抗氧化剂，为白色结晶，无臭无味，熔点 104～105℃，几乎不溶于水，溶于油脂、丙二醇、乙醇、丙酮。对维生素油和香精油抗氧化效果好。在油脂中最高添加量为 0.02%。

10. 丁羟基甲苯 丁羟基甲苯为白色细结晶粉末，含有效成分不低于 99.5%，溶点 69.9～70.1℃，毒性小，对家鼠半致死量为每千克体重 1 700～2 450 mg。丁羟基甲苯用作抗氧化剂来稳定脂肪，通常的添加剂量为 200 mg/kg；稳定鱼粉特别是高脂鱼粉，添加剂量为每吨 200～1 000 g。丁羟基甲苯与丁羟基苯甲醚(1∶1)或与丙基五倍子酸盐和柠檬酸(2∶1∶1)联用时抗氧化性能增加。

此外，还有从谷物种子芽、金钱草、红茶、香辛香料、生咖啡豆料、茴香籽油、豆豉、肉豆蔻干支等原料中提取出的天然抗氧化剂。

第七章　饲料添加剂与饲料安全

第一节　饲料安全的重要性

最近，朱镕基、李岚清、吴邦国、温家宝等国务院领导同志先后多次批示：要加强饲料安全管理工作，建立健全饲料监测体系，制定完善饲料标准和检测方法，加大对饲料中使用违禁药品的查处力度，确保饲料安全。

饲料安全工作引起中央领导们如此高度的重视，说明这是一件大事。饲料安全问题，不但关系着养殖者的切身利益，更与人民群众的身体健康休戚相关。食品安全离不开饲料安全。

生活经验告诉人们，食品卫生是非常重要的，受到了普遍的重视。但对饲料安全问题，因为感受不那么直接，便不像对待食品那样高度重视了。然而，事实却不断地敲起了警钟。近年来，由饲料安全问题引起的食品安全问题的事件此起彼伏，消费者至今心有余悸。1990 年，西班牙发生了因食人含盐酸克伦特罗的饲养动物肝脏而引起 43 个家庭集体中毒事件。1998 年 5 月，香港居民因食用内地供港猪内脏，造成 17 人中毒，同期广东省高明市人民医院一星期之内竟发现有 7 例因喝猪肺汤中毒事件。1999 年 5 月，比利时发生了仅次于英国疯牛病的大灾难——“二恶英”污染鸡肉、蛋、奶事件，造成直接经济损失 25 亿欧元，欧盟的畜产品贸易蒙受损失高达数十亿美元。事件发生后，先是比利时卫生部长和农业部长被迫辞职，后是荷兰农业部长也在同样的压力下宣布辞职，最后比利时以吕克·德阿纳为首的四党联合政府在全国大选中惨败，首相率政府成员集体辞职。饲料安全的重要性由此可见一斑。

严格说来，上述事件所指的饲料安全指的是狭义的饲料安全，即饲料产品安全。广义上讲，饲料安全还应包括饲料产品总量供求平衡。饲料产品安全是指饲料产品通过饲养动物转化为人们日常食用的安全食品肉、蛋、奶、鱼和其他水产品等。如果饲料产品中存在不安全因素，譬如含有毒副作用和违禁物质，必然影响饲养动物的正常健康生长，其残留转移、积蓄，不仅污染环境，不利于生态环境的可持续发展，而且最终也会影响到人类健康，这是饲料安全和食品的同一性。饲料总量供求平衡是指粮食、粮油加工副产品、各种非粮食饲料总量及其加工产品的供求大致平衡。我国虽然是第一产粮大国，但人均粮食却一直维持在 400 kg 左右，只要能维持这一水平，满足人均 200 kg 左右口粮还是绰绰有余的，只是没有更多的粮食作饲料。从这个角度上讲，中国的粮食问题实质上是饲料问题。因此，饲料总量是否充足，直接关系到动物性食品的供应总量和国家粮食安全战略。这是饲料安全等同食品安全的统一性。上述同一性和统一性都表明：饲料安全即食品安全。

第二节 饲料添加剂与饲料安全

一、氮和矿物元素的污染问题

畜牧生产是一个营养转化和浓缩的过程（图 7-1）。如图 7-1 所示，饲料是一个畜牧场的营养来源，肉、蛋、奶是畜牧场转化后的营养产品，同时还有粪便等副产品，但这些副产品又是农作物的营养成分。畜产品很快异地转移，而粪便等副产品则主要集留在原地，天长日久牧场周围的空气和土壤会产生过多氮和微量元素蓄积，环境受到污染，农作物不能正常生长。目前在畜牧业规模化程度较高的国家和地区，不管是科学研究还是实际生产都必须关注环境保护和饲料安全问题，精细养殖和废物处理的呼声从环境保护组织和动物权益组织中被不断传出，生产者们也开始不得不面对更严格的环境保护和区域治理。在美国，目前正研究通过如下3个方面的技术措施避免或治理饲料和畜牧场对环境的污染问题：①通过营养模型控制畜牧场的生产规模。营养模型是指单位养殖量所产出的营养总量，包括用于人类的营养物质（肉、蛋、奶）和粪便中供植物利用的营养物质。通过预测植物转化营养物质的能力，在土壤中沉积的营养物质量，调整牧场的养殖规模。②继续研究不同动物对营养转化的效率，测定畜禽对营养成分的真利用率，精确制定相应的饲料配方和饲料加工技术。这样不仅可以显著降低养殖成本，而且对饲料也可以进行有效转化，减少饲料对环境的污染。③通过饲料酶制剂技术提高饲料中天然成分的利用率，饲料磷对环境的污染问题已得到世界各国专家的广泛关注。目前比较成功的技术是在饲料中添加适量的植酸酶，以提高饲料中有机磷的利用率，从而减少无机磷的添加量。

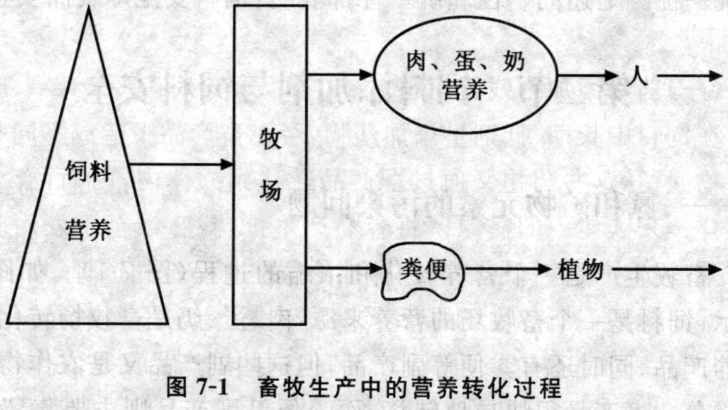

图 7-1　畜牧生产中的营养转化过程

我国是一个畜牧养殖大国，但畜禽的饲养方式与国外相比有较大的差别，另外，我国人民的总体生活水平刚刚解决温饱，正向小康水平发展。与之相比,饲料工业的发展速度较快,因此,饲料工业与环境生态的关系问题应引起社会的足够重视。作者认为针对我国的饲养特点研究我国的营养模型非常重要,这对今后饲料工业生产合适的饲料产品关系重大。再有,我国虽然缺乏国外那样的专门的农场+畜牧场的模式,但是,有些地区或省已基本形成和农作物的总体转化能力,以地区或省为单位研究制定适合当地的饲养规模和饲料生产量,以实现区域的生态平衡,是一个值得研究的问题。

二、药物饲料添加剂的安全问题

20 世纪 60 年代以来,世界上一些发达国家和地区,一直注意药物饲料添加剂的安全性问题。虽然已投入大量的人力和财力对这个问题进行研究和调查,然而,到目前为止,人们并未找到药物饲料添加剂对人类健康产生危害的足够证据,同时也没有足够的研究结果使人们消除对药物饲料添加剂的担忧,药物添加剂的安全问题仍是被广泛关注的问题。

(一)药物添加剂残留问题

在饲料中长期、低剂量添加药物,会在畜产品中造成不同程度的药物残留,这些药物又通过畜产品转移到人体内,因而,有人认为这样一来人体内的病原菌将容易产生抗药性,以至于发病时没有有效的抗生素进行治疗。这种推论虽然有一定的道理,然而,事实上并非像人们所想象的那么严重。首先,药物添加剂在饲料中的添加量一般都很少,远比治疗剂量在体内产生的残留少得多。另外,20 世纪 70 年代以后开发的饲用抗生素产品,一般都具有在肠道内不易被吸收的特点,因此几乎不产生药物残留,例如黄霉素(Flavomycin)、安普霉素(Apramycin)等(Afifi NA.,1997)。对于吸收性较好的金霉素,Broquist 和 Kohler 等(1953)曾进行过系统研究。他们发现,鸡饲料中金霉素含量为 200 mg/kg 时,在鸡肝脏和肌肉组织中检测不出金霉素的含量,血浆中的含量也非常微量。另外,还发现,当日粮中金霉素含量为 2 000 mg/kg 时,在鸡肌肉组织中金霉素含量为 0.05～0.16 μg/g;饲料含量为 6 000 mg/kg 时,肝脏中金霉素含量为 0.18～0.39 μg/g。他们用猪的试验证明,日粮金霉素含量为 2 000 mg/kg 时,肌肉组织中金霉素含量为 0.3 μg/g;饲料中金霉素含量为 200 mg/kg 时,肌肉组织中检测不到金霉素的存在。后来,Kohler 和他的合作者(1955)又对鸡肉中金霉素的稳定性进行了研究,结果发现,鸡肉中的金霉素很容易被简单的烹饪方法所破坏,若鸡胸肉中金霉素含量为3 μg/g,煮沸 15 min,或在 230℃下烘烤 30 min,金霉素便全部被破坏。

McVay 和 Sprunt(1953)曾选择 368 名老年病人做试验对象,对金霉素的安全性在人体上直接进行试验,其中,一半病人每天服用 500 mg 的金霉素,另一半病人服用相同量的安慰剂,连续 20 个月后,试验组中有 30 名病人,在服药期间,其呼吸系统传染性疾病明显降低,而对照组中只有 4 名病人有相同的降低现象。另外,对 189 名糖尿病病人进行过 19.5 个月的试验观察,发现试验组病人的呼吸系统传染病菌明显降低,同时其血球容积增加,肝功能有明显改善。结果表明,金霉素在长期服用情况下对人体不仅无害,反而有保健作用。假设饲料中金霉素含量为 2 000 mg/kg,鸡肉中金霉素 含量为 25 μg/kg 左右,若以每人每天吃 1 kg 鸡肉计算,每天每人大约吃金霉素 25 μg,比每天口服 500 mg 还小 20 000 倍。换言之,即使金霉素不被破坏,这样的剂量浓度对人体也不能产生毒害作用。

对于一些化学治疗药物(如磺胺药)则应该引起注意,尽管目前还没有证据表明残留于猪肝、猪肾中的磺胺药可引起人类健康问题,但其残留量已远超出安全范围。由于治疗剂量(高剂量)的抗生素或化学合成药物比饲料中药物添加剂更有可能导致组织残留，因此，对于所有药物应严格控制其允许使用量和停药期。

(二)药物添加剂与微生物抗药性

1983 年，Holmberg 和他的同事对美国中西部四个州的 18 位感染耐药沙门氏菌（*Salmonela newpot*）的腹泻病人进行调查分析。调查发现，18 人中有 13 人曾吃过直接由养牛场提供的汉堡或从超级市场购买的用牛肉做的汉堡包，这些牛肉均来自南部 Dakota 州，而且，这些肉牛均用含有金霉素促生长剂的饲料养成。因此，Holmberg 博士认为在动物饲料中添加低剂量的抗生素与人类抗生素的抗药性存在着明显的关系；一些反对者则认为得出上述结论还为时尚早，尚需要科学依据，对耐药细菌是否来源于汉堡、汉堡是否被耐药沙门氏菌污染、污染的来源是否养牛场、养牛场具有的耐药菌是否与使用亚治疗剂量的金霉素有关等这一系列问题都还需进一步研究与证实。事实上，Holmberg 博士的调查结果的意义并不在于是否能阐明这一关系，而是提醒人们要加倍关心药物饲料添加剂中存在的问题。

Hays(1985)13 年之久的研究结果表明，低剂量、长期使用抗生素与只在治疗时使用抗生素相比，对抗药性产生频率的影响并不显著，相反，生产性能、初配受胎率、产仔率、断奶成活率和体重均比后者显著的高。另外，从乳房炎、子宫炎、关节疾病的发病率来看，前者也明显低于后者，而且，后者猪群经常发生葡萄球菌和杆菌引起皮肤损伤和腹泻。Langlios 等经过试验证实，动物接受治疗剂量的抗生素后明显提高抗药性水平，而且很长时间不能恢复治疗前的敏感水平。对于畜牧生产者来讲，要想避免抗药性的污染，只有完全禁止以各种方式使用所有的抗生素和其他抗菌药物。不论是低剂量的抗生素还是治疗用抗生素都会诱发抗药性，且在生产环境中难以消失。

(三)提出禁用抗生素类促生长剂的背景

20 世纪 80 年代,人类几乎已经征服所有的病菌感染类疾病,医学界的注意力转移到癌症、心脏病和其他慢性疾病之上。然而随着时间的推移,耐药性细菌越来越多。据美国《新闻周刊》报道,仅 1992 年全美国有 13 300 名患者死于抗生素耐药性细菌感染。1999 年 2 月,路透社报道了美国科学家在肉鸡饲料中发现超级细菌,这种肠球菌对目前所有的抗生素具有耐药性。《发现》杂志称抗生素这种神奇的药物已走向穷途末路。

面对耐药性这一全球性的难题,世界卫生组织向科学家们发出倡议、寻求对策。1981 年成立抗生素慎用联盟,越来越多的国家采取立法手段禁止滥用抗生素。因为抗药性细菌的出现,公众对动物饲料中添加亚治疗剂量的抗生素倍加关注,甚至指责其滥用抗生素。人们担忧,动物细菌对抗生素产生耐药性,并通过食物链将药性转移给危害人类的病菌。

1997 年,在柏林召开的世界卫生组织会议倡议在动物饲料中谨慎使用抗生素,以减少病原菌抗药性的扩散,同年 3 月,国际粮农组织在巴黎召开会议,会议确定通过"风险分析、风险处理、慎用抗生素和抗药性检测"来控制饲料中使用抗生素对公众健康的威胁。会议提议建立欧洲细菌抗药性检测体系,以发现对抗生素具有抗药性的病原菌。1998 年年底,欧盟委员会颁布了杆菌肽锌、螺旋霉素、维吉尼亚霉素和泰乐菌素 4 种抗生素在畜禽饲料中作为生长促进剂使用的禁令,禁令自 1999 年 7 月 1 日起生效。这 4 种抗生素占动物抗生素市场总份额的 80%。同时欧盟关于一些抗球虫药的使用许可在 1999 年到期后将不再延期。除了几种广泛使用的抗球虫药,允许在饲料中继续使用的抗生素促生长剂只有莫能霉素、盐霉素、黄霉素和卑霉素 4 种。欧盟认为,这 4 种药在当前的人药体系中不重要,不会导致人类致病产生抗药性。欧盟已经开始实施一系列计划，研究抗生素促生长剂与耐药性微生物的关系。欧盟将最终对所有现存抗生素进行评估并重新登记，使用由美国 FDA 和欧盟相关机构的标准评估每种药物的效价和安全性。

(四)学术界对饲料中禁用抗生素的基本观点

许多临床医学家和医药研究人员对禁用抗生素作生长促进剂提出质疑。美国学者 Lorian 对 12 年间来自 300 个不同医院，涉及 8 种病原菌的 600 多万个分离菌株对 16 种抗菌药物的敏感性进行分析。结果表明，这些病原菌株对这些抗菌药物敏感性并未发生变化。他比较了 1975 年至 1984 年 10 年间 2 万余沙门氏菌的分离株对青霉素和四环素类药物等几种抗菌剂的敏感性。结果表明，沙门氏菌对这些药物的敏感性并未发生任何变化。

Gillingham(1997)报告，完全禁用任何抗生素长达 13 年的猪群，其肠道中细菌抗药性的模式和程度所受影响也很微弱，肠道中对四环素类药物具有抗药性的菌株的比较仍相当高，多重抗药性菌株比例仍然很高。

禁用或限用某些抗生素作促进生长剂是否会使具有抗药性的细菌种类和数目显著减少呢？Prescott(1997)认为，英国政府限制某些药物作生长促进剂(但允许兽医开方用作治疗)的措施并未减少四环素类药物的总用量，亦未改变英国猪肠道中细菌抗药性的模式。

伦敦皇家医学院的 Casewell 教授指出，病原菌的抗药性在世界各地都有发现，并不仅限于使用抗生素作生长促进剂的动物集约化养殖地区。目前引起特别关注的五种抗药性致病菌有：

(1)抗甲氧西林(甲氧苯青霉素)的金黄色葡萄球菌。

(2)具有多重抗药性的结核病菌。

(3)抗青霉素的肺炎球菌。

(4)多重抗药性的克雷伯杆菌属。

(5)抗万古霉素的肠溶菌。

阿伏霉素是一种糖肽抗微生物药物,因与万古霉素在结构上相近,已从市场撤销。人们猜测对万古霉素的抗药性可能来源于动物饲料中添加阿伏霉素,但直至目前,科学家还没有在病人身上鉴别出对万古霉素有耐药性的肠类球菌。其他几种病菌的抗药性也没有证据表明动物饲料中添加抗生素引起的。

Casewell 教授指出,大量的证据和临床经验证明,病菌的抗药性与治疗人类疾病时抗生素的使用和滥用有关。欧盟动物营养科学委员会是审核批准药物可否在饲料中使用并给欧盟消费者委员会提供建议的专家组织。该委员会指出,目前还没有足够的证据支持对抗生素类饲料添加剂颁布禁令,而且在采取进一步行动之前,有必要进行详细的风险评估。

Cook(1999)指出,饲料中禁用抗生素的可能后果之一是肠道性疾病的增加使动物需要更多的治疗性抗生素,而这些抗生素与人药关系更密切,为防止人类致病菌产生耐药性而禁止在饲料中使用抗生素作生长促进剂,其结果可能与预期的完全相反。

细菌如何获得抗生素耐药性?细菌抗药性质粒(R 质粒)在体外培养中可发生迅速转移,但其在动物体内细菌间、动物细菌间与人细菌间的转移情况尚不清楚。动物细菌转移到人体内一般不能有效占位繁殖,只有侵入或接种数量极大时,才能暂时形成菌落。科学家们正致力于这方面的研究,美国奥特奇生物技术中心的 Newman 博士认为,细菌可通过下述三种方式获得耐药性:二分裂阶段通过代与代之间进行传递;通过自发的基因突变和从附近其他的细胞上获得耐药性基因。

(五)饲料中禁用抗生素的影响

20 世纪 50 年代来,养殖业从庭院养殖发展为规模养殖,取得了长足的进步，畜产品不再是奢侈品而成为廉价质优的日常食品，抗生素饲料添加剂功不可没。抗生素和化学合成药物广泛使用，使预防和治疗动物其他疾病变得很容易。曾几何时，大范围的传染病使养殖业举步维艰。黑头病或球虫病几乎在一夜之间就使鸡群死尽，养殖者破产。各种畜禽都有可能发生传染病，为了防止疾病传染，一些动物不得不扑杀。正确合理地使用抗生素，使动物疾病受到了最大限度地控制。相对于注射和口服给药，饲料给药对动物的应激最小而且给药准确、便于实施，在预防、治疗动物疾病的同时还提高动物生产性能，具有其他给药途径无法取代的优势。

禁止使用抗菌促生长剂对养殖业和环境的影响会逐渐体现出来。目前任何添加剂尚无法像抗生素那样能有效在提高动物生产性能、改善饲料转化率。这意味着饲料中不使用抗生素就会导致饲料消耗增加和生长速度下降，生产同样数量的肉蛋产品就需要更多的饲料和更多的耕地种植饲料，就需要更多的运输设备、处理更多的畜禽粪便，粪便中的不良气味如氨气、甲烷则更多地进入空气。禁用抗生素不仅会导致生产成本增加，而且有可能使环境受到严重污染。以瑞典和丹麦为例，由于饲料中禁止使用抗生素作生长促进剂，养殖业主面临生产成本高的挑战。

其次饲料中禁用抗生素对动物医药行业有着重要影响，由于各国对畜禽常发病和重大疾病研究的长期投入，动物药物已发展成为越来越大的全球性行业。动物药物开发是一个漫长而且代价高昂的过程，对于不确定的市场和政治环境非常敏感。由于政府行政约束加重，动物医药行业必将缩小重点研究的范围。同时，审查指标的增加，如环境风险评估、对人类药物产生抗药性的可能性评估等，使得通过审查的药物大量减少。欧盟对畜禽饲料中使用抗生素的过严管理，已经使得畜禽药物研究严重挫折。据一份权威调查显示，目前欧洲动物药物研究的70％投入集中在宠物上，而其他所有种类动物研究投入只占30％。相对于畜禽，宠物用药管理较为宽松。在不久的将来养殖户会发现可供使用的新药越来越少。

美国是世界最大的畜禽产品出口国之一,在制定抗生素促生长剂和治疗用药物的使用标准方面具有举足轻重的地位。美国政府和消费者对动物饲料中使用抗生素的反应不如欧盟国家那样强烈,但在耐药性病菌发展的情势下,正发生着变化。

美国生产商和动物药物管理部门最近目睹了欧洲势态的发展,采纳了欧盟国家禁用抗生素的积极方面,与公众加强了抗生素促生长剂的安全性方面的沟通。FDA 动物医药中心现在要求抗生素的安全性评估包括抗生素药性出现的可能性,并对批准使用的抗生素进行耐药性检控。1996 年由美国 FDA、疾病控制和预防中心、农业部协作成立了国家抗生素抗药性检控制体系。一旦发现耐药菌产生,便启动相应法律,包括收回药物使用许可证。该机构已开始实施一系列研究项目,包括饲料中通过食物链传播的病原菌的检测新方法,以及这些病原菌获得抗药性的机理。现在慎用抗生素原则与流行病学和微生物学检控一道构成了美国防止抗生素促生长剂引起抗药性的首要防线(Shane,1999)。

后关税时代,药物残留往往成为畜禽产品自由贸易的障碍,美国食品与药物管理局、全国火鸡联合会和全国肉鸡理事会深谙药物残留和药物使用程序对畜禽产品贸易的潜在影响。Shane 博士指出,应该通过生物安全和免疫来预防疾病,降低治疗用抗生素的使用,寻找抗生素替代品。

第三节　我国在饲料安全问题上的重大举措

我国政府对饲料安全工作十分重视,一直把健全饲料法律法规、禁止在饲料中滥用抗生素、激素等药品作为保证养殖业健康发展、维护人民身体健康的重要措施。1999 年 5 月 29 日,国务院颁布了《饲料和饲料添加剂管理条例》(以下简称《条例》),使我国饲料安全管理工作进入了依法管理的轨道。《条例》一方面规定国家鼓励研究、创制安全有效和无污染无残留的新饲料和新饲料添加剂。另一方面也规定企业生产饲料、饲料添加剂,不得直接添加兽药和其他禁用药品;允许使用的兽药必须制成药物饲料添加剂后,方可添加;生产药物饲料添加剂不得添加激素类药品。《条例》的颁布施行,行政执法部门有了尖锐的武器,生产、销售和科研部门有了依据,因此,有力地保证了我国的饲料安全工作。

在实际上,《条例》颁布施行以来,我国的饲料安全工作有了很大的推进。作为畜牧兽医和饲料行政主管部门,农业部结合兽药、饲料和饲料添加剂管理条例的贯彻施行,在鼓励研究、创制"糖萜素","低聚寡糖"等无污染、无残留的抗生素替代产品的同时,加强饲料安全管理工作,加大了对饲料和饲料添加剂中添加违禁药品的查处力度,一是先后下达了1999年和2000年全国"饲料/水"中药物残留的监控计划,力求把住"病从口入"这一关;二是下发了1999年和2000年在全国范围内查处生产含有违禁药品的饲料和饲料添加剂的通知,并对使用违禁药品情况较为严重的重点地区进行专项检查;三是与国家药品监督管理局联合发文,要求各地迅速组织查处生产、销售和使用违禁药品的违法行为。目前滥用违禁药品的违法行为已基本得到遏制,饲料产品的安全基本得到了保障。

但是我国饲料安全工作仍然存在着隐忧,一是对滥用抗生素导致细菌耐药性的研究和监测工作还不到位,不利于采取切实措施限制抗生素等药品的使用。二是尚无统一的违禁药品检测方法标准。目前各地违禁药品检测均使用国外或国际标准,由于方法不一致,对比性差,亟须制定国家或行业标准。三是缺少必要的检测仪器。违禁药品在饲料中添加量很小,检测难度大,对检测仪器要求高,而这些仪器又比较昂贵,大多数省级饲料检测机构无力购买。

为进一步推进《条例》的施行，落实国务院领导同志的指示，农业部会同国家发展计划委员会、财政部、国家质量技术监督局等部门将采取以下措施，加强对饲料安全的监督，让人民吃到更加安全、放心的养殖产品。

(1)进一步完善《条例》的配套规章，加强标准化体系建设，为饲料依法行政提供法律和技术依据。

(2)从违禁药品的源头抓起，全程监控。根据农牧发[2000]4号文精神，今后各地畜牧兽医、饲料和药品监督管理部门将联合行动，堵截源头，严格监控违禁药品的流向，严防其流入饲料和养殖企业。

(3)进一步加大对违禁药品的查处力度及对使用违禁药品者的处罚力度。

(4)继续鼓励研究、创制无污染、无公害、无残留的新饲料和新添加剂。

(5)积极争取国家实施“饲料安全工程”，加强饲料安全监控体系建设。

我们相信，在党中央、国务院的正确领导下，经过各级饲料行业管理部门和广大生产、消费者的共同努力，饲料安全工作会取得更加辉煌的成绩。

第八章　预混料的配制

第一节　预混合饲料

预混合饲料（Premix）即添加剂预混合饲料（Additive premix），简称预混料。预混合饲料是指："一种或多种饲料添加剂纯品在掺入基本饲料之前，与适当比例的载体或稀释剂而配制成的均匀混合物。"

根据我国《兽药管理条例》第五十二条的规定，药品（含饲料药物添加剂）不得直接加入饲料中使用，必须将其制成预混剂。

从加工角度上讲，之所以将添加剂纯品配制成预混料，主要有以下四点作用。

第一，可使添加剂的微量成分在配合饲料中均匀分布。因为把用量极少（大多以 mg/kg 计）的饲料添加剂直接加入饲料，很难保证均匀分布和计量准确，从而会影响使用效果，甚至不安全。但近年也有研究结果表明，在具备高性能混合机和准确的电子微量称量配料系统的条件下，可以直接加入高浓度的商品预混料而不必稀释。因为试验结果是，加入未经稀释的高浓度添加剂预混料和加入稀释成很低浓度的预混料，其中微量成分在配合饲料中的分布状况并无明显差别。

第二，通过预混合工艺处理，补偿和改进微量成分的不理想特性，诸如，不稳定性、吸水性及静电荷等。例如将维生素 A、维生素 D、维生素 E 等预先和抗氧化剂混匀并以植物性物料作载体制成预混料，再与无机物和高脂肪原料接触，就可减少氧化作用。又例如氯化胆碱吸湿性强，如果作为预混料组分，除其用量应限制在占预混料的20%以内，若先稀释增量，也可减少对其他成分的影响。

第三，使添加剂的添加水平标准化。例如在配合饲料中用量占0.2%、0.5%或1%等，便于用户添加使用。否则对多种微量成分在一般饲料厂不具备自动计量添加的条件下，每次配料都分别添加则问题很多。

第四，简化一般饲料加工厂生产工序并减少投资。因为添加剂预混料由技术和设备条件好的专门预混合饲料厂加工配制，不仅可以保证质量，且可使一般配合饲料厂免设预混料生产车间。

由上述可见，预混合是实现添加剂在配合饲料中均匀分布，改进不理想特性和用量标准化的一种工艺手段；预混合饲料则是配合饲料的一种中间产品。

一、预混合饲料分类

预混合饲料可分为以下两种基本类型：

(一)单项性预混料

包括由一类添加剂原料与适当比例的载体或稀释剂配成的，例如多种维生素预混料、微量元素预混料等。由一种添加剂原料与适当比例的载体或稀释剂配成的，例如药物预混料，硒预混料，维生素 B_{12} 预混料等。

(二)综合性预混料

亦可称复合预混料，即由两类或两类以上添加剂原料与适当比例的载体或稀释剂配成的，例如由氨基酸、微量元素、维生素及抗生素等类中的两类或两类以上添加剂原料配成的预混料。为了加强管理和使用安全，又常按其中是否含有“药物”(抗生素、化学药物或驱虫剂等)分为一般预混料和“加药”预混料。

目前在我国暂行饲料工业标准中，将添加剂预混合饲料产品

分为以下 4 类，即

(1)矿物质预混合饲料。

(2)维生素预混合饲料。

(3)复合预混合饲料。

(4)药物预混合饲料。

对于预混料的生产者和使用者来说，最为关心和重要的是预混料的均匀性和化学稳定性。预混料的均匀性和化学稳定性是衡量和评定预混料的加工质量和产品质量的两大指标。任一指标不合格，即使是最佳配方，也会使其使用效果大为降低，甚至产生难以预计的不良后果。例如，不均匀就不能确定是什么配方和比例了，药物等在配合饲料中的剂量就会出现过与不及的情况。化学性不稳定同样会产生上述不良后果，甚至导致有害作用。

二、载体与稀释剂

载体(Carrier)是指能够承载活性成分，改善其分散性，并有良好的化学稳定性和吸附性的可饲物质。配合饲料中的活性成分通常是指各种微量添加的添加剂原料，如维生素、微量元素化合物、抗生素及其他药物等。

预混料中使用载体的主要目的，是为了解决微量添加物质的粒度和容量与原料或饲料之间的差距而致混合不匀的矛盾。再者，对不同活性成分间因相互接触引起化学反应也起到减轻及稀释作用。因此要求作载体的物料表面应有突起和孔隙，以利于保持住和填入微小颗粒。载体的粒度(粒径)要比承载的微量活性物质大 3 倍以上。试验证明具有最佳承载能力的载体，应由通过 30 目(孔径 590 μm)到 80 目(孔径 177 μm)筛的粒子组成。载体的容重宜和微量添加物质的容重接近，或是各种微量添加物质容重的平均值，一般以 0.5～0.8 kg/cm^3 (g/mL)为宜。载体接收微量添加物质细末的量，一般很少超过自身重量。因此在预混料中微量活性物质(即添加剂原料)的重量少于50%时,是选用载体的条件之一。在实际生产中以选用高纤维植物性物料作载体的居多,如:脱脂米糠、稻壳粉、小麦粗粉、大豆皮粉、玉米芯粉和低残油豆粕等。

稀释剂(Dilluent)是指与高浓度组分混合以降低其浓度的可饲物质。稀释剂的粒度和容重应和被稀释的添加剂原料相近,以减少混合中的分离作用。一般要求稀释剂的粒度在200目(74 μm)到30目(599 μm)之间,形状和大小比较整齐一致。通常当预混料中添加剂原料的重量接近或超过50%时,或当两种或两种以上添加剂原料的容重差别很大时,则应考虑选用稀释剂。但也须注意,当添加剂原料在预混料中占的比例很高时,也易产生明显的分离作用,需要同时采取其他适当措施。无机物和有机物均可用作稀释剂,常用的有:去胚玉米粉、熟大豆粉、磷酸氢钙、膨润土、贝壳粉、石灰石粉等。

(一)载体与稀释剂的要求

预混料的生产常常需要使用载体与稀释剂。

载体是一种能接受和承载粉状活性成分的物质,它本身是一种非活性物质,但是能够与一种或多种活性微量组分相结合,改变其物理性质,亦即在载体与微量组分混合后微量组分的流动性和外观等均发生了明显的变化。

稀释剂:能与一种或多种活性微量成分相混合以稀释其浓度,它与活性微量组分混合后,其物理性质不会发生明显的变化,稀释剂一般也不具备承载能力。

作为载体与稀释剂的共同条件:

(1)无毒性,有营养价值,其营养成分最好与一般饲料接近,不影响营养平衡。或者其本身就是配方中所需的某种原料。

(2)容重比重与活性成分相近,能自由流动,不结块。

(3)pH 值中性或接近中性,化学性质稳定。

(4)含水量低,不吸湿返潮。

(5)粒度合适,稀释剂的粒度应和所稀释的活性物质相近(30～200 目),但作为载体可以适当粗一点(30～80 目),以便承载微粒。

作为载体除满足以上要求外,不要求与活性成分混合良好,特别是最好表面粗糙具有对微粒的吸附,黏滞或把持的能力。为此,优良的载体其粗纤维的含量常常稍高些(10%或以上)。

在我国,石粉、沸石粉、细玉米粉、玉米蛋白粉等常用作稀释剂,而脱脂米糠粉、麸皮、次粉、DDG 等均可用作载体。

(二)常用载体稀释剂性能的比较

我国可作载体的品种有脱脂米糠、麸皮、玉米粉等,其中麸有粗麸、细麸、小麦加工中的其他副产品黄粉、次粉也可利用。作稀释剂的石粉有粗有细,还有贝壳粉可以利用。

在实验室用小型混合机进行混合试验,再将出机后的物料进行模拟的分级试验(振动分级,下落分级)并作载体承载性能的分析,这样进行了初步的筛选,并在不同的工厂进行了生产试验(流程不同的引进厂与国产厂)。我们将几种常用的载体与稀释剂分别与示踪物混合 20 min,测定其机内的混合均匀度及出机后物料振动分级与下落分级后的混合均匀度,结果列于表 8-1。

表 8-1　各种载体与稀释剂混合与分级性能比较

载体与稀释剂		麸皮	米糠饼粉	细玉米粉	双飞粉	石粉	贝壳粉	粗玉米粉
混合机内混合均匀度 *CV*%	甲基紫法	2.0	3.6	3.0	4.0	4.9	6.3	3.0
	铁比色法	3.0	2.8	1.5	1.7	3.0	1.5	2.7
下落分级后混合均匀度 *CV*%	甲基紫法	11.0	7.2	8.7	15.0	27.7	21.7	16.5
	铁比色法	12.8	4.9	7.0	4.2	17.8	19.6	17.3
振动分级后混合均匀度 *CV*%	甲基紫法	4.3	6.7	27.1	6.4	20.1	15.0	28.0
	铁比色法	20.8	3.4	33.5	11.0	13.9	4.5	46.8

从表8-1可知，物料经混合20 min后，在混合机内取样测定混合均匀度，除贝壳粉组甲基紫法略高于5%外，结果均在5%以下，而且接近示踪物随机分布所可能达到的最佳均匀度，此一组数据除了说明试验用混合机的优良性能外，此时并不能用来比较载体的混合性能，将混合后的物料作分级试验时即可看出，它们因承载性能不同而形成了明显的差别。其中以米糠饼粉的性能最好；无论承载数量少、比重轻的甲基紫（物理性能与维生素相近），或者比重大、数量多的硫酸亚铁，其效果均很好。而玉米粉，特别是稍粗的玉米粉，效果则很差。使用双飞粉（通过250目的细石粉的商品名）贝壳粉等做微量组分的稀释剂，效果虽差于米糠饼粉，但以粒度极细的双飞粉稀释硫酸亚铁时，分级现象不太明显，而使用粒度较粗的石粉及贝壳粉时，则效果很差，其中以甲基紫法为甚。

比较载体与稀释剂的相对承载力时，其结果与分级试验的情况相吻合，如贝壳粉对甲基紫的承载能力极差，而麸皮的承载能力很好。根据上述实验室结果，我们又选择了三个典型工厂（由国外引进的流程较长的某预混浓缩饲料厂）进行了扩大生产试验，与实验室的结果一致。均说明生产维生素预混料及复合预混料时载体以脱脂米糠为最好，麸皮以及类似的次粉次之，玉米粉最差；生产微量元素预混料的稀释剂以细石粉为好。

三、预混料的均匀性

一个加工质量最理想的预混料，它的所有组分应是均匀分布的，任意采取一份样品化验，它的各个组分间的比例应与配方或投料一致。但由于在加工过程中受多种因素影响，预混料不同部分的各组分比例不可能与投料完全一致，在不同批次间也同样会存在着差异。预混料均匀性差就意味着动物实际摄入的添加剂数量与配方规定的供给量不符，势必会产生过多与不足的问题，从而直接影响添加剂的功效和配合饲料的饲养效果。特别是对于一些安全剂量与中毒量或有效量与无效量相差不大的药物或微量成分来说，均匀性差可能造成使用不安全或无效的后果。所以均匀性是预混料一项重要的质量指标，比配合饲料要求更高更严格。

(一)衡量预混料均匀性的指标与方法

预混料均匀性通常以混合均匀的程度，以及混合后在移行、下落、包装、运输等过程中的分离（分级）作用的程度来衡量和表示的。

"混合均匀度"即饲料产品中各组分分布的均匀程度，是以预混料中某一微量添加物质或某一示踪剂在不同部位的含量差异来反映，即以分布的变异系数（CV）表示。变异系数小即均匀度高。一般要求添加剂预混料的变异系数低于 5（即 $CV<5\%$），才被认可其均匀度是合格的。目前我国鉴于国产混合机性能等因素，原商业部颁发标准规定为$\leqslant 7\%$。

测定预混料混合均匀性的样品采取和根据测定结果进行计算的方法是，从一批次混合的成品出机过程中按同等间隔时间采取样品，或在不同部位采取样品，采取的样品数应有 10 以上，然后分别测定各个样品某一微量成分的含量。例如，测定微量元素预混料的均匀度时，可选测其中含量少且分析误差小的铜或锌的含量；对多种维生素预混料可测定其中核黄素的含量。也可以采取在混合时加入一定数量的示踪剂，如：甲基紫（Methyl violet）、柠檬黄质（Citrenatanthin）等，然后按上述方法采样分别测出各样本中添加的示踪剂含量。

(二)影响预混料均匀性的因素

1. 粒度(Granularity)和粒子形状　粒度也叫细度，即物体粒子的大小，以粒径来衡量和表示的。测量粒径的方法有显微镜法、沉降法、吸附法、散射法和筛分法等。由于在配制添加剂预混料中所需要加工的原料要求的粒径均大于 45 μm，相当于通过 325 目的筛，故一般用筛分法来测量和控制粒子大小。

预混料中的微量成分、载体、稀释剂都要求有各自不同的一定粒度，例如，作为载体要求的粒度应为通过 30～80 目筛网，其颗粒数应多于 2.0×10^4 粒/g。对于微量添加物质粒度的大小，除考虑其溶解性、消化吸收、稳定性乃至电耗、粉尘外，最为重要的是要保证一份日粮中或一顿饲粮每一种添加的微量物质有一定的颗粒数，以利于分布均匀，从而才能保证畜禽摄入量符合或接近理论供给量。

据有关资料介绍，在最终饲料产品中，即 1 g 配合饲料中每种添加物质需有 100 个颗粒，才能保证混合高质量。目前一般公认至少应不少于 10 个颗粒/g。

颗粒数是和粒度、物质比重有关的。同重物质在相同比重条件下，粒子越小则颗粒数越多，反之则相反。各种添加剂成分在预混料中的添加量差别很大。为使各个组分在预混料分布均匀，那么小添加量组分的颗粒就必须比大添加量组分的颗粒小得多。因此就需要有一个测量粒度和计算粒度的方法。

用层筛测定出的平均粒度。用筛分法测量和控制粒度，是在假定颗粒是圆形且一样大小的条件下计算出来的，是个近似值。所以计算出的每一标准饲料分量中添加的预期平均粒数，决不会像计算的那样精确，而是预期的平均粒数的左右变动。

也可用筛分法估算不同比重的 1 g 物料的颗粒数。现以比重不同的硫酸锌和硫酸铜为例估算，并根据在配合饲料中的添加量，估算确定应加工的细度，见表 8-2。

表 8-2　1 g 比重不同的硫酸锌、硫酸铜的粒度与颗粒数的关系

筛目(粒径)	$ZnSO_4 \cdot 7H_2O$ 比重:2.07	$CuSO_4 \cdot 5H_2O$ 比重:2.29
30(0.084 cm)	1 557	1 408
60(0.025)	59 055	53 093
80(0.0177)	166 667	150 000
100(0.0149)	279 070	252 100
120(0.0125)	472 441	428 571

例如锌:产蛋鸡按标准需添加 50 mg/kg(即 50 mg/kg 料),若用 7 水硫酸锌,则 1 t 配合饲料需添加 225 g(即 $50\times4.405\div0.98\times1\,000\div1\,000$)。若按在 1 g 配合饲料中必须分布有 10 个硫酸锌颗粒的最低要求计,如加工粒径为 0.025 cm(相当于通过 60 目网筛),则 1 g 饲料可以分别到 13.3 个颗粒,符合最低要求。

例如铜:按产蛋鸡标准需要添加 6 mg/kg,若用 5 水硫酸铜,则 1 t 配合饲料需要添加 24 g。如加工粒径仍为 0.025 cm(相当于通过 60 目筛),则 1 g 饲料中仅能分得 1.3 个颗粒,加工细度通过 80 目筛者也仅 3.6 个颗粒,只有加工细度通过 120 目筛才能在 1 g 饲料中可分布 13.3 个颗粒的硫酸铜,这是因为它添加量小而比重又较大之故。可见在考虑确定添加物质的粒度时,必须考虑到添加量、比重和颗粒数。

维生素添加剂对粒度的要求更为严格,除规定颗粒外,不要求包被稳定化处理,易被消化,抗压,微粒表面粗糙不平以防止混合于配合饲料后再分级。例如,维生素 A 制剂,每克要有 10 万个以上的颗粒,每个颗粒的直径约为 3 μm,含 5 个左右国际单位维生素 A。又如瑞士罗氏公司生产的维生素 H-2,即为 2%生物素喷雾干燥产品,每克约有 2 000 万个颗粒,每粒都含有维生素 H。在每千克商品蛋鸡日粮中仅需添加 0.05 mg,一天也能吃到 100 多个颗粒。其他维生素制剂要求每克有 100 万个以上的颗粒。

2. 容量(Bulk density) 容量以克/厘米^3 或千克/升表示。

容量差异大的物质间难以混合均匀，并易在运送或贮存过程中发生分离。

一般有以下几种情况：

(1)细而容量很大的矿物质最难混合均匀。

(2)维生素容重及粒度和粉碎后的谷物相近，故较易混匀。

(3)容量差别大的两种以上物质难以混合均匀时，一般可采用加大载体或稀释剂的用量以缓解和克服。

德国 BASF 公司建议，载体容重应为各种微量添加剂容重的平均值，一般为 0.5～0.8 g/cm^3。

3. 稀释剂和载体 稀释剂和载体对预混料的均匀性的影响，主要需注意以下几点。

(1)稀释剂的粒度和容重应与被稀释的活性添加物质接近，则可减少分离作用的发生。

(2)当预混料中活性添加物质的所占重量接近或超过 50%时，或当两种或两种以上活性添加物质的容重差别很大时应考虑使用稀释剂，并加大稀释剂的用量。

(3)当预混料中活性添加物质的所占重量较少(20%～30%)时，且活性物质的粒度很小，则应选用吸附性强的载体。

试验结果表明，各种载体、稀释剂与微量添加物质在混合机内或出机时的混合均匀度是优良的(*CV*%均在 3%以内)。由此证明混合机的性能是良好的。但出机后由于下落和振动而产生分级、分离、作用悬殊，这与这几种载体稀释剂的粒度和比重等是有直接关系。

上述试验所用的载体与稀释剂的水分含量、容重及粒度见表 8-3。

表 8-3　试验用载体与稀释剂的水分、容重和粒度

项目	小麦麸	米糠饼粉	粗玉米粉	细玉米粉	双飞粉	石粉	贝壳粉
水分(%)	13.0	11.7	13.5	13.5	0.09	0.05	0.53
容重(g/cm^3)	0.30	0.47	0.67	0.66	1.35	1.55	1.60
粒度(几何平均粒径)	0.58	0.222	0.466	0.308	0.067	0.199	0.187

注:①米糠饼粉含残油约 10%。

②双飞粉是一种全通过 325 目筛的石粉。

从出机后的分离试验中可以看出具有不同物理性状的载体与稀释剂存在着明显差异。石粉是国内外微量元素预混料中最常用的稀释剂。试验表明,作为稀释剂、以粒度很小的双飞粉为最好,而粒度较大的石粉与贝壳粉,在出机后的下落与振动过程中分离严重。作为有机载体的米糠饼粉,不仅对类似维生素的甲基紫承载很好,而且承载硫酸亚铁的性能也很好,因此认为不仅可用作综合性预混料的载体,也可作为微量元素的载体。比较之下,小麦麸作为微量元素的载体的性能则远不如米糠饼粉;而玉米粉不论用作维生素或微量元素的载体,都容易产生分离作用,粒度粗者性能更差,故从混合均匀和分离作用方面来看,玉米粉不适宜作载体用。

4. 稀释程度与添加量　国外试验证明,稀释程度对于微量组分粒子在配合饲料中的分散度差异不显著。例如,以 1∶10、1∶25、1∶50 比例稀释的比不稀释而直接添加的,结果在配合饲料中分布差异不显著或没有差异。分布均匀性主要由粒子数决定的。不过对于添加量很少的物质,且混合机性能又不很好的情况下,进行适当稀释预混再添加,仍是有助于在饲料中均匀分布的。至于预混料在配合饲料中添加量,可以从 0.1%~5%,但在我国目前加工和混合设备条件下,预混料添加量以不低于 0.5%为宜。

5. 静电荷(Electrostatic charge)　原料颗粒在粉碎或搅拌过程中产生并带静电子荷的颗粒间,产生相斥作用而增大体积,降低容重。这样则不仅造成粉尘损失,也易吸附在混合设备的金属内

壁而造成损失；且因流动性差而混合不匀，也会造成下次混合的“污染”。对此，一般采用以下办法加以克服。一是喷加油性黏合剂，通常是植物油或植物油和熬过的动物油脂相混合的复合油剂。添加量一般为1%～3%，并须先加在载体上，稍加搅拌后再加入微量成分。这样不仅不利于各种活性成分和载体黏附，分布均匀，不易分级，且有助于提高添加剂的稳定性。二是选用具有相反静电荷的载体与稀释剂，以减少和消除静电荷的影响。

6.**投料顺序** 宜将载体或稀释剂的半量先投入混合机，在混合机运转状态下再将添加剂原料从小量到大量先后投入，最后再将其余的载体或稀释剂投入。对于比重大的添加剂原料不宜先投入，以避免在混合机底残留，成为未被混合部分排出。

7.**充满度与混合时间** 混合机充满度一般不超过80%，不低于60%。混合时间一般为7～10 min即可达到均匀要求。如果为了使载体充分吸附活性添加物质，也可搅拌15～20 min。由于目前混合机的性能已有较大改进，除了搅拌时间长而致发热和增加电耗等弊端外，不会因搅拌过度而混合不匀。

8.**输送距离与输送方式** 水平输送分离作用最小，空气（负压）输送次之，螺旋输送分离作用大，斗式搅升则常由于运行速度关系产生气流而吹失一部分活性原料。总之，不论何种输送方式，输送距离越短则分离作用越小。

第二节 复合维生素预混料的配方设计

一、维生素预混料的配制

在设计和计算配方前，一般须先确定预混料的品种和浓度。品种就是指通用型或专用型；浓度就是指预混料在配合饲料中的用量，一般是占配合饲料风干重的0.1%～1%。

其次,应在综合考虑动物需要和各种影响因素的基础上,确定添加维生素的种类和数量。

畜禽对维生素的需要量的基本依据是饲养标准中建议的用量,通常称为“最低需要量”,它是在实验条件下预防畜禽发生维生素缺乏症的最低需要量。由于这一用量未考虑到各种因素对需要量增加的影响以及充分发挥畜禽的生产潜力。因此,在实际生产中常以“最低需要量”为基本依据,结合考虑各种因素,通过实验和生产验证找出在一定条件下的“最佳维生素需要量”。所谓“最佳需要量”就是指所供给的维生素数量能保证实现:①最好或较好的生产成绩(高产,优质,低耗)。②良好的健康状况和抗病力。③最好的经济效益。

最适需要量通常要比最低需要量多 1 倍乃至十几倍,而且各个推荐量之间存在有较大差距,一般认为这是由于外界环境条件,生产水平,畜禽品种,维生素制剂的效价与稳定性,加工贮存条件与时间,维生素制剂价格,畜禽产品质量,甚至商业性考虑等原因。表 8-4 中所列是通常酌定各种维生素添加量的一些重要相关影响因素,可作参考。一般是以“最低需要量”为基础,再根据各种影响因素对各个维生素酌定添加量,即最低需要量+因素酌加量(包括保险系数)=实际添加量。亦即指 1 kg 或 1 t 饲料中的添加量。

近年来,提倡采用哪些饲养效果或生产水平并非最佳但经济效益却是最佳的配方,此外,研究通过改进加工技术,缩短贮存期,实行划分更细饲养阶段以及饲料多样合理搭配等以减少超量添加,降低费用。

再者,要确定各个维生素的保险系数;系数的有、无、高、低,可视具体情况而定。不同的维生素的保险系数不一定相同,目前在于保证成品质量。但对外介绍产品规格时,保险系数添加的数量不应计算在内,因为它是起着产品达到保证值的保证作用。

表 8-4 酌定各维生素添加量应考虑的重要影响因素

维生素 A	稳定性，维生素 A 源的转化率，日粮中亚硝酸盐、能量、脂肪和蛋白质水平，含脂饲料的类型
维生素 D	受到日光照射的时间和强度，钙和磷的水平及两者的比例
维生素 E	稳定性，维生素 E 的形式，抗氧化剂，拮抗物的存在，硒和不饱和脂肪酸在日粮中的水平
维生素 K	微生物的合成，可利用性，拮抗物的存在，抗生素，磺胺类药物，应激
维生素 B_1	稳定性，日粮内碳水化合物和硫的水平，硫胺素酶的存在，药物（如 Amprolium），温度
维生素 B_2	稳定性，日粮中能量和蛋白质水平，抗生素，磺胺的存在，空气温度
烟酸	饲料中的可利用性，日粮内色氨酸水平，温度
维生素 B_6	日粮内能量和蛋白水平、拮抗物（亚麻籽）、磺胺类药物
泛酸	稳定性，温度，抗生素，磺胺类药物
生物素	饲料中的可利用性，日粮内硫的水平，拮抗物
叶酸	拮抗物，抗生素，磺胺类药物
维生素 B_{12}	日粮内钴水平，蛋氨酸的水平，叶酸和胆碱的水平
胆碱	日粮内能量和蛋氨酸的水平
维生素 C	稳定性，应激

维生素预混料选用的载体，除考虑容重、静电和其他技术要求外，一般应特别注意其水分含量，水分越低越好。例如用含水分13%的玉米粉做载体时，贮存 4 个月，其中维生素 A、维生素 K、维生素 C、维生素 B 的效价损失 60%，而使用 5%水分的大豆皮粉做载体时维生素效价损失仅 10%。所以载体水分以在 5%以下为好。一般以选用干燥的稻壳粉、脱脂米糠、小麦麸和碳酸钙较好，玉米粉不适宜做载体。

二、维生素的保护技术

（一）维生素的稳定性

各类维生素是饲料中使用普遍价格较贵的营养性饲料添加

剂，同时，它们也是一些化学稳定性较差，在加工贮藏中损失较大的组分，因此，在预混料的生产中如何千方百计地保护维生素，尽量减少它们的损失也是预混料加工中的技术关键。

许多维生素容易受到氧化作用与光化作用的破坏，在温度高，水分大，光照强的条件下损失更大，据罗氏公司报道，单项维生素在不同温度贮存 2 年后的损失也十分可观(表 8-5)。

在所有的维生素中又以脂溶性的维生素 A，维生素 D 与水溶性维生素 C 最易损失。

表 8-5　维生素浓缩料中单项维生素的存留量　%

维生素	24 个月贮藏后存留量百分比		
	5℃	室温	35℃
维生素 A	100	94	58
维生素 D_3	99	100	66
维生素 E	98	93	87
硫胺素硫酸盐	98	97	80
核黄素	100	100	100
盐酸吡哆醇	92	92	82
烟酸	99	99	99
泛酸	98	93	32
叶酸	95	93	90
维生素 B_{12}	100	93	43

维生素 A 的有效成分视黄醇的双键极易氧化失效，用于饲料添加剂时除必需合成维生素 A 醋酸酯或棕榈酸酯外，不需进行微囊化处理，过去多制成明胶包被的微胶囊，近年国外厂商及国内引进的设备多生产以明胶为基质但外围再以疏水性变性淀粉覆盖的“微粒粉剂”，从而在抗氧化与抵抗机械损伤方面均有所提高。

维生素 C 的有效成分为抗坏血酸，在不良的贮存条件或在受热时损失更为严重(通常条件下大部分损失，存留少量)。制成抗坏血酸钙或经包被稳定化处理后有所改善。近年来,饲用维生素C大多已制成稳定性较好的抗坏血酸的磷酸酯或硫酸酯。因此,在选用原料时必须认真地加以区别。

(二)预混料生产中影响维生素稳定性的主要因素

在预混料的加工与贮藏中,很多因素都会影响维生素的稳定性,就预混料本身看,主要为微量元素、氯化胆碱及载体稀释剂的含水量和它们互作的综合影响。

1.微量元素及其处理的影响 各种单项微量元素对维生素稳定性的影响在前面已作了讨论,兹将几种影响最大的微量元素铁、锌、碘等经不同处理后制成预混料,研究其对稳定性较差的维生素A胶囊和抗坏血酸的综合影响(见表8-6)。表8-6的材料表明,由不经处理的 $FeSO_4 \cdot 7H_2O$,$ZnSO_4 \cdot 7H_2O$ 及 KI 制成预混料,储藏中维生素A、维生素C的留存率极差;$FeSO_4 \cdot 7H_2O$ 经包被处理,用 ZnO 代替 $ZnSO_4 \cdot 7H_2O$,用 KIO_3 代替 KI 对维生素稳定性均有改善,三者处理或选择好则使维生素A、维生素C留存率大幅度提高。

表8-6 微量元素的处理对预混料*中维生素的综合影响(40℃密封贮藏30天)

微量元素组合	维生素A存留率(%)	维生素C存留率(%)
$FeSO_4 \cdot 7H_2O$,$ZnSO_4 \cdot 7H_2O$,KI	0.67	0
$FeSO_4 \cdot 7H_2O$包,$ZnSO_4 \cdot 7H_2O$,KI	17.8	2.0
$FeSO_4 \cdot 7H_2O$包,$ZnSO_4 \cdot 7H_2O$,KIO_3	38.9	6.3
$FeSO_4 \cdot 7H_2O$包,ZnO,KI	34.0	3.0
$FeSO_4 \cdot 7H_2O$包,ZnO,KIO_3	76.8	21.5

* 其他成分有抗坏血酸,维生素A胶囊,硝酸硫胺素,核黄素,维生素 B_6,烟酸,*D*-泛酸钙,50%氯化胆碱(巴士夫公司),$MnSO_4 \cdot H_2O$,$CuSO_4 \cdot 5H_2O$,载体为麸皮(含水10%)。

2.氯化胆碱的影响 在复合预混料中是否添加氯化胆碱以及氯化胆碱来源的影响如表8-7所示。

表 8-7　氯化胆碱对维生素 A、维生素 C 稳定性的影响(40℃下贮藏 30 天)

<table>
<tr><th colspan="3">配方组成</th><th rowspan="2">维生素 A 保存率(%)</th><th rowspan="2">维生素 C 保存率(%)</th></tr>
<tr><th>氯化胆碱</th><th>微量元素</th><th>其他成分</th></tr>
<tr><td rowspan="2">50% SiO_2 吸附剂</td><td>$FeSO_4 \cdot 7H_2O$,$ZnSO_4 \cdot 7H_2O$,KI 等</td><td rowspan="6">维生素 A 胶囊、抗坏血酸麸皮(含水 10%)及其他维生素</td><td>0.67</td><td>0</td></tr>
<tr><td>$FeSO_4 \cdot 7H_2O$ 包,ZnO,KIO_3 等</td><td>76.8</td><td>21.5</td></tr>
<tr><td rowspan="2">50% 麸皮吸附剂</td><td>$FeSO_4 \cdot 7H_2O$,$ZnSO_4 \cdot 7H_2O$,KI 等</td><td>69.1</td><td>21.1</td></tr>
<tr><td>$FeSO_4 \cdot 7H_2O$ 包,ZnO,KIO_3 等</td><td>82.9</td><td>33.7</td></tr>
<tr><td rowspan="2">不加</td><td>$FeSO_4 \cdot 7H_2O$,$ZnSO_4 \cdot 7H_2O$,KI 等</td><td>38.2</td><td>79.3</td></tr>
<tr><td>$FeSO_4 \cdot 7H_2O$ 包,ZnO,KIO_3 等</td><td>83.3</td><td>100.0</td></tr>
</table>

表 8-7 表明,氯化胆碱对维生素 A、维生素 C 有严重的破坏作用,对维生素 C 的破坏作用更大,这一破坏在微量元素(含水硫酸盐)协同作用下进行;采用 ZnO,KIO_3 及硫酸亚铁经包被处理能得到较明显的改善。

3. 载体的种类与含水量　试验表明,载体含水量的影响很大,含水量 7%者稳定性好,10%者稍差,13%者损失很大;在不同种类的比较中,以脱脂米糠稳定性为好,麸皮次之,玉米粉较差,水分较高时不同载体之间的判别较为显著。

总之,微量元素中的铁、锌、铜等离子均是维生素 C 、维生素 A 氧化的强化剂或触媒,载体含水量的增加,强吸湿剂氯化胆碱与硫酸盐的协同作用,均使预混料中水分的活度增加,反应活化能随水分的活度增加而下降。降低载体含水量,使用不溶性的氧化锌,对硫酸亚铁进行包被处理,合理使用氯化胆碱等均可使维生素的破坏作用受到抑制。

(三)减少维生素损失的技术措施

根据上述各项试验结合我国的具体生产条件,提出制造复合预混料时减少维生素损失的条件如下:

(1)维生素:维生素 A 微粒粉剂,维生素 D_3,维生素 C 抗坏血酸的硫酸酯磷酸酯或稳定化维生素 C。

(2)微量元素:氧化锌,脱水硫酸亚铁(包被),碘酸钙,脱水硫酸铜。

(3)氯化胆碱:使用尽量干燥的 50%的吸附剂(最好直接加于配合饲料中)。

(4)载体:脱脂米糠或麸皮,含水<10%(最好<7%)。

只要达到以上要求,所制造的预混料在 40℃30 天贮藏中(大体相当于过夏 3 个月),维生素 A 的保存率可>90%,维生素 C 的保存率可>80%。

以上还是在未加抗氧化剂的条件下所得结果,所用维生素 A 胶囊和抗坏血酸的稳定性也较差,实际生产中除了要选用稳定化的维生素 C 及维生素 A 微粒粉剂 外,还必须在预混料中外加一定量的抗氧化剂 ,并外加必要的“超量”以保证使用时维生素含量不低于保证值。

三、维生素配方计算

配方及计算程式列于表 8-8,供参考。

表 8-8 产蛋鸡用复合维生素预混料配方及其计算

(用量:占配合饲料干重 0.2%)

	饲养标准(每千克饲料含)	拟定添加量(每千克饲料含)	保险系数(%)	加上保险系数后用量(千克料中)
维生素 A	4 000 IU	6 000 IU	10	6 600 IU
维生素 D_3	500 IU	600 IU	5	630 IU
维生素 E	5 IU	10 IU	2	10.2 IU
维生素 K_3	0.5 mg	0.6 mg	5	0.63 mg
维生素 B_1	0.8 mg	1 mg	5	0.05 mg
维生素 B_2	22 mg	40 mg	5	42 mg
维生素 B_6	3 mg	2 mg	5	2.1 mg
维生素 B_{12}	0.004 mg	0.01 mg	10	0.011 mg
D-泛酸	22 mg	40 mg	5	42 mg
烟酸	10 mg	20 mg	3	20.6 mg

续表 8-8

	饲养标准(每千克饲料含)	拟定添加量(每千克饲料含)	保险系数(%)	加上保险系数后用量(千克料中)
叶酸	0.25 mg	0.5 mg	15	0.575 mg
生物素	0.1 mg	0.15 mg	10	0.165 mg
维生素 C		20 mg	10	22 mg
抗氧化剂(BHT)		100 mg	—	100 mg
载体				
合计				

	每吨饲料中用量	原料规格	每吨饲料中实际用量(g)	每吨预混料中用量(kg)
维生素 A	66 000 000 IU	A500	13.20	6.60
维生素 D_3	630 000 IU	$D_3$500	0.26	0.63
维生素 E	102 IU	E50	0.204	0.102
维生素 K_3	630 IU	50%MSB	0.26	0.63
维生素 B_1	1 050 mg	98%	0.071	0.536
维生素 B_2	42 000 mg	96%	43.75	21.875
维生素 B_6	2 100 mg	98%	2.143	0.072
维生素 B_{12}	11 mg	1%	0.1	0.55
D-泛酸	42 000 mg	*DL*-50%	84	42.0
烟酸	20 600 mg	99%	20.8	10.4
叶酸	575 mg	98%	0.587	0.29
生物素	165 mg	2%	8.25	4.125
维生素 C	2 000 mg	99%	22.22	11.0
抗氧化剂(BHT)	100 000 mg	99.9%	100	50.0
载体				850.19
合计				1 000.0

第三节　微量元素添加剂预混料的配方设计及计算

一、微量元素预混料的配方设计

(一)添加种类的确定

一般是以营养需要量(饲养标准中建议值)为基本依据,同时要考虑地区性,如某元素的缺乏区或高含量区,如碘、硒、锌、锰、铁等。再者要考虑某些元素的特效作用,例如高剂量铜促进幼猪生长,生产高锌蛋等。又例如,近年用雏鸡试验表明,在饲粮中添加适量无机硫可减少含硫氨基酸的需要量。另有试验报道,硫酸盐有促进蛋氨酸利用的作用,能使蛋氨酸增效10%左右等。

(二)添加量的确定

添加量的确定有以下3种办法:

(1)营养需要量－饲料中有效含量＝添加量。

(2)营养需要量＝添加量,饲料中含量作为安全裕量。

(3)综合考虑,一般是根据掌握新资料和本人试验资料,从以下几方面进行权衡后确定添加量。

(三)营养需要量

(1)畜禽的生产性能与水平。

(2)缺乏或高含量的程度。

(3)比例平衡的需要。

(4)特效作用,如生产高碘蛋,高锌蛋等。

(5)加工和贮存状况。

(四)原料选择

一般应选用生物效价高,稳定性好,且便于粉碎和混合,价格比较低廉的原料。现将常用的微量元素原料的规格列于表 8-9,供计算时查阅。

表 8-9 常见的微量元素原料规格

项目	分子式	元素含量(%)	系数	纯度(%)
硫酸亚铁	$FeSO_4 \cdot 7H_2O$	Fe:20.1	4.974	98
	$FeSO_4 \cdot H_2O$	Fe:32.8	3.040	98
硫酸铜	$CuSO_4 \cdot 5H_2O$	Cu:25.5	3.922	98
硫酸锌	$ZnSO_4 \cdot 7H_2O$	Zn:22.7	4.405	98
	$ZnSO_4 \cdot H_2O$	Zn:36.4	2.747	98
硫酸锰	$MnSO_4 \cdot 5H_2O$	Mn:22.7	4.405	98
	$MnSO_4 \cdot H_2O$	Mn:32.5	3.077	98
碘化钾	KI	I:76.4	1.308	99
碘酸钙	$Ca(IO_3)_2$	I:65.0	1.538	98
亚硒酸钠	Na_2SeO_3	Se:45.6	2.193	98

(五)添加剂预混料在配合饲料中用量的确定

根据原料细度,混合设备条件等来考虑。目前国内以占全料干重的 0.5%左右为宜。

二、微量元素的前处理与选用

(一)微量元素对维生素稳定性的影响

在我国的预混合饲料工业中,人们对微量元素前处理问题的重视主要是对其吸湿返潮、粉碎难、易结块等感到头痛。其实,最严重的问题还在于它们对维生素稳定性的影响。实际工作中诸如微量元素的种类，结晶水去除与否等对维生素稳定性的影响如何？微量元素预处理及载体烘干的必要性如何等问题，均是当前我国预混合饲料生产中亟须解决的实际问题。

为确定不同种类的微量元素对维生素 A 的影响，我们首先做了各微量元素对稳定性较差的维生素 A 胶囊单独影响的单因子试验，以种鸡预混料配方中有关成分按其相对比例进行配合（如 $FeSO_4 \cdot 7H_2O$ 6.2 g＋维生素 A 2 g）。

在几种微量元素的作用下，维生素 A 的稳定性观察（表 8-10）表明：在 KI 与 $CuSO_4 \cdot 5H_2O$ 共同作用下，维生素 A 损失严重，而 KIO_3 与 $CuSO_4 \cdot 5H_2O$ 配伍时或 KI 与 $CuSO_4$ 配伍时贮藏后，维生素 A 的留存率基本未受影响。

表 8-10 微量元素间相互作用对维生素 A 贮存留存率的影响（40℃）

微量元素的组成	维生素 A 的存留率（%）
$KI+CuSO_4 \cdot 5H_2O$	0.15
$KI+CuSO_4 \cdot H_2O$	98.02
$KIO_3+CuSO_4 \cdot 5H_2O$	99.10
$KIO_3+CuSO_4 \cdot 5H_2O+ZnO+MnO$	101.10
$KI+CuSO_4 \cdot 5H_2O+ZnO$	49.2
$KI+CuSO_4 \cdot 5H_2O$	15.3

（二）硫酸锌与氧化锌的比较

硫酸锌在矿物添加剂中的比例甚高，而本身又含有 7 个结晶水，在湿空气中易吸湿返潮，这么多水分带入饲料中去，增加了很多不利因素。氧化锌与硫酸锌的生物效价相差不太大，而国内资源丰富，以氧化锌取代硫酸锌后，对亚铁的稳定性、本身的吸湿返潮性以及加工工艺均有所改善，在经济上，若以锌元素含量计两者价格相差也不大，所以只要其中重金属指标合格，在畜禽饲料中选用氧化锌还是合适的。

表 8-11　氧化锌与硫酸锌吸湿返潮性能及粉碎性能的对比

样品	分子式	外观	含水量(%)	粉碎效率	吸湿增重 92.5%20～30℃30 天
氧化锌	ZnO	白色粉末	0	全通 0.8 mm	0.94%
硫酸锌	$ZnSO_4$	斜方系柱状晶体	43.8	无法粉碎	53.6%

(三)硫酸亚铁的干燥与包被

以 $FeSO_4 \cdot 7H_2O$ 为代表的硫酸盐作为矿物添加剂存在的主要问题是：

(1)粉碎与吸湿结块问题。

(2)本身的化学稳定性(易氧化成 Fe^{3+})。

(3)影响维生素的稳定性。

为了详细了解这些情况，我们将工业硫酸亚铁通过不同处理，得到不同含水量的硫酸亚铁，再分别测定其粉碎性能、对维生素 A 的影响及与等量石粉混合贮藏后亚铁的氧化情况(表 8-12)。试验表明含有较高结晶水甚至游离水的硫酸亚铁无法粉碎，且易氧化成高铁，严重影响维生素 A 稳定性。以不处理的硫酸亚铁与石粉等混合后虽能粉碎，但易造成 Fe^{3+} 的严重氧化而不可取。同时也说明日晒和低温烘干本身虽不影响亚铁性能，经干燥后确实可以延缓亚铁氧化的速度。

从以上情况可以知道消除原料中的游离水和结晶水是解决硫酸盐粉碎、提高亚铁稳定性的有效措施。但是，即使烘干亚铁，在潮湿的环境中也极易吸湿而引起亚铁的逐步氧化，因而我们最好能寻找一些材料对硫酸亚铁进行包被，使硫酸盐颗粒相互隔离，阻碍硫酸亚铁和其他添加剂接触并迅速发生化学反应的倾向，从而使亚铁趋于稳定。

使亚铁较为稳定的有效包被剂为硬脂酸盐(镁)、磺化木质素、麸皮、脱脂米糠、二氧化硅等。它们的用量分别为 3%、10%、

20%、30%。经包被后的硫酸亚铁放于40℃下贮存30天后亚铁的留存率仍在88%以上。试验还表明(表8-12),包被对于维生素的保护作用更为显著。

表 8-12　铁的不同处理对预混料中维生素A胶囊和抗坏血酸稳定性的影响

铁的种类	包被、处理	维生素A保留率(%)	维生素C保留率(%)
$FeSO_4 \cdot H_2O$	烘干	48.9	3.8
$FeSO_4 \cdot 7H_2O$	—	47.8	4.0
$FeSO_4 \cdot 7H_2O$	10%滑石粉	48.1	5.95
$FeSO_4 \cdot 7H_2O$	20%麸皮(含水10%)	66.0	5.4
$FeSO_4 \cdot 7H_2O$	硬脂酸镁3%	69.1	6.3
$FeSO_4 \cdot 7H_2O$	硬脂酸镁5%	70.5	7.6
$FeSO_4 \cdot 7H_2O$	二氧化硅10%	71.9	8.1
$FeSO_4 \cdot 7H_2O$	磺化木质素20%	76.8	21.5

注:复合预混料总量占配合饲料的0.5%。其他成分有:抗坏血酸,维生素A胶囊,硝基硫胺素,核黄B_6,烟酸,*D*-泛酸钙,505氯化胆碱(SiO_2吸附剂,巴士夫公司),ZnO、$MnSO_4 \cdot H_2O$、$CuSO_4 \cdot 5H_2O$、KIO_3,载体为麸皮(含水量10%)。

(四)加工细度

作为饲料添加剂用的微量成分,都必须粉碎到一定的细度,以便均匀分布于饲料中。对微量的矿物元素,因其比重大于一般饲料,容易在移运中分组级,因此加工细一些更有利于稀释剂或载体的稀释与承载。

对于微量元素原料的加工细度,联邦德国规定应全部小于0.25 mm(约为60目),其中25%～50%应小于0.1 mm(约为150目)。意大利启萨公司规定,一般微量元素要达到0.1 mm的细度,而碘、钴、硒等极微量成分应用球磨机粉碎到30 μm左右(约400目)。美国则推荐微量元素与预混料(包括载体或稀释剂)应全部通过35目,90%～95%通过100目。Pfeost等指出,为了使泊松分布中微量成分的随机分布的差异降到3%以下,一份样品中至少要有900粒组分的颗粒(其重量相当于以最大粒径计约为100粒)就可防止该成分在养分供应及分析结果上的过大误差。若以我国《鸡的饲料标准》中有关肉用仔鸡对微量元素的需求作为添加量,分别以一份日粮(100 g)或一份化验样(10 g)为单位,推算其最大粒径列于表8-13。

表8-13　肉鸡料中常用微量元素的粒径推算值

常用微量元素	比重	饲料中添加量(mg/kg)	以100 g日粮推算		以10 g日粮推算		我国国标中规定细度	
			最大粒径(mm)	相当的目数	最大粒径(mm)	相当的目数	净孔边长(mm)	全通百分数(%)
$FeSO_4 \cdot 7H_2O$	1.9	395.7	0.735	25	0.341	50	2.8	95
$FeSO_4 \cdot H_2O$	3.3	264	0.485	40	0.485	60		
$MnSO_4 \cdot H_2O$	2.95	169.1	0.478	40	0.2222	70	2.5	95
$ZnSO_4 \cdot 7H_2O$	1.97	219.9	0.497	30	0.277	60	0.800	95
$ZnSO_4 \cdot 7H_2O$	3.28	137.2	0.430	40	0.200	80		
ZnO	5.4	62.2	0.280	60	0.130	120		
$CuSO_4 \cdot 5H_2O$	2.3	15.7	0.235	70	0.109	140	0.800	95
KI	3.1	0.46	0.066	230	0.031	400	0.800	95
$Na_2SeO_3 \cdot 7H_2O$	1.75	0.22	0.062	—	0.028	—		

根据上述估算及其他情况,实际生产中的添加量大于上述推荐量,所以建议铁、锌、锰等微量元素的粉碎细度应全通过60目,钴、硒、碘等极微量成分至少应粉碎至200目以下才好。

根据试验,作为预混料稀释剂使用的石粉,粒度太粗易产生分级,但过细则粉尘太多,且增加电耗,一般以全通100目的为好(表8-14)。

表8-14　不同粒度的稀释剂的稀释性能比较(混合10 min)

粒度	Dgw(μm)	显微镜下平均粒径(μm)	休止角	机内均度(*CV*%)					
				甲法	铁法	甲法	铁法	甲法	铁法
双飞粉全通325目		31	52°	4.8	2.4	7.1	3.9	4.4	2.0
单飞粉全通200目		44	46°	1.8	1.8	4.8	3.8	3.5	3.9

续表 8-14

	粒度		休止角	机内均度/CV%					
	Dgw (μm)	显微镜下平均粒径 (μm)		甲法	铁法	甲法	铁法	甲法	铁法
细石粉全通 100 目		82	43°	4.7	2.7	7.4	4.4	7.2	4.5
粗石粉 70～100 目	186		32°	3.7	4.0	25.6	20.2	24.8	14.2
粗石粉 40～70 目	318		33°	2.6	4.1	29.6	27.9	23.4	23.0
粗石粉 10～40 目	948		33°	9.1	7.2	22.7	28.0	20.7	22.5
沸石		78		5.1	4.0	6.5	5.5	7.7	2.7

三、痕量元素的添加技术

饲料中极微量成分硒、碘、钴等是畜禽生长、发育、生产所必需的营养成分，由于这 3 种元素的添加物添加是极微量的，亚硒酸钠等为剧毒且易吸湿返潮，KI 的化学性质又很不稳定，因此在预混合饲料生产中一直存在着硒的混合均匀问题。添加技术的安全性问题。添加技术的安全性问题及碘化钾中碘的析出损失等问题。

（一）硒、钴、碘均匀添加技术

目前国内外在硒的添加工艺上大体有两种方案，一是用微粉碎设备粉碎后逐步稀释，另一种则采用溶解成液体后使其吸附于载体再行稀释的方法。生产中也存在微碎设备细度的掌握，粉尘及操作安全等种种问题。

我们进行了三项试验：①以简单可靠的球磨机为粉碎设备，将亚硒酸钠等烘干后再加一定量的稀释剂进行球磨后再用不同的混合机逐步稀释；②将亚硒酸钠溶解于少量水中直接喷洒在载体上(液体喷洒工艺)；③溶解于少量水中再用吸附物吸附混匀，经烘干粉碎后再用稀释剂稀释(液体吸附工艺)。比较结果见表 8-15。

表 8-15　3 种添加物的球磨粉碎效果

添加物（粉碎物）	稳定化剂（或稀释剂）	比例	粉碎时间（h）	粉碎后平均粒径（μm）	粉碎后最大粒径（μm）	标准差(S)（μm）
Na_2SeO_3	双飞粉	1∶1	6	10.1	17.4	3.9
		1∶9	5	13.4	20.2	4.1
	滑石粉	1∶1	6	11.4	18.0	4.4
		1∶9	2	14.1	24.1	6.7
	硬脂酸钙	1∶0.5	6	14.7	22.2	4.2
		1∶1	4	13.8	28.1	5.2
KI	滑石粉	1∶1	5	10.6	20.8	3.6
	硬脂酸钙	1∶1	4	10.6	22.3	5.6
	双飞粉	1∶1	5	10.1	18.1	7.1
$CoCl_2 \cdot 6H_2O$	双飞粉	1∶1	2	13.0	24.1	8.0

由表 8-15 可见几种极微量成分，无论采用何种稀释剂，用球磨机研磨 2～6 h 均可达到平均粒径 10～20 μm（最大粒径 20～30 μm）。按照混合均匀必须保证每份样品（每日每只畜禽采食日粮量）中至少有 900 粒添加物的理论推算，若以我国《鸡的饲养标准》中有关肉鸡对硒的要求量作为 添加量（硒为 0.1 $\mu g/kg$ 亚硒酸钠为 0.22 $\mu g/kg$，实际添加量要大于此数），以 100 g 为一日采食量则平均粒径的要求为 30 μm（最大粒径为 62 μm），以 10 g 为一日采食量则分别 13.8 μm（最大粒径为 28.0 μm）。由此可见，其研磨细度是完全合格的，表 8-16 表明在逐步稀释后的混合均匀度也是很好的。

表 8-16　球磨粉碎制成含硒预混料的混合均匀度

预混料类别	含硒量（mg/kg）	预混次数	球磨时所用稳定剂或稀释剂	硒的混合均匀度（$CV\%$）	混合机与条件
高浓度含硒预混料	4 500	1	滑石粉（1∶1）	3.4	实验室试验 HJJ-13 型
微量元素预混料	75	2	硬脂酸钙（1∶0.5）	4.6	实验室试验 HJJ-13 型

续表 8-16

预混料类别	含硒量(mg/kg)	预混次数	球磨时所用稳定剂或稀释剂	硒的混合均匀度(CV%)	混合机与条件
微量元素预混料	75	2	双飞粉(1∶1)	4.4	实验室试验 HJJ-13 型
微量元素预混料	75	2	滑石粉(1∶1)	5.5	生产试验 HJJ-71 型[1]

注 1:验证对比,在无锡饲料添加剂厂,用自己制作的"高浓度"硒预混合料作为硒添加物,用其(HJJ-71 型)混合机及其他原料生产添置加浓度为 0.2%的肉鸡微量元素预混料。

采用液体喷洒工艺或液体吸附工艺。只要操作细致也都能达到均匀混合的要求。但是,在工艺的简繁、操作难易、安全保障及设备要求等方面,几种工艺之间仍存在较大的差别:

(1)液体喷洒工艺要求液滴要充分雾化后才能保证均匀,但雾化的液滴,不仅容易喷洒于载体之外,影响计量,更重要的是存在影响操作者健康等安全问题。在敞开的条件下这一情况尤为严重。此工艺中吸水的载体若不烘干也会影响物料的贮藏性能。

(2)液体吸附工艺要求烘干与粉碎,工艺也比较繁琐,也存在相应的安全问题。

(3)固体粉碎逐步混合稀释的工艺,为国外大部分工厂所使用,若采用引进的微粉碎机则存在粉尘较多,影响安全的问题,且因产量较大,操作时加入过多的稀释剂会不会影响成分的计量与均匀度尚待深入研究。相比之下采用球磨法则设备国产、价廉。工艺和操作简单,它并有超微粉碎及两种以上物料均匀混合的功能。采用专用球磨坛也不需每次清扫,可在实验室条件下操作,添加适量矿物油可完全控制粉尘,所有这些均可保证操作的安全性。再者,国产的球磨机与球磨坛具有不同型号,小者 1 L,一次最少可加工 50 样品;大者 16 L×2,一次可加工 20 kg 以上的物料。一台设备即可完全满足大型预混料厂甚至全国集中生产之需要,值得大力推广。

(二)碘的稳定性及其选择、处理

我国饲料工业生产中，过去大量使用的碘化钾(KI)为主，这是因为碘化钾价格较低便宜，且来源丰富。

在饲料中，尤其在预混料中未经处理的添加剂碘化钾极不稳定，易被空气中的氧及饲料中的其他微量元素的作用而氧化，导致其生物活性下降，甚至完全丧失。

表 8-17　预混料中载体或稀释剂的性质及种类对 KI 稳定性的影响

载体或稀释剂种类	KI 的添加工艺	去除外加水分	碘的留存率(%)		备注
			30 天(40℃)	60 天(40℃)	
麸皮	液体添加	否	92	93	无结块无变色
	液体添加	是	90	94	
	固体添加	—	91	90	
次粉	液体添加	否	104	104	无结块无变色
	液体添加	是	90	92	
	固体添加	—	96	97	
脱脂米糠	液体添加	否	97	90	无结块无变色
	液体添加	是	96	91	
	固体添加	—	96	92	
双飞粉	液体添加	否	86	68	结块变色
	液体添加	是	70	62	
	固体添加	—	87	63	
海泡石粉	液体添加	否	72	33	严重结块变色
	液体添加	是	56	38	
	固体添加	—	68	36	

由表 8-17 结果可知，在相同条件下，无论哪种添加工艺，有机物载体麸皮、脱脂米糠、次粉都对 KI 的稳定性影响极小或无影响，这可能是它们对 KI 具有隔离作用的结果；而无机载体双飞粉，海泡石都对 KI 影响较大，使碘的损失率高达 32%～64%(60 天内)。此外，这一实验结果进一步证实："固体添加工艺"及"液体

添加工艺”中是否去除外加水分，都对碘的稳定性的影响无差别，或差别不大。

表 8-18 KI 的稳定化前处理对碘及维生素 A 的保护效果

KI 的稳定化前处理	添加工艺	载体(稀释剂)	碘的留存率(%)		维生素 A 的存留率(%)(40℃60 天)	备注
			30 天	30 天	<0.5	对照实验
			(40℃)	(40℃)	<0.5	对照实验
—	固体添加	双飞粉	87	63	<0.5	严重结块
	固体添加	海泡石粉	56	38		
(与 KI 共同溶于水)	液体添加	双飞粉	98	83	<0.5	严重结块
用滑石粉隔离 KI	固体添加	双飞粉	91	62	<0.5	严重结块
磺化木质素包被 KI	固体添加	双飞粉	99	95	91.0	无结块
硬脂酸钙包被 KI	固体添加	双飞粉	94	92	104.0	无结块
KIO_3 代替 KI	固体添加	双飞粉	98	98	101.0	无结块
$Ca(IO_3)_2$	固体添加	双飞粉	97	96	97.0	无结块

由表 8-18 实验结果可知，在高温、长时间贮存的剧烈实验条件下，采用“磺化木质素”或硬脂酸钙对 KI 进行包被前处理，几乎能够完全保护碘及维生素 A；相比之下使用还原剂 $Na_2S_2O_3$ 虽然对碘有较好的保护作用，但对维生素 A 几乎无任何保护作用(维生素 A 几乎全部损失)。而采用滑石粉作为隔离物，对碘及维生素 A 无任何保护作用。此外，未经任何稳定化前处理时，则 KI 损失极大，同时维生素 A 也几乎损失或损失很少，这进一步证实了这两种碘酸盐的稳定性。

综上所述，在预混料特别是无机成分的微量元素预混料中使用不处理的 KI 是不行的。用本试验推荐的磺化木质素包被 KI 或硬脂酸钙进行包被的稳定化前处理，能够保护 KI 及维生素。此外由于 KIO_3，$Ca(IO_3)_2$ 在生物学效价上与 KI 相差不大，稳定性很好，特别是国内已经投产的碘酸钙由于工艺性能较好，可完全取代 KI。

四、微量元素预混料配方计算

示例见表 8-19 所示。

表 8-19　生长肥育猪(60 kg 以下)微量元素预混料(高铜)配方及计算
(用量占配合饲料干重 0.5%)

饲料中添加量(mg/kg)	原料	系数	纯度	生产 1 t 预混料的用量(kg)
Cu：150	$CuSO_4 \cdot 5H_2O$	3.922	98	150×3.922÷0.98×200÷1 000＝120.06
Fe：120	$FeSO_4 \cdot H_2O$	3.040	98	120×3.040÷0.98×200÷1 000＝62.04
Zn：120	$ZnSO_4 \cdot H_2O$	2.747	98	120×2.747÷0.98×200÷1 000＝67.27
Mn：10	$MnSO_4 \cdot 5H_2O$	4.405	98	10×4.405÷0.98×200÷1 000＝8.99
I：0.15	KI	1.308	99	0.15×1.308÷0.99×200÷1 000＝0.04
Se：0.2	Na_2SeO_3	2.193	98	0.2×2.193÷0.98×200÷1 000＝0.09
稀释剂	膨润土			加至 1 000 kg(约 741.51)

参考文献

1. 李美同，等．饲料添加剂．北京：北京大学出版社，1991.
2. 农业部畜牧兽医局编印．兽药监督管理法规汇编．1998.
3. 张力，郑中朝．饲料添加剂手册．北京：化学工业出版社，2000.
4. 李尚波，等．畜禽十大高效饲料添加剂．沈阳：辽宁科学技术出版社，2000.
5. 佟建明，沈建．饲用抗生素研究与应用．北京：中国农业大学出版社，2000.
6. 罗氏公司对畜、禽、水产、动物及宠物动物的维生素需要量推荐标准-第2版．2000.
7. 蔡辉益等译．家禽营养需要．北京：中国农业科技出版社，1994.
8. 张乔，等．饲料添加剂大全．北京：北京工业大学出版社，1994.
9. 回首无憾-著名动物营养学家杨胜教授和他的学生．北京：新华出版社，1999.
10. 中国畜牧兽医学会动物营养分会，广东省农业科学院畜牧研究所编．猪的营养与饲料．哈尔滨：黑龙江科学技术出版社，1999.
11. 朱莲珍主译校．人和动物的微量元素营养．青岛：青岛出版社，1994.
12. 王和民，齐广海．维生素营养研究进展．北京：中国科学技术出版社，1993.
13. 恩斯明格著．营养——美国《食物和营养百科全书》选集(4)．北京：农业出版社，1988.
14. 柏秋圃．实用饲料添加剂学．郑州：河南科学技术出版社，1993.

15. 乔岩瑞编译.维生素的使用和评价实用指南.内部资料,1996.
16. 张艳云,陆克文.饲料添加剂.北京:中国农业出版社,1998.
17. 刘当慧编.预混合饲料的加工技术.内部资料,1999.
18. 马永喜.单胃动物理想蛋白的研究及应用.国外畜牧科技,1996年4期.
19. 但堂胜编译.各种动物的理想蛋白及供给.国外畜牧科技,1997年2期.
20. 谯仕彦等译.猪的营养需要.北京:中国农业大学出版社,1998.
21. 德固萨-赫斯饲料工业文献精选.2000.
22. 王若军主译.养猪科学新概念.北京:中国农业大学出版社,2000.
23. 吴天星,林顺华.饲料生产精要-添加剂预混料配制技术.1993.
24. 高振川,等.饲料添加剂应用技术问答.北京:农业出版社,1993.